Leitfäden der Informatik

K. Bauknecht / C. A. Zehnder
Grundlagen für den
Informatikeinsatz

Leitfäden der Informatik

Die Leitfäden der Informatik behandeln

- Themen aus der Theoretischen, Praktischen und Technischen Informatik entsprechend dem aktuellen Stand der Wissenschaft in einer systematischen und fundierten Darstellung des jeweiligen Gebietes.
- Methoden und Ergebnisse der Informatik, aufgearbeitet und dargestellt aus Sicht der Anwendungen in einer für Anwender verständlichen, exakten und präzisen Form.

Die Bände der Reihe wenden sich zum einen als Grundlage und Ergänzung zu Vorlesungen der Informatik an Studierende und Lehrende in Informatik-Studiengängen an Hochschulen, zum anderen an „Praktiker", die sich einen Überblick über die Anwendungen der Informatik(-Methoden) verschaffen wollen; sie dienen aber auch in Wirtschaft, Industrie und Verwaltung tätigen Informatikern und Informatikerinnen zur Fortbildung in praxisrelevanten Fragestellungen ihres Faches.

Grundlagen für den Informatikeinsatz

Von Prof. Dr. sc. techn. Kurt Bauknecht
Universität Zürich

und Prof. Dr. sc. math. Carl August Zehnder
Eidg. Technische Hochschule Zürich

5., völlig neubearbeitete und erweiterte Auflage

B. G. Teubner Stuttgart 1997

Prof. Dr. sc. techn. Kurt Bauknecht

1936 geboren in Zürich. Von 1956 bis 1960 Studium der Elektrotechnik an der Eidgenössischen Technischen Hochschule (ETH) in Zürich. Von 1961 bis 1964 Entwicklungsingenieur in der Computerindustrie. 1966 Promotion an der ETH Zürich. Von 1965 bis 1970 Oberassistent am Institut für Operations Research und Elektronische Datenverarbeitung der Universität Zürich bei Prof. Dr. H. P. Künzi. 1970 Habilitation und a.o. Professor für elektronische Datenverarbeitung, seit 1973 o. Professor für Informatik an der Universität Zürich. Direktor des Instituts für Informatik und des Rechenzentrums der Universität.

Prof. Dr. sc. math. Carl August Zehnder

1937 geboren in Baden (Aargau). Von 1957 bis 1962 Studium der Mathematik an der Eidgenössischen Technischen Hochschule (ETH) Zürich, anschließend Assistent am Institut für angewandte Mathematik bei Prof. Dr. E. Stiefel, Promotion 1965. Von 1966 bis 1967 Studienaufenthalt am Massachusetts Institute of Technology in Cambridge (USA) und Industrieberatungen. Seit 1967 wieder an der ETH Zürich tätig, zuerst Geschäftsführer im Institut für Operations Research, von 1969 bis 1974 Leiter der Koordinationsgruppe für Datenverarbeitung. 1970 Ass. Professor, 1973 a.o. Professor und 1979 o. Professor für Informatik, mit Schwergewicht auf Datenbanken, Anwendungen und Projektführung. Von 1987 bis 1990 Vizepräsident der ETH Zürich.

Die Deutsche Bibliothek – CIP-Einheitsaufnahme

Bauknecht, Kurt:
Grundlagen für den Informatikeinsatz / Kurt Bauknecht und
Carl August Zehnder. – 5., völlig neubearb. und erw. Aufl. –
Stuttgart : Teubner, 1996
(Leitfäden der Informatik)
4. Aufl. u.d.T.: Bauknecht, Kurt: Grundzüge der Datenverarbeitung
ISBN-13: 978-3-519-42450-5 e-ISBN-13: 978-3-322-84885-7
DOI: 10.1007/ 978-3-322-84885-7

NE: Zehnder, Carl August:

Gesamtherstellung: Zechnersche Buchdruckerei GmbH, Speyer
Einband: Peter Pfitz, Stuttgart

Vorwort

Informatikeinsatz ist Alltag in Büros und Betrieben, in Labors, an der Ladenkasse, bei der Ausbildung und immer öfter auch im privaten Umfeld. Viele Betriebe sind heute vom reibungslosen Funktionieren ihrer Informatikmittel existentiell abhängig. Am Informatikeinsatz beteiligt sind aber auch Menschen, einerseits Computerfachleute, anderseits Informatikanwenderinnen und -anwender. Von dieser zweiten Gruppe stehen viele der Informatik *unsicher* gegenüber, weil sie deren Methoden und Arbeitsinstrumente nur oberflächlich kennengelernt haben.

Besonders irritiert sind manche durch die ständige und vor allem *rasche Weiterentwicklung* der modernen Informatik, namentlich des Marktangebots an Geräten und Programmen. Was vor zwei Jahren neu und attraktiv war, wird von Freaks heute belächelt und morgen als Schrott bezeichnet. Wie sollen da verunsicherte Normalbürger verständnismässig bloss mitkommen?

Ein drittes Informatikphänomen betrifft die *überquellende Fachliteratur*. Viele Buchhandlungen führen heute eigene Informatikabteilungen, die Kioske Dutzende von Computermagazinen. Ein Grossteil der Publikationen ist sehr spezialisiert (auf bestimmte Produkte oder Sonderthemen) und damit auch schnellebig. Sie eignen sich kaum für an den Grundlagen Interessierte.

Die beiden Autoren des vorliegenden Buches erleben die Nachfrage nach stabilem Grundlagenwissen in Informatik einerseits in ihrer Tätigkeit als Dozenten, anderseits als engagierte Praktiker. Sie wollen mit dem vorliegenden Einführungsbuch helfen, Grundlagenwissen zu fördern und Unsicherheiten abzubauen. Denn auch hinter der stürmischen Entwicklung der Informatik stecken viele *bleibende und relativ einfache Prinzipien*, die es darzustellen und zu verstehen gilt. Das Buch wendet sich damit primär an drei Lesergruppen:

- *Studierende* verschiedener Richtungen (Ingenieure, Ökonomen, Naturwissenschafter, aber auch Informatiker) sollen erkennen, welche Konzepte der Informatik für die *Anwendung* wichtig sind.
- *Informatikanwender (und deren Chefs!)* sollen die Zusammenhänge hinter ihren täglichen Informatikanwendungen besser verstehen.
- In der *Informatikausbildung* Tätige verschiedenster Richtung und Stufe erhalten eine breite und dennoch abgerundete Dokumentation.

Der vorliegende Text ist kein Programmierhandbuch und auch keine Anleitung zur Benützung bestimmter kommerzieller Programme; dazu gibt es bereits genügend Spezialliteratur. Dieses Buch kümmert sich hingegen um Grundlagen und Zusammenhänge sowie um all jene Aspekte der *praktischen Informatik*, deren Verständnis den Informatikeinsatz unterstützt; die Liste reicht von Geräten über Programme und Telekommunikation bis zur Projektorganisation. Bei einzelnen Problemkreisen wird auch auf eine *Auswahl an weiterführender Literatur* verwiesen. Das Buch verwendet häufig *Beispiele* und zwar erstaunlich einfache, etwa das Telefonbuch oder eine Vereinsadministration; diese zeigen aber durchaus, wie *praktische Probleme* gelöst werden können. Technische Hintergründe werden nur soweit präsentiert, als dies für den Informatikeinsatz relevant ist.

Ein Problem eigener Art bildet die *Sprache*, die im Bereich der Informatik stark von den dominierenden amerikanischen Herstellern geprägt ist. Die vielen und oft uneinheitlich verwendeten *englischen Begriffe* erschweren den Informationsaustausch schon unter Fachleuten, besonders aber mit den Anwendern und in der Ausbildung. Wenn daher in diesem Buch nach Möglichkeit *deutsche Begriffe* (unter Beifügung der englischen) verwendet werden, ist dies kein Sprachpurismus, sondern ein Beitrag zu einer einfachen, verständlichen Sprache; nur so können Grundlagen der Informatik einer grösseren Öffentlichkeit nähergebracht werden. Ähnliches gilt für die Verwendung *metrischer Masseinheiten.* Als Hilfe in diesem Sprachwirrwarr dienen viele Definitionen sowie der Anhang "Masseinheiten", das Sachverzeichnis und ein Verzeichnis englischer Begriffe.

Diese Bemühung um die verständliche Verbindung zwischen Fachwissen und Anwendung soll auch dem Andenken an einen Lehrer der beiden Autoren gelten. *Eduard Stiefel* (1909 - 1978), Professor für angewandte Mathematik an der ETH Zürich und einer der frühen bedeutenden Förderer des automatischen Rechnens, war ein Meister im Darstellen des Wesentlichen.

Zur fünften Auflage

Die Entwicklung der Auflagen dieses Buches liefert geradezu eine Kurzdarstellung der neueren Informatikgeschichte. Bis zur 4. Auflage lautete der Titel "Grundzüge der Datenverarbeitung", heute heisst er "Grundlagen für den Informatikeinsatz". In der Erstauflage 1980 stand noch der Einsatz von Grosscomputern im Vordergrund; 1983 kamen Datenkommunikation und Textverarbeitung hinzu. 1985 erforderte die Verbreitung der "persönlichen Computer" eine starke Überarbeitung; 1989 zeigte die vierte Auflage eine offenere Anwendungswelt. Inzwischen bewirkten die Breitenentwicklung der Informatik und die Fortschritte der Telekommunikation (inkl. Internet), dass der Text für die fünfte Auflage 1996 völlig umstrukturiert und über weite Strecken neu geschrieben werden musste.

Die Autoren danken Frau Lotti Kündig für die Satz- und Figurenherstellung, Herrn Lukas Unseld für die Fotoillustrationen, Dr. A. Weinand für mehrere Textbeiträge, den Assistentinnen und Assistenten Dr. Daniel Aebi, lic.oec.publ. Marcus Holthaus, dipl.Infk.Ing. Andrea Kennel, Dipl.Inform. Joachim Kreutzberg, lic.oec.publ. Othmar Morger, Dr. Louis Perrochon, Dipl.Inf. Volker Stadler, Dr. Stephanie Teufel, Dr. Christian Tschudin und dipl.Inform. Harald Weidner für Korrekturbeiträge und Kommentare sowie dem Teubner-Verlag wiederum für die sorgfältige Herausgabe dieses Buches.

Zürich, im September 1996

Kurt Bauknecht
Carl August Zehnder

Inhaltsverzeichnis

Kapitel 1: Vielfältiger Einsatz - einfache Grundlagen

Informationstechnik im Alltag

Computer – oder allgemeiner: Informatikmittel – kommen heute an verschiedenen Orten zum Einsatz: im Büro, in Produktionshallen, unterwegs, zu Hause, ja sogar im Kinderzimmer. All diese Einsatzmöglichkeiten basieren auf den gleichen, relativ einfachen technischen Grundlagen, die im ersten Kapitel überblicksartig vorgestellt werden.

1.1 Der Computer und seine Hauptkomponenten

Wer dieses Buch zur Hand nimmt, stand oder sass sicher schon einmal vor einem Computer, wie er heute in Büros, aber auch bei Reisekollegen im Zug und im Flugzeug sowie bei vielen Privaten anzutreffen ist. „Der Computer" – was ist das eigentlich? Offensichtlich handelt es sich nicht einfach um ein *„Gerät"*, wie etwa eine Uhr, eine Schreibmaschine oder ein Telefon. Diese drei Geräte wurden je für einen bestimmten Einsatzzweck geschaffen, während der Computer für viele Zwecke einsetzbar ist. Diese Flexibilität erhält er mittels entsprechender *Programme*. Der Computer ist somit ein *System* aus Geräten, Programmen und Daten (engl. Hardware und Software) für flexiblen Einsatz.

Computer werden seit Jahrzehnten praktisch eingesetzt, anfänglich aber vor allem intern in grossen Unternehmen und Verwaltungen. Die heutige Verbreitung wurde erst mit dem Aufkommen von Kleincomputern möglich (PC, Notebook usw., diese Begriffe werden in Abschnitt 1.2 vorgestellt). Dabei ist die grosse Mehrheit der heutigen Computerbenützer erst in den letzten zehn Jahren zu solchen geworden.

Es ist somit nicht erstaunlich, dass in der Computerwelt noch oft Begriffsverwirrungen und viele unklare Vorstellungen einem optimalen Einsatz dieser relativ neuen Technik – der *Informatik* – im Wege stehen. Dieses Buch soll allen Leserinnen und Lesern helfen, einen verständlichen Zugang zur Informatikwelt zu finden. Da diese Welt sehr stark durch die amerikanische (und fernöstliche) Industrie geprägt ist, ist auch die internationale englische Terminologie von Bedeutung und wird in diesem Buch bei vielen Definitionen ebenfalls angegeben. Um den Text zu entlasten, werden aber Personenbezeichnungen hier nur in der kurzen Form verwendet, unabhängig vom Geschlecht; sie beziehen sich aber immer auf Frauen und Männer („der Anwender", „die Person", „das Mitglied").

Damit sind wir schon bereit, den ersten Schritt zur Gliederung eines Informatiksystems zu tun und dessen Komponenten zu benennen.

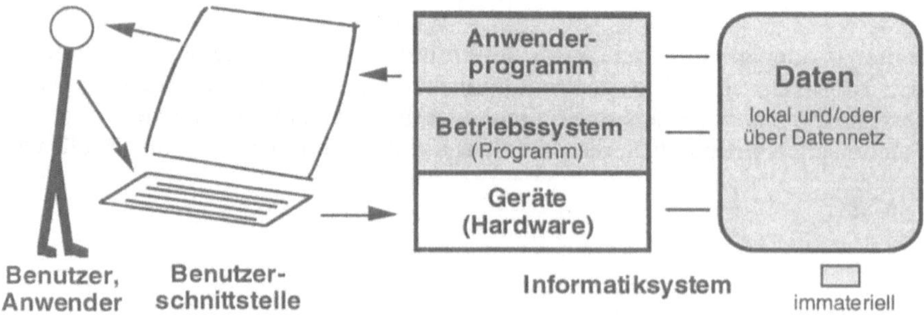

Figur 1.1: Gesamtübersicht über ein Informatiksystem im Einsatz

Fig.1.1 zeigt links den *Benutzer* oder *Anwender* (diese Begriffe sind vollständig synonym, engl. *user)*, der mit seinen Sinnesorganen (Augen, Finger usw.) nur an die Oberfläche des Computers herankommt; diese Oberfläche heisst *Benutzerschnittstelle* (auch Mensch-Maschinen-Schnittstelle, Benutzeroberfläche, engl. *user interface).* Benutzerschnittstellen bestehen häufig aus einem Bildschirm für das Lesen mit den Augen und einer Tastatur für das Schreiben mit den Fingern. Daneben gibt es aber eine Vielzahl anderer Komponenten, die zur Benutzerschnittstelle gehören können (Maus, Mikrofon, Lautsprecher, Steuerknüppel für Spiele usw.), sowie die dazu nötigen Steuerprogramme.

Nun blicken wir hinter die Benutzerschnittstelle in Fig.1.1. Dabei stossen wir auf die *drei Hauptkomponenten* des Computers, nämlich die physisch greifbaren, materiellen *Geräte* (engl. *Hardware)* sowie zwei immaterielle *Programme,* das sog. *Betriebssystem* (engl. *operating system)* und das *Anwenderprogramm* oder *Anwendung* (engl. *application).* Die *Geräte* umfassen wiederum mehrere Teile, namentlich die Zentraleinheit (auch Prozessor oder Rechner genannt), den Bildschirm, die Tastatur, vielleicht einen Drucker usw. Aber erst das Betriebssystem und ganz besonders das Anwenderprogramm machen den Computer wirklich nutzbar; er wird so zur Spezialmaschine für eine bestimmte Anwendung. Beispiele für Anwenderprogramme sind:

- Textverarbeitung
- Tabellenkalkulation
- Datenverwaltung (Adressen, Mitglieder, Lagerbestände)
- Buchhaltung
- Spiel „X“
- Zugriff zu einem bestimmten Informationsdienst (sofern der Computer an einem Datennetz angeschlossen ist)

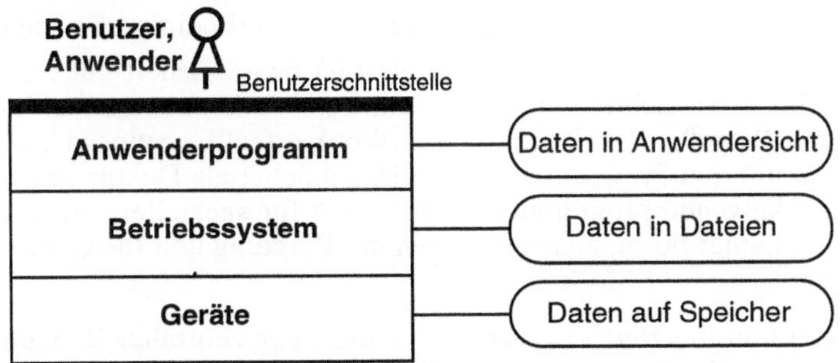

Figur 1.2: Schematische Darstellung eines einfachen Informatiksystems und der zugehörigen Daten (Schichtenmodell)

Ein *Informatiksystem* ist aber mehr als „ein Computer“. Es benötigt nicht nur Geräte und Programme zu seinem Funktionieren, sondern auch *Daten* (Fig.1.2 rechts, engl.

data). Ob diese durch die Anwender eingegeben oder von Dritten verfügbar gemacht werden, ob Daten lokal gespeichert oder von externen Datendiensten (Datenservern) über einen Netzanschluss abgerufen werden, ist dabei grundsätzlich unerheblich. Auch die Daten sind immateriell.

Die Daten werden von den verschiedenen Hauptkomponenten des Systems (Fig.1.2 rechts) durchaus unterschiedlich behandelt und interpretiert. Wiederum ein Beispiel: ein Brieftext an Frau Monika Müller.

- Das *Anwenderprogramm Textverarbeitung* macht den Text als Brief sichtbar; oben rechts steht die Adresse „Monika Müller".
- Das *Betriebssystem* verwaltet ein Dokument als Datei mit einem bestimmten Dateinamen (z.B. „MMüller7") und einer bestimmten Länge (z.B. 2'140 Zeichen).
- Im *Geräteteil „Festplatte"* steht ein Bereich gemäss Auftrag des Betriebssystems zur Speicherung zur Verfügung. Nach der Einspeicherung sind die einzelnen Speicherschalter entsprechend gestellt. (Der Speicher kann nicht erkennen, ob ein Brief oder eine technische Zeichnung gespeichert ist.)

Fig.1.2 zeigt das Informatiksystem in der kompakten *schematischen Form,* welcher wir in diesem Buch noch oft begegnen werden. Immer sind dabei Anwender und Anwendung *oben,* die Informatikgeräte *unten* angeordnet.

Zum Schluss dieses ersten Abschnitts wollen wir das bisher Gelernte bereits praktisch anwenden. Wir besuchen dazu einen „Computerladen", wo *Kleincomputer* angeboten werden, und können jetzt dessen *Angebot* bereits einordnen:

- *Geräte:* Dieses Angebot ist natürlich leicht zu erkennen. Es umfasst einerseits Zentraleinheiten – grosse Bürocomputer und kleine für den Aktenkoffer, leistungsstärkere und einfachere Modelle, teure und billigere – anderseits die sog. Peripheriegeräte, d.h. Ein- und Ausgabegeräte wie Bildschirme, Drucker usw.
- *Anwenderprogramme:* Auch dieses Angebot ist heute visuell gut erkennbar: Es sind die farbigen Schachteln mit internationalen Markennamen für Standardprogramme wie „Word", „Excel", „Works", „Wordperfect", „Autocad", welche einige Disketten mit den Programmen sowie Handbücher als Dokumentation enthalten. Andere Anwenderprogramme – namentlich für speziellere Anwendungen – werden in ähnlicher Form, aber verbunden mit Beratung und Installationshilfe geliefert.

Aber wo stecken nun die *Betriebssysteme?* Trotz ihrer zentralen Bedeutung fallen diese im „Computerladen" auf den ersten Blick nicht auf, obwohl sie selbstverständlich vorhanden sind und verkauft werden – mindestens so oft wie Zentraleinheiten! Um den Grund für dieses Nichtauffallen zu verstehen, betrachten wir nochmals das Schichtenmodell von Fig.1.2. Alle Anwenderprogramme sitzen auf einem Betriebssystem. Und umgekehrt brauchen auch alle Geräte, und hier insbesondere die *Zentraleinheit,* das Betriebssystem. Wenn es nun gelingt, ein *einheitliches* Betriebssystem für alle Modelle von Zentraleinheiten zu konstruieren, so bildet diese Schnittstelle eine feste *Plattform*, auf der die verschiedensten Anwenderprogramme eingesetzt werden können (Fig.1.3).

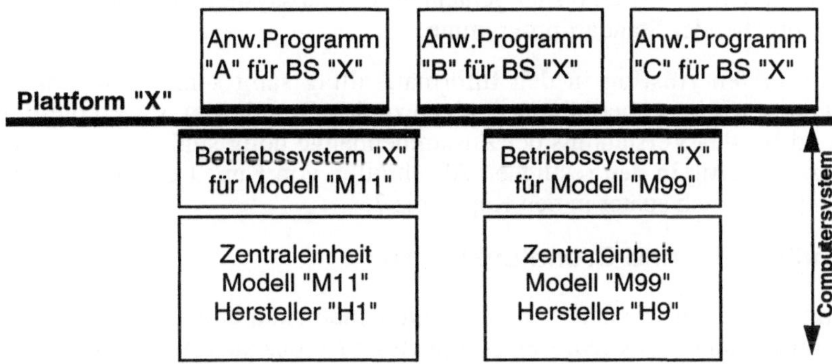

Figur 1.3: Auf einem einheitlichen Betriebssystem können verschiedenste Anwenderprogramme direkt auf verschiedenen Zentraleinheiten eingesetzt werden.

Diese Überlegungen haben natürlich alle Computerhersteller seit vielen Jahren gemacht. Sie haben dabei auch erkannt, dass jene Hersteller einen gewaltigen wirtschaftlichen Vorsprung haben, welche „das beste Betriebssystem“ entweder selber anbieten oder wenigstens an dessen Weiterentwicklung beteiligt sind. Und da die Informatik alles andere als stabil ist, werden immer wieder Neuerungen in Betriebssystemen eingebaut und die Konkurrenz der Betriebssysteme geht weiter. Die Leser kennen die wichtigsten Konkurrenten sicher mindestens dem Namen nach: Bei Kleincomputern sind es die Betriebssysteme MS-DOS, Windows (und dessen Nachfolger Windows NT und Windows 95), OS/2, Mac-OS und UNIX (mit seinen Varianten).

Jetzt verstehen wir, warum wir bei unserem Besuch im Computerladen kein Angebot von Betriebssystemen entdeckt haben: weil in diesem Laden wahrscheinlich *nur ein einziges* (oder vielleicht noch ein zweites) *Betriebssystem* verwendet, unterstützt und verkauft wird! So kann ein Computerladen mit Betriebssystem Windows (von Microsoft) durchaus alle Modelle von Zentraleinheiten von IBM, Compaq, Olivetti und vielen anderen Geräteherstellern verkaufen, dazu Anwenderprogramme von Microsoft und beliebigen (auch kleinen) anderen Anbietern, so lange diese Anwenderprogramme bloss für die Plattform „Windows“ geschrieben sind. Ein anderer Computerladen aber, der sich auf das Betriebssystem Mac-OS eingerichtet hat, wird sich auf die zugehörigen Zentraleinheiten von Apple und die Anwenderprogramme für Mac-OS ausrichten.

Der Käufer, der „einen Computer“ ersteht, kommt gar nicht umhin, gleichzeitig mit der Zentraleinheit und den übrigen Geräten auch ein geeignetes Betriebssystem zu kaufen. Diese beiden Hauptkomponenten *zusammen* werden Computersystem (siehe Kap. 5) genannt, wie in Fig.1.3 dargestellt. Mit seinem Computersystem hat nun der Käufer die *Plattform*, um verschiedene Anwenderprogramme nach seinem Bedarf einsetzen zu können. Er wird daher *vor* dem Kauf überlegen, ob geeignete Anwenderprogramme für die von ihm ausgewählte Plattform vorhanden sind. So lange allerdings der Käufer nur Standardprogramme (Textverarbeitung usw.) einzusetzen gedenkt, kann er beruhigt sein: Zu allen bisher genannten Betriebssystemen existiert ein breites Angebot entsprechender Standardprogramme.

Nach diesem ersten Ausflug in den Informatikalltag samt seinen wirtschaftlichen Aspekten wollen wir jetzt aber hinuntersteigen zu den Grundlagen, soweit diese für die Übersicht und für das Verständnis der Zusammenhänge nötig sind. Diese Grundlagen werden übersichtsartig in den restlichen Abschnitten von Kap. 1 behandelt. Vertiefte Erklärungen finden sich später in den Kap. 2 bis 7.

1.2 Grundbegriffe und Grundfunktionen

Im Abschnitt 1.1 haben wir den Computer mit seinen Hauptkomponenten betrachtet, wie wir ihm im Alltag begegnen. Der Computer ist für uns aber nicht Selbstzweck. Er dient – sehr allgemein ausgedrückt – irgendeiner Form der *Datenverarbeitung.* Wir beginnen unsere Definitionen daher mit dem Begriff *Daten.*

Daten (data) sind Angaben aller Art, namentlich Zahlen, Wörter, Texte, Graphiken, Bilder, Sprachaufzeichnungen.

Beispiele von Daten sind somit „24“, „ein“, „Monika“, „Wer reitet so schnell durch Nacht und Wind?“, aber auch ein Passfoto von Peter Meier. Daten lassen sich auf einem Datenträger festhalten, z.B. schriftlich auf Papier oder magnetisch auf einem Magnetband. Daten können für verschiedene Zwecke verwendet werden, etwa als Rohmaterial für eine Statistik oder als Auskunft an einen Fragesteller. (Nur im Rahmen einer solchen *Auskunft* werden Daten zu *Information;* wir benützen in diesem Buch den Ausdruck Information nur sehr zurückhaltend, vgl. auch 2.6.2 „Informationssysteme“.)

Der *Computer* ist ein System aus Geräten und Programmen zur flexiblen automatischen Bearbeitung und Speicherung von *Daten.*

Statt dem aus dem Englischen übernommenen und heute auch im Deutschen üblichen Begriff „Computer“ wurde hierzulande für die ersten derartigen Maschinen der Begriff „Rechenautomat“ verwendet, daneben vor allem für administrative Anwendungen auch der Begriff „EDV-Anlage“ oder „DV-Anlage“ (EDV = elektronische Datenverarbeitung). Auf die vielfältigen Aufgliederungsmöglichkeiten (Grosscomputer, Kleincomputer, Industrieprozessoren usw.) wird kurz gleich nachstehend, ausführlich in Abschnitt 5.2 eingegangen.

Informatik ist das Fachgebiet der Informations- und Datentechnik.

Der Computer steht zwar im Zentrum, er ist aber längst nicht mehr das einzige Thema der Informations- und Datentechnik, weshalb sich dafür als Oberbegriff in Kontinentaleuropa das (1962 in Frankreich geschaffene) Kunstwort „Informatik" allgemein durchgesetzt hat. „Informatik" umfasst sowohl das entsprechende Wissenschaftsgebiet (amerikanisch: Computer science) wie auch dessen praktische Anwendung („Datenverarbeitung", amerikanisch „data processing"). In England hat sich als Übersetzung der kontinentaleuropäischen „Informatik" der Begriff „Information Technology" (abgekürzt „IT") eingebürgert.

Bild 1.a: Verschiedenartige persönliche Kleincomputer

Informatik stützt sich auf Informatikmittel:

> *Informatikmittel* ist der Oberbegriff für jede Art von Computern, deren Verknüpfungen (z.B. Datennetze) und deren Komponenten (z.B. Geräte und Programme).

Und nun fügen wir noch die Erkenntnis aus Abschnitt 1.1 ein:

> Ein Computer benötigt zum Betrieb drei Hauptkomponenten: Geräte, ein Betriebssystem (-programm) und Anwenderprogramme.

Am sichtbarsten begegnet uns der Computer heute in der Form einer eigenständigen Arbeitseinheit für eine Person, die äusserlich allerdings recht verschiedenartige Formen annehmen kann (Bild 1.a). Manche Geräte sitzen mächtig auf dem Bürotisch (Bild 1.a links) und heissen „persönlicher Computer" („PC", etwas missverständlich auch „Personalcomputer") oder „Arbeitsstation" (dann oft mit grösserer Leistungsfähigkeit); andere werden für den mobilen Einsatz gebaut und sind daher in den letzten Jahren immer kleiner und leichter geworden (Bild 1.a rechts); sie heissen „Laptop", „Notebook" und „Palmtop". All diese äusserlich recht unterschiedlichen Modelle sind sich aber in Bezug auf Aufbau und Nutzung prinzipiell doch recht ähnlich; es sind alles *persönliche Kleincomputer,* mit denen wir uns nun vertieft befassen wollen.

Persönliche Kleincomputer (oder kurz *Kleincomputer*) sind Computer, welche von ihrem Benutzer am (festen oder mobilen) Arbeitsplatz selbständig eingesetzt werden können.

Ein solcher Einsatz erfordert vom Kleincomputer, dass er drei Arten von Prozessen bewältigen kann, nämlich Dateneingabe, Datenausgabe und Datenverarbeitung/-speicherung. Wir betrachten dazu ein relativ einfaches Beispiel, in welchem ein Kleincomputer als Schreibsystem und zur Speicherung einer einfachen Adresskartei benützt wird. (Später lassen sich diese Überlegungen problemlos auf kompliziertere Fälle ausdehnen.)

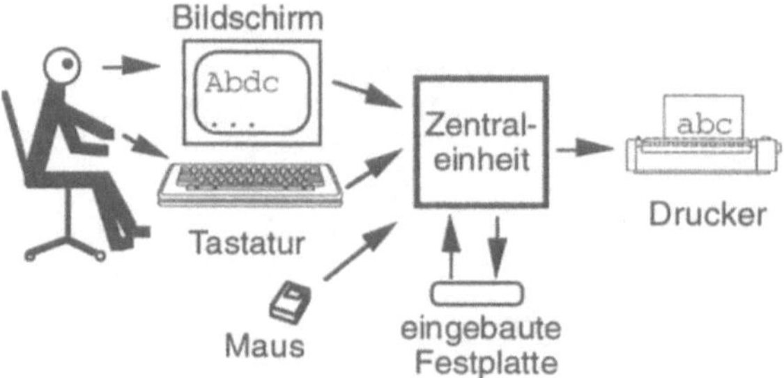

Figur 1.4: Computer als Bürogerät

Fig.1.4 zeigt die Situation, einerseits den Anwender, anderseits die verschiedenen Gerätekomponenten des Computers mit ihren Datenflüssen. Gesteuert werden diese durch Programme, die in Fig.1.4 nicht dargestellt sind. Nun zu den verschiedenen Arbeitsprozessen. Über eine Tastatur werden Schriftzeichen eingetippt, welche von der Zentraleinheit, gewissermassen dem Herz des Computers, übernommen, umgeformt, auf der eingebauten Festplatte zwischengespeichert, auf dem Bildschirm angezeigt und auf dem Drucker zu Papier gebracht werden. Mit Geräten dieser Art (und zugehörigem Betriebssystem sowie Textverarbeitungsprogramm) können Briefe und andere Texte (wie z.B. das vorliegende Buch) eingetippt, auf dem Bildschirm angezeigt, allenfalls über die Tastatur nochmals verändert und danach ausgedruckt werden. Es können aber auch Adressen gespeichert und beim Schreiben von Standardbriefen automatisch in den allgemeinen Brieftext eingefügt werden.

Logisch lassen sich nun drei Prozessarten des Computers von Fig.1.4 unterscheiden, nämlich

- *Eingabeprozesse:* eintippen (Tastatur), hinweisen auf Bildschirmpositionen (Maus)
- *zentrale Verarbeitungs- und Speicherprozesse:* verarbeiten, speichern, wiederauffinden im Speicher
- *Ausgabeprozesse:* anzeigen auf Bildschirm, drucken auf Papier.

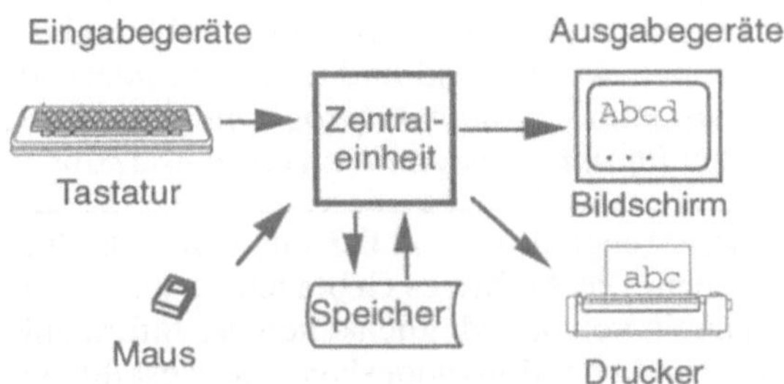

Figur 1.5: Datenfluss von der Eingabe über die Verarbeitung/Speicherung zur Ausgabe (EVA-Prinzip)

In Fig.1.5 sind die Geräte aus Fig.1.4 etwas umgruppiert; links stehen die Eingabegeräte, rechts die Ausgabegeräte. Die Ausführung aller Prozesse verläuft von der Eingabe (E) über Verarbeitung/Speichern (V) zur Ausgabe (A). Wir nennen solche Prozesse EVA-Prozesse; *Beispiele* zeigt Tab. 1.A.

Eingabedaten:	Verarbeitungsprozess:	Ausgabedaten:
roher Brieftext	sauber darstellen	sauberer Brief
Kundennummer	zugehörige Adresse suchen	Adresse anzeigen oder drucken
7 x 8	ausrechnen	56
„Kind“	übersetzen auf Englisch	„child“
Liftknopf drücken	Liftsteuerung	Liftmotor einschalten

Tabelle 1.A: Beispiele von EVA-Prozessen

An diesen Beispielen werden zwei weitere wichtige Eigenschaften von Computerprozessen sichtbar:

- Die genannten Prozesse sind nicht Einzelfälle, sondern stehen für ganze *Prozessklassen.* So bedeutet „Ausrechnen“ nicht bloss die Multiplikation „7 x 8 = 56“, sondern allgemein die Auswertung numerischer Formelausdrücke zu einem Resultat.

– Mehrere Lösungsschritte oder Prozesse können hintereinander geschaltet („verkettet") werden, womit grössere und damit anspruchsvollere Problemlösungen möglich werden. So kann in den „sauberen Brief" die „gesuchte Adresse" direkt eingefügt werden; damit entsteht ein Verbundprozess „Serienbrief".

Damit stehen wir bereits bei der Kernaufgabe jedes Computereinsatzes. Ganz allgemein gilt:

> *Informatikeinsatz* ist Automatisierung von häufigen und/oder besonders arbeitsaufwendigen Datenverarbeitungsprozessen.

Für einen sinnvollen Computereinsatz müssen entsprechende *Fachleute, die Informatiker*, aus den Informationsabläufen der Praxis jene Problemklassen herausgreifen, welche automationsfähig und -würdig sind und dafür geeignete, informatikgestützte Lösungsverfahren (Prozessketten = *Computerprogramme)* bereitstellen. Diese Programme stehen nachher den *Informatikanwendern* zum Einsatz zur Verfügung.

> *Anwender* oder *Benutzer* (engl. *user)* sind Personen, die vom Informatikeinsatz direkt Gebrauch machen. Die Art dieses Gebrauchs kann sehr unterschiedlich sein; sie ist abhängig von den Möglichkeiten der Informatik, von der Aufgabenstellung und von Motivationslage und Ausbildungsstand der Anwender.

Die *Anwender* machen also vom Computer Gebrauch. Einige Beispiele sollen die Vielfältigkeit dieses Gebrauchs andeuten:

a) *Kinder* mit Computerspielen wissen nach wenigen Minuten Anleitung, wie ein bestimmtes Gerät eingeschaltet werden kann und wie die Spielregeln lauten, weil das Spielgerät (eben der Computer mit seinem Programm) dem Spieler laufend und in geeigneter Form Hinweise darauf gibt, wie dieser sich zu verhalten hat.

b) Ein *Korrespondent* mit einem Textverarbeitungssystem braucht neben einigen Tagen Einführungskurs viele Wochen Übung, bis er die Möglichkeiten dieses Programms voll nutzen kann. (Das ist nicht erstaunlich, weil ein professionelles Ergebnis, d.h. gut gestaltete Texte, auch einen eigenen Beitrag des Anwenders erfordern.)

c) Ein *Direktor* wünscht täglich um 8 Uhr eine Zusammenfassung der wichtigsten Betriebsdaten des Vortages auf einem Blatt Papier. Dazu braucht er keinen direkten Computerzugang, aber ein „massgeschneidertes" Programm für diese Aufbereitung von Betriebsdaten.

d) Ein *Forscher* misst in einem Laborexperiment tagelang alle paar Minuten bestimmte Werte (Durchflussmengen, Temperatur usw.). Die Messungen erfolgen automatisch, die Messreihen werden in einem Computer gespeichert und stehen nach Abschluss des Experiments zur Auswertung zur Verfügung, z.B. ausgedruckt auf einer Liste.

e) Der gleiche *Forscher* möchte seinen Computer auch für die Messdatenauswertung einsetzen. Bei dieser Auswertung sucht er in seinen Messreihen Gesetzmässigkeiten, aber auch Abweichungen von bekannten Gesetzen. Er benötigt den Computer daher als systematischen Helfer beim Durchsuchen grosser Datenmengen (eine sog. Datenbankaufgabe; wir werden ihr in den Abschnitten 2.6 und 4.7 wieder begegnen).

Ein kurzer Vergleich dieser verschiedenen Anwender (wobei in d) und e) sogar die gleiche Person zwei verschiedene Rollen ausübt) führt zu einer für die Praxis sehr wichtigen Aufgliederung des Informatikeinsatzes nach Art der Interaktion zwischen Anwender bzw. Umwelt und Computer:

- *Dialogbetrieb*: In den Beispielen a), b) und e) will der Anwender direkt mit dem Computer arbeiten; er macht Eingaben, der Computer macht Ausgaben, hin und her.
- *Echtzeitbetrieb*: In Beispiel d) muss der Computer in einem Vorgang der realen Welt zu bestimmten Zeitpunkten Messungen vornehmen. Der Anwender kann das in diesem Fall sogar im voraus steuern; er muss nicht selbst während der Messungen anwesend sein.
- *Stapelbetrieb*: In Beispiel c) benützt der Anwender zwar ein Computerprogramm, das aber weder von seiner persönlichen Anwesenheit noch von einem präzis fixierten Zeitpunkt abhängig ist (es kann irgendwann zwischen Vorabend und 08.00 Uhr gerechnet werden). Derartige Programme können somit gestapelt und hintereinander abgearbeitet werden.

Wir definieren diese drei *Benützungsarten:*

Beim *Dialogbetrieb* oder *interaktiven* Betrieb bestimmen Anwender und Computer wechselseitig den Arbeitsrhythmus. Antwortet der Computer zu langsam, wird Dialogbetrieb unmöglich.

Beim *Echtzeitbetrieb (real-time processing)* bestimmt der Ablauf eines Prozesses in der realen Welt den Zeitpunkt der Datenein- oder -ausgabe. Der Computer muss fähig sein, zeitgerecht auf Signale aus der realen Welt zu reagieren.

Beim *Stapelbetrieb (batch processing)* lassen sich die vorliegenden Computerarbeiten zeitlich verschieben, so dass die Computerauslastung optimiert werden kann.

Offensichtlich stellen die Benützungsarten Dialog und Echtzeit viel höhere Ansprüche an die dauernde Verfügbarkeit des Computers als stapelbare Arbeiten. Diese lassen sich z.B. auch nachts oder in anderen unbenützten Zeiten des Computers durchführen und sind daher kostengünstiger. Beispiele solcher stapelbarer Arbeiten sind etwa das

Ausdrucken von Tagesendabschlüssen einer Bank oder umfangreichere Rechenarbeiten für Wissenschaft und Technik.

Nun wenden wir uns den inneren Abläufen eines Computers zu.

1.3 Modell eines einfachen Computers

Was passiert im Innern einer datenverarbeitenden Maschine? Diese Prozesse können mit den herkömmlichen Büro- und Arbeitsmethoden einer Kanzlei, Registratur oder Buchhaltung verglichen werden, wo nach strikten Regeln (= Programm) Daten notiert (= gespeichert) und umgeformt (= verarbeitet) werden. Auch die Grundverfahren der Informatik sind Lese-, Speicher-, Verarbeitungs- und Schreiboperationen und im Grundsatz leicht verständlich. Sie sind allerdings im Dickicht der vielen Spezialfähigkeiten moderner Computersysteme nicht immer leicht zu erkennen. Darum betrachten wir nachstehend ein ganz einfaches Modell der Komponenten eines Computers (Fig.1.6):

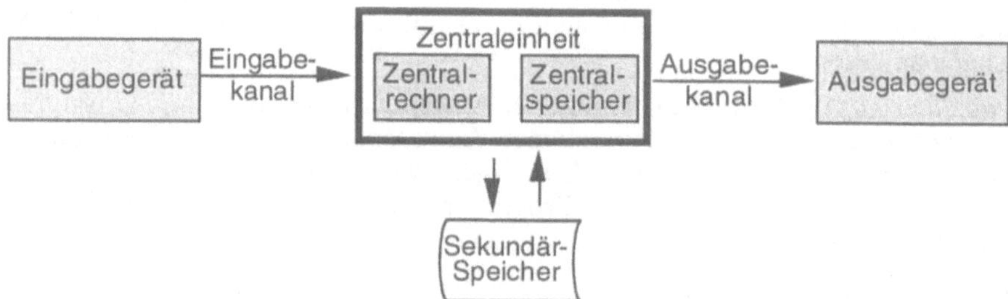

Figur 1.6: Einfaches Computermodell (dargestellt sind nur die Geräte, nicht die ebenfalls vorhandenen Programme)

Jetzt muss noch der Zentralbereich Verarbeiten/Speichern genauer untersucht werden. Vier Hauptgruppen von Prozessen fallen in der Zentraleinheit an:

- *Daten verarbeiten:* Umformung von Daten und Datengruppen in eine gewünschte neue Form (Beispiele: 7 x 8 = 56, Einsetzen einer Adresse in einen Brieftext, Berechnung einer Tageszusammenfassung).
- *Daten speichern und abrufbar machen:* Systematische Gliederung und Aufbewahrung von Daten für eine künftige Verwendung (Beispiele: Adressliste, Messdaten).
- *Daten übermitteln:* Übertragung von Daten von einem Computer/Datenträger/Gerät/Ort zu einem anderen (Beispiele: Briefversand, kopieren, elektronische Post).
- *interne Organisationsarbeiten:* Gesamtheit der Hintergrundarbeiten, welche für das Funktionieren der drei ersten Hauptfunktionen nötig sind (Beispiele: Festlegen der Reihenfolge bestimmter Prozesse, Löschen nicht mehr benötigter Daten).

Solche Prozesse werden in einem herkömmlichen, „manuellen“ Bürobetrieb von Menschen nach genauer Vorschrift ausgeführt; in einem maschinellen Datenverarbeitungssystem (Fig.1.6) führt der Zentralrechner (oder Zentralprozessor) diese Prozesse durch. Die übrigen Geräte des Computers sind Partner des Zentralrechners, nämlich entweder Speichergeräte (Zentralspeicher, Sekundärspeicher) oder Ein-/Ausgabegeräte. Die Einfachheit dieses Modells bedeutet übrigens keine Einschränkung seiner Verwendbarkeit; in Kap. 5 werden Erweiterungen vorgestellt, die über dieses einfache Modell nur quantitativ, aber nicht qualitativ hinausgehen. Dort findet sich auch eine detailliertere Darstellung der hier nur skizzierten Computerprozesse.

Und nun zu den einzelnen Komponenten des Computermodells gemäss Fig.1.6:

Die *Zentraleinheit* besteht aus *Zentralrechner* und *Zentralspeicher.* Der *Zentralrechner* (auch Zentralprozessor, engl. *central processing unit, CPU)* ist imstande, gemäss einer Befehlsfolge (Programm) viele einfache Operationen hintereinander auszuführen. Solche *Operationen* (Arbeitsschritte) dienen dem arithmetischen Rechnen (+ - * /), dem Lesen und Schreiben vom und zum Zentralspeicher, aber auch der Fallunterscheidung; wir kennen solche Operationen vom programmierbaren Taschenrechner. Im Gegensatz zum Taschenrechner verfügt jedoch die Zentraleinheit zusätzlich über einen grösseren *Zentralspeicher* (auch *Arbeits- oder Primärspeicher,* engl. central memory*)*, welcher dem Zentralrechner gleichsam als schneller Notizblock dient, und dies für zwei verschiedene Aufgaben gleichzeitig: Der Zentralspeicher enthält die *Daten* für Rechnen, Schreiben usw., er enthält aber auch das *Programm,* das die Tätigkeit des Zentralrechners steuert. Damit kann innerhalb der *Zentraleinheit* (Zentralrechner plus Zentralspeicher) sehr rasch und sehr flexibel abgelesen werden, was zu tun ist (Programm) und worauf diese Anweisungen auszuführen sind (Verarbeitung von zentral gespeicherten Daten). Die Arbeitsgeschwindigkeit innerhalb der vollelektronisch arbeitenden Zentraleinheit liegt in der Grössenordnung von 1 Mikrosekunde ($1 \mu s = 10^{-6} s$) pro Operation; eine typische Zentraleinheit eines Kleincomputers kann somit grössenordnungsmässig etwa 1 Million Operationen pro Sekunde ausführen. (Die dafür geläufige Masseinheit ist 1 MIPS = 1 Million Instruktionen pro Sekunde; 1 Instruktion bewirkt 1 Operation; vgl. Masseinheiten im Anhang dieses Buches.)

Eingabegeräte (input devices) dienen der Eingabe von Signalen oder von bereits in maschinenlesbarer Form vorbereiteten Daten in die Zentraleinheit. Wichtige Eingabegeräte sind bei Dialogbetrieb die Tastatur und graphische Zusatzgeräte wie Maus, Tablett, Lichtgriffel, im Stapelbetrieb Lesegeräte für Datenträger wie Magnetbänder und -platten sowie optisch lesbare Belege (Scanner), im Echtzeitbetrieb Messgeräte (Sensoren). Im Dialogbetrieb ist die Eingabegeschwindigkeit (z.B. mittels Eintasten von wenigen Zeichen pro Sekunde) um viele Grössenordnungen kleiner als die Arbeitsgeschwindigkeit in der Zentraleinheit.

Ausgabegeräte (output devices) ermöglichen die Ausgabe von Daten des Arbeitsspeichers auf andere Medien, entweder in für den Menschen direkt oder indirekt lesbarer Form, z.B. auf Bildschirm, Drucker oder Mikrofilm, oder in einer Form, welche später wiederum ein maschinelles Lesen gestattet, z.B. auf Magnetbänder oder als Steuersignal. Die Schreibgeschwindigkeit ist kleiner als die Zugriffsgeschwindigkeit im Arbeitsspeicher, variiert aber stark je nach Gerätetyp (z.B. für Bildschirm und langsame Drucker).

Periphere Einheiten (peripheral devices) ist der Sammelbegriff für Ein- und Ausgabegeräte.

Sekundärspeicher (secondary storage devices) dienen der dauerhaften Speicherung jeder Art von Daten und Programmen (diese Speicherung bleibt erhalten, auch wenn der Computer ausgeschaltet wird) sowie als Hintergrundspeicher für grössere Datenmengen und Programmpakete, wenn diese im Arbeitsspeicher nicht vollständig Platz finden. Häufigster Sekundärspeicher ist heute die sog. Festplatte (hard disk). Das Speichervolumen beträgt meist ein Vielfaches der Kapazität des Arbeitsspeichers; die Zugriffszeit ist jedoch viel grösser, der Sekundärspeicher also entsprechend langsamer. Für gewisse Fälle können auch ein Ausgabegerät und ein gleichartiges Eingabegerät gemeinsam (z.B. eine Magnetband- oder eine Diskettenstation zum Schreiben *und* Lesen) die Funktion eines Sekundärspeichers übernehmen.

Unser einfaches Computermodell lässt sich somit auf Zentraleinheit plus Ein- und Ausgabeeinheiten sowie Sekundärspeicher für die permanente Datenspeicherung reduzieren, wie Fig.1.6 bereits gezeigt hat.

An einigen *Beispielen* soll dieses Computermodell jetzt seine Tauglichkeit beweisen. Wir wollen mit diesem Modell realistische Computeranwendungen beschreiben. Als Einsatzgebiet betrachten wir eine Vereinsverwaltung mit einem Mitgliederverzeichnis. Dieses enthält *Daten* über die Mitglieder, also etwa die Merkmale Name, Adresse, Stand der Beitragszahlungen; wir nennen die zusammengehörenden Daten über je ein Vereinsmitglied einen *Datensatz.* Alle Datensätze des Mitgliederverzeichnisses zusammen bilden eine *Datei.* (Wir werden diesen Begriff in Abschnitt 1.5 noch vertieft behandeln.)

Beispiel 1: Aufbau eines Mitgliederverzeichnisses

In diesem Arbeitsgang werden die Daten der Vereinsmitglieder über die Tastatur eingetippt und auf einem Sekundärspeicher (z.B. einer Festplatte) zwischengespeichert. Die Zentraleinheit sammelt dazu die Daten datensatzweise (also Name, Vorname, Adresse, Telefonnummer jeweils *eines* Vereinsmitglieds) und speichert anschliessend den Inhalt dieses Datensatzes im Sekundärspeicher.

Eingabe: `Müller Monika, Eibenweg 6, 9999 X-Stadt, 5274389`

Beispiel 2: Ausdruck eines Mitgliederverzeichnisses

In einem anderen Arbeitsgang holt die Zentraleinheit die Angaben über die Vereinsmitglieder datensatzweise vom Sekundärspeicher und druckt sie in geeigneter Form auf einem Drucker aus (z.B. als Zeile eines Mitgliederverzeichnisses oder als Postadresse auf Endlos-Klebeetiketten; Fig.1.7).

Je nach Verwendungszweck des Mitgliederverzeichnisses ist dabei die *Reihenfolge* wichtig, in welcher der Ausdruck erfolgt. Dazu benützt die Zentraleinheit Programme zum *Sortieren*. Damit können die Mitgliederdatensätze z.B. „nach dem Namen alphabetisch" oder „nach der Postleitzahl numerisch" sortiert und erst nach diesem Vorbereitungsschritt gedruckt werden.

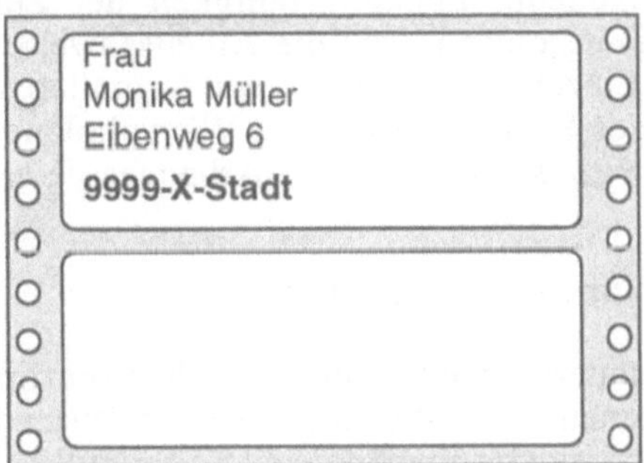

Figur 1.7: Ausgabe von Daten als Adresskleber

Beispiel 3: Suchen des Mitglieds mit Namen „Müller"

Bei diesem Arbeitsprozess erhält die Zentraleinheit über die Tastatur den Namen „Müller". Sie vergleicht nun der Reihe nach in allen gespeicherten Datensätzen das darin enthaltene Merkmal „Namen" mit dem Vergleichswert „Müller", bis sie einen entsprechenden Datensatz gefunden oder alle Datensätze erfolglos verglichen hat. Die Datenausgabe (z.B. auf dem Bildschirm) besteht entweder aus den Daten des gefundenen Datensatzes oder aus der Meldung „Kein solcher Name gefunden".

In den voranstehenden Beispielen wurde im wesentlichen ein Bestand von Datensätzen (eine Datei) aufgebaut (Beispiel 1) und dann mehrfach (Beispiel 2, Beispiel 3) durchgearbeitet (aufgelistet, abgesucht usw.). Dabei wurden drei wichtige Vorgehensprinzipien verwendet:

- Die Daten (hier: alle Angaben über die Vereinsmitglieder) wurden nicht einfach als Gesamtmenge betrachtet, sondern in viele gleichartige Teile gegliedert (hier: Datensätze mit den Daten zu je einem Mitglied).
- Zur eigentlichen Verarbeitung wird jeweils ein Datensatz (oder eine Gruppe benachbarter Datensätze) in den Arbeitsspeicher genommen, verarbeitet und wieder ausgegeben. Dieser gleichbleibende Verarbeitungsschritt wird für alle Datensätze wiederholt (repetiert), bis die Gesamtheit der Daten verarbeitet ist.
- Die Reihenfolge (Sequenz) dieser Verarbeitung ist wesentlich. Stehen Datensätze ursprünglich in einer unzweckmässigen Reihenfolge, wird vorerst umsortiert. Nachher kann dann routinemässig in der gewünschten Reihenfolge sequentiell und repetitiv verarbeitet werden.

Diese Vorgehensprinzipien – Gliederung in Datensätze, repetierbare Arbeitsschritte, Sortierung – sind die wichtigsten Merkmale der klassischen *sequentiellen Datenverarbeitung.* Die sequentielle Denkweise beherrscht die automatische Datenverarbeitung. Man versucht ein Problem so zu strukturieren, dass man Einzelarbeiten identifiziert, welche bei Bedarf *immer wieder auf dieselbe Art* ausgeführt werden können. Auf diese Weise lässt sich die ungeheure Leistungsfähigkeit der Zentraleinheit (ca. 10^6 Operationen pro Sekunde) ausnützen, weil die Arbeitsanweisungen (Programm) für sehr viele wiederholbare Einzelarbeiten nur *einmal* formuliert werden müssen. Nach diesem Programm führt der Rechenautomat die Wiederholungen aus und ist so bei grösseren Datenmengen trotz seiner enormen Arbeitsgeschwindigkeit längere Zeit beschäftigt.

1.4 Was leistet ein Computerprogramm?

Wenn der Leser das Computermodell und die Vorgehensprinzipien aus Abschnitt 1.3 geistig „in Betrieb genommen" hat, ist er damit bereits imstande, erste und wichtige Aufgabenstellungen der Praxis informatikgerecht zu formulieren. So werden etwa in der Vereinsverwaltung Mitglieder mit Zahlungsrückständen (= Datensätze mit fehlender Zahlung) gesucht und dafür Mahnungen ausgedruckt; im Labor werden Messdaten eingelesen und umsortiert. Im Grunde genommen sind das aber sehr primitive Arbeiten, die sich auf das Lesen und Umspeichern von Datensätzen zwischen den verschiedenen Speicher- und Ein- und Ausgabegeräten beschränken. Kann der Computer nicht mehr?

Zur Beantwortung dieser Frage betrachten wir nochmals die Zentraleinheit und die mit ihr verbundenen Eingabe-, Ausgabe- und Speichergeräte (Fig.1.6) und überlegen uns, wozu diese Geräte eingesetzt werden können und sollen. Die Antwort ist sehr allgemein und orientiert sich am ganzen Angebot an Einzeloperationen dieser Geräte:

> Die *Geräte (Hardware)* des Computers können all jene Prozesse ausführen, die aus einer endlichen Folge von Einzeloperationen (Arithmetik, Fallunterscheidung, Ein-/Ausgabe, Speichern/Ablesen usw.) bestehen, wie sie im Befehlssortiment des Rechners vorgesehen sind.

Diese Definition allein trifft aber noch nicht den Kern des Computers, denn sie würde auch für eine Werkstatt mit vielen Werkzeugen oder ein Labor mit vielen Instrumenten gelten: Auch in einer Werkstatt oder in einem Labor „lassen sich all jene Prozesse ausführen", wofür Werkzeuge und Instrumente vorhanden sind. Das Besondere am Computer liegt darin, dass sich seine Einzeloperationen ganz präzis *im voraus* und in praktisch beliebiger Kombination festlegen (= „programmieren") lassen, so dass sich damit sinnvolle und anspruchsvolle informationstechnische Aufgaben durchführen lassen.

Die Operationen der Computergeräte sind nicht nur *einzeln* von Menschen nutzbar, sondern lassen sich durch ein Programm systematisch und anwendungsorientiert *kombinieren.* Verschiedene Anwendungen erfordern verschiedene Programme, können aber durchaus auf den gleichen Geräten bearbeitet werden, wie wir bereits im Abschnitt 1.2 gesehen haben. Ohne Programm liegen die Funktionen der Computergeräte (Hardware) still, erst durch Programme (Software) werden diese zu Problemlösungen nutzbar. Jedes Programm erhöht die speziellen Fähigkeiten eines Computers:

- *Computer-Hardware ohne Programme:* Maschine, die für verschiedene Zwecke eingesetzt werden *kann*; höchste Flexibilität, aber nur im Sinne einer Bereitschaft. Die Maschine „steht zur Verfügung", hat aber noch keine Anwendungsbeziehung.
- *Computer-Hardware mit Programmen:* Maschine, welche für die Lösung einer *bestimmten Aufgabe* vorbereitet ist.

Nun sind aber sehr viele Aufgaben, die mit Programmen gelöst werden müssen, weitgehend unabhängig von ganz bestimmten Anwendungen. So müssen bei jeglicher Art von Anwendung Datenpakete auf dem Sekundärspeicher richtig verwaltet und der Drucker im richtigen Rhythmus mit Ausgabedaten gefüttert werden. Solch allgemeine Aufgaben werden vom Betriebssystem abgedeckt, das wir bereits im Abschnitt 1.1 kennengelernt haben.

Das *Betriebssystem* (operating system) ist ein Paket von Programmen, welches Basisfunktionen für alle Arten von Anwendungen sicherstellt.

Entsprechend reduziert sich die Aufgabe der Anwenderprogramme:

Ein *Anwenderprogramm* (application program) ergänzt Computergeräte und Betriebssystem zu einer konkreten Problemlösungsmaschine.

Mit dieser Unterscheidung sind wir einmal mehr beim Schichtenmodell aus Abschnitt 1.1 angelangt, das Fig.1.8 nochmals aufnimmt.

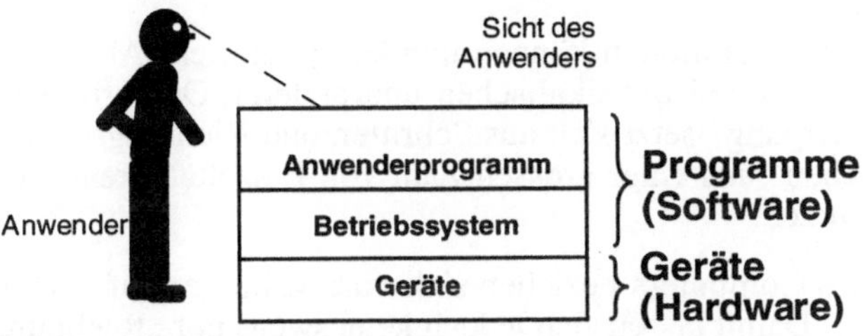

Figur 1.8: Das Betriebssystem ist ein Programm und liegt zwischen Geräten und Anwenderprogrammen

Weil Computerhardware ohne Betriebssystem in der heutigen Praxis nicht einsetzbar ist und daher diese beiden Komponenten meist zusammen beschafft werden (während Anwenderprogramme jederzeit noch dazukommen können), gibt es einen gemeinsamen Begriff dafür: Computersystem.

Ein *Computersystem* besteht aus einer Zentraleinheit und allfälligen weiteren Geräten (Hardware) sowie dem zugehörigen Betriebssystem (Software).

Nach dieser groben Charakterisierung der *Aufgaben* von Programmen kommt nun ein Blick ins Kleine. Da zeigt sich, dass die heute so extrem vielseitige Computerwelt – vom Textverarbeitungssystem über die Steuerung der Klimaanlage bis zum Computerspiel – auf wenigen Gruppen von *Elementaroperationen* aufbaut. Diese sind überdies jedem technisch Interessierten sehr wohl bekannt, da schon Taschenrechner viele dieser Operationen anbieten. Die wichtigsten Gruppen von Operationen sind folgende:

- *Rechenoperationen:* Arithmetische Operationen (+ - * /) inklusive Berechnung von Funktionswerten (Prozente, Wurzeln, Sinus, Rundung usw.).
- *Zeichenmanipulationen:* Operationen an Zeichen, Wörtern, Texten (Ersetzen von „ö" durch „oe", Zählen aller „a", Zeichnen/Löschen von Bildpunkten usw.).
- *Vergleichen, Prüfen von Bedingungen:* Bedingte Operationen dürfen nur dann ausgeführt werden, wenn gewisse Voraussetzungen, Bedingungen, erfüllt sind (wenn NAME = „Monika", dann soll der NAME gedruckt werden).
- *Steuerung des Arbeitsablaufs:* Wir haben schon festgestellt, dass die sehr hohe interne Arbeitsgeschwindigkeit des Computers nicht ausgeschöpft werden kann, wenn mit einem Befehl nur genau eine Operation ausgelöst wird. Man muss solche Operationen gruppieren und insbesondere *wiederholen* können. Dazu sind „Ablaufsteuerungsbefehle" nötig. („Wiederhole Befehlsfolge ... bis Bedingung X erfüllt; wenn Bedingung X erfüllt, dann mach das, sonst mach dies"; Abbruch der Verarbeitung; Unterbrechung; usw.).
- *Daten-Ein- und -Ausgabe:* Transferoperationen für Daten oder ganze Datensätze zwischen Arbeitsspeicher und Ein-/Ausgabe sowie sekundären Speichermedien (Lesen, Schreiben).

Aus diesen Elementaroperationen können nun kompliziertere Abläufe zusammengesetzt werden, genau wie bei physikalischen und anderen Operationen des täglichen Lebens: Der „Spaziergang" setzt sich aus Schritten und Richtungsentscheidungen zusammen, das „Kochen" aus einer grossen Zahl von Einzeltätigkeiten vom Kartoffelschälen bis zum Würzen.

Die Operationen des Computers beziehen sich vorerst immer auf Daten, also auf immaterielle Elemente. Damit lassen sich jedoch keineswegs nur „Rechnungen" im traditionellen Sinn durchführen, wie folgende Beispiele zeigen:

- Lösung von numerisch-mathematischen Problemen (z.B. im Ingenieurbereich);
- Datenorganisation, Speichern und Wiederaufsuchen von Daten, Unterstützung von Registratursystemen und Datenbanken;
- Umformung von Daten, Codierung, Chiffrierung, Übersetzung, Textverarbeitung mit Korrekturmöglichkeiten;

- Planungsarbeiten, Simulation von geplanten Systemen (Verkehr, Naturwissenschaften, Ökonomie), inklusive graphischer Darstellung.

Soll der Computer solche speziellen Aufgaben lösen, so benötigt er dafür ein – gelegentlich aus vielen tausend Zeilen bestehendes – Anwenderprogramm, das den Computer zur entsprechenden Spezialmaschine macht. Allerdings soll diese Spezialisierung von Programmen auch nicht zu weit getrieben werden. Es ist eine der wichtigsten Eigenschaften eines guten Programms, dass es nicht nur ein einziges Mal brauchbar ist, sondern *verschiedene ähnliche* Probleme lösen kann, d.h. eine *gewisse Flexibilität* bei der Anwendung aufweist. Diese Flexibilität darf aber wiederum nicht übertrieben werden, weil das Programm sonst zu teuer und zu kompliziert würde.

Beispiele:
- Ein einfaches Adressverwaltungsprogramm soll eine beliebige (variable) Anzahl von Mitgliederadressen verwalten, auch mit unterschiedlichen Adressformen. Das gleiche Programm wird aber kaum zur Verwaltung anderer Dinge, z.B. von Kochrezepten oder eines Bibliothekskatalogs, eingesetzt werden.
- Ein Programm zur Berechnung von Spannungsverteilungen in Brückenplatten soll verschiedene geometrische Plattenformen bearbeiten können, aber keine Hohlträger; für diese wird ein separates Programm benötigt.

Der Einsatzbereich eines bestimmten Computerprogramms ist heute weniger durch die Leistungsfähigkeit des Computers beschränkt, als durch die bewusst gewählte, sinnvolle Grenze seiner Flexibilität und damit der Benutzbarkeit. Allzu vielseitige Programme sind nicht nur gross (Speicherplatz!) und fehleranfälliger, sondern erfordern auch mehr Ausbildungsaufwand bei den Anwendern.

1.5 Daten und Information

Daten*verarbeitung* mit Programmen aus vielen einzelnen Operationen stellt nur die eine, die prozessorientierte Seite der Computerwelt dar; die andere Seite befasst sich mit den Daten. Daten sind die Objekte, die Substanz der Datenverarbeitung. In diesem Abschnitt sollen daher Daten nach verschiedenen Gesichtspunkten betrachtet und klassiert werden. Es liegt auf der Hand, Begriffe der Datenorganisation vorerst nach ihrer *Grösse* zu gliedern (Tab. 1.B).

In diesem Sortiment haben die Begriffe Bit und Block primär technisch-physische Bedeutung, während die übrigen Begriffe – nämlich Zeichen, Datenelement, Datensatz und Datei – direkt für die Anwendung wichtig sind. Doch sind alle sechs Begriffe in der Informatik von erheblicher Bedeutung; sie sollen daher eingehender beschrieben werden.

Bit (von binary digit, Binärziffer): Grundeinheit der Informationsdarstellung. Ein Bit kann nur genau einen von zwei Werten annehmen, wie wahr/falsch, ja/nein oder 0/1. Alle komplizierteren Sachverhalte (Daten) müssen durch mehrere Bits dargestellt werden (siehe weiter unten „Zeichen"). Da die einfachsten elektronischen Schaltelemente ebenfalls auf der Darstellung von genau 2 Zuständen (z.B. Schalterstellung auf/zu, Magnetisierungsrichtung, Stromrichtung, Impuls ja/nein usw.) beruhen, ist das Bit auch elementares Mass für die technische Speichergrösse der Information. Der Benutzer des Computers muss sich aber im allgemeinen nicht um die Bits und das zugehörige Binärsystem kümmern, da das Computersystem die Bits selbständig zu höheren Datenorganisationsformen (Byte, Wort) zusammenfasst. (Als Masseinheit wird Bit kleingeschrieben und nicht dekliniert: bit; vgl. Verzeichnis der Masseinheiten im Anhang.)

Begriff (deutsch)	Begriff (englisch)	ähnliche Begriffe der gleichen Ebene	*Beispiel:* Mitgliederverzeichnis
Bit	bit	Binärziffer (0/1, ja/nein, wahr/falsch)	
Zeichen (Schriftzeichen)	character	Byte, Ziffer, Buchstaben	Schriftzeichen
Datenelement, Datenfeld	data field, item	Wort, Zahl, Variable, Merkmal	Name, Telefonnummer
Datensatz	record	Segment	Alle Angaben über ein Mitglied
Block	block	page („Seite“), physische Speichereinheit	eine Seite des Verzeichnisses
Datei	file	Dokument, Datenmenge	gesamtes Verzeichnis

Tabelle 1.B: Klassifikation der Begriffe der Datenorganisation

Zeichen (Schriftzeichen, engl. character): Unsere abendländische Schrift basiert auf einer überschaubaren Anzahl von Schriftzeichen. Diese sind aus einem bestimmten Satz von unterscheidbaren Symbolen ausgewählt, z.B. aus 26 Buchstaben, 10 Dezimalziffern und mehreren Satz- und Sonderzeichen. Je nach der Gesamtzahl der verwendeten Zeichen spricht man daher von 64-Zeichensatz (nur mit Grossbuchstaben), 96-Zeichensatz (mit Gross- und Kleinbuchstaben) oder von umfangreicheren Zeichensätzen, die auch deutsche Umlaute und ähnliche Zeichen umfassen können. Tab. 1.C zeigt einen derartigen Zeichensatz (von hier 64 Zeichen) zusammen mit einem international für sehr viele Computertypen verwendeten Verschlüsselungscode für diese Zeichen, dem sog. ASCII-Code (Abk. für American Standard Code for Information Interchange).

Da der Computer diese Zeichen intern binär, also bitweise, speichert, stellt sich die wichtige Frage, wieviele Bits zur Speicherung *eines* Zeichens nötig sind. Das hängt direkt vom Umfang des Zeichensatzes ab. Mit einem einzigen Bit (0/1) können zwei Zustände und damit auch zwei Zeichen unterschieden werden, mit 2 Bits deren vier (00/01/10/11), mit 3 Bits bereits acht (000/001/010/.../111). Sechs Bits können zu genau $2^6=64$ verschiedenen Bitmustern zusammengefügt werden: 000000; 000001, 000010, 000011, 000100, ..., 111111. Wir können also mit 6 Bits 64 Zeichen unterscheiden, und damit entspricht jedes beliebige Zeichen im 64-Zeichensatz genau *einer*

Bitkombination von 6 Bits. Da heute Computerzeichensätze meist Gross- und Kleinschrift und viele Spezialzeichen und somit viel mehr als 64 Zeichen umfassen, sind dafür mindestens 7 Bits nötig; in der Praxis werden für die Darstellung der einzelnen Zeichen heute intern meist 8 Bits verwendet. Aber auch Darstellungen mit 6, 7 oder 9 Bits existieren; die entsprechende Masseinheit zur Speicherung eines Zeichens heisst Byte.

> Ein *Byte* ist der für die Speicherung eines Schriftzeichens notwendige Speicherplatz (meist 8 bit, gelegentlich auch 6, 7, 9 bit umfassend).

Viele Computer haben Speicher, die in Bytes organisiert sind (Bytemaschinen). Speichergrössen werden meist in Bytes oder Megabytes angegeben (Abkürzung: MByte).

Zeichen	Code	Zeichen	Code	Zeichen	Code	Zeichen	Code
Blank	32	0	48	@	64	P	80
!	33	1	49	A	65	Q	81
"	34	2	50	B	66	R	82
#	35	3	51	C	67	S	83
$	36	4	52	D	68	R	84
%	37	5	53	E	69	U	85
&	38	6	54	F	70	V	86
'	39	7	55	G	71	W	87
(	40	8	56	H	72	X	88
)	41	9	57	I	73	Y	89
*	42	:	58	J	74	Z	90
+	43	;	59	K	74	[	91
`	44	<	60	L	76	\	92
-	45	=	61	M	77	]	93
.	46	>	62	N	78	^	94
/	47	?	63	O	79	–	95

Tabelle 1.C: Beispiel eines 64-Zeichensatzes (mit zugehörigem ASCII-Code)

Datenelement, Datenfeld, Wort: Wer mit Daten zu tun hat, und sei es auch nur im Bereich manuell geführter Registraturen, kennt den Begriff des Datenfelds oder Datenelements: „Name“, „Adresse“, „Postleitzahl“, „Jahrgang“ müssen in allen Formularen an fester Stelle eingefügt werden, wobei meist der Platz beschränkt und die Anzahl der einzusetzenden Zeichen limitiert ist. (Wir schreiben dann „66“ für „1966“ und unschön „NDHELFENSCHW“ für „Niederhelfenschwil“.) Soll ein Formular ein bestimmtes Merkmal über eine Person oder einen Gegenstand festhalten, so muss dafür ein entsprechendes Datenfeld bereitstehen. Die Merkmalsbezeichnung (z.B. „Jahr gang“) und der Merkmalswert (z.B. „66“) bilden dann zusammen eine bestimmte Angabe, ein Datenelement.

Die Datenelemente des Mathematikers heissen meist Variable, ihre Werte sind Zahlen (z.B. „-25.438“). In der Computertechnik heisst ein Speicherbereich fester Grösse, der zur Speicherung einer Zahl oder eines kleineren Datenfelds geeignet ist, ein *Wort* (präziser: ein Maschinenwort). Bei manchen Computern ist der Speicher in Worten organisiert (Wortmaschinen). In einem solchen Wort (d.h. in der damit abgegrenzten Gruppe von Bits, z.B. 16, 32, 48, 60, 64 bit, je nach Maschine) können nach Bedarf verschiedene Datentypen untergebracht werden, etwa

- Zeichengruppen: mehrere Schriftzeichen (= mehrere Bytes)
- *Festkommazahlen* (fixed point numbers): ganze Zahlen oder Dezimalzahlen mit fester Länge und festem Dezimalpunkt. Beispiel: 128, 3.1416, -71.25
- *Gleitkommazahlen* (floating point numbers): Dezimalzahlen in halblogarithmischer Darstellung mit Zehnerexponent. Beispiel: 3.04E5 (= $3.04 \cdot 10^5$)

Datensatz: Ein Datenelement („Jahrgang = 66“), wie wir es soeben betrachtet haben, kann *allein* noch keine sinnvolle Information darstellen; Sinn macht erst die Kombination solcher Datenelemente. Eine Gruppe von Datenelementen, welche sich auf einen bestimmten, genau umgrenzten Sachverhalt (Person, Sache, Hinweis usw.) bezieht, heisst *Datensatz.* Ein Datensatz drückt beispielsweise folgende Angaben zu einer Person aus:

„MONIKA MÜLLER wohnt in 9999 X-STADT und ist 1966 geboren.“

Technisch wird dies meist tabellenähnlich formuliert und dargestellt.

Name:	Vorname:	PLZ:	Wohnort:	Jahrgang:
MÜLLER	MONIKA	9999	X-STADT	66

Der eingerahmte Bereich bildet einen Datensatz, wobei die darübergesetzten Merkmalsbezeichnungen explizit geschrieben oder auch nur implizit verstanden werden können.

Block: Der Block ist eine *physische* Speichereinheit. Seine Grösse ist vom Speichermedium abhängig; für die logische Organisation ist der Block ohne Bedeutung. Beispiele für Blöcke: Eine grosse Registratur wird in viele Schubladen eingereiht (Schublade = Block); ein Buch ist in Seiten gegliedert (Seite = Block); auf eine Diskette oder Festplatte wird in einem Schreib- oder Lesevorgang eine bestimmte Datenmenge auf einmal geschrieben oder gelesen (Datenmenge pro Schreibvorgang = Block).

Datei (engl. file): Eine Datei ist eine *logische* Speichereinheit. Häufig besteht eine Datei aus einer Vielzahl zusammengehöriger und ähnlich aufgebauter Datensätze (Beispiel: Adressverzeichnis vieler Mitglieder), allenfalls sortiert nach einem bestimmten Schlüssel. Eine Datei kann logisch in Unterdateien gegliedert sein (Beispiel: Adressverzeichnis bestehend aus mehreren Ortsverzeichnissen). Die Datei ist im allgemeinen die oberste einheitliche logische Datenstruktur; sie ist aber auf vielen Computersystemen auch ganz einfach der Sammelbegriff für *logisch* zusammengehörige *Datenmengen.*

Dokument (statt Datei): Auf Kleincomputersystemen wird meist der Begriff Dokument für verschiedenartige, aber *logisch* zusammengehörige Datenmengen gebraucht. Dabei kann ein Dokument ein Text (evtl. mit Figuren), eine Konstruktionszeichnung, aber auch eine Personalliste oder ein Lagerverzeichnis sein.

Nach der Gliederung der Datenorganisationseinheiten in bezug auf ihre Grösse wenden wir uns anderen wichtigen Datenaspekten zu, zunächst der Formatierung der Daten:

Formatierte Daten sind Daten *in festen Datenfeldern* für bestimmte Merkmale.

Typische *Beispiele* für formatierte Daten sind Formulare auf Papier mit vorgesehenen Kästchen für die Einträge. Ganz ähnlich sind Kästchen auf sog. Bildschirmmasken (wie sie etwa in Fig. 2.8 in Kap. 2 zu sehen sind).

Unformatierte Daten sind als fortlaufender Text geschriebene Daten. Ihre Bedeutung (d.h. das zu beschreibende Merkmal) geht aus dem Kontext hervor, einzelne Werte werden durch Trennzeichen gegeneinander abgegrenzt.

Beispiel: Claudia ist 24, blond, klein, aktiv.

In Informatikanwendungen, aber auch in manuell geführten Datensammlungen werden vor allem die häufig vorkommenden, einheitlich geschriebenen Daten *formatiert* dargestellt, während freie Bemerkungen, Texte unterschiedlicher Länge und bloss gelegentliche Eintragungen eher *unformatiert* gespeichert werden. Formatierte Daten sind meist einfacher aufzufinden. Beispiel eines kombinierten Formulars:

	Name:	Vorname:	PLZ:	Wohnort:	Jahrgang:
formatiert:	MÜLLER	MONIKA	9999	X-STADT	66
unformatiert:	Bemerkungen: sehr schlank, Narbe am rechten Auge				

Eine ganz andere Unterscheidung von Daten ergibt sich aus ihrem *Verwendungszweck,* der die Art der Datendarstellung und -speicherung stark beeinflussen kann. Daten sind schliesslich Beschreibungen bestimmter Sachverhalte, und diese Beschreibungen können je nach vorgesehener Verwendung Unterschiede aufweisen:

- Namen: „RENE MUELLER“ genügt für eine *Postadresse*, für ein *Zeugnis* wäre „René Müller“ angemessener.

– Alter: Für persönliche Papiere wird das Geburtsdatum „6.10.66“ exakt benötigt; für Statistiken genügt aber das Geburtsjahr „1966“.

Solche Präzisionsunterschiede sind in der Praxis nicht bloss eine Frage der Ästhetik (RENE und René), sondern meist eine Frage des Aufwands und damit der Wirtschaftlichkeit oder gar eine Frage des Rechts („Recht auf Berichtigung“; vgl. Datenschutz in Abschnitt 7.3). Wer daher bei der Einführung einer Informatiklösung entscheiden muss, wie präzis und wie aktuell (d.h. wie gut nachgeführt) ein Datenbestand sein soll, kann sich bei diesem Entscheid nicht nach dem Gefühl richten, sondern muss den *Verwendungszweck* der Daten im Auge behalten. Ganz grob lassen sich so zwei Hauptgruppen von Datensammlungen unterscheiden:

Individualdaten dienen der Darstellung von Einzelfällen (z.B. über Personen, Geschäftsabläufe, technische Konstruktionen). Präzision der Daten und Nachführungsrhythmus orientieren sich an der entsprechenden administrativen oder technischen Aufgabe.

Statistische Daten dienen *nicht*individuellen Zwecken (Planung, Forschung) und werden nach Möglichkeit über Messeinrichtungen erfasst oder aus Individualdatenbeständen abgeleitet. Damit ist ihre Genauigkeit limitiert; nachträgliche Korrekturen sind selten möglich.

Damit sind wir beinahe am Schluss dieses Einführungsabschnitts über „Daten und Information“. Doch wurde bisher fast ausschliesslich über *Daten* gesprochen; die Information blieb unerwähnt. Daher noch ein kurzer Nachtrag dazu.

Daten und Information sind nicht gleichwertig, wie folgende Definitionen zeigen:

Daten beschreiben Sachverhalte.

Informationen sind Antworten auf Fragestellungen; Informationen füllen Informationslücken (des meist menschlichen Anwenders).

Informationen sind somit – vom Anwender aus gesehen – meist erst das *Ergebnis* der Arbeit mit Datenbeständen. Wer eine offene Fragestellung hat und zu deren Beantwortung einen Datenbestand durchsucht, hofft dabei auf eine Antwort, auf Information.

Der Informatiker beschäftigt sich aber primär mit Datenverarbeitung, Datenspeicherung, Datenübermittlung. Erst wenn er dadurch einem Anwender eine gesuchte Antwort vermitteln kann, spricht er von *Information.*

1.6 Speichern und Wiederauffinden von Daten

Nach der Einführung in einfache *Datenformen* in Abschnitt 1.5 folgen nun in Abschnitt 1.6 grundlegende *Arbeits*formen beim Umgang mit Daten. Es geht dabei einerseits um elementare Speicherstrukturen (Listen und Tabellen), anderseits um die Verfahren, damit darin Datensätze gespeichert und wieder aufgefunden werden können. Der Leser beachte dabei, dass die geschilderten Speicherformen und -verfahren von grundsätzlicher Art sind und daher sowohl manuell (Lösungen auf Papier, mit Karteikarten) als auch mit Informatikmitteln eingesetzt werden können.

Sequentielle und adressierbare Speicher: Listen und Tabellen
Eine der wichtigsten Alltagsaufgaben „datentechnischer" Art besteht darin, Notizen zu machen und diese im richtigen Moment wieder bei der Hand zu haben, sie wieder zu finden. Eine „Notiz" ist nichts anderes als ein *Datensatz* („Im Supermarkt über Mittag 2 Liter Milch holen"); viele Datensätze bilden eine *Datei* – oder eben hier den Inhalt des Notizblocks. Da aber die besten Notizen nichts nützen, wenn wir sie nicht mehr finden, erlauben spezielle Notizblöcke, schon beim Schreiben das zukünftige Wiederauffinden vorzubereiten (Fig.1.9 links):

– Taschenkalender: Eintragungen für feste zeitliche Daten unter dem entsprechenden Kalenderdatum; damit werden auch mögliche Doppelbelegungen sichtbar und vermeidbar.
– alphabetisches Adressverzeichnis: Eintragung von wichtigen Adressen unter dem entsprechenden Buchstaben (auch Adressänderungen lassen sich direkt am richtigen Ort vermerken).

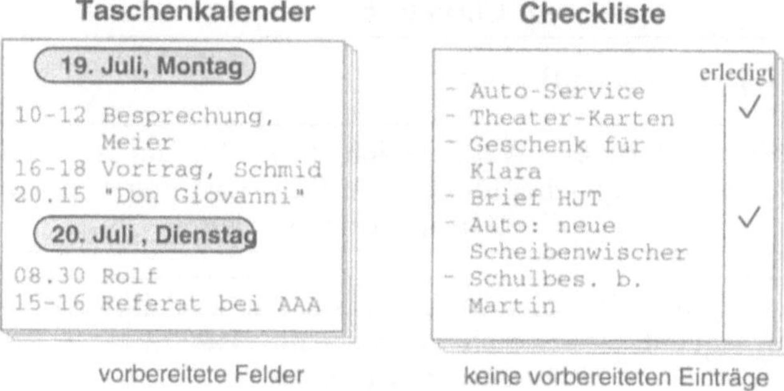

Figur 1.9: Taschenkalender und Checkliste

Solch vorbereitete Notizblöcke (Kalendertage, alphabetisches Register) sind überall dort angezeigt, wo wir ein eindeutiges Ablage- und Suchkriterium („Schlüssel") haben und wo sich der Gesamtumfang der Einträge (Jahr, Alphabet) von vornherein etwa überblicken lässt. Sind diese Voraussetzungen nicht erfüllt, lassen sich Notizen zwar trotzdem anlegen, indem man sie nacheinander aufschreibt; das spätere Wiederauffinden wird allerdings wesentlich aufwendiger, weil man unter Umständen sämtliche Einträge durchsuchen muss. Beispiele solcher offener Datensammlungen (Fig.1.9 rechts):

- *Checklisten:* Da man kaum alles in der gleichen Reihenfolge aufschreiben kann, wie die Dinge erledigt werden müssen, wird die Liste laufend ergänzt und abgehakt; das Unerledigte bleibt so sichtbar.
- *Chronologische Briefablage:* Alle Briefe und Kopien werden fortlaufend in einem Ordner abgelegt. (Wer dann – ausnahmsweise – das Datum eines zu suchenden Dokuments kennt, findet dieses rasch, sonst muss er den ganzen Stoss durchblättern.)

Die erwähnten Notizverfahren nach vorbereiteten Feldern bzw. fortlaufend zeigen prinzipielle Unterschiede und zwar bezüglich der Form der Datenablage (Speicherung) wie auch bezüglich der Datenrückgewinnung (Abfrage), also des Zugriffs auf den Speicher.

Speicherformen:

Direkt adressierbare Speicher: Die abzuspeichernden Datensätze werden gemäss einem Schlüsselbegriff an reservierten Stellen abgelegt, (vorerst) nicht benutzte Speicherplätze bleiben offen (Beispiel Taschenkalender).

Sequentielle Speicher: Die abzuspeichernden Datensätze werden nacheinander *(sequentiell)* eingetragen; der Platz wird dabei maximal ausgenutzt (Beispiel Checkliste).

Abfragemethoden (Speicherzugriff):

Adressierte Abfrage (Beispiel: „Was habe ich am 19. Juli um 10.00 Uhr vor?“): Falls der adressierbare Speicher für diese Abfrage vorbereitet ist, kann diese Frage direkt beantwortet werden.

Sequentielle Abfrage (Beispiel: „Was muss ich in der Autowerkstatt alles melden?“): Im sequentiellen Speicher müssen alle Datensätze der Reihe nach durchsucht werden.

Die vorstehenden Beispiele lassen auf den ersten Blick vermuten, dass adressierbare Speicher und adressierte Abfragen einerseits und sequentielle Speicher und sequentielle Abfragen anderseits paarweise zusammengehören. Dieser Schluss ist nur teilweise richtig; betrachten wir dazu die „falschen“ Paarungen genauer:

- adressierte Abfrage in sequentiellem Speicher:
  (Beispiel: „Autoprobleme auf Checkliste“). Eine adressierte Abfrage ohne Suchen ist hier tatsächlich *nicht möglich*, da keine Adressorganisation vorhanden ist.
- sequentielle Abfrage in adressierbarem Speicher:
  (Beispiel: „Kommt demnächst *Peter* zu einer Besprechung“ im Taschenkalender). In diesem Fall soll ein nach Datum adressierter Speicher nach einem anderen

Merkmal (hier: Name =„Peter“) abgesucht werden. Das ist durchaus machbar, jedoch nur sequentiell. Sequentielles Suchen ist in jedem Speicher möglich.

Somit ergeben sich die Kombinationen gemäss Tab. 1.D.

Bei Abfragen stehen sich immer Daten und Suchfragen gegenüber:

- *die gespeicherten Daten:* eine Menge von Datensätzen, die auf bestimmte Art organisiert sind;
- *eine Suchfrage:* eine Auswahlvorschrift für einen Teil der gespeicherten Datensätze.

		Abfrageart	
		adressiert	sequentiell
Speichertyp	adressierbar	möglich für vorbereiteten Schlüssel	möglich
	sequentiell	nicht möglich	möglich

Tabelle 1.D: Mögliche und unzulässige Speicher-Abfrage-Kombinationen

Schlüssel

Die Verbindung zwischen gespeicherten Daten und Suchfragen geschieht über bestimmte Merkmale oder Merkmalskombinationen der Daten, welche wir *Schlüssel* nennen.

Ein *Schlüssel* ist ein Merkmal oder eine Kombination von Merkmalen, welche einen Datensatz oder mehrere Datensätze in einer Menge von gleichartigen Datensätzen auszeichnen.

In der Datenverarbeitungspraxis werden mehrere Schlüsselbegriffe unterschieden und durch ihre Verwendung charakterisiert. In Tab. 1.E werden diese Schlüsselbegriffe vorgestellt, erläutert und anhand von Beispielen verdeutlicht.

Solche Schlüsselmerkmale kennen wir verschiedentlich: „das Datum“ im Taschenkalender, „den Namen“ im Telefonbuch. Oft gibt es mehrere Möglichkeiten, nach einem Datensatz zu suchen. Bei Personendaten kann z.B. einerseits die Kombination „Name“, „Vorname“ und „Geburtsdatum“, anderseits die „Sozialversicherungsnummer“ je allein die Bedeutung eines Schlüssels haben. Die Sozialversicherungsnummer ist ein sehr präziser Schlüssel, der nur auf eine einzige Person zutrifft; das ist ein sog. *Identifikationsschlüssel.* Umgekehrt können mehrere Personen das gleiche Geburtsdatum haben, so dass die Suchfrage „Geburtsdatum = 6.10.66?“ allenfalls mehrere Datensätze liefert.

Art des Schlüssels	Zweck des Schlüssels	Eindeutigkeit des Schlüssels	Beispiel
Identifikations-schlüssel	identifiziert jeden Datensatz der Datei	ja	Sozialversicherungs-nummer einer Person
Suchschlüssel	grenzt die Menge der gesuchten Datensätze einer Abfrage ab	nein	In Personaldatei einer Firma: Jahrgang ="42"
Sortierschlüssel	bestimmt die physische Reihenfolge der Datensätze innerhalb der gespeicherten Daten	nein	In Personaldatei einer Firma: Name (alphabetisch)
Primärschlüssel	Schlüssel, nach dem eine Datei organisiert ist und der als Hauptsuchschlüssel verwendet wird	meist ja	In Telefonbuch: Name eines Teilnehmers
Sekundärschlüssel	Schlüssel, der als Nebensuchschlüssel verwendet wird; für Abfragen nach diesem (Such-)Schlüssel ist eine Abfragehilfsorganisation vorhanden	nein	In Telefonbuch: Telefonnummer eines Teilnehmers

Tabelle 1.E: Gebräuchliche Schlüsselbegriffe

Schnellere Suchverfahren: Binäres Suchen

Bis jetzt haben wir zwei Suchverfahren bzw. Zugriffsmethoden kennengelernt, adressiert und sequentiell:

- Adressierbarer Speicher: erlaubt schnellen, adressierten sowie langsamen, sequentiellen Zugriff.
- Sequentieller Speicher: erlaubt nur langsamen, sequentiellen Zugriff.

Sequentielles Suchen ist somit langsam, aber auf beiden Speichertypen immer durchführbar. Der direkte, adressierte Zugriff ist hingegen schnell, setzt aber die recht seltene Situation voraus, dass der Standort der Daten und der Suchschlüssel einander direkt zugeordnet werden können, wie etwa in folgenden Beispielen:

- Der bereits erwähnte Taschenkalender: Datum = Feld,
- Hotelzimmer: Zimmernummer = Adresse (Stockwerk, Zimmer).

Meist ist aber diese Voraussetzung „ein adressierter Platz für genau ein bezeichnetes Element mit Schlüssel = Adresse" gerade *nicht* gegeben. Zum Glück lassen sich jedoch die Vorteile der adressierten Speicherung auch für viele andere Fälle nutzen, wo nicht für jeden Schlüsselwert ein reservierter Speicherplatz existiert. Wie das möglich ist, sei am Beispiel des Telefonbuchs untersucht.

Beispiel: Binäres Suchen im Telefonbuch

Im Telefonbuch (Fig.1.10) sind alle Namen *alphabetisch sortiert fortlaufend* gespeichert. In diesem Namenregister suchen wir *nicht adressiert* („Seite 231") und auch *nicht sequentiell* („alle Namen durchlesen"), sondern mit einer Suchtechnik, die wir *binäres Suchen* nennen. Sie orientiert sich am Vorgehen eines menschlichen Benutzers. Dieser beginnt mit einem ersten Griff ins Telefonbuch etwa dort, wo er den Namen vermutet. Anschliessend sucht er durch anfänglich grosszügiges, später feines Vor- und Zurückblättern schnell die richtige Seite. So wird durch mehrfaches („geschachteltes") Unterteilen des Suchintervalls der Suchbereich rasch verkleinert. Auf der gefundenen Seite geht diese Intervall-Schachtelung weiter (vgl. Fig.1.10), so dass das Ziel rasch erreicht wird. Wie rasch?

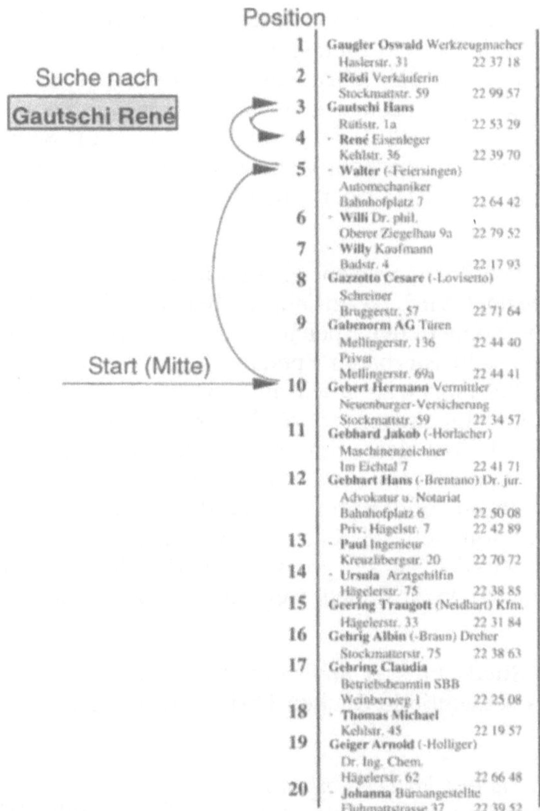

Figur 1.10: Binäres Suchen im Telefonbuch (Intervall-Suchtechnik)

Zur Beantwortung dieser Frage wollen wir die Intervall-Suchtechnik etwas formalisieren und damit auch automatisierbar (und programmierbar) machen. Ausgangspunkt ist eine sortierte Datei von Datensätzen. Der genaue Suchprozess (Fig.1.10) lautet nun wie folgt:

Wir springen zuerst in *die Mitte* der sortierten Datei und stellen dort fest, ob der gesuchte Datensatz in der ersten oder zweiten Hälfte liegt. In der gefundenen Hälfte setzen wir dieses Verfahren des in die Mitte Springens fort, bis wir nach mehreren Halbierungen das gesuchte Element gefunden haben. Wieviele Schritte braucht das?

In einem Schritt können wir eine Datei von 2 Elementen absuchen, in zwei Schritten eine Datei von 4 Elementen und in m Schritten eine Datei von 2^m Elementen.

Das binäre Absuchen einer Datei von n Elementen benötigt ${}_2\log(n)$ Schritte.

Angewendet auf das Beispiel „Telefonbuch der Stadt Zürich" (300'000 Telefonteilnehmer, 1000 Seiten mit je ca. 300 Einträgen) heisst das: Für n= 300'000 beträgt der Zweierlogarithmus und damit die Schrittzahl aufgerundet ${}_2\log(n) = 19$. Das heisst, dass höchstens 19 Teilnehmer-Datensätze verglichen werden müssen, wenn ein bestimmter Teilnehmer aus 300'000 gesucht wird. (Für Kopfrechner: Solche Logarithmus-Rechnereien sind einfach, wenn man nur eine einzige Beziehung auswendig weiss, nämlich $2^{10} = 1024$ oder ungefähr 1000; daraus kann man sofort ableiten: $2^{19} \sim 500'000$.)

Nach diesem Zahlenexperiment wollen wir uns nun noch überlegen, welche Speicherstruktur hier verwendet wird. Offensichtlich handelt es sich bei einem Buch (mit Seiten) nicht um einen sequentiellen Speicher (wie dies etwa antike Schriftrollen waren), sondern um einen adressierbaren Speicher (denn wir können im Buch direkt „Seite 231" öffnen). Allerdings wissen wir nicht im voraus, auf welcher Seite der gesuchte Telefonteilnehmer eingetragen ist. Weil aber alle Datensätze nach dem Namen alphabetisch *sortiert* sind, lässt sich beim binären Suchen eben diese Eigenschaft mit der Adressierung kombinieren: Wir suchen jenen Datensatz, der innerhalb der bereits gefundenen Intervallgrenzen „in der Mitte" steht, d.h. die mittlere Adresse hat. Dabei müssen wir *nicht* von vornherein wissen, *wo* der *gesuchte* Datensatz steht. Dennoch genügen 19 adressierte Zugriffe auf die grosse Datei von 300'000 Abonnenten, um genau den richtigen Abonnenten zu finden, wenn unsere Datei nach dem Suchschlüssel *sortiert* ist.

Wenn allerdings der Suchschlüssel *nicht* mit dem Sortierschlüssel übereinstimmt, bleibt vorerst nur das sequentielle Suchen übrig, wie wiederum das Beispiel Telefonbuch zeigt.

Beispiel: sequentielles Suchen im Telefonbuch

Sie haben ein Inserat für antike Autos gesehen: „Oldsmobile 1923, Auskunft gibt Tel. Nr. 722 38 85". Nun möchten Sie gerne wissen, wer der Besitzer dieses seltenen Stücks ist.

Natürlich könnten Sie dazu die Telefonauskunft anrufen oder ein elektronisches Telefonbuch abfragen. Mit dem herkömmlichen Telefonbuch bleibt Ihnen jedoch nichts anderes, als sequentiell alle Einträge des Telefonbuchs durchzusehen, bis Sie Erfolg haben – im Durchschnitt *das halbe* Buch! Denn das Telefonbuch ist nicht nach Telefonnummern sortiert.

Tab. 1.F zeigt die Verfahren im Vergleich:

Suchverfahren	mittlere Anzahl der Zugriffe bei n Datensätzen	Bsp.: $n = 300\,000$
Sequentielles Suchen	$n/2$	150 000
Binäres Suchen	${}_2\log(n)$	19
Direkt adressierte Abfrage	1	1

Tabelle 1.F: Mittlere Anzahl der Zugriffe bei drei alternativen Suchverfahren

Das *binäre Suchverfahren* ist somit *bei grossen Datenmengen sehr viel schneller* als das sequentielle Suchen und für Computerarbeiten recht nahe beim direkten, adressierten Zugreifen (Tab. 1.F). Beim binären Suchverfahren lässt sich anderseits eine sortierte Datei sehr dicht, (d.h. ohne Zwischenräume) in jede Art von Speicher packen, während Speicherorganisationen, wo der Schlüssel direkt als Adresse verwendet wird, meist grosse ungenutzte Platzreserven benötigen (Beispiel: Taschenkalender).

Allerdings funktioniert das binäre Suchen (gleich wie die direkt adressierte Abfrage) nur für *jenen* ausgezeichneten Schlüssel, nach welchem die ganze Datei organisiert ist; sie muss entsprechend sortiert sein. Wir nennen diesen ausgezeichneten Schlüssel auch *Primärschlüssel.*

Zum Schluss dieses Abschnitts über grundlegende Speicher- und Suchverfahren soll aber noch kurz eine Datenorganisation für Fälle betrachtet werden, wo *häufig* Suchfragen gestellt werden, die *nicht* zum Primärschlüssel einer Datenorganisation passen (also beim Telefonbuch etwa Fragen vom Typ „Wer hat Tel. Nr. 722 38 85?“) Auch für diesen Fall hatte die Praxis natürlich schon vor dem Informatikzeitalter eine Lösung: In jedem Telefonamt existiert ein Hilfsdatei, welche die Abonnentendaten *sortiert nach Telefonnummern* enthält. Selbstverständlich muss diese umsortierte Datei (wir nennen sie auch *invertierte* Datei) zusätzlich vorbereitet, gespeichert und bei sämtlichen Adressmutationen mit nachgeführt werden. Bei relativ häufigen Abfragen nach Suchschlüsseln, die nicht zum Primärschlüssel passen, lohnt sich aber dieser Aufwand. Schlüsselmerkmale, für welche Hilfsorganisationen zur Erleichterung der Abfrage vorhanden sind, heissen auch *Sekundärschlüssel.*

Alle diese Überlegungen über adressierbare oder sequentielle Speicher, adressierte *Abfragen,* binäres oder sequentielles Suchen und die verschiedenen *Schlüsselbegriffe* gelten übrigens ganz allgemein, also auch für Bibliotheken, Archive, Materiallager usw., keineswegs nur für elektronische Speichersysteme.

1.7 Näher zum Anwender: Bilder und Bewegung

In den bisherigen Abschnitten haben wir uns mit Daten, Speichermethoden und Zahlen herumgeschlagen. Wer sich jedoch in der heutigen Computerwelt umsieht, entdeckt dabei immer häufiger auch ganz andere Dinge, nämlich Bilder, Figuren, ja sogar Bewegungen und ganze Trickfilme, am extremsten wohl bei sogenannten Computerspielen. Hat das überhaupt noch mit Daten zu tun? Es hat! Auch Bilder gehen nämlich auf Daten zurück. Sie können aber für den Leser manche Sachverhalte deutlicher und rascher ausdrücken als Zahlen, wie etwa Fig.1.11 zeigt. Dürre Zahlenaufstellungen (Fig.1.11, links) machen viel weniger Eindruck und sind auch schlechter lesbar als die Graphik (rechts).

Arbeitsplätze

	im Büro	mit Computer
1970	40 %	5 %
1992	50 %	30 %
2010	60 %	70 %

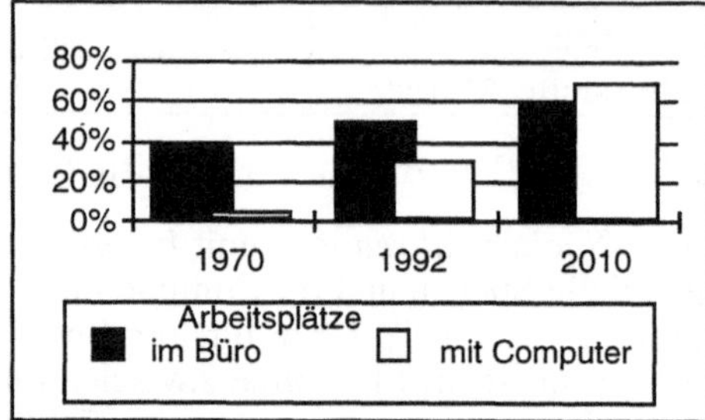

Figur 1.11: Präzise, kompakte Zahlentabelle und eindrückliche Graphik

Bis vor wenigen Jahren erforderte allerdings die saubere Erstellung einer solchen Graphik einen erheblichen, zeichnerischen Aufwand; heute liefern dies Standardprogramme (sog. „Tabellenkalkulationsprogramme mit Graphik") in Minutenschnelle auch auf Kleincomputern. Wie das möglich ist, soll hier kurz gezeigt werden.

Voraussetzung für die Arbeit mit Grafiken sind Ein- und Ausgabegeräte, die sich für graphische Arbeiten eignen. In Abschnitt 5.7 werden sie im Zusammenhang erläutert; hier geht es nur um einige Grundbegriffe, wozu wir uns vorerst auf Bildschirme und einige Druckertypen konzentrieren können.

Schrift **Schrift**

Figur 1.12: Schriftbild in grober und feiner Rasterdarstellung (vergrössert)

Auf modernen Computer-Bildschirmen ist die gesamte Bildfläche in ein feines Netz von Bildpunkten aufgeteilt, den sogenannten *Raster.* Bei genauerem Hinsehen, etwa mit einer Lupe, lässt sich dies erkennen. Der Computer baut somit das gesamte Bildschirmbild aus einzelnen Bildpunkten als sog. *Rasterbild* auf. Je nach Feinheit des Rasters sprechen wir von grober oder feiner Bildauflösung. Auch viele Drucker (z.B. Matrixdrucker, Laserdrucker, Tintenstrahldrucker; vgl. Abschnitt 5.7) arbeiten nach diesem Rasterprinzip, wobei der Raster von blossem Auge aber nur bei grober Auflösung erkannt werden kann (Fig.1.12, links).

Die Darstellung beliebiger Bildformen (inkl. Schriftzeichen, Strichzeichnungen, Fotografien) mit Hilfe von Rasterpunkten (auch Bildelemente oder *Pixel* = picture elements genannt) bildet die Grundlage der heutigen Computergraphik und der meisten Geräte zur Datenausgabe an menschliche Anwender.

> *Rasterdarstellung* heisst jene graphische Darstellungsform, bei der die Bildfläche durch ein Gitter von gleichartigen Rasterfeldern (meist Quadraten) überdeckt wird. Jedes Rasterfeld (auch Rasterpunkt oder Pixel genannt) entspricht bei Schwarz-Weiss-Darstellung einem Bit, bei Farb- oder Grauwertdarstellung mehreren Bits. Eine Zeichnung wird durch eine Vielzahl von Rasterfeldern dargestellt.

Die Rasterdarstellung wurde längst vor dem Computerzeitalter erfunden, wie jede Fotografie in der Zeitung zeigt. Wichtig ist bei der Rasterdarstellung immer die Feinheit des verwendeten Rasters, die von den technischen Möglichkeiten, von den Kosten, aber auch vom Zweck der Darstellung abhängt: Auf einem Plakat darf die Auflösung gröber sein als auf einer Visitenkarte! Meist wird die Rasterung so gewählt, dass die Auflösungsfähigkeit des menschlichen Auges das Bild trotz der Rasterung als kontinuierlich empfindet. Die Rasterung wird meist nur sichtbar, wenn wir genau hinsehen. Eine feine Auflösung (z.B. 5 Rasterpunkte pro Millimeter) ergibt aber eine sehr grosse Zahl von Rasterpunkten (z.B. bei einer Bildschirmfläche von 30 cm mal 20 cm bereits 1500 * 10000 = 1.5 Mio Punkte), wodurch auch ein leistungsfähiger Computer stark belastet werden kann. Führt zum Beispiel ein Computer mit einer Leistungsfähigkeit von 1 MIPS für jeden Bildpunkt nur eine einzige Rechenoperation aus, so dauert die Bearbeitung der 1.5 Mio Punkte bereits 1.5 Sekunden. (Dass die Bildschirmdarstellung bei vielen modernen Computern nicht derart langsam abläuft, wird mit speziellen Hilfsprozessoren auf Graphikkarten erreicht, welche die Rasterpunktberechnungen in hohem Masse rationalisieren und parallelisieren.)

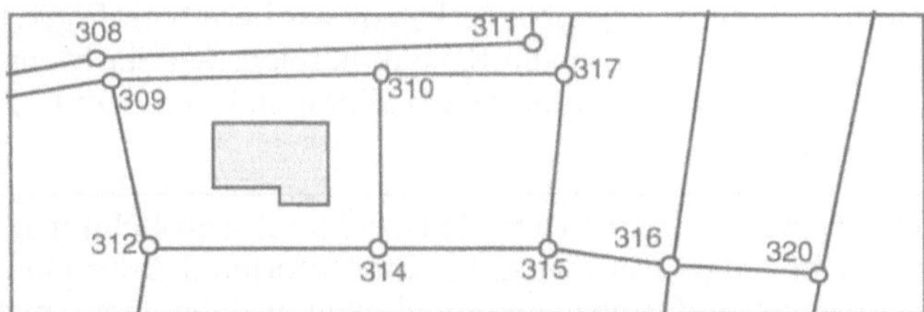

Figur 1.13: Katasterplan der Grundbuchvermessung, Beispiel einer Vektordarstellung

Die Rasterdarstellung von graphischen und geometrischen Sachverhalten hat allerdings auch einen ganz grundsätzlichen Nachteil: Ihre *Genauigkeit* ist nie grösser als die Rastereinteilung selbst! Aus diesem Grunde genügt sie nicht zur präzisen Repräsentation von graphischen und geometrischen Sachverhalten, bei denen es nicht nur auf die mit blossem Auge wahrnehmbare Form, sondern auf erhöhte Genauigkeit ankommt, wie etwa das Beispiel „Grundbuchvermessung“ (Fig.1.13) zeigt. Bei der Vermessung von Landparzellen und Marksteinen sowie deren Übertragung auf sog. Katasterpläne geht es um Dezimeter und Zentimeter, welche sich auf einem üblichen Grundbuchplan etwa im Massstab 1:500 (1mm auf dem Plan entspricht 50 cm im Gelände) gar nicht darstellen lassen.

Grundlage einer *Vektordarstellung* (Fig.1.13) sind sehr genau bestimmte Koordinatenwerte („Vektoren“) ausgewählter Punkte. Diese werden in der Graphik eingezeichnet; allfällige weitere Figurenteile werden davon abgeleitet (Verbindungsstrecken, Symbole usw.).

> In *Vektordarstellungen* werden auf der Zeichenfläche nur einzelne Punkte, diese aber so genau wie notwendig (durch den Vektor ihrer numerischen Koordinaten in x- und y-Richtung) angegeben. Alle anderen Bestandteile der Figur werden mit Hilfe berechenbarer Verbindungen zwischen diesen Punkten beschrieben.

Vektordarstellungen kombinieren eine hohe Genauigkeit mit flexiblen Symbolbildern (Punkte, Linien, Flächen, andere Symbole). Die Vektordarstellung wird daher namentlich bei anspruchsvollen, technischen Anwendungen eingesetzt, etwa im Bereich des computergestützten Entwurfs (CAD) und bei anderen Ingenieuranwendungen. Aber auch viele einfache Zeichenprogramme für die Herstellung von Präsentationsgraphiken beruhen auf der Vektordarstellung.

Graphik ist jedoch heute nicht bloss Objekt oder Darstellungsform beim Arbeiten auf dem Computer, sondern immer mehr auch *Werkzeug* für die Handhabung des Computers selber! Während früher der Computerbenützer einzig über die Tastatur Befehle eintippen konnte (Bsp: „COPY GP89.DOK“) und diese Zeichenfolge allenfalls nachher auf dem Bildschirm als Textzeile lesen und überprüfen konnte, arbeiten heute bereits sehr viele Anwender mit sogenannten *graphischen Benutzerschnittstellen* (Fig.1.14). Den Begriff *Benutzerschnittstelle* haben wir bereits in Fig.1.1 erstmals angetroffen. Es handelt sich dabei um jenen Kontaktbereich, wo der Mensch mit seinen Sinnesorganen (Auge, Finger usw.) direkt an den Computer und damit indirekt auch an dessen Inhalt herankommt.

> Die *Benutzerschnittstelle* (auch Mensch-Maschinen-Schnittstelle, Benutzeroberfläche, engl. user interface) einer Informatikanwendung besteht aus all jenen Anzeige- und Eingabemöglichkeiten, welche dem Anwender zur Nutzung und Steuerung zur Verfügung stehen.

Eine *graphische* Benutzerschnittstelle (GUI = graphical user interface; Fig.1.14) nutzt die Möglichkeiten der Computergraphik für die Bedürfnisse des Benutzerkontakts voll aus. Der Benutzer erkennt auf dem zweidimensionalen Bildschirm Symbole (für

Dokumente und Funktionen); er kann mit geeigneten Zeigehilfen (Maus usw.) direkt auf diese hinweisen und sie so für seine Arbeit einsetzen.

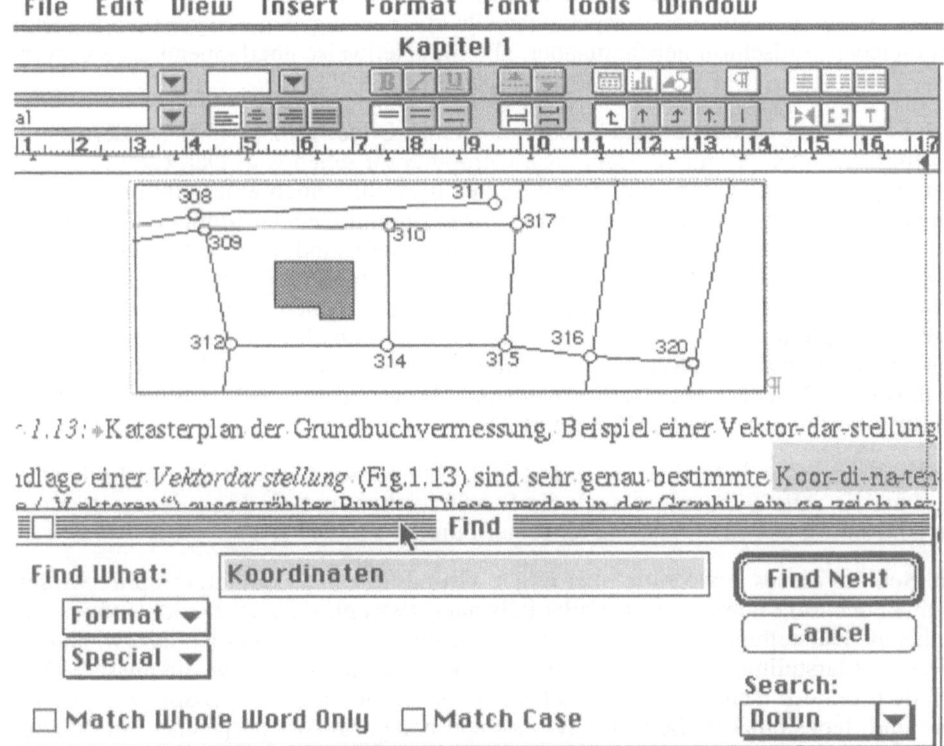

Figur 1.14: Beispiel für eine graphische Benutzeroberfläche

Diese graphisch orientierte Arbeitsweise fand seit 1984 über Apple-Macintosh-Computer, wenige Jahre später über das Betriebssystem „MS-DOS-Windows“ weite Verbreitung, weil sie offensichtlich viel benutzerfreundlicher ist als ältere, reine Tastaturbefehlssprachen (Beispiel eines Befehls: „COPY GP89.DOK“).

Mit einer graphischen Benutzeroberfläche muss der Anwender nicht mehr auswendig wissen, wie er seine Befehle an den Computer formulieren soll, sondern er sieht *direkt auf dem Bildschirm* (Beispiel Fig.1.14):

- einerseits das Objekt seiner Arbeit (hier einen Textausschnitt für Textverarbeitung),
- anderseits eine Anzahl von Befehlen, an denen er seinen nächsten Arbeitsschritt mit einem geeigneten Eingabemedium (z.B. mit einer Maus oder bestimmten Ta-

sten der Tastatur) auswählen kann (hier ein Befehl für das Finden des Worts „Koordinaten").

Charakteristisch für diese graphische Bildschirmgestaltung ist dabei die sog. *Fenstertechnik*, indem mehrere Arbeitsaspekte jeweils in einem eigenen *Fenster* (*window*) auf dem gleichen Bildschirm nebeneinander, allenfalls teilweise überlappend gezeigt werden.

Fig.1.14 ist übrigens eine exakte Wiedergabe eines Bildschirms, wie er bei der Erstellung dieses Buchs auf einem Macintosh-Computer zu sehen war. Dargestellt ist zum einen ein Ausschnitt des vorliegenden Textes (einschliesslich einer Abbildung) und zum anderen unten rechts ein sog. Dialogfenster, womit nach bestimmten Wörtern im Text gesucht werden kann. Teile dieses Dialogfensters sind die ovalen, beschrifteten „Knöpfe" (buttons) am unteren Rand, welche mit dem erwähnten Eingabemedium (Maus, Taste) ausgewählt und damit betätigt werden können. Benutzer müssen also keine komplizierten Begriffe auswendig lernen, um solche Fensterbefehle auslösen zu können; das Stichwort im Symbol weist direkt auf den Befehl hin und die *Auswahl* des gewünschten Befehls genügt zur Auslösung. Eine vertiefte Behandlung moderner Benutzeroberflächen erfolgt in Abschnitt 2.3.

Wer Fig.1.14 genau betrachtet, erkennt leicht, dass es sich hier um eine Rasterdarstellung handelt. Alle Elemente – auch die Schriftzeichen und die Figur – bestehen auf dem Bildschirm aus einer Vielzahl einzelner Punkte.

Zum Schluss dieses Abschnitts über einige Grundsätze der Computergraphik wollen wir uns noch kurz überlegen, wie allenfalls auch *Bewegtbilder* zustandekommen und graphische Darstellungen *animiert* werden können. Ausgangspunkt ist dazu wiederum eine Rasterdarstellung des Bildschirms. Der Bildschirm ist aber nur die äussere Darstellung („Benutzerschnittstelle") von Daten, die eigentlich *im Arbeitsspeicher* gespeichert sind. Jedes einzelne Schwarz-Weiss-Pixel belegt im Arbeitsspeicher ein ihm zugeordnetes Bit (bei Grauwerten und Farben mehrere Bits). Die Gesamtheit aller Bits zur Darstellung aller Pixel des Bildschirms im Arbeitsspeicher heisst *„Bitmap"*. Solange sich die Bitmap nicht ändert, bleibt auch das Bildschirmbild stabil. Sobald nun jedoch durch ein Programm die Speicherbits einzelner Bildschirmrasterbereiche geändert werden, erscheinen diese Änderungen auch auf dem Bildschirm. Durch systematische und schnelle Änderungsfolgen (wie auf klassischen Kinobilderfolgen) lassen sich für den Bildschirmbetrachter beliebige Bewegungen sichtbar machen. Damit die Bewegungen je nach Bedarf schnell, langsam, harmonisch ablaufen (man denke etwa an die Programmierung von Computerspielen!) müssen die internen Arbeitszeiten des Computers sorgfältig mitberücksichtigt werden, was eine aufwendige Programmierarbeit für Spezialisten erfordert. Bewegtbilder bilden aber auch rein rechentechnisch eine der aufwendigeren Formen der Computernutzung. Der Leser kann diesen Beispielen aus Graphik und Bewegungsdarstellung somit eine wichtige Schlussfolgerung entnehmen:

Mit entsprechendem Aufwand lassen sich beinahe beliebige graphische Darstellungen und Bewegtbilder produzieren. Der Aufwand aus Entwicklungsarbeit und Rechenleistung steigt aber mit den Ansprüchen sehr stark und bildet oft eine wirtschaftliche Grenze für die Nutzung dieser Technik.

1.8 Vernetzte Systeme: Datenkommunikation

Wer Daten sammelt oder verarbeitet, tut dies in den seltensten Fällen einzig zum Privatvergnügen. Normalerweise werden die Ergebnisse dieser Tätigkeiten über kurz oder lang an andere weitergegeben. Zur Datenverarbeitung kommt also die Datenkommunikation, oft auf Papier, in zunehmendem Mass aber von Computer zu Computer.

Adlige und Kaufleute benützten seit Jahrhunderten Postdienste für ihre Briefe. Und seit weit über hundert Jahren ist die elektrische Fernmeldetechnik (Telegraf, Telefon) nicht mehr wegzudenken. Heute bilden Telefon und Telefax wichtige Datenbrücken zwischen Personen, Firmen, Städten.

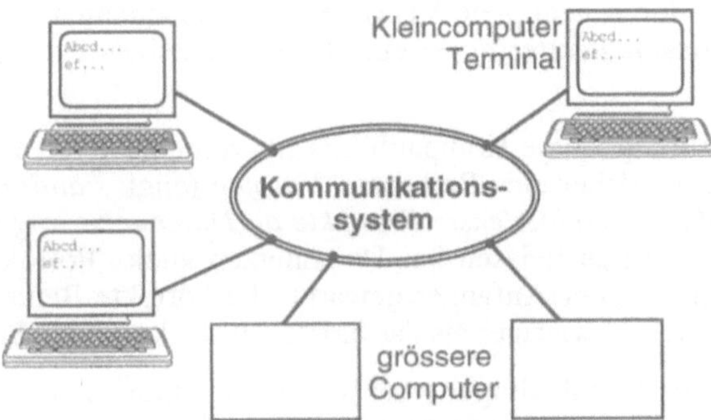

Figur 1.15: Kommunikationssystem als Verbindungsmittel

In den letzten Jahren hat im Bereich der Datenkommunikation oder Datenübertragung jedoch ein umfassender Wandel eingesetzt. Während früher die Kommunikationssysteme nur bis an den Arbeitsplatz heranreichten (Telefon), werden sie neuerdings in diesen hineingeführt (Datenanschluss des Computers). Der Kleincomputer oder das Terminal wird an ein allgemeines Kommunikationssystem angeschlossen und damit direkt mit anderen Stationen und grösseren Computern verbunden (Fig.1.15).

Moderne Datenübertragungssysteme sind imstande, Daten jeder Art, also etwa Schriftzeichen (Telegraf, Fernschreiber), Bilder (z.B. in gerasterter Form durch Telefax), Tonsignale (Telefon), zu übertragen. Geeignete Signalumsetzer (Modems = Modulatoren–Demodulatoren, vgl. 6.2.2) sorgen dabei für die notwendige Umwandlung der systeminternen Datendarstellung in ein für die Übertragung geeignetes Format.

Schon an dieser Stelle müssen aber zwei wesentliche Grenzen von Kommunikationssystemen angesprochen werden. Sie betreffen deren Kompatibilität und die Übertragungsleistung (Übertragungsrate).

Kompatibel sind zwei Komponenten eines Informatiksystems, wenn sie zweckentsprechend zusammenpassen.

Kompatibilität darf am ehesten dort erwartet werden, wo ein einziger Hersteller alle Systemkomponenten selbst ausliefert, also z.B. einen Computer mit Zubehör (Tastatur, Maus, Drucker), Betriebssystem und Anwenderprogrammen. Auch ein Händler, der Gesamtsysteme aus Produkten mehrerer Hersteller vertreibt (wie in Abschnitt 1.1 mit der „einheitlichen Betriebssystem-Plattform für viele Anwenderprogramme" gezeigt wurde) garantiert für die Kompatibilität der Systemteile. Schwierig ist aber oft die Verbindung von Komponenten unterschiedlicher Herkunft, sie bringt leicht schmerzliche Überraschungen. Die Inkompatibilitäten können dabei von gerätebezogenen Differenzen (Stecker, Diskettenformate, Spannungen) bis zu Softwareunterschieden reichen. Oft muss dann durch geeignete Verknüpfungskomponenten (namentlich Gateways) an den *Schnittstellen (interfaces)* eine Überbrückungsmöglichkeit geschaffen werden.

Von besonderer Bedeutung ist die Kompatibilität für vernetzte Systeme. Die Kommunikationsfachleute haben daher eine Reihe von *Normen* (engl. *standards) für Schnittstellen definiert, so dass verschiedenste Produkte an Datennetze ange*schlossen werden können. Solche Normen heissen bei Datennetzen auch „Protokolle" (vgl. Abschnitt 6.3). Allerdings sei der Anfänger gewarnt: die korrekte Benützung einer solchen Schnittstelle ist viel schwieriger als das blosse Einstecken eines Steckers!

Eine zweite wesentliche Randbedingung bei Kommunikationssystemen betrifft deren *Übertragungsleistung* oder *Übertragungsrate.*

Die *Übertragungsrate* (transmission rate) eines Kommunikationssystems ist die Datenmenge, die per Zeiteinheit übertragen wird. Sie wird in Bits pro Sekunde (bit/s) gemessen (vgl. Anhang „Masseinheiten").

Elektrische Impulse über Drahtleitungen und elektromagnetische Wellen (z.B. das Licht) erreichen ihr Ziel mit Lichtgeschwindigkeit; dabei können sie Daten übermitteln. Die Menge der übermittelten Daten pro Zeiteinheit, die Übertragungsrate, hängt jedoch stark von der Art der benützten Leitung ab. So überträgt etwa eine herkömmliche, 2-drahtige Telefonleitung ein paar tausend Bits pro Sekunde (bit/s), während für die Übertragung eines bewegten Fernsehbildes einige Megabits pro Sekunde (Mbit/s) und damit sehr viel leistungsfähigere, aber auch aufwendigere Übertragungsmedien wie zum Beispiel Koaxialkabel oder Lichtleiter nötig sind. Wer seinen Computer über eine Telefonleitung mit einem anderen Computer, z.B. einem Informationsdienst, verbindet, kann die Beschränkung der Übertragungsrate unmittelbar wahrnehmen.

Da wartet etwa ein computerbegeisterter Peter als Benutzer des World Wide Web (vgl. 6.4.3) auf die bestellten Texte und Bilder – und wartet und wartet! Dabei ist die Rechnung einfach: Wenn Peter seinen Computer mit einem Modem von 28.8 kbit/s angeschlossen hat, so dauert die Übertragung

- einer Seite A4 (ca. 4'000 Byte = ca. 40'000 bit) etwa 2 Sekunden,
- eines Bildes (ca. 1 Megabit) etwa 35 Sekunden,

aber nur, wenn Peter völlig allein auf seiner Leitung sitzt! Daher Vorsicht mit dem „Herunterladen" grosser Datenmengen, vor allem von Bildern!

1.9 Automation braucht Vorbereitung

Natürlich lässt sich ein Computer auch zum *Spielen* einsetzen. Kinder sitzen dazu vor dem Bildschirm und legen los; vielleicht hat ihnen ein anderes Kind dabei ein bisschen geholfen. Erwachsene sind häufig verblüfft, wenn sie sehen, wie Kinder mit Computerspielen locker und problemlos umgehen.

In der Erwachsenenwelt geht alles langsamer. Der Grund dafür liegt aber nicht primär in der fehlenden Unbefangenheit erwachsener Informatikanwender, sondern in der grundsätzlich anderen Rolle ihres Informatikeinsatzes: Sie wollen damit nämlich besonders häufige und/oder besonders arbeitsaufwendige Datenprozesse automatisieren (wie schon in Abschnitt 1.2 definiert). Während Computerspiele Selbstzweck und Zeitvertreib sind, sind Computeranwendungen am Arbeitsplatz (und heute auch vielfach privat) ernsthafte Arbeitshilfen. Ihr Einsatz betrifft und beeinflusst die Arbeitsleistung der Anwender und damit die Wirtschaftlichkeit von Unternehmungen und anderen Organisationen. Und das erfordert sehr sorgfältige Vorbereitungsarbeit, ein sog. Informatikprojekt.

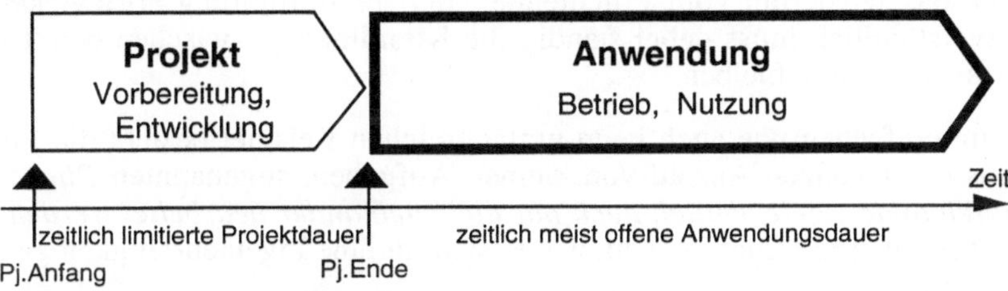

Figur 1.16: Jeder Informatikanwendung geht ein Informatikprojekt voraus.

Fig.1.16 zeigt aber noch mehr: Da jeder Informatikeinsatz erst mit der Anwendung Nutzen bringt, muss die Projektdauer zeitlich möglichst kurz gehalten werden, auf jeden Fall aber *zeitlich limitiert* sein. Informatikprojekte sind nicht offene Probierphasen, um eine Computerlösung „irgendwie" betriebsfähig zu machen, sondern eine ingenieurmässig geführte Entwicklungsphase, die anschliessend zur Betriebsphase führen soll.

> *Projekt* heisst die Gesamtheit aller Tätigkeiten und Massnahmen zur *Beschaffung, Entwicklung und Einführung* neuer Verfahren und Hilfsmittel für eine Problemlösung. Ein Projekt beginnt mit der Erarbeitung des Pflichtenhefts und endet entweder mit dem Übergang in die Anwendung oder mit dem Abbruch des Projekts.

> *Anwendung* (oder *Applikation*) heisst die anschliessende Nutzung der im Projekt bereitgestellten, informatikgestützten Problemlösung samt den dazugehörigen Bedienungs- und Unterhaltsarbeiten. Die Anwendung ist im allgemeinen zeitlich nicht im voraus beschränkt.

Selbstverständlich gibt es einfache und umfangreiche Anwendungen; entsprechend gibt es auch kleine und grössere Projekte.

Beispiel einfach: Einführung Textverarbeitung statt Schreibmaschine
Zum Informatikprojekt gehört hier die Formulierung eines einfachen Pflichtenhefts (Welche Art von Schreibarbeiten, wieviele?), das Einholen von verschiedenen Offerten, ein Entscheid für eine bestimmte Offerte, nachher die Feinplanung (Gestaltung von Briefköpfen, Tabellen), Maschinen- und Programminstallation sowie entsprechende Tests, aber auch die Ausbildung der Mitarbeiter. Dann erfolgt die Betriebsaufnahme.

Beispiel umfangreich: Einführung einer neuen Produktionsstrasse
Ein solches Informatikprojekt erfordert nach einer groben Aufgabenbeschreibung (Pflichtenheft) vorerst eine Aufteilung der Gesamtaufgabe in Teilaufgaben; Beispiele von Teilaufgaben sind etwa Datenbankentwurf, Roboterbeschaffung oder Lagerorganisation. Jede dieser Teilaufgaben führt zu einem entsprechenden Teilprojekt, das wiederum vom Pflichtenheft bis zur Einführung abzuwickeln ist. Selbstverständlich muss dabei ständig die Koordination zwischen den Teilprojekten sichergestellt bleiben.

Sowohl beim einfachen wie auch beim umfangreichen Beispiel besteht die Projekttätigkeit aus einer ganzen Anzahl von kleinen Aufgaben, sogenannten *Phasen, die meist hintereinander, gelegentlich auch parallel zueinander bearbeitet werden.* Projektarbeit ist somit strukturierte Arbeit, wie es sich für eine Ingenieurtätigkeit gehört.

Diese Arbeit wird meist im Team geleistet, in einer *Projektgruppe,* bestehend aus Informatikern, allenfalls Organisatoren, auf jeden Fall aber auch aus künftigen Anwendern. *Projektleiter* koordinieren dabei Menschen und Arbeiten. In Kap. 3 werden wir die (wichtigsten) Tätigkeiten bei der Projektarbeit noch genauer kennenlernen. Zur Projektarbeit gehören aber noch eine Vielzahl anderer Aspekte (z.B. Datensicherheit, Kap. 7), die berücksichtigt werden müssen, damit die *künftige Informatikanwendung ihrer Aufgabe gerecht werden kann.* Was das aber bedeutet und verlangt, muss jeder an Informatikanwendungen Interessierte verstehen; es wird daher gleich in Kap. 2 behandelt.

Kapitel 2:
Arbeiten mit Informatikanwendungen

Reservation von Flügen, Hotels, Mietwagen – Arbeiten mit Datenbanken

Weit über die Hälfte aller Büroarbeitsplätze sind in der westlichen Welt heute mit Informatikmitteln ausgerüstet; dazu kommen Informatikeinsätze in der Produktion, im Verkehr und an vielen anderen Orten. Die Informatik bringt offensichtlich wirtschaftlichen Nutzen.

Die Informatik hat aber auch einen tiefgreifenden Einfluss auf die Tätigkeit vieler *Menschen*. Daher lohnt es sich, die Einsatzformen der Informatik genauer anzuschauen, damit diese für den Menschen und nicht zulasten des Menschen genutzt werden kann.

2.1 Informationstätigkeiten im Alltag

2.1.1 Mensch und Maschine

Schon zu Beginn von Kap. 1 haben wir den Begriff der *Information* angetroffen: Menschen wollen *Antworten* auf ihre *Fragen.* Nun gibt es aber im Bereich der Informationsverarbeitung unterschiedliche Fragestellungen; manche sind typisch für *Fragen an Menschen,* andere für *Fragen an Maschinen.* Beispiele zeigen dies anschaulich:

Auf den Menschen zugeschnittene Fragestellungen:

- Gegeben ist das Bild eines teilweise gefüllten Sportstadions; wie gross ist etwa die Zahl der Besucher?
- Gegeben sind zwei verschiedene Portraitaufnahmen; handelt es sich dabei um Aufnahmen derselben Person?
- Wir haben eine schlechte Telefonverbindung; was sagt der Partner?

Auf den Computer zugeschnittene Fragestellungen:

- Gegeben sind die Einzelpreise von hundert eingekauften Gegenständen im Supermarkt; was kosten diese insgesamt?
- Gegeben ist eine komplizierte mathematische Formel; was ergibt ihre Auswertung (Berechnung) für verschiedene Zahlenwerte?
- Gegeben sind viele Transportaufträge für eine Gruppe von Lastwagen; welche Auftragszuordnung verursacht am wenigsten Leerfahrten?

Mensch und Maschine arbeiten sehr unterschiedlich. Aus obigen Beispielen und aufgrund persönlicher Erfahrungen wird der Leser leicht eine ganze Reihe von Unterschieden ableiten können (Tab. 2.A).

Die in Tab. 2.A letztgenannte Fähigkeit, nämlich logische Schlüsse ziehen zu können, ist bei Mensch und Maschine vorhanden, aber sehr verschieden ausgebildet:

- Der *Mensch* ist (bei guter Ausbildung und höchster Konzentration!) imstande, Beweise zu entdecken, Schlüsse zu ziehen und *Zusammenhänge zu erkennen.*
- Der *Computer* ist imstande, logische Bedingungen und Abhängigkeiten mit grösster Leichtigkeit exakt *auszuwerten,* sofern diese eindeutig formuliert sind.

Wer den Computer sinnvoll einsetzen will, sollte nicht menschenbezogene Begriffe wie „Elektronengehirn" benutzen, weil die menschliche Denkweise und die Arbeitsweise eines elektronischen Datenverarbeitungs- und -speichersystems wesentlich voneinander abweichen. Diese unterschiedlichen Fähigkeiten lassen sich aber oft geschickt kombinieren, so dass der Mensch seine eigene Fähigkeit, logische Schlüssel zu ziehen, mit Computerhilfe wesentlich verbessern kann. Ganz allgemein ist also die Frage des Zusammenwirkens der beiden ungleichen Partner interessant. Und genau darum geht es beim Informatikeinsatz.

Fähigkeit	**Mensch**	**Computer**
- den Überblick über eine Situation zu gewinnen	+	–
- ein Problem zu strukturieren	+	–
- schnell und grobe Schätzungen zu machen	+	–
- sichere und genaue Angaben zu liefern	–	+
- viele gleichartige Auswertungen vorzunehmen	–	+
- nicht zu ermüden	–	+
- Strukturen (Bilder) zu erkennen	+	–
- Nebensächliches zu übersehen	+	–
- logische Schlüsse zu ziehen	+ (?)	+ (?)

Tabelle 2.A: Stärken und Schwächen von Mensch und Maschine

Neben den Unterschieden in Arbeitsweise und typischer Problemstellung unterscheiden sich Mensch und Maschine aber auch stark in der Art, wie sie Daten und Informationen *darstellen.* Dabei geht es nicht nur um die technische Form (elektronisch, Druckschrift auf Papier usw.), sondern vor allem um die sprachliche und formale Darstellung:

- *Maschinen* arbeiten am rationellsten mit präzis codierten, gleichartigen, detaillierten und redundanzfreien Einzeldaten (Bsp.: Telefonnummern, numerische Verschlüsselungen, Formulareinträge usw.); die Datenmengen dürfen dabei sehr gross sein. (Definition „Redundanz" vgl. 2.1.2.)
- *Menschen* benutzen gerne umfassende und vernetzte Darstellungen (z.B. audiovisuell) mit genügend Redundanz, wie sie Bild und Ton, aber auch unsere Sprache und Schrift aufweisen (Füllwörter, Dehnungs-H, Gross- und Kleinschrift usw.); die Menge der auf einmal präzis aufnehmbaren Detailinformation ist aber sehr beschränkt (Beispiel Telefonnummern!).

Die Aufgabe der *Datenein- und -ausgabe* bei Computern besteht primär darin, Daten aus einer internen, der Maschine angepassten Form in eine externe, durch den Menschen benutzbare Form umzusetzen und umgekehrt. Mit der zunehmenden Leistungsfähigkeit des Computers hat sich dabei die Schnittstelle der Umsetzung immer mehr in Richtung Mensch verschoben. Wie die nachfolgenden Beispiele zeigen, musste am Anfang der (anpassungsfähigere) Mensch dem Computer sehr stark entgegenkommen, während heute immer mehr der Computer eingesetzt wird, um Umformungen zwischen benutzernahen Datenformen und computernahen Codierungen durchzuführen.

Beispiele für die Interaktion Mensch-Maschine aus mehreren Jahrzehnten:

1950: Die frühen Computer können nur von Spezialisten benutzt werden. Formulierung von Computerprogrammen durch den Programmierer in schwer lesbarer Ziffernform; praktisch nur Zahlen (keine Buchstaben und Texte) auf dem Computer; Programmierung von Tabelliermaschinen durch Stecken von Drahtverbindungen.

1960: Der Computer steht im Rechenzentrum und dient verschiedensten Anwendern mit riesigen Papierlisten. Textverarbeitung wird möglich; „höhere" Programmiersprachen und erste Betriebssysteme kommen erstmals zum Einsatz.

1970: Der (Gross-)Computer kann vom Terminal aus benutzt werden. Grossbetriebe gehen mit Informatiklösungen voran. Bankschalterterminals; interaktive, spezialisierte Verwaltungssysteme (z.B. Flugreservationssysteme); Betriebssysteme für Terminalnetze.

1980: Mikrocomputer kommen an den Arbeitsplatz. Die Computerlösungen werden benutzerfreundlich, die Anwendungsgebiete immer breiter. Interaktive Dokumentationssysteme; graphische Dialogführung am Bildschirm (Fenstertechnik) usw.

1990: Mehrere Computer können vom Kleincomputer am Arbeitsplatz aus wahlweise benützt werden; die Vernetzung wird global.

2000: Der Computer übernimmt einfachere, aber doch qualifizierte Kundenberatungsfunktionen in allgemeinverständlicher Form, etwa für Reisebüros und Steuererklärungen. Die technischen Stichwörter dazu heissen „Expertensysteme", „Wissensbasen", „Künstliche Intelligenz", „Multimedia".

Die Beispiele zeigen, dass der Computer und die daran angeschlossenen Geräte der Arbeitsweise des Menschen laufend entgegengekommen sind und dass viele manuelle Arbeiten für die Bedienung des Computers selbst überflüssig wurden, weil zuerst Betriebssysteme, später bedienungsfreundliche Benutzerschnittstellen diese Aufgaben übernommen und dem Computer selbst übertragen haben. Der Mensch soll also nicht mehr länger die Maschine unterstützen, wie das in den Anfängen der Computertechnik unumgänglich war, sondern er soll von der Maschine in seiner eigenen Arbeit unterstützt werden.

Diese Überlegung gilt besonders ausgeprägt für die Datenein- und -ausgabe und die zugehörigen Hilfs- und Zwischenarbeiten (Daten erfassen, ausgedruckte Listen verteilen usw.). Ein- und Ausgabegeräte kommen immer mehr direkt dort zum Einsatz, wo die Daten entstehen bzw. gebraucht werden, also an Schaltern, bei Registrierkassen oder im Büro. Diese Erscheinung der *An-Ort-Datenerfassung und -anzeige* (POS = point of sale) ist bezeichnend für die Bewegung der Maschine zum Menschen hin. Die Zukunft wird dabei das Sortiment der angebotenen maschinellen Dienste noch wesentlich erweitern und verfeinern.

2.1.2 Die Redundanz

„Doppelt genäht hält besser". Gilt dieses Sprichwort auch in der Informatik?

Redundanz ist das mehrfache Vorhandensein gleicher Datenwerte.

Aus logischer Sicht sollte allerdings der gleiche Sachverhalt (z.B. die Adresse der Mitarbeiterin MONIKA) nur einmal, also redundanzfrei, in einem Computer gespeichert sein. Die Begründung dafür ist offensichtlich, wenn wir an die Probleme bei Änderungen der Daten denken, etwa bei einer Adressänderung. Ist die gleiche Angabe nämlich an mehreren Stellen gespeichert, besteht die Gefahr, dass eine Nachführung nicht alle Kopien erreicht. Wir haben uns alle schon geärgert, weil eine Adressänderung innerhalb eines Amts oder einer grossen Firma nicht weitergeleitet worden ist.

Idealerweise müsste also jede Angabe nur einmal und damit redundanzfrei gespeichert werden; dieses *Original* ist dann überall nach Bedarf zugänglich. In *realen* Datensystemen ist das aber aus verschiedenen Gründen gar nicht erwünscht.

Beispiel: Redundanz im Büro
Die Hauptgründe für Redundanzerhöhungen erkennen wir sofort anhand eines Beispiels aus dem Bürobetrieb: Wieso macht man Briefkopien?

- aus Gründen der *Sicherheit*: man benötigt ein Doppel als Beleg, im Archiv, falls ein Brief verloren geht;
- wegen des *schnelleren Zugriffs*: man legt eine erste Kopie chronologisch, eine zweite nach Sachgebiet, eine dritte alphabetisch nach Adressat ab;
- bei der *Aufteilung* auf verschiedene Teilsysteme: man schickt eine Orientierungskopie an Stellen, welche damit selbständig weiterarbeiten können.

Genau gleich verfährt man im Bereich automatischer Datensysteme. Allerdings erlaubt und verlangt der Computer aus Gründen des Aufwand/Nutzen-Verhältnisses meist intelligentere Verfahren als die sture Duplizierung von Daten und Verarbeitungen. Wir wollen einige Beispiele erwähnen:

- *Sicherheitserhöhung*: Einfügen von Paritätsbits und Paritätsbytes bei der Speicherung auf physische Speichermedien (vgl. Abschnitt 7.2); Sicherheitsmassnahmen organisatorischer und technischer Art.
- *Zugriffsbeschleunigung*: Anlage invertierter Dateien (vgl. 5.7.4).
- *Systemaufteilung*: Zur Verhinderung allzu komplizierter Datensysteme werden diese aufgeteilt, was allerdings die Duplizierung gemeinsam benötigter Daten nötig macht.

Es ist hier nicht möglich, alle Möglichkeiten *sinnvoller* Redundanzerhöhung umfassend aufzuführen, weil jede Anwendung (wie oben bei den Briefkopien) ihre eigene passende Lösung benötigt. Die Redundanzerhöhung ist keine rein technische Frage, sondern muss auf der logischen Ebene (Datenstrukturen) überlegt und im wesentlichen entschieden werden. In jedem Fall aber ist eine Redundanzerhöhung konkret zu begründen, meist mit Sicherheits- oder mit Geschwindigkeitsbedürfnissen. Denn Redundanz in Datensystemen verursacht Aufwand, und zwar nicht nur im Speicher, sondern – wegen der mehrfachen Nachführung bei Änderungen – auch in Form von zusätzlichen Operationen.

Gleichzeitig erhöht jedes Parallelführen von Datenbeständen die Gefahr von Fehlern und Differenzen zwischen den verschiedenen Einträgen, die ja die gleiche Information enthalten sollten. Solche Massnahmen müssen daher überlegt, koordiniert und zurückhaltend eingesetzt werden, bis wir von *kontrollierter Redundanz* sprechen dürfen.

2.2 Verschiedene Arten von Anwendern

2.2.1 Benutzerklassen

Nicht alle Benutzer von Computereinrichtungen haben die gleiche persönliche Einstellung zu Computerlösungen. Die Unterschiede rühren sicher auch von der Art der Anwendung her (Steuerformulare wirken weniger sympathisch als Flugscheine), am wichtigsten ist aber dabei die Art der *Vorkenntnisse* und die berufliche *Motivation* der Beteiligten. Wenn daher ein Computereinsatz nicht auf Kenntnisse und Einstellung der Benutzer abgestimmt ist, kann dies leicht zu unerwarteten Schwierigkeiten führen.

Ganz grob sind im Zusammenhang mit dem Informatikeinsatz vier *Klassen von Benutzern oder Anwendern* zu unterscheiden:

- Informatiker, Computerspezialisten (computer specialists)
- professionelle Informatikanwender (professional users, parametric users)
- gelegentliche Informatikanwender (casual users)
- Organisationsfremde (unskilled persons)

Informatiker, Computerspezialisten:
Informatiker und andere Fachleute (Ingenieure, Ökonomen, Kaufleute), die selbst mit Hilfe besonderer Sprachen und Abfragetechniken eigene Problemlösungen auf dem Computer entwerfen und benutzen. Diese Computerspezialisten kennen die technischen Möglichkeiten; sie schätzen die kurze, kompakte, oft codierte Arbeitsweise, die für informatiknahe Fachleute im Umgang mit dem Computer üblich ist.

Professionelle Informatikanwender:
Personen, die im Rahmen ihrer (administrativen oder technischen) Berufstätigkeit den Computer an ihrem Arbeitsplatz vorfinden und benutzen, wie Schalterbeamte, Auskunftspersonen, Dokumentalisten, Disponenten usw. Diese kennen die Möglichkeiten und Schwierigkeiten ihrer speziellen Computeranwendung; sie werden gezielt für die Spezialfunktionen ihrer Anwendung ausgebildet und können diese innerhalb bestimmter Rahmengrössen (Parameter) auch selbst in beschränktem Masse ihren Bedürfnissen anpassen. Trotzdem wollen und sollen professionelle Informatikanwender aber keine eigentlichen Programmierkenntnisse erwerben und keine Entwicklungsarbeiten auf dem Computer ausführen, die nicht mit ihrer Haupttätigkeit direkt zusammenhängen. Ausgenommen ist die Verwendung sog. Endbenutzerwerkzeuge durch qualifizierte Informatikanwender (vgl. 4.3.4).

Gelegentliche Informatikanwender:
Personen ausserhalb eines permanenten Kontaktkreises zu einer bestimmten Computeranwendung, aber mit gelegentlichen Berührungspunkten. Dazu gehören in entsprechenden Situationen die meisten Erwachsenen in einer hochorganisierten Gesellschaft

wie Bürger, Bankkunden, Passagiere usw. Der gelegentliche Anwender ist im allgemeinen nicht gewillt und auch nicht fähig, auf computertechnische Belange Rücksicht zu nehmen; er muss so geführt werden, dass er automatisch das datentechnische Richtige tut (z.B. ein Formular richtig ausfüllt oder eine Karte richtig einsteckt).

Organisationsfremde:
Personen ohne Erfahrung mit den administrativen Abläufen einer hochorganisierten Gesellschaft, also z.B. Kleinkinder, Angehörige fremder Völker, aber auch administrativ Unbeholfene, Verletzte, Kranke usw. Diesen Personen kann kein direkter Computerkontakt zugemutet werden.

2.2.2 Unterschiedliche Benutzerschnittstellen

Unterschiede bei den Benutzern beeinflussen ganz wesentlich deren Tätigkeit und Bereitschaft zum direkten Informatikeinsatz. Die Unterschiede zwischen den vier Benutzerklassen müssen bei der Gestaltung der Kontaktstelle zwischen Benutzer und Computer, der sog. *Benutzerschnittstelle* (user interface), beachtet werden:

- *Organisationsfremde* sind immer über eine Zwischenperson (Auskunftsstelle, Betreuer usw.) anzusprechen.
- *Gelegentliche Informatikanwender* können für die Dateneingabe (über Formulare oder über einfache Tastaturen) und vor allem für das Datenablesen (Bildschirm, Ausdrucke) dann beigezogen werden, wenn ihnen der Nutzen dieser Tätigkeit unmittelbar zugute kommt oder einsichtig ist (z.B. beim Bezug eines Fahrausweises, bei Geldeinzahlung und -rückzug, für Fahrplanauskünfte). Aber auch für diese Fälle sind nur einfache Verfahren brauchbar, die selbsterklärend sind.
- *Professionelle Informatikanwender* werden über einen Schulungsprozess in die richtige Benützung des Systems eingeführt; sie können daher auch kompliziertere Funktionen benutzen, und man kann von ihnen qualifizierte Arbeit (inklusive – wenn nötig – saubere Schrift) erwarten. In den meisten Fällen stehen professionelle Benutzer ohnehin in einem Anstellungs- oder anderen Abhängigkeitsverhältnis zum Besitzer des Computeranwendungssystems. Komplizierte Funktionen sollen auf Anfrage durch das Computersystem selbst erläutert werden; bei unkorrekter Benützung soll das System eine korrekte Wiederholung verlangen. Auch für ständige Benutzer darf aber das Sortiment der Funktionen keine Widersprüche oder unlogischen Bezeichnungen enthalten. Ständige Benutzer sollen bei Routinetätigkeiten (Bsp. Bankschalter) auf allen Ballast (lange Befehlsbegriffe, Erläuterungen, Vorfragen usw.) verzichten können, weil das ihren Arbeitsablauf stört.
- *Informatiker und Computerspezialisten* wollen „freien Zugang“ zur Maschine, auf Wunsch unter Umgehung der Benutzerschnittstellen der übrigen Benutzer. Sie kennen die entsprechenden Werkzeuge und Zugänge und wollen auf für sie hinderliche Arbeitsschritte verzichten. Nicht verzichtet werden darf aber auf Massnahmen zur Betriebssicherheit, obwohl gerade der Spezialist diesen Problemen oft weniger Beachtung schenkt oder sie gar missachtet, da Sicherheitsmassnahmen ihn in seiner Beweglichkeit einschränken können.

Der Leser möge sich selbst aufgrund der aufgezeigten Typengliederung von Benutzern überlegen, ob und wie weit Computeranwendungen, die er kennt, den aufgestellten Anforderungen der verschiedenen Benutzer tatsächlich genügen.

2.3 Interaktives Arbeiten, Dialogbetrieb

2.3.1 Dialog zwischen Mensch und Maschine

Im einführenden Abschnitt 1.2 wurde das EVA-Prinzip vorgestellt; Datenein- und -ausgabe werden dort als zwei symmetrische, aber getrennte Prozesse betrachtet. (Die Begriffe „Eingabe" und „Ausgabe" beziehen sich übrigens immer auf den *Computer* und nicht auf den Menschen, weil alle dafür notwendigen Arbeiten im Programm *für den Computer* beschrieben werden.)

Bei der im Alltag so häufigen Arbeit am Bildschirm müssen diese beiden Teilfunktionen aber gekoppelt betrachtet werden. Dabei bewegen sich die Daten zwischen Mensch und Maschine zyklisch hin und her (Fig.2.1). Die Frequenz dieses Zyklus hängt dabei von verschiedenen Einflussgrössen ab, so unter anderem

- von der Arbeitsweise des Menschen (Denkzeit),
- von der Arbeitsweise des Computers (Betriebsmodus und Leistungsfähigkeit),
- von der transferierten Datenmenge,
- von den verwendeten Medien.

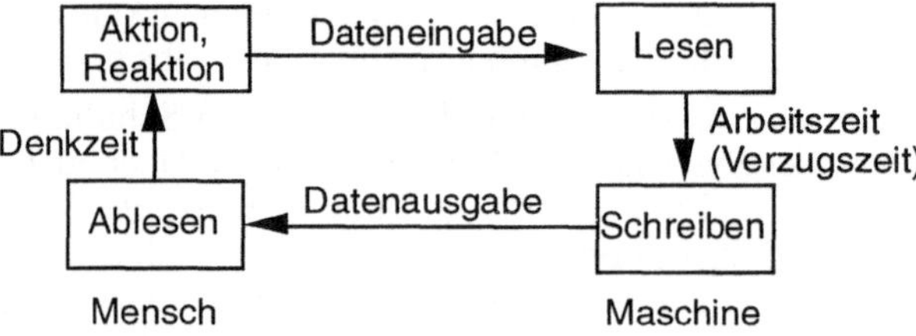

Figur 2.1: Modell des Interaktionszyklus (Dialogzyklus)

Die *Denkzeit* des Menschen kann dabei ganz unterschiedliche Werte annehmen, wie folgende Beispiele zeigen:

- Flugreservationssystem beim Flugscheinverkäufer: Zehntelssekunden;
- Flugreservationssystem beim Passagier: Sekunden bis Minuten;
- Fehlersuche in einem Computerprogramm: Minuten bis Stunden oder Tage.

Aber auch die *Arbeitszeit des Computers* oder die Verzugszeit (elapsed time) eines Grosssystems nimmt verschiedene Grössenordnungen an:

- Prozesssteuerung: Millisekunden bis Sekunden;
- Flugreservationssystem: Verzugszeit bis zum Erscheinen einer Antwort auf dem Bildschirm: 1 bis 5 Sekunden;
- Berechnung einer Brückenplatte: *Rechenzeit*: Minuten bis Stunden;
- Berechnung einer Brückenplatte: *Verzugszeit:* Tage (da so grosse Arbeiten je nach Betriebsregeln eines Rechenzentrums oft nur nachts und somit im Stapelbetrieb (vgl. Abschnitt 2.5) gerechnet werden).

Werden bei der Datenausgabe sehr grosse Listen oder Präzisionszeichnungen verlangt, so ist eine Forderung nach sehr kurzen Arbeits- oder Verzugszeiten des Computers oft gar nicht sinnvoll, da der Empfänger die grosse Menge der Ergebnisdaten gar nicht entsprechend rasch lesen und verarbeiten könnte.

Aus dieser Überlegung folgt, dass offenbar in Abhängigkeit von zu lösenden, praktischen Problemen ein *sinnvolles Verhältnis* zwischen den verschiedenen Datenein- und -ausgabemedien, den übertragenen Datenmengen und den Arbeits- und Denkzeiten bestehen muss; andernfalls wird der Interaktionszyklus gestört oder vollständig unterbunden. Tab. 2.B zeigt einige repräsentative Kombinationen.

Charakteristik des Zyklus	**Ein-/Ausgabe-medien**	**Mensch**	**Maschine**
umfangreiche Arbeiten, Berechnungen, Daten aufbereiten	Datensammelsysteme, Disketten, Magnetbänder	intensive Vorbereitungen	Stapelbetrieb (vgl. Abschnitt 2.5)
kurze Abfragen	Tastatur, Bildschirm	sehr rasche Fragestellung	interaktive Arbeit
Daten eintippen	Tastatur, Bildschirm	andauerndes Schreiben	interaktiv, wenig belastet

Tabelle 2.B: Typische Kombinationen von Arbeitsweise und E/A-Medien

An dieser Stelle muss eine ökonomische Überlegung eingeflochten werden: *Was kosten Wartezeiten* für Mensch und Maschine? Für kostengünstige Kleincomputer zählt dabei nur der Mensch: Die Maschine kann warten, während der Mensch denkt. Und in einem Mehrbenutzersystem (Grossrechner) stört eine Denkpause eines Benutzers wenig, da die Maschine während dieser Zeit für andere Benutzer arbeiten kann. Der Benutzer sollte hingegen nicht auf die Maschine warten müssen. Er würde so rasch unzufrieden (und seine Arbeitszeit kostet Geld). Der Arbeitsrhythmus *des Menschen* zählt, er darf nicht gestört werden. Wenn einfache Fragen nicht in wenigen Sekunden, kompliziertere Probleme nicht in Minuten beantwortet werden können, will der Mensch nicht an der Maschine warten müssen, auch wenn die Wartezeit an verschiedenen Orten liegen kann, insbesondere in der Grösse des Problems und in der Leistungsfähigkeit oder Beanspruchung der Maschine. Der Systemingenieur muss den Mut haben, in einem solchen Fall auf eine Dialoglösung zu verzichten, wenn kein unmittelbarer Dialog mehr möglich ist. Als Lösung kommt eine klassische Stapelverarbeitung in Frage oder eine Arbeitsweise, bei welcher der Mensch eine passende Zwischenarbeit mit der interaktiven Computertätigkeit verbinden kann.

Obwohl wir in diesem Unterabschnitt bisher jede Art von Datentransfer zwischen Computer und Benutzer als Interaktion bezeichnet haben, wird üblicherweise nur die *schnelle* Frage-Antwort-Arbeitsweise „interaktiv" oder „Dialogbetrieb" genannt. Wenn die Antwortzeiten den Sekundenbereich (ausnahmsweise den Minutenbereich) übersteigen, besonders wenn lange Listen gedruckt, Magnetbänder eingespannt und gefüllt werden müssen, so gehört eine solche Arbeitsweise zum Stapelbetrieb. Wir werden im folgenden diese Abgrenzung zwischen Dialogbetrieb und Stapelbetrieb beachten.

Für *echte Dialogsysteme* kommen somit nur Datenein- und -ausgabegeräte in Frage, die im *Sekundenbereich* arbeiten können. Auch unter diesen ist die Auswahl gross, wie in den folgenden Abschnitten zu zeigen sein wird. Wichtige Beispiele sind heute Tastatur und Bildschirm (2.3.2).

Zum Abschluss der Ausführungen über die Interaktivität ist wohl die Bemerkung angebracht, dass sich Interaktivität in modernen Computersystemen nicht auf die Kommunikation Mensch-Maschine beschränkt. Ein ähnlicher Interaktionszyklus wie in Fig.2.1 ergibt sich beim Zusammenspiel zwischen zwei Computersystemen oder zwischen einem Computer und Prozessen der realen Welt, die beide ihre eigene Arbeitsgeschwindigkeit haben und somit je einen eigenen Arbeitsrhythmus aufweisen. Diese Arbeitsrhythmen müssen in allen Systemen mit parallelen Prozessoren und in Datennetzen koordiniert werden. Für Einzelheiten sei auf Kap. 5 und 6 verwiesen.

2.3.2 Dialoggeräte: Tastatur und Bildschirm

Schon in Kap. 1 haben wir uns mit einfachen Computersystemen und den damit möglichen Computerlösungen für praktische Probleme befasst, dort für eine Vereinsmitgliederverwaltung (vgl. Abschnitt 1.3). Wenn wir uns jetzt dem Computerdialog genauer zuwenden, so soll das ebenfalls anschaulich an einer Aufgabe der Praxis geschehen; wir benutzen als Beispiel die sog. Textverarbeitung (2.3.3).

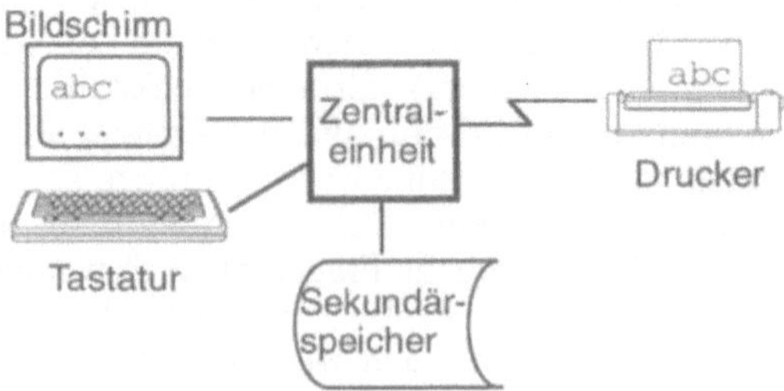

Figur 2.2: Minimale Geräteausstattung eines Textverarbeitungssystems

Bei der Textverarbeitung schreibt der Anwender – ähnlich wie bei einer herkömmlichen Schreibmaschine – auf einer Tastatur einen Text, der aber vorerst maschinenintern elektronisch-magnetisch zwischengespeichert und erst am Schluss des Arbeitsprozesses auf einem Drucker ausgedruckt wird. Eine minimale Geräteausstattung für Textverarbeitung zeigt Fig.2.2. Das entspricht genau dem einfachen Kleincomputersystem, wie wir es in Kapitel 1 (Fig.1.4) angetroffen haben. An dieser Minimalkonfiguration können wir den Dialog gut studieren.

Eingabegerät ist die *Tastatur (keyboard),* übernommen von der mehr als hundertjährigen Schreibmaschine. Über ein genormtes Tastenfeld mit über 40 Zeichentasten sowie verschiedenen Funktionstasten (z.B. Umschaltung Gross-/Kleinschrift, Zeilenwechsel) können Texte eingetippt werden. Die Normierung der Tastenanordnung erlaubt die freizügige Verwendung der Geräte. Wer das Schreiben auf dem Standardtastenfeld beherrscht, kann an Maschinen beliebiger Herkunft arbeiten. Wirkliches Beherrschen heisst allerdings, dass man „blind", d.h. ohne Hinsehen, mit allen zehn Fingern schreiben kann, wobei jeder Finger ganz bestimmte Tasten bedient. (Maschinenschreiben im 10-Fingersystem sollte heute jeder Schüler einer höheren Schule beherrschen!) Die „genormte Anordnung" der Tasten ist allerdings in der Praxis nicht ganz so selbstverständlich, wie der Käufer eines Bürogerätes hoffen möchte. Die Anordnung, die wir kennen, beruht nämlich auf schreibtechnischen Erfahrungen mit den frühen mechanischen Geräten und ihren empfindlichen Hebelsystemen (Fig.2.3). So liegen etwa Buchstabenpaare, die häufig aufeinander folgen (ie, ei), nicht zu nahe beieinander. Und selten gebrauchte Zeichen stehen auf fernliegenden Tasten. Genau dieser Grund steht übrigens hinter dem jedem Computerinteressierten im deutschen Sprachraum bekannten Unterschied zwischen der deutschen QWERTZ- und der englischen QWERTY-Tastatur.

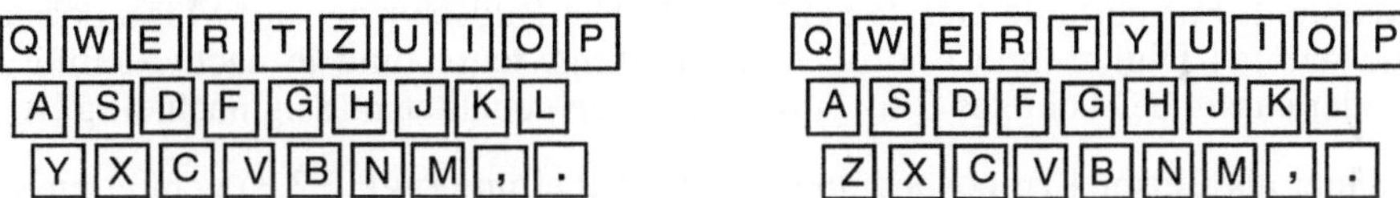

Figur 2.3: QWERTZ- und QWERTY-10-Finger-Tastatur (ohne Ziffern)

Die (ältere) QWERTY-Tastatur ist amerikanischer Standard und somit auch Ausgangsnorm auf dem amerikanisch dominierten Kleincomputermarkt. Bei der Einführung der Schreibmaschine im deutschen Sprachgebiet wurde die hier selten gebrauchte Y-Taste mit dem hier wichtigeren Z ausgetauscht. Ähnliches geschah in allen grossen Sprachräumen mit lokal wichtigen Umlauten, Akzenten und anderen Sonderzeichen. Wer daher für ganze Betriebe oder gar für Schulen (mit Schreibmaschinenunterricht) Tastaturen zu beschaffen hat, muss zusammen mit der lokalen Büromaschinenindustrie der Tastaturnorm grosse Aufmerksamkeit schenken. Die Industrie hat bereits wesentliche Schritte für lokale Tastaturstandardisierungen unternommen.

Die Computertastatur weist gegenüber der herkömmlichen Schreibmaschinentastatur noch weitere Eigenheiten auf, die allerdings von Maschinentyp zu -typ wiederum variieren können. Daher seien nur zwei Aspekte noch erwähnt:

- *Funktionstasten*: Entsprechend der grösseren Vielfalt an Spezialfunktionen, die der Computer anzubieten hat, finden wir auf der Computertastatur oft eine grosse Zahl vordefinierter oder flexibel benutzbarer Funktionstasten. Ihre Bedeutung muss der Gebrauchsanweisung des konkreten Gerätes bzw. des darauf verwendeten Programms entnommen werden.
- *Numerisches Tastaturfeld*: Die zehn Zifferntasten, die üblicherweise oberhalb der Buchstabentasten der Standardtastaturen (Fig.2.3) angeordnet sind, benötigen beim Blindschreiben beide Hände. Wer häufig rein numerische Datenwerte abzutippen hat, ist froh, dabei einhändig arbeiten zu können, was über das im übrigen gleichwertige numerische Tastaturfeld möglich ist. Die andere Hand bleibt dann für anderes frei, z.B. für das Weiterblättern in abzutippenden Belegen.

Nach diesen ausführlichen Überlegungen zur Tastatur noch kurz zum *Bildschirm* (*display* oder *screen*), dem heute weitaus wichtigsten Dialog*ausgabegerät*. Der Bildschirm als Anzeigegerät ist uns nicht nur vom Computer, sondern auch vom Fernsehen sowie von technischen Messinstrumenten (Kathodenstrahlröhre, cathode ray tube = CRT) bekannt. (Gelegentlich wird der Bildschirm auch „Monitor“ genannt. Dieser Begriff hat aber auch andere Bedeutungen; wir verwenden daher hier konsequent den aussagekräftigeren Ausdruck *„Bildschirm“.)*

Die übliche Technik (die Kathodenstrahlröhre mit schreibendem, magnetisch abgelenktem und gesteuertem Elektronenstrahl) hat den nicht übersehbaren Nachteil, dass die Bildschirme im allgemeinen sehr voluminös sind, was für Tischgeräte kein Problem darstellt. Für portable Geräte sind aber flache Bildschirme (mit Flüssigkristallanzeige wie bei Digitaluhren) nötig, was allerdings teurer und je nach Ausführung (aktiv oder passiv beleuchtetes Bild, Auflösung) auch qualitätsmässig nachteilig ist.

Für die hier als Beispiel zu behandelnde Textverarbeitung (vgl. 2.3.3) genügt ein einfacher Schwarz-Weiss-Bildschirm, der minimal etwa 20 Zeilen zu je 80 Schriftzeichen (einer Standardschrift) darstellen können muss. Dabei ist zu verlangen, dass die Anzeige möglichst flimmerfrei erfolgt. Darüber hinaus gibt es leistungsfähigere (und entsprechend teurere) Bildschirme, etwa für

- Rasterbilddarstellungen mit hoher Auflösung (vgl. Abschnitt 1.5; etwa mit einer Million Bildpunkte, womit verschiedene Schriftarten und -grössen darstellbar werden),
- farbige Anzeige (für Hervorhebungen usw.),
- grössere Bildflächen (etwa für die vollständige Darstellung von zwei Textseiten oder für technische Zeichnungen).

Mit einer alphabetischen Tastatur und einem Textbildschirm sind wir fürs erste für die Textverarbeitung materiell ausgerüstet. Weitere Geräte (etwa eine „Maus“ als „Zeigefinger" oder ein Drucker für rasche Direktkopien des Bildschirminhalts) werden später zur Sprache kommen.

2.3.3 Dialogbeispiel Textverarbeitung

Im Bürobetrieb entstehen Briefe, Besprechungsnotizen und Protokolle, Berichte, Stellungnahmen; all dies wollen wir als „Texte" bezeichnen. Typisch für einen Text ist es, dass dieser Zeichen um Zeichen mit einer Schreibmaschine auf Papier geschrieben werden kann. Ein Text ist somit eine Zeichenfolge; die einzelnen Zeichen sind einem vorgeschriebenen *Zeichensatz* entnommen (Bsp. Tab. 1.C).

Aus diesen Zeichen wird ein Text aufgebaut. Dabei sind wir gewohnt, diese vorerst rein sequentielle Zeichenfolge (200 Zeichen in einer Kurznotiz, 1'000'000 Zeichen in einem Kriminalroman) zweckmässig, d.h. leserfreundlich, zu gliedern. Das geschieht, wie uns sofort bewusst wird, nach zwei ganz unterschiedlichen Kriterien, nämlich nach Inhalt und Form:

Inhaltliche Gliederung (logische Struktur): Der Text wird nach sprachlichen und inhaltlichen Gesichtspunkten gegliedert. Die Strukturstufen sind üblicherweise

- *Wort:* aus mehreren Zeichen, Abschluss: Leerzeichen (Blank),
- *Satz:* aus mehreren Wörtern, Abschluss: Punkt,
- *Absatz (paragraph):* aus mehreren Sätzen, Abschluss: „neuer Absatz",
- *Kapitel:* aus mehreren Absätzen, Abschluss: „neuer Titel",
- *Dokument:* alles, aus mehreren Kapiteln, Abschluss: „Ende".

Formale Gliederung (physische Struktur): Der Text muss „auf Papier gebracht werden", d.h. technisch in Breite und Höhe des Papierformats hineinpassen; bei ganz grossen Texten spielen sogar die Grenzen des Buchbinders eine Rolle. Die Strukturstufen sind

- *Zeile (line):* aus mehreren Zeichen, begrenzt durch Zeilenbreite,
- *Seite (page):* aus mehreren Zeilen, begrenzt durch Seitenlänge,
- *Band (volume):* aus mehreren Seiten, begrenzt durch Buchdicke,
- *Dokument:* alles.

Eine zentrale Aufgabe jeder Textverarbeitung, wie sie heute verstanden wird, besteht darin, das Umsetzen eines vorerst nur inhaltlich gegliederten Textes in die äussere Form, also die formale Gliederung, gut zu unterstützen. Auf der herkömmlichen Schreibmaschine besorgten das die Schreibenden selbst: Zeilenende und Seitenende wurden direkt behandelt (mit allen Problemen wie Silbentrennung und Gliederung der Absätze beim Seitenumbruch). Mit einem Textverarbeitungssystem hat man auch automatische Möglichkeiten.

Wir betrachten einen einzelnen Text und seine Entstehungsgeschichte etwas genauer. Ein Beispiel soll die Schritte deutlich machen. Am Anfang stehen Ideen eines Autors, der etwas zu Papier bringen will. Da soll etwa zu einem Betriebsausflug eingeladen werden. Die Personalchefin notiert (oder diktiert) folgenden Entwurf:

```
Liebe Betriebsangehörige
Wegen des hundertjährigen Jubiläums unserer Firma
ladenen wir Sie zu einem Betreibsausflug am
17.8. ein, der uns zur Insel...
```

Kaum sieht sie diesen Text auf Papier, erkennt sie Orthographie- und Stilfehler und möchte diese verbessern. Sie macht Korrekturen, die Schreibhilfe bringt folgendes Papier zurück:

```
Liebe Mitarbeiter
Unsere Firma wird dieses Jahr hundertjährig. Wir laden
Sie daher zu einem Betriebsausflug ein, der uns am 17.
8. auf die Insel...
```

Dieser korrigierte Text ist inhaltlich und grammatikalisch in Ordnung. Dennoch sind wir noch nicht zufrieden, weil das Datum „17.8.“ schlecht lesbar ist. Hier kommen sich inhaltliche und formale Gliederung (Zeilenlänge) in die Quere. So erfolgt eine formale Bereinigung, die auch als *Formatierung* bezeichnet wird. Dabei kann bewusst – wie hier – durch formale Änderung auch die inhaltliche Aussage verändert/verstärkt werden. Der definitive Text lautet jetzt:

```
Liebe Mitarbeiter
Unsere Firma wird dieses Jahr hundertjährig. Wir laden
Sie daher zu einem Betriebsausflug ein, der uns am

                        17. August

auf die Insel...
```

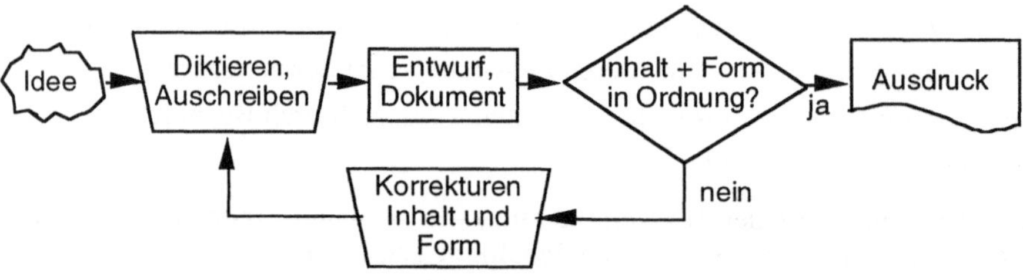

Figur 2.4: Bearbeitungsweg für Dokumente

Der Weg von der Idee zum geschriebenen, definitiven Text hat somit die Struktur von Fig.2.4, wobei die Korrekturschleife mehrfach durchlaufen werden kann. Dabei können nicht nur Texte, sondern mit entsprechenden Programmen auch Zeichnungen und andere Darstellungen den gleichen Arbeitsprozess durchlaufen; wir nennen diese gesamthaft *Dokumente.*

Wer den Alltag in einem Büro kennt, weiss, wie häufig Texte bis zur definitiven Fassung mehrfach abgeändert werden und früher auf der Schreibmaschine jedesmal wieder abgeschrieben werden mussten. Werden solche Texte statt auf Papier auf magnetische Datenträger geschrieben und im Computer verwaltet, so können alle Zeichen, Zeilen und Seiten zur Korrektur einzeln auf den Bildschirm geholt werden. Sie lassen sich bei Bedarf ändern, vertauschen, einfügen, löschen. Sinnvoll ist es natürlich, mit der *formalen Bereinigung* (z.B. Silbentrennung) zu warten, bis die *inhaltliche Bereinigung* (die sog. Autorkorrekturen) abgeschlossen ist. Wir werden am Schluss dieses Unterabschnitts auf die Silbentrennung noch zurückkommen.

Nun wenden wir uns dem Arbeitsprozess am Computer näher zu, also dem Dialogablauf für diese Textbearbeitung. Der Textbearbeitungsdialog wird durch ein Dienstprogramm unterstützt, das *Texteditor* oder kurz *Editor* genannt wird. Jedes handelsübliche Textverarbeitungssystem enthält einen Texteditor (sowie andere Funktionen, etwa zum Ausdrucken und Sichern).

Editor heisst ein Dialogprogramm, das dem Benutzer erlaubt, eine bestimmte Datei stückweise zu betrachten und bei Bedarf kleinere und grössere Ausschnitte zu verändern, zu ergänzen und zu kopieren.

Ein *Texteditor* muss somit derartige Funktionen für die *Text*bearbeitung anbieten. Wir wollen die wichtigsten Funktionen im Prinzip kennenlernen, obwohl bei der Vielzahl von heute verfügbaren Textverarbeitungssystemen Namen und genaue Definition dieser Funktionen leider keineswegs völlig einheitlich sind. Wer also selbst Textverarbeitung betreiben will, muss diese oder ähnliche Funktionen vorerst auf seinem eigenen Computersystem aufsuchen und genau kennenlernen.

Texteditoren in modernen Textverarbeitungssystemen sind sehr gute Beispiele für einen effizienten Dialog zwischen Mensch und Computer:

- Der *Mensch* gibt Text ein und kann ihn anschliessend korrigieren, indem er Fehlerstellen *anzeichnet* und *dort* etwas *löscht* oder *ergänzt.* Der Mensch will gelegentlich auch Textteile *umstellen,* und er will bereits einmal Geschriebenes kopieren und in anderen Texten verwenden, ohne es nochmals abzuschreiben.
- Der *Computer* führt an der jeweils angezeichneten Stelle jeden Befehl des Menschen (löschen, einfügen) sofort aus, so dass der Mensch immer wieder einen sauberen Text vor sich sieht.

Bei der Bearbeitung eines Texts arbeiten also Mensch und Computer im Dialog sehr eng zusammen; auf jeden Tastendruck reagiert der Computer mit der Anzeige auf dem Bildschirm. Benutzerfreundliche Textverarbeitungssysteme zeigen dabei auf dem Bildschirm den Text *genau* so, wie er auch ausgedruckt werden kann.

WYSIWYG = „What you see is what you get!“

Auf einem WYSIWYG-System erhält der Benutzer unmittelbar das Gefühl, er könne am Text arbeiten: etwas streichen, etwas ergänzen, etwas anders anordnen. Solche Umstellungen wurden früher in Entwürfen mit Schere und Kleister vorgenommen, weshalb man auch auf dem Computer noch von „Ausschneiden und Einkleben“ *(cut and paste)* spricht.

Genau diese sehr naheliegenden Arbeitsschritte müssen nun so auf der Benutzerschnittstelle (Bildschirm, Tastatur, evtl. Maus) implementiert werden, dass der Arbeitsablauf für den Benutzer möglichst einfach, effizient und narrensicher wird. Das wird unter anderem dadurch erreicht, dass nur sehr wenige, aber besonders geeignete Funktionen überhaupt angeboten werden. Dazu gehören heute auf fast allen Texteditoren folgende:

- eine Position auf dem Bildschirm markieren,
- ein Zeichen einfügen,
- einen Bereich markieren (Textabschnitt von – bis),
- ein Zeichen löschen; Bereich löschen,
- einen Bereich kopieren (in Zwischenspeicher/Zwischenablage),
- einen Bereich ausschneiden (und in Zwischenspeicher kopieren),
- den Zwischenspeicher einfügen (an der markierten Stelle oder anstelle des markierten Bereichs).

Mit diesen paar wenigen Funktionen lassen sich bereits alle elementaren Arbeiten an einem Text ausführen.

Das nächste Problem besteht nun darin, diese Funktionen mit den Geräten und Symbolen der Benutzerschnittstelle geschickt darzustellen, oder – in der Fachsprache des Informatikers – diese Funktionen „in der Benutzerschnittstelle zu *implementieren*“. Zwei Beispiele:

- Wie soll auf dem Bildschirm eine Position oder ein Bereich „markiert werden“?
- Wie erhält der Computer „einen Befehl“?

Für diese Aufgaben wurden in den letzten Jahrzehnten viele Lösungen erfunden; wenige haben sich bewährt und finden sich heute auf den meisten Textverarbeitungssystemen im praktischen Einsatz.

Markieren auf dem Bildschirm, Cursor-Bewegung

Der Benutzer muss dem Computer schnell und präzis angeben können, *wo* am Text etwas gemacht werden soll. Dazu dient die *Positionsmarke,* der sog. *Cursor* (Fig.2.5). Dieser spielt die Rolle unseres Zeigefingers beim Arbeiten auf Papier und steht immer präzis zwischen zwei Zeichen.

Damit der Text an jeder gewünschten Stelle bearbeitet werden kann, muss der Cursor rasch und gezielt in der Textdatei und damit verbunden auf dem Bildschirm verschoben werden können. Das geschieht mit direkten Cursor-Anweisungen entweder über spezielle Funktionstasten (←, ↓, →, ↑) oder über graphische Eingabemedien, etwa eine *Maus* (vgl. 2.3.4). Gerät der Cursor dabei (z.B. nach unten) über den auf dem Bildschirm sichtbaren Teil der Textdatei hinaus, so schiebt das Textsystem den Rest der Textdatei automatisch auf dem Bildschirm nach.

```
Wir laden Sie ein, am ⊥

an unserer Orientierung teilzunehmen.

Sie findet statt im Restaurant

in

und umfasst folgendes Programm:
```

Figur 2.5: Beispiel eines zu editierenden Textes mit Cursor (⊥)

Statt einer bestimmten Position lässt sich auf dem Bildschirm aber auch ein bestimmter *Textbereich markieren,* also ein ganz präziser Textausschnitt zwischen Zeichen „x" und „y". Auch diese Markierung erfolgt mit Cursorhilfe. Dazu wird der Cursor *vor* das Zeichen „x" bewegt und von dort *nach* dem Zeichen „y". *Während der Bewegung* „x" bis „y" muss zusätzlich eine bestimmte Taste auf der Tastatur oder auf der Maus gedrückt und nach dem Erreichen der Endposition hinter „y" wieder losgelassen werden. Damit ist der Bereich markiert; er wird auf dem Bildschirm durch inverse Schrift (weiss auf schwarz) oder farbig angezeigt. (Der Cursor selber wird nicht angezeigt, wenn ein Bereich markiert ist.)

Befehle an den Computer

Zur Erteilung von Befehlen eignet sich natürlich besonders gut die *Tastatur.* Ein Problem entsteht hier nur dadurch, dass die Tasten der Normaltastatur alle schon ihre feste Bedeutung haben, namentlich für die Textverarbeitung: Die Taste „a" schreibt „a" usw. Wenn nun über die Tastatur zusätzlich noch Befehle erteilt werden müssen, braucht es dazu entweder zusätzliche Tasten (die sog. *Funktionstasten* F1 usw. auf manchen Computertastaturen gehören zu dieser Lösung) oder die Tasten erhalten mehrfache Bedeutungen. Das ist für uns keineswegs ungewohnt:

„a"	schreibt „a"
„a" plus „Umschalttaste"	schreibt „A"

Das kann jetzt weitergeführt werden, z.B. durch Einführen einer sog. Befehlstaste, die wie die Umschalttaste *zusammen* mit den gewöhnlichen Tasten verwendet wird. Also z.B.

„a" plus „Befehlstaste"	bewirkt „-------"

Der Hauptnachteil der Belegung einzelner Tasten oder Tastenkombinationen mit mehreren Bedeutungen, namentlich mit Funktionen, besteht darin, dass das für den Benutzer leicht unübersichtlich wird; er muss all diese Belegungen dauernd im Kopf haben. Daher gibt es heute auch selbsterklärende Lösungen (sog. Menübefehle), welche in 2.3.4 vorgestellt werden.

Für unsere Textverarbeitung sind wir aber jetzt ausgerüstet. Mit den genannten Befehlen und Markierungsmöglichkeiten lässt sich fast jeder Texteditor bedienen. Versuchen Sie nun, den Cursor zu verschieben, dann ein bestimmtes Wort zu markieren (evtl. fragen Sie, wie man das macht). Jetzt können Sie *ein* Zeichen einfügen (jeder Tastendruck fügt das entsprechende Zeichen an der markierten Stelle ein) und durch mehrfachen Tastendruck ganze Textteile eingeben. Durch Wiederholen werden diese Grundfunktionen rasch klar, und Sie erhalten dadurch einen Eindruck davon, was *„Computerdialog"* bedeutet. (Eine Warnung sei aber hier angebracht: Für das Verständnis des Computerdialogs mag „ausprobieren" genügen; für den produktiven Einsatz eines modernen Textsystems genügt es nicht! Dafür ist ein seriöser Kursbesuch nötig – er lohnt sich!)

Texteditoren, wie sie in Textverarbeitungssystemen in der Büropraxis im Einsatz stehen, bieten zusätzlich noch wesentlich *leistungsfähigere Funktionen* als die bisher beschriebenen an. Damit lässt sich ein Text am Bildschirm beliebig umgestalten, je nach System sogar unter Einsatz verschiedener Schriftarten für Titel, kursive Texte usw. (Schriftbeispiele zeigt Fig.2.21). Eine wesentliche Voraussetzung für derartige gestalterische Arbeiten ist die bereits genannte Fähigkeit des verwendeten Textsystems, auf dem Bildschirm die gleiche Gesamtgliederung des Textes zu zeigen wie auch auf dem Drucker (WYSIWYG-System). Besonders hochentwickelte Text- und Graphikeditoren gehören bereits in den Bereich der modernen Satztechnik (DTP = desktop publishing, vgl. 2.8.2).

Eine andere Weiterentwicklung von Textverarbeitungssystemen betrifft bestimmte sprachliche Fragestellungen, etwa die Unterstützung der Schreibenden bei Rechtschreibung und Silbentrennung. Ein Rechtschreibe-Hilfsprogramm vergleicht einen Text wortweise mit einem vorgespeicherten Wörterverzeichnis, worauf alle nicht aufgefundenen Wörter (und die meisten Wörter mit Orthographiefehlern gehören natürlich dazu) dem Bearbeiter auf dem Bildschirm angezeigt werden, damit er, falls nötig, mit den Editorfunktionen eine Korrektur vornehmen kann.

Und nun noch kurz zur *Silbentrennung*. Bereits früher wurde festgehalten, dass der Schreibende am Textsystem (im Gegensatz zur Schreibmaschine!) vorerst überhaupt keine Wörter trennt, sondern mit dem Leerzeichen (Blank) abschliesst (wenn ein Satzzeichen dazukommt, erst nach diesem Satzzeichen). Die Schreibmaschinentaste „Neue Zeile" oder „Wagenrücklauf" (carriage return = CR) wird am Zeilenende gar nicht benützt, weil der Computer selbständig eine neue Zeile beginnt, wenn ein Wort auf der vorangehenden Zeile nicht mehr Platz findet. Die Rücklauftaste der Schreibmaschine erhält im Textsystem die neue Bedeutung „Neuer Absatz". Das Textsystem ist selbständig imstande, das Textstück zwischen zwei Zeichen „Neuer Absatz" – eben einen Absatz (paragraph) – wortweise richtig auf die einzelnen Zeilen zu verteilen, vorerst ohne Worttrennung. Nur bei sehr langen Wörtern ist dann bei der allerletzten Textüberarbeitung noch ein Trennbedürfnis da. Für solches Trennen bieten anspruchsvollere Textsysteme Unterstützung, allerdings oft ohne korrekte Fremdwörtertrennung und ähnliche Feinheiten. (Zur Frage der rechtsbündigen Textgestaltung – „Blocksatz" – vgl. 2.8.2.)

Die vorstehende Präsentation eines Texteditors hatte den doppelten Zweck, die wichtige Textverarbeitung vorzustellen und gleichzeitig an einem Beispiel zu zeigen, wie sich Dialogarbeiten konkret abspielen. Wir werden uns aber anschliessend mit den Dialogtechniken noch weiter befassen.

2.3.4 Dialoggestaltung: Maske, Menü, graphische Befehlsformen

Im vorstehenden Unterabschnitt haben wir am Beispiel der Textverarbeitung eine Reihe von Funktionen (Einfügen, Ausschneiden, Kopieren, Löschen...) kennengelernt, die während einer Dialogsitzung auf einem bestimmten Datenbestand (hier auf einer bestimmten Textdatei) ausgeübt werden müssen.

Wir haben auch gesehen, dass sich Befehle mit der Tastatur (über Sondertasten oder Tastenkombinationen sowie selbstverständlich auch mit Befehlswörtern wie EINSETZEN) an den Computer übermitteln lassen. Diese Form der Befehlseingabe (Befehle über Tastatur) hat sich namentlich für professionelle Informatikanwender sehr bewährt. Wer aber erstmals mit einer bestimmten Anwendung zu tun hat oder diese nur relativ selten benützt, hat oft Mühe, all die Befehle eines ausgebauten Anwenderprogramms präzis im Kopf zu behalten und immer korrekt einzutippen.

Noch vor wenigen Jahren blieb allerdings den meisten Benutzern gar keine andere Wahl, als die Befehle auswendig zu lernen und bei jedem Gebrauch über die Tastatur immer wieder einzutippen (sog. textuelle Befehlsformen). Inzwischen bieten sich aber gerade für die Einsteiger immer mehr auch graphische Befehlseingabemöglichkeiten an; die wichtigsten dabei sind Menüs und Masken:

- *Menüs* dienen vor allem der Befehlseingabe und der Auswahl bereits gespeicherter Dokumente oder Datenwerte. Menüs zeigen dem Benutzer seine aktuell verfügbaren Möglichkeiten; dieser führt den Cursor auf das Gewünschte und wählt dieses durch gleichzeitigen Tastendruck (sog. „Anklicken") aus.
- *Masken* dienen vor allem der Dateneingabe; sie zeigen angeschriebene Felder, welche auszufüllen sind, ganz ähnlich den altbekannten Papierformularen.

Menüs für Befehle

Eine häufig verwendete Menügestaltung für Befehle zeigt Fig.2.6 mit dem sog. Menübalken und den sog. Aufklappmenüs (hier ein „Pull-down"-Beispiel). Am oberen Rand des Bildschirms – hier für eine Textverarbeitung – werden die verfügbaren Befehlsgruppen im Menübalken ständig angezeigt. Wird aus einer bestimmten Befehlsgruppe ein konkreter Befehl benötigt, fährt der Anwender mit dem Cursor auf das entsprechende Befehlsgruppenwort im Menübalken und drückt dort auf die Befehls- oder Maustaste. Darauf klappt das Menü mit den Einzelbefehlen auf, welche nun wiederum mit dem Cursor angefahren und so ausgewählt werden können. Dabei arbeitet der Anwender nur mit Cursor und Befehls- oder Maustaste zum sog. „Anklicken" oder auch mit ständigem Niederdrücken – leider sind hier noch nicht alle Systeme einheitlich.

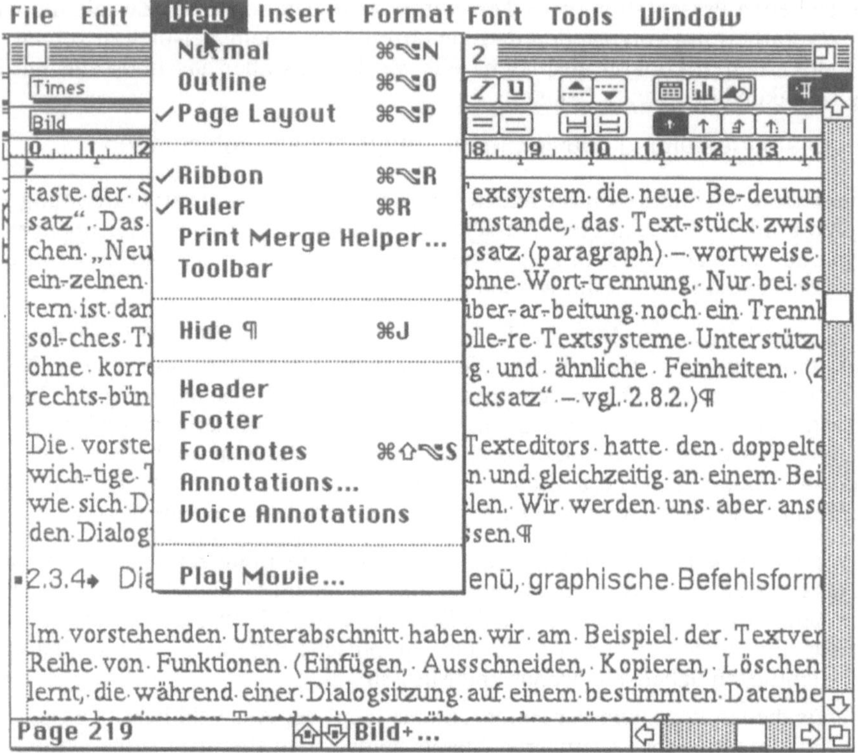

Figur 2.6: Bildschirm für Textverarbeitung mit Befehlsleiste (Menübalken) und Aufklappmenü (Beispiel MS-Word für Macintosh)

Offensichtlich kann ein solches Menüangebot dem Anwender sehr helfen: Er kann auswählen (macht also keine Tippfehler), er überblickt jederzeit die Gesamtheit seiner Möglichkeiten. Dieser Überblick lässt sich noch verbessern, wenn jedes Menü-Befehlswort jederzeit durch entsprechende Schraffierung oder Farbgebung anzeigt, ob der zugehörige Befehl in der momentanen Arbeitssituation *verfügbar (enabled)* oder *nicht verfügbar (disabled)* ist. So ist etwa der Befehl „Ausschneiden" nicht verfügbar, solange der Cursor eine blosse Position anzeigt und kein Textbereich markiert ist. Ein gutes Menüsystem zeigt jederzeit die verfügbaren Möglichkeiten *genau* an.

Das Einblenden von Menüs eignet sich aber nicht nur für die Befehlsauswahl beim normalen Arbeiten. Bei *Fehlern* des Anwenders oder des Computers sind Menüvorgaben besonders hilfreich. Oft blendet dann das Betriebssystem ein spezielles Fenster mit der entsprechenden *Warnung* und den verbleibenden wenigen Möglichkeiten ein; im schlimmsten Fall kann der Anwender allerdings nur noch den Abbruch des Programms quittieren, oder das Betriebssystem zeigt gar einen *„Absturz“* an und verlangt den Neustart des Computersystems.

Menüs für Dokumente

Die Menütechnik lässt sich auch sehr effektiv für die Dokumentenverwaltung einsetzen. Wer Dutzende oder Hunderte von Einzeldokumenten auf seinem Computer verwalten muss, weiss selten alle Dokumentennamen auswendig. Viel einfacher als durch Eingabe eines Dokumentennamens erfolgt die Dokumentenauswahl durch Markieren auf einer Auswahlliste oder in graphischer Form in einer Hierarchie von Ordnern (Fig.2.7).

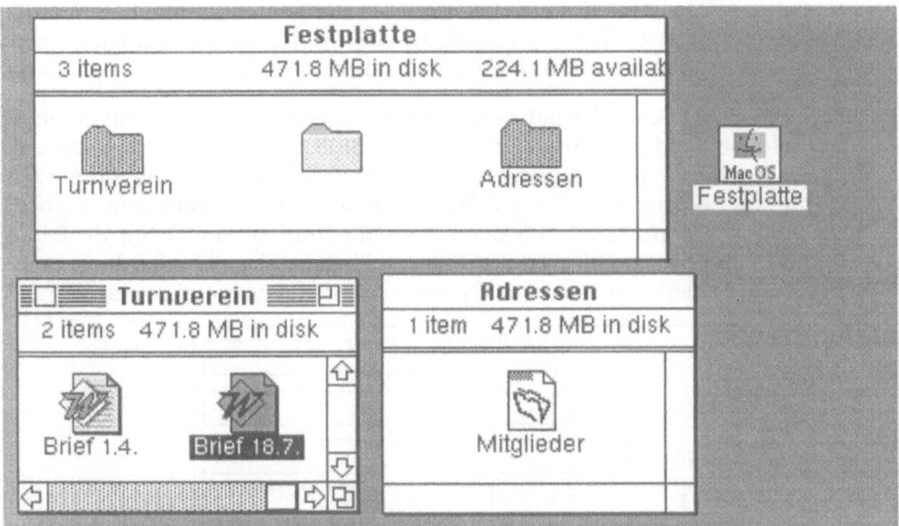

Figur 2.7: Hierarchische Ablage von Dokumenten in Ordnern

Auch in manuellen Archivsystemen ist die Hierarchie eine wichtige Organisationsform: Einzeldokumente werden in Ordnern abgelegt, diese wiederum werden auf Gestellen nach Themengruppen zusammengefasst. Wer ein Dokument sucht, beginnt bei den Themengruppen, holt den richtigen Ordner, dann das Dokument. Genau diese Technik finden wir wieder in modernen Dokumentenverwaltungssystemen auf dem Computer (Fig.2.7): Der Anwender öffnet die Festplatte, wählt den entsprechenden Ordner (hier „Turnverein“) und öffnet ihn. Jetzt sieht er seine abgelegten Korrespondenzen und markiert den „Brief vom 18.7.“, an welchem er etwas herumkorrigieren möchte. Das Menü für die Auswahl sind hier die kleinen *Symbole (icons)* samt Kurznamen für die einzelnen Dokumente.

Es ist erstaunlich, wie leicht Menschen die Übersicht über recht grosse Dokumentenarchive behalten, solange sie die Dokumente und deren Namen und Zuordnung (= „in welchem Ordner") ganz einfach durch Cursorbewegung markieren (*ein* Klick mit Befehls- oder Maustaste) und öffnen können (Doppelklick).

Menüs für Datenwerte
Die Menütechnik (= Auswählen aus einem vorgegebenen Sortiment) lässt sich überall dort auch für die Dateneingabe verwenden, wo das verfügbare Sortiment, bei Daten also der sog. Wertebereich, relativ klein ist. Dieses wichtige Verfahren wird in 2.7.2 vertieft behandelt. Es lässt sich auch direkt mit der hier folgenden Maskentechnik kombinieren.

Masken
Für die Erfassung vieler ähnlicher Datenwerte ist die allgemeine Menütechnik allzu flexibel und damit zu wenig effizient, weil sie zu viele Möglichkeiten anbietet und offenlässt. Hilfreicher ist hier eine klare *Führung des Anwenders* durch eine sog. Maske.

Eine Maske ist eine Art Formular auf dem Bildschirm (Fig.2.8). Beim Ausfüllen der Maske wird Feld für Feld angesprungen und ausgefüllt. Zum Anspringen kann der Cursor frei über die Maske bewegt werden. Häufig wird aber fortlaufend Feld um Feld gefüllt und mit einer bestimmten Taste („Wagenrücklauf" oder „Tabulator") auf das jeweils nächste Feld gesprungen. Bei der Erfassung formatierter Daten im Dialog drängt sich diese Arbeitsform auf, weil für die verschiedenen Datenfelder die geeigneten Feldlängen und Fehlerkontrollen vom System vorbereitet werden können (Fig.2.8).

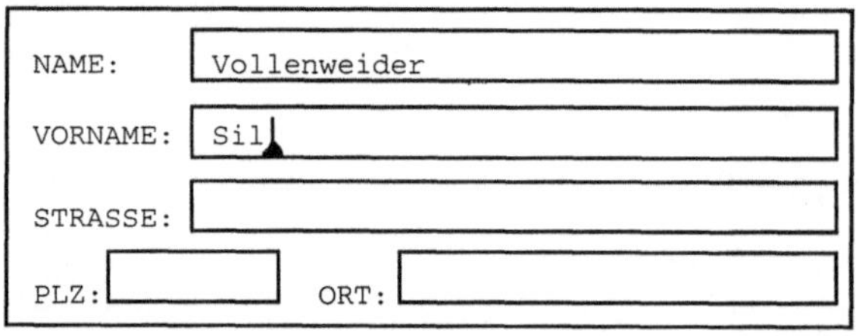

NAME: Vollenweider
VORNAME: Sil
STRASSE:
PLZ: ORT:

Figur 2.8: Bildschirm mit Maske und Cursor

Beim Arbeiten mit Masken ist es sehr wichtig, dass Reihenfolge und Beschriftung der Felder leicht verständlich sind und dass beim Eintippen erfolgte Fehler sich leicht korrigieren lassen. Die dabei nötigen Arbeitsschritte sind übrigens wieder die gleichen wie bei der Textverarbeitung, von der Positionierung des Cursors bis zum Kopieren und Einfügen.

Menüs und Masken haben sich beim Informatikeinsatz stark verbreitet, wenn auch in bestimmten Einsatzbereichen die textorientierten Dialogformen noch immer dominieren. Und damit sind wir bei einem weiteren heiklen Thema der Dialoggestaltung: die mangelnde Einheitlichkeit! Für den Anwender ist jede neue Dialoggestaltung wieder eine Art *Fremdsprache,* die zuerst verstanden und gelernt sein will, bevor mit dem entsprechenden Programm gearbeitet werden kann.

Allerdings sind die Fortschritte bei der Vereinheitlichung der Dialoggestaltung – einem Kernelement der Benutzerschnittstelle – seit der weiten Verbreitung graphischer Lösungen nicht zu verkennen. 1984 brachte die Firma Apple mit dem Modell Macintosh erstmals eine das Betriebssystem sowie mehrere wichtige Anwenderstandardprogramme in ähnlicher Form präsentierende Benutzerschnittstelle auf den Markt (die Fig.2.6 und 2.7 zeigen Beispiele dazu). Dieses Konzept fand über Microsoft-Windows sehr bald auch Eingang in der IBM-nahen, auf Intel-Prozessoren aufgebauten PC-Welt. Die Stärke dieses Konzept liegt neben der Verwendung graphischer, und damit einfacher, überblickbarer Präsentationsformen vor allem in der Verwendung universeller Befehle.

Universelle Befehle
Gleichartige Funktionen sollten in allen Situationen den gleichen Namen tragen und gleich bedient werden können. So soll der Befehl DRUCKEN aus einer Textverarbeitung heraus zwar einen Text drucken und aus einer Adressdatenverwaltung heraus einen Satz von Adressetiketten; aber er soll in beiden Fällen DRUCKEN heissen und nicht einmal SCHREIBEN und einmal LISTE. Es ist offensichtlich, dass die Forderung nach universellen Befehlen in einer Welt von Tausenden von Programmanbietern fast utopisch ist. Nur dank dem starken Einfluss einiger Grosslieferanten (namentlich Microsoft und Apple) sind hier dennoch sichtbare Erfolge zu verzeichnen. So finden sich heute etwa folgende *universellen Befehle* auf sehr vielen Kleincomputern:

- SICHERN (SAVE) zur Absicherung der aktuellen Datei (= Dokument) auf einem Sekundärspeicher
- DRUCKEN (PRINT) der aktuellen Datei (Dokument)
- BEENDEN (EXIT) des aktuellen Anwenderprogramms
- RUECKGAENGIG machen (UNDO) des letzten Befehls (eine sehr wertvolle Unterstützung des Anwenders, der so eine unbedachte Fehlmanipulation rückgängig machen kann)
- HILFE (HELP) für Informationsrückfragen zum aktuellen Befehl

Leider sind aber Systeme *verschiedener* Herkunft sowie vernetzte Systeme meist alles andere als einheitlich. Da muss der Benutzer oft raten, ob er jetzt wohl mit

EXIT, QUIT, END, BYE oder OUT

aus dem betreffenden Systemteil aussteigen muss!

Wir können feststellen, dass sich die Benutzerschnittstellen der weitestverbreiteten Standardprogramme in den letzten Jahren vor allem dank ihrer graphischen Orientierung deutlich verbessert haben. Dennoch lohnt es sich immer wieder, jene Grundsätze in Erinnerung zu rufen, welche J. Nievergelt schon 1983 formulierte. Er nannte sechs Hauptfehler, die viele Computerdialoge erschweren [Nievergelt, Ventura 83]:

- *Uneinheitliche Befehlsbezeichnungen* erschweren das Erlernen der Dialogsprache (Beispiele wurden soeben gezeigt: EXIT, QUIT usw.)
- *Intoleranz bei der Verarbeitung von Benutzereingaben* beweist die „Sturheit der Maschine", während ein menschlicher Dialogpartner auch jenen versteht, der lispelt oder eine Fremdsprache spricht. Es gibt aber technische Möglichkeiten, die Maschine zu grösserer Toleranz zu programmieren oder Fehlmanipulationen auszuschalten; die wichtigste ist die Menütechnik.
- *Nachlässig formulierte Anweisungen für den Benutzer* zeigen diesem zu wenig exakt, wie er seine Funktionsbefehle formulieren soll. (Bsp.: Muss nach EXIT noch die „Rücklauf"-Taste betätigt werden oder nicht?)
- *Fehlende Rückmeldung des Systems* lässt den Benutzer im Unklaren, ob seine Eingabe unverständlich oder unvollständig war (keine Reaktion des Computers), ob der Computer aus internen Gründen wartet oder ob dieser in Erfüllung eines Befehls voll arbeitet, aber damit noch nicht fertig ist. Moderne Systeme führen bei allen Eingaben zu einer unmittelbaren und sichtbaren Reaktion auf dem Bildschirm (etwa Ausgabe eines „*" als sog. Prompting, bei längeren Arbeiten zu Zwischenmeldungen etwa in Form einer Sanduhr, die läuft.
- *Zeilenorientierte Ausgabe* (statt einer seitenorientierten) benutzt nicht den ganzen Bildschirm als Gestaltungsmittel.
- *Stehenlassen veralteter Informationen* stört die Dialoggestaltung.

Diese sechs Hauptfehler belasten noch immer viele Dialoganwendungen mehr oder weniger, und sie lassen sich nachträglich nur mit grossem Aufwand und unvollständig korrigieren. Daher müssen sie schon im Entwurf vermieden werden. Dazu hat sich der Informatiker beim Dialogentwurf immer zu vergegenwärtigen, wie der künftige Dialogbenutzer bei der Arbeit mit dem Bildschirm denkt, welche Fragen er hat.

Die Arbeit am Bildschirm ist ausgesprochen dynamisch, wie schon das Beispiel Textverarbeitung gezeigt hat: Der Anwender will in mehreren Korrekturschritten einen korrekten und formatierten Text erreichen. Also steht der Benutzer jederzeit in einem ganz bestimmten Stadium des Dialogs. Wird er über den aktuellen Stand unsicher, können seine Fragen allgemein etwa so formuliert werden [Nievergelt, Ventura 83]:

- *Wo bin ich?* Der Bildschirm sollte das sichtbar machen.
- *Was kann ich hier tun?* Die Menge der aktiven Befehle, vielleicht auch deren Form und Bedeutung, muss sichtbar sein.
- *Wie kam ich hierher?* Mindestens *einen* Befehlsschritt sollte der Anwender jederzeit ungestraft rückgängig machen können (*„UNDO"-Befehl).*
- Welche Möglichkeiten bietet mir das System überhaupt an?

Die ersten drei Fragen (Ort, Modus, Weg – site, mode, trail) beziehen sich auf den aktuellen Stand des Dialogs, während Frage vier eine allgemeine Orientierung auslösen sollte. Natürlich können diese Fragen auf verschiedene Art beantwortet werden. Moderne Standardprogramme (Textverarbeitung, Tabellenkalkulation usw.) der grossen Anbieter zeigen meist ausgezeichnete Lösungen, welche die genannten Fragen geschickt beantworten.

2.3.5 Maus, Fenster und andere Dialoghilfen

Die bloss verbale Beschreibung von Mensch-Maschine-Dialogen, wie dies vorstehend versucht wurde, gibt ein sehr unvollständiges Bild der Realität. Das intensive Zusammenspiel des am Bildschirm arbeitenden Menschen mit seinem Arbeitscomputer kann geradezu verblüffen. Das „muss man gesehen", viel besser noch selbst ausprobiert haben. Der Leser ist ja bereits früher zu einer Experimentierstunde aufgefordert worden.

Angesichts der Unvollkommenheit verbaler Beschreibungen solch dynamischer Vorgänge wird es erst recht problematisch, zusätzliche gerätemässige und methodische Hilfen für die Interaktivität Mensch-Maschine mit wenigen Worten andeuten zu wollen. Dennoch müssen wir uns mit Hinweisen begnügen, erstens weil die Entwicklung solcher Hilfen laufend weitergeht, und zweitens weil eine vertiefte Darstellung den Rahmen dieses Grundlagen-Textes sprengen würde.

Dialoghilfen wollen die Interaktion Mensch-Maschine dort verbessern, wo die klassische Bildschirm-Tastatur-Kombination wenig befriedigt. Beispiele sollen deren Schwächen deutlich machen:

- *Cursorbewegung*: Unser „Zeigefinger"-Ersatz auf dem Bildschirm ist der Cursor (Positionsmarke, Fig.2.5). Diesen mit einer Tastatur bewegen zu müssen (4 Tasten für Bewegung nach oben, unten, rechts oder links) ist im allgemeinen viel weniger rasch und spontan als ein direktes Hinzeigen mit unserem Finger oder mit einem Zeigestab.
- *Beschränkte Bildschirmgrösse:* Auf dem Bildschirm können nur relativ kleine Dokumente auf einmal vollständig gezeigt werden; Texte oder Zeichnungen sind aber oft viel umfangreicher.
- *Simultandarstellung*: Auf dem bisher gezeigten Bildschirm ist zu jedem Zeitpunkt nur eine Art von Information sichtbar. Jeder intensiv benutzte Schreibtisch zeigt aber, dass wir oft parallel auf mehreren Unterlagen nachsehen, vergleichen, eintragen usw. Um dies auch dem Computerbenutzer zu ermöglichen, müsste man entweder gleichzeitig mehrere Bildschirme benützen oder auf einem (grossen) Bildschirm mehrere Datenbereiche simultan darstellen können.

Unbefriedigende Zustände führen oft zu neuartigen Lösungen. Fig.2.9 zeigt drei Beispiele zur besseren Cursorbewegung.

Cursorbewegung („Zeigen" auf dem Bildschirm)

Bei all diesen Geräten wird die Positionsmarke (Cursor) nicht mehr über die Tastatur gesteuert, sondern direkt auf einer Fläche positioniert und zweidimensional bewegt (= Zeichnung), beim Lichtgriffel auf dem Bildschirm selbst, bei Tablett und Maus auf einer Hilfsfläche (Brett, Tischplatte).

Tablett (tablet): Die Zeichenarbeit erfolgt hier auf einer Art Zeichenbrett, wie dies der Konstrukteur/Zeichner gewohnt ist. Gezeichnet wird mit einem besonderen Griffel (in anderen Lösungen mit einer Lupe mit Fadenkreuz), auch mit Funktionsknopf („Klick"), wobei das Tablett die Position des Griffels (bzw. der Lupe) präzis lokalisieren kann. Nachteile: Computerbild und Arbeitsfläche sind voneinander getrennt, die Lösung ist relativ teuer.

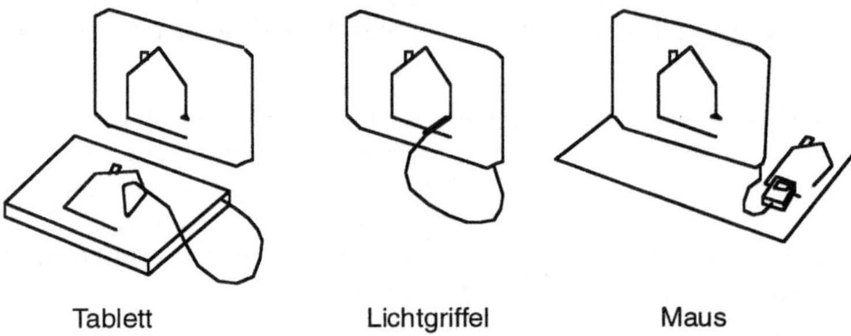

Figur 2.9: Eingabegeräte für direkten Graphikdialog: Tablett, Lichtgriffel, Maus

Lichtgriffel (light pen): Bildschirm und „Griffel" sind dabei so aufeinander abgestimmt, dass der Benutzer mit dem Griffel direkt auf einen Punkt am Bildschirm zeigen kann, worauf das System diese Markierung erkennt und datenmässig festhält. Durch Drücken eines Knopfes am Griffel („Klick") lässt sich angeben, dass der angetippte Punkt „gilt", d.h. als Eingabe zu verwenden ist. Nachteile dieser sehr direkten Lösung: Der Bildschirm ist als Zeichenfläche unpräzis (uneben), die Lösung ist technisch aufwendig.

Maus (mouse): Zeichenfläche ist hier irgendeine ebene Fläche, z.B. der Schreibtisch. Darauf wird ein Gerät in der Grösse eines halben Apfels, eben die Maus, herumbewegt, was durch das Computersystem als Bewegung erkannt werden kann (etwa durch Abtasten einer in der Maus auf dem Tisch rollenden Kugel). Auf der Maus können ein oder mehrere Funktionsknöpfe gedrückt werden („Klick"). Preisgünstige Lösung. Nachteil: Gezeichnet wird auf dem Tisch, sichtbar ist nur die Bildschirmzeichnung.

Neben Tablett, Lichtgriffel und Maus werden in der Praxis vor allem bei Kleingeräten (Spielcomputer) noch andere Graphikgeräte verwendet, etwa ein Steuerknüppel (joystick) oder eine *Drucksteuerung* mit stufenloser Feineinstellung *(paddle).* Das Anwendungsprinzip ist aber immer das gleiche.

Cursor-Positionierung und -Bewegung sind beim Computerdialog keineswegs nur zum Zeichnen, also für die Computergraphik, wichtig. Während ältere und einfachere Bildschirmprogramme noch zeilenweise auf dem Bildschirm arbeiten, ist bei moderneren Lösungen der ganze Bildschirm permanente Arbeitsfläche. Dazu muss der Cursor auf dem gesamten Bildschirm herumbewegt werden können, etwa zur Auswahl von Menüangeboten.

Rollbalken
Die beschränkte Grösse des Bildschirms zwingt bei grossen Dokumenten zur Darstellung von blossen Ausschnitten; der Benutzer schaut wie mit einer Lupe bloss auf einen Teilbereich des Dokuments, das er lesen oder bearbeiten möchte. Bei grösseren Dokumenten hat der Benutzer angesichts der blossen Ausschnitte zwei Probleme:

- Er möchte wissen, *wo* er sich gerade im Dokument befindet (vorne, hinten, ...), und
- er möchte nach Bedarf zu einem anderen Ausschnitt wechseln.

Beide Probleme löst das Konzept des *Rollbalkens (scroll bar)* an der Seite des Dokuments, dem wir schon in Fig.2.6 rechts und unten begegnet sind. Ein kleines Merkzeichen (in Fig.2.6 und Fig.2.10 ein Quadrat) zeigt die relative Position des aktuellen Ausschnitts im Gesamtdokument. Und das Merkzeichen lässt sich mit dem Cursor (plus Befehls- oder Maustaste) nach oben und unten verschieben, was den Ausschnitt im Dokument entsprechend verschiebt. Bei sehr breiten Dokumenten dient ein zweiter, jetzt horizontaler Rollbalken der seitlichen Positionierung des Ausschnitts (Fig.2.6 unten).

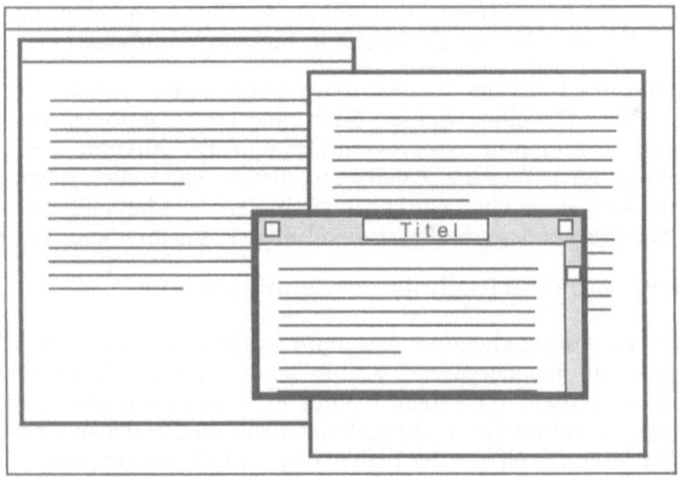

Figur 2.10: Fenstertechnik auf dem Bildschirm (mit Rollbalken)

Fenstertechnik
Auch für das dritte erwähnte Problem, die Simultandarstellung verschiedener Sachverhalte auf dem gleichen Bildschirm, bieten moderne Dialogsysteme Lösungen an. Neben Mehrfachbildschirmen (z.B. für Graphik einerseits und Textdialoge anderseits) ist dies vor allem die Fenstertechnik (Fig.2.10).

Fenster (windows) heissen jene rechteckigen Bildschirmausschnitte, welche ermöglichen, dass der Bildschirm simultan für verschiedene Datenbereiche und Arbeitszwecke (z.B. Menü, Tabellen usw.) aufgeteilt und eingesetzt wird. Das ist auch temporär möglich, indem auf einem an sich bereits belegten Bildschirm ein weiterer Datenbereich eingeblendet und betrachtet werden kann. (Nach dem Ausblenden des Fensters steht in diesem Fall der darunterliegende Inhalt wieder zur Verfügung.) Die Verwendung eines Fensters erfolgt also ähnlich, als ob auf einem Schreibtisch gleichzeitig verschiedene offene Dokumente liegen oder wenn ein zusätzlicher Beleg kurzfristig obenauf gelegt wird. Dieser „oberste“ Beleg bildet das sog. *aktuelle Fenster* (Fig.2.10) und kann bearbeitet werden. Die anderen Fenster lassen sich gleichzeitig nur lesen.

Das Öffnen und Schliessen der Fenster verlangt wiederum nach einer sehr beweglichen Positionierungstechnik auf dem Bildschirm (im Sinne etwa der geschilderten Maus), weil sich sonst die Fenster leicht gegenseitig behindern können. Aber die Fenster sind ihrerseits verschiebbar, sie lassen sich mit Knopfdruck öffnen, anpassen und schliessen; Fenstermenüs werden geöffnet, ausgewählt und verschwinden. Es entwikkelt sich so eine neue Art von „graphischem Arbeitsstil“, der besonders über Kleincomputersysteme (z.B. Apple Macintosh, MS-Windows für PC) weltweit Verbreitung gefunden hat, während die Grosssystemwelt an der Bedienung über die Tastatur viel länger festhält. Aber auch hier ist die Fenstertechnik im Vormarsch.

Die Liste der hier geschilderten Dialoghilfen ist keineswegs vollständig. Schon heutige Systeme bieten oft weitere Zeige-, Such- und Organisationshilfen (z.B. zur raschen Suche und Positionierung in grossen Dateien). Die Zukunft wird noch weitere Verbesserungen bringen. Wer die jeweils aktuellsten technischen Lösungen zur Dialogunterstützung kennen möchte, wird dazu am besten das Marktangebot verfolgen, da hier nicht die Theorie, sondern die Praxis den Entwicklungsrhythmus bestimmt.

2.4 Echtzeit-Arbeiten (technische Schnittstellen)

Wir haben uns im vorangehenden Abschnitt ausführlich mit dem Dialogbetrieb Mensch-Computer auseinandergesetzt, weil in der „sichtbaren“ Praxis sehr viele Computer so betrieben werden. Weit mehr Computer stehen heute aber „unsichtbar“ im Einsatz und steuern Automotoren, Verkehrsampeln, medizinische Geräte und Haushaltapparate. Sie lesen Daten aus der realen Welt in Echtzeit (realtime) ab und beeinflussen mit ihren Ausgabedaten andere Apparate. Das sei am Zusammenspiel Waage (Messinstrument) – Computer gezeigt (Fig.2.11).

Im Beispiel von Fig.2.11 soll die Verdampfung einer Mischflüssigkeit in ihrem zeitlichen Verlauf gemessen werden. Dazu sind Messungen des Gewichts des noch unverdampften Teils der Flüssigkeit alle paar Sekunden nötig. Das lässt sich durch einen Kleincomputer steuern, indem dieser (über geeignete Verbindungsleitungen mit kompatibler Schnittstelle) zu bestimmten Zeitpunkten (Echtzeit!) das aktuelle Gewicht und die Temperatur der untersuchten Mischflüssigkeit in der Waage abfragt. Die Auswertung der gemessenen Gewichts- und Temperaturwerte geschieht anschliessend im Computer, entweder direkt als Tabelle oder Graphik oder im Falle grosser Datenmengen durch Weiterleitung an einen Grossrechner.

Figur 2.11: Messsystem (*Thermowaage*) mit Kleincomputer

Dieses einfache Beispiel eines Messsystems zeigt unmittelbar einige charakteristische Eigenschaften von Echtzeit-Systemen:

- Der *Arbeitsrhythmus* des Systems wird durch die *reale Welt* bestimmt; diese wartet nicht auf den Computer.
- Bei wichtigen Prozessen (z.B. im Flug- oder Bahnverkehr und in der Medizin) ist die *Zuverlässigkeit* der Informatikkomponenten von höchster Bedeutung.
- Daten-Ein- und -Ausgabe erfolgen oft *vollautomatisch,* d.h. ohne direkten Kontakt zu Anwendern/Bedienern.
- Daten-Ein- und -Ausgabe erfolgen oft an Stellen, welche schwer zugänglich, verschmutzt, wetterabhängig und sonstwie belastet sind (Bsp. Verkehrssensoren, Fabrikhallen).

Offensichtlich erfordert daher der Informatikeinsatz im Echtzeitbetrieb besonders sorgfältige Abklärungen der wirklichen Bedürfnisse, der Informatikmöglichkeiten und der wirtschaftlichen Rahmenbedingungen; das gilt in erhöhtem Masse für Systeme, die rund um die Uhr im Einsatz stehen müssen.

Beispiel: Digitale Telefonzentrale

In den neunziger Jahren werden die meisten Telefonzentralen durch sog. digitale Zentralen abgelöst (dieses Thema wird in Kap. 6 ausführlich behandelt). Nun sind aber digitale Telefonzentralen nichts anderes als Computersysteme mit speziellen Anwendungsprogrammen („Telefonzentralenprogrammen“) zur Vermittlung von

Datenverbindungen – sehr schnell, sehr flexibel und trotzdem zuverlässig (24 h, 7 Tage in der Woche). Die Entwicklung eines neuen Telefonzentralenprogramms können nur wenige Weltfirmen an die Hand nehmen; der Aufwand beträgt etwa eine Milliarde DEM oder CHF. (Natürlich lässt sich das *gleiche* Programm nachher für sehr viele Zentralen einsetzen und so wirtschaftlich nutzen.)

Echtzeitanwendungen finden sich auch im kleinen: in jeder elektronischen Armbanduhr, im Katalysator des Autos, in der Waschmaschine, in der Nähmaschine. Der wirtschaftliche Vorteil des Informatikeinsatzes liegt namentlich darin, dass bei Serienprodukten komplexe Steuerungen nur einmal entwickelt (eben programmiert) und nachher auf jedes Exemplar der Serie kopiert werden.

2.5 Stapelverarbeitung (Dienste einer Informatikzentrale)

Am Anfang des kommerziellen Einsatzes der Informatik (damals hiess sie noch „Elektronische Datenverarbeitung“) stand die automatische Ausführung von Massenarbeiten. Prämienberechnungen in Versicherungsgesellschaften, Lohnabrechnungen, Zahlungsverkehr bei Banken: Das sind Beispiele früher Anwendungen der Computertechnik in den sechziger Jahren. Allerdings existierten für die gleichen Aufgaben schon viele Jahrzehnte früher in grossen Firmen sog. Lochkartenlösungen.

Offensichtlich existieren solche *Massenarbeiten* (Prämienberechnungen, Lohnabrechnungen, Zahlungsverkehr) auch heute noch; sie sind höchstens etwas in den Hintergrund gerückt, weil neuartige Informatikanwendungen ihnen inzwischen die Schau gestohlen haben. Im wirtschaftlichen Alltag bilden aber viele dieser Massenarbeiten weiterhin wichtige Dienstleistungen der Informatik. Daher lohnt es sich, auch ihre charakteristischen Eigenschaften kurz herauszuarbeiten:

- Massenarbeiten bestehen aus der *vollautomatischen* Durchführung *vieler gleichartiger* Einzelarbeiten.
- Massenarbeiten müssen *nicht am Arbeitsplatz* von Sachbearbeitern abgewickelt werden.
- Massenarbeiten lassen sich oft zeitlich *im voraus planen* (Bsp.: Lohntermin, Prämientermin usw.) und durchführen; sie lassen sich oft auch zeitlich vorziehen und dann ausführen, wenn Kapazität frei ist. Daher heissen sie auch „stapelbar“.
- Kleine Schwankungen im Fertigstellungstermin (einige Minuten) spielen keine Rolle oder lassen sich im voraus einrechnen.
- Die *Zuverlässigkeit* spielt eine sehr grosse Rolle.
- Massenarbeiten erfordern häufig nach dem Informatikeinsatz noch *physische Nachbearbeitungen,* etwa das Verpacken in Briefumschläge, das Frankieren, das Ablegen (sofern nicht ein elektronisches Archiv diese Arbeit abnimmt).

Derartige Arbeiten lassen sich zweckmässig in Dienstleistungszentren, sog. Rechenzentren (computer centers), zusammenfassen, wo nebst Computern alle notwendigen

Zusatzgeräte (zum Verpacken usw.) bereitstehen. Sie werden dort im *Stapelbetrieb (batch processing)* verarbeitet.

Die betriebsverantwortlichen Disponenten eines Rechenzentrums planten die zeitliche Abfolge ihrer Massenarbeiten schon in den sechziger Jahren in einer Weise, welche eine optimale Nutzung aller beteiligten Gerätekomponenten erlaubte; Rechner, Drukker, Speichereinheiten sollten alle parallel voll arbeiten können. Heute wird diese Optimierung automatisch durch das *Betriebssystem (operating system) besorgt.*

Auch wenn in modernen Betrieben viele Ergebnisse der Massenarbeiten nicht mehr in Papierform ausgedruckt und verschickt oder archiviert werden müssen (Bsp.: elektronischer Zahlungsverkehr), bleiben andere Ausdrucke in modernisierter Form erhalten (Offerten, Rechnungen, Lohnausweise usw.). Und neue stapelbare Dienstleistungen von Rechenzentren sind dazugekommen (Sicherheitskopien, Archivierung, Programmpflege usw.). Die Stapelverarbeitung behält somit ihre Bedeutung für viele Arbeiten auf Grossanlagen und Servern.

2.6 Arbeiten mit Informationsdiensten

2.6.1 Zugang zu Information: frei oder geführt?

Bisher haben wir uns mit *zwei* Hauptpartnern beim Informatikeinsatz befasst: mit Anwender und Computer. Im Abschnitt 2.6 kommt ein dritter Partner hinzu, der selbständige Datenbestand (Fig.2.12).

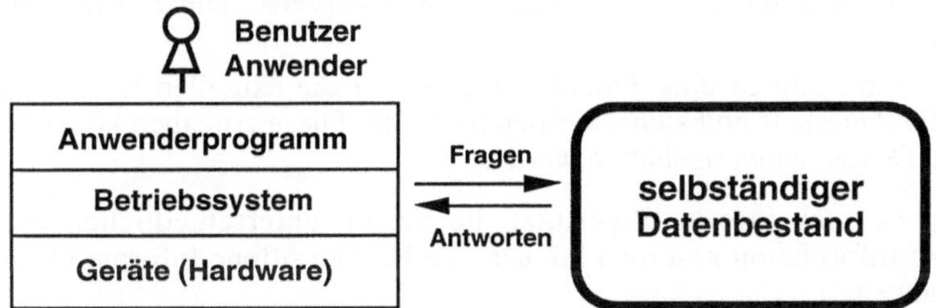

Figur 2.12: Drei Partner: Anwender, Anwenderprogramm auf Computer und selbständiger Datenbestand

Der Leser wird sicher einwenden, dass auch dieser Datenbestand auf einem Computer gespeichert sei und damit „zum Computer gehöre“. Es ist aber wichtig, den Computer als Arbeitsinstrument zu betrachten und von den *allgemein verfügbaren* Datenbeständen klar zu unterscheiden:

- Der *Computer des Anwenders* steht in dessen Verfügungsgewalt; der Anwender kann ihn nach Belieben einsetzen oder auch abstellen.
- *Selbständige Datenbestände* stehen *nicht* in der Verfügungsgewalt des Anwenders; sie stehen einer Vielzahl von Anwendern *ständig* zur Verfügung.

Selbständige Datenbestände bilden eine grundlegende Komponente sehr vieler Informatikanwendungen.

Damit ein Datenbestand von Anwendern *genutzt* werden kann, muss nun allerdings irgendwer *aktiv* werden. Das kann entweder der Anwender sein, der im Datenbestand seine Informationen selbständig *zusammensucht,* oder der Besitzer des Datenbestandes, der den Anwender gezielt zum gewünschten Ergebnis *hinführt.*

Wir können diese beiden Verfahren – Suchen und Hinführen – auch in Situationen ohne Informatikeinsatz beobachten:

Beispiel „offenes Suchen": Aktionsangebote im Supermarkt
Jedermann kann die Tafeln mit Superangeboten und Schnäppchen sehen; suchen, auswählen und kaufen muss er oder sie aber selbst.

Beispiel „geführtes Vorgehen": Bargeldbezug am Bankschalter
Personen, die bei der Bank ein Sparheft haben, können von diesem Geld abheben (solange Geld vorhanden ist). Sie müssen sich dazu legitimieren und ein Formular unterschreiben. Der Schalterbeamte hilft, wenn nötig, bei der formalen Abwicklung.

In diesen beiden Beispielen war nirgends von Informatik die Rede. Aber die selbständigen Datenbestände gab es trotzdem:

- Bei den Superangeboten im Supermarkt gibt es offenbar eine *Preisliste* als Grundlage für die Ankündigungstafeln und die Kassenpreise. Diese Angaben sind öffentlich.
- Bei der Bank gibt es eine *Buchhaltung,* in der die aktuellen Kontostände aller Sparhefte dauerhaft und sicher gespeichert sind. Diese Angaben können vor neugierigen Dritten geheimgehalten werden.

Analog gibt es auch informatikgestützt die beiden unterschiedlichen Arten, wie Anwender zu Information kommen können, sie heissen offene Informationsangebote und Datenbanken.

Offene Informationsangebote

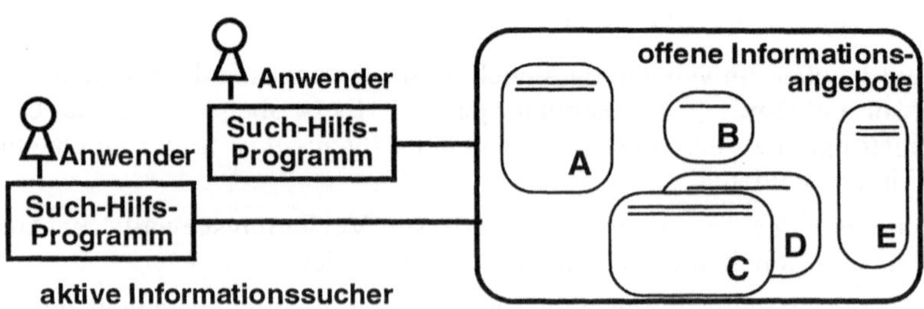

Figur 2.13: Offene Informationsangebote zum Aussuchen

Bei dieser Art der Informationsgewinnung sucht sich der Anwender (aktiv) aus bestehenden (passiven) Datenbeständen (= Informationsangebote) die Antworten auf seine Fragen zusammen. Fig.2.13 zeigt diese Situation.

Technisch gibt es für offene Informationsangebote verschiedene Lösungen. Schon auf dem eigenen Kleincomputer können z.B. mittels CD (compact disk) grosse selbständige Datenbestände verfügbar gehalten und abgesucht werden. Über Datennetze lassen sich andere Computer als sog. Informationsserver nutzen. Wir werden diese Möglichkeiten in 2.6.4 genauer behandeln.

Geführte Informationsangebote: Datenbanken
Hier liegt die Führung des Anwenders auf der Seite des Dienstleistungsanbieters und seiner Datenbank, während der Anwender nur das tun darf, was ihm das sogenannte Datenbankverwaltungssystem (DBMS = database management system) erlaubt.

Datenbanken verwalten – genau wie Geldbanken – die ihnen anvertrauten Objekte, in diesem Fall die Daten, sehr sorgfältig und schützen sie auch vor unberechtigtem Zugriff. Aus diesem Grunde schreiben sie aber ihren Benutzern detailliert vor, was diese tun dürfen und wie das zu geschehen hat (zur Arbeit mit Datenbanken vgl. 2.6.3).

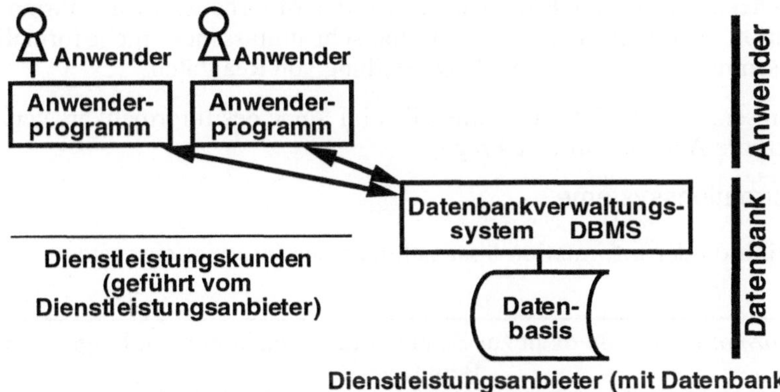

Figur 2.14: Geführtes Informationssystem: Datenbank

Bei all den geschilderten Datenzugriffen – offen oder geführt – haben wir bisher angenommen, dass der Anwender *weiss, wo* und *wie* er suchen muss. Bei sehr grossen Datenbeständen und bei unklaren Suchfragen ist das aber nicht immer klar. Daher gehört zu den Überlegungen der Datenabfrage auch der Problemkreis der geeigneten Suchtechnik. Dieses Fachgebiet heisst „Information Retrieval“ und wird in 2.6.5 angesprochen.

Zum Abschluss dieser ersten Übersicht über Methoden zur Informationsgewinnung sei noch ein kleiner Exkurs beigefügt, der die verwendeten Begriffe etwas ausweitet.

Andere Informationsbegriffe

Wir haben „Information“ weiter oben bereits aus der Sicht der Informatiker definiert:

- *Informatiker* betrachten Information als nutzbare Antwort auf Fragestellungen. Diese Formulierung gilt sowohl für die Datentechnik im engeren Sinn, als auch für jede Art von Anwendung mit und ohne Informatik.

Andere Berufsgruppen haben aber zum Teil andere Vorstellungen von „Information“. Wir stellen einige solcher Vorstellungen hier zusammen:

- *Elektrotechniker:* In der Nachrichtentechnik gibt es eine eigentliche Informationstheorie, welche den Begriff der Information sehr speziell und quantitativ auffasst, also in einer Art, die formal weit vom allgemeinen Sprachgebrauch entfernt ist.
- Spezialisten aus dem *Bibliotheks- und Dokumentationsbereich:* Für sie ist Information die anwendungs- und anwenderbezogene Substanz ihrer Tätigkeit.
- *Medienschaffende:* Die Kommunikationsmedien (Presse, elektronische Medien wie Fernsehen und Radio usw.) vermitteln Information, wiederum im Hinblick auf den Empfänger. Unterscheidungen wie „News“, „Hintergrundinformation“, „Kommentar“ zeigen deutlich das Schwergewicht dieser Arbeit.
- *Öffentlichkeit:* Wenn der Bürger im Staat, der Mitarbeiter in der Firma „mehr Information“ verlangt, dann meint er eine sehr umfassende, nicht formalisierte, aber Zusammenhänge vermittelnde Darstellung von Realitäten.

Im folgenden sei „Information“ ausschliesslich im Sinne des Informatikers verwendet, also als „nutzbare Antwort auf eine Frage“.

2.6.2 Informationssysteme

Aus der Definition der Information lässt sich jene des Informationssystems direkt ableiten:

Ein *Informationssystem* dient zur Beantwortung von konkreten Fragen eines Benutzers.

Im Grunde genommen bildet jeder Büro- und Verwaltungsbetrieb (ob öffentlich oder privat) ein *Informationssystem.* Solange der Handwerker oder Landwirt seine Aufträge und Betriebsabläufe im Kopf behalten konnte, war kaum eine formale Verwaltungstätigkeit (Büro) nötig. Arbeitsteilung und Komplizierung der betrieblichen Abläufe verlangen aber Übersicht und Information und haben damit den Bürobetrieb nötig gemacht.

Schematisch präsentiert sich ein Informationssystem gemäss Fig.2.15.

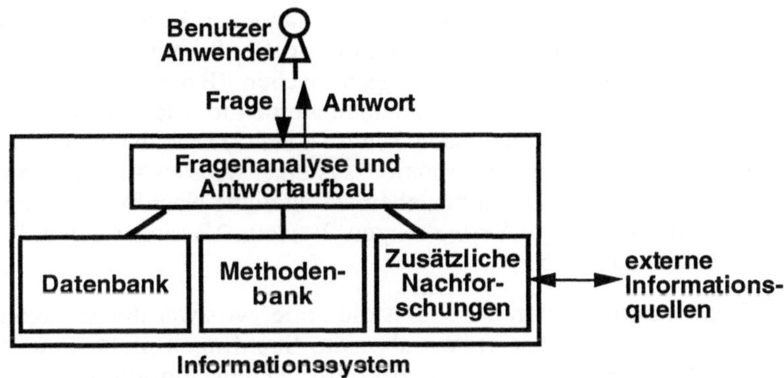

Figur 2.15: Schema eines vollständigen Informationssystems

Der *Anwender* (in Fig.2.15) hat ein Informationsbedürfnis, stellt eine entsprechende Frage an das Informationssystem (dieses kann generell ein Mensch, eine Maschine oder eine Kombination Mensch-Maschine sein) und erhält eine mehr oder weniger passende und richtige Antwort. Das Informationssystem ist somit ein Frage-Antwort-System; es gibt die Antwort aufgrund verschiedener Komponenten, die intelligent ausgewertet und miteinander kombiniert werden müssen:

- *Datenbank:* Gesammelte und systematisch geordnete Daten (Bsp.: Lexikon, Verzeichnisse, computergespeicherte Daten) samt Zugriffsmöglichkeit.
- *Methodenbank:* Vorhandene Methoden und Erfahrung (Bsp.: Statistiken bilden, schätzen, vergleichen, zeichnen, Arbeitstechnik).
- *Zusätzliche Nachforschungen:* Falls nichts oder zuwenig an Grundlagenmaterial für die Beantwortung einer Frage vorhanden ist, so muss zuerst solches Material beschafft werden (Bsp.: Fragebogen, Interviews, auswärtige Datensammlung, externe Bibliothek, Forschung).

Die drei Komponenten sind voneinander nicht unabhängig. Wer z.B. ein grösseres Lexikon kauft, muss weniger rasch „zusätzliche Nachforschungen" anstellen, also in eine Bibliothek gehen.

Es ist nun interessant, das Modell von Fig.2.15 auf *computerunterstützte* Systeme anzuwenden. Es gibt schon heute automatische Informationssysteme. Das sind aber nicht Universalauskunftsstellen, wie sie in Computerwitzen gelegentlich vorkommen, sondern sie beschränken sich auf ganz bestimmte Fragestellungen. Wir wollen vier Beispiele näher betrachten, nämlich Datenbanken, Dokumentationssysteme, Management-Informationssysteme und Expertensysteme.

Datenbanken: Geeignete Fragen sind hier jene, welche *auf eindeutige Weise* aufgrund der gespeicherten Daten beantwortet werden können. Die „intelligente Auswertung" reduziert sich in diesem Fall auf die Bereitstellung aller notwendigen Zugriffspfade (Datenverwaltung) zur Abfrage der Datenbasis. (Bsp.: Frage an Studentenverwaltung einer Hochschule: Wieviele Studenten haben einen täglichen Reiseweg von mehr als 20 km?) Wenn zusätzlich eine Methodensammlung für Prognosen zur Verfügung steht, lassen sich auch spekulative Auswertungen machen. (Bsp.: Frage an Studentenverwaltung einer Hochschule: Wieviele Studenten werden in 5 Jahren die Hochschule besuchen, wenn der Trend der vergangenen 5 Jahre anhält?) Datenbanken leisten überall dort ausgezeichnete Dienste als Informationssysteme, wo sich alle Fragen in präziser Form auf die gespeicherten Daten beziehen. Zusätzliche Nachforschungen sind in diesem Fall gar nicht nötig (Bsp.: Verwaltungen, Banken, Versicherungen, Reservierungssysteme). Mehr dazu in 2.6.3.

Suchsysteme: Recht häufig sind in der Praxis die Fälle, wo zwar die gefragten Daten intern gespeichert sind (Datenbasis), wo aber die Suchfragen nicht ohne weiteres präzis gestellt werden können. Meist sind die Daten umfangreich und ihre Beschreibungen wenig einheitlich formuliert (Bsp.: alle Bücher einer Grossbibliothek). Der Anwender ist daher gezwungen, auf Umwegen, mit Ersatzfragen und oft in mehreren Schritten eine näherungsweise Antwort zu erhalten. Suchsysteme erlauben, Daten aufgrund von Ähnlichkeiten aufzufinden, wenn sie nicht auf eindeutige Weise abgefragt werden können. (Bsp. Bibliothek: „Gesucht sind neueste Zeitschriftenartikel über optische Datenerfassung".) Ein Bibliothekskatalog – mit oder ohne Computer – stellt ein typisches Suchsystem dar. Mehr dazu in 2.6.5.

Management-Informationssysteme: Die hohe Leistungsfähigkeit des Computers hat schon vor Jahrzehnten dazu verführt, ihn als selbstverständliches Informationssystem für fast jede Art von Fragen zu betrachten, wie sie in grösseren Betrieben und namentlich auf deren Führungsebene (Management) auftreten. Aus dieser frühen Euphorie stammen der Begriff MIS (Management-Informationssystem) und die Vorstellung einer Supermaschine, bei der auf Knopfdruck alle Daten einer Unternehmung in geeigneter Form für Direktionskonferenzen, Börsenspekulationen oder Personal-Beförderungen ausgespuckt werden können. Diese Vorstellung ist ein Zerrbild. Es ist sowohl ökonomischer als auch qualitativ besser, für Managementaufgaben und ähnlich komplexe Probleme keine *vollautomatischen* Informationssysteme vorzusehen. Selbstverständlich lassen sich sehr viele bereits maschinengespeicherte Daten (aus Verwaltung und Betrieb) für die Fragenbeantwortung mitbenutzen. Aber eine Geschäftsleitung, eine politische Behörde oder ein ähnliches Gremium erwartet als Antwort auf eine Frage meist nicht nackte Zahlen, sondern bewertete und kommentierte Aussagen. Hierzu sind zusätzliche und oft besonders auf die einzelne Situation zugeschnittene Auswertungen erforderlich, deren Automatisierung sich weder lohnt noch wünschenswert ist.

Allerdings lassen sich sehr wohl auch für anspruchsvolle Anwendungen automatische Informationssysteme bauen, wenn *gleichartige Fragen häufig* gestellt werden (Bsp.: Wertpapier-Portefeuille-Optimierungen, Fahr- und Flugplanauskünfte usw.). In diesen Fällen wird aber nicht einfach „alles" in der Datenbasis gespeichert und automatisch ausgewertet, sondern eine sinnvolle Gruppe zusammenpassender Informationen. Allzu grosse Komplexität war schon häufiger Grund für ein Debakel im Bereich von Datenbanken und Informationssystemen. Die Unterteilung der Daten und ihrer Anwendungen in überblickbare *Untersysteme* ist die wichtigste Massnahme zur Bewältigung komplexer Probleme.

Expertensysteme: Jahrzehntelange Entwicklungen in den Bereichen Datenbanken, Mensch-Maschine-Kommunikation und „Künstliche Intelligenz" (KI oder auch AI = artificial intelligence) erlauben es heute, das Fachwissen von Experten (z.B. für Fehlerdiagnosen bei Autos oder für das Ausfüllen einer Steuererklärung) in ein Computersystem zu packen. Dabei wird dieses Fachwissen in Form von Fakten (Sachaussagen) und Regeln dargestellt; die Maschine kann daraus Antworten zusammenstellen und – bei Rückfragen – dem fragenden Menschen auch die verwendeten Regeln direkt angeben (sog. „Erklärungskomponente"). Damit wird „Expertenwissen" generell besser zugänglich. Man nennt solche „Expertensysteme" auch *wissensbasierte Systeme* (knowledge based systems). Auch hier können nicht alle Sonderfälle automatisiert werden; häufige Fälle lassen sich aber mit solchen „Wissensbasen" und zugehörigen Programmen anwenderfreundlich automatisch beantworten.

Gemeinsam ist allen Informationssystemen, dass *sie* bestimmte Fragenbereiche beantworten wollen. Sie heben sich damit ab von offenen Informations*angeboten* (Fig.2.13 und 2.6.4), wo die *Fragestellenden* aktiv werden und sich selber nach möglichen Antworten umsehen müssen.

2.6.3 Transaktionen in Datenbanken

Für Wirtschaft und Verwaltung sind heute *Datenbanken* die bei weitem wichtigste Form von Informationssystemen.

> Eine *Datenbank* ist eine selbständige, auf Dauer und für flexiblen und sicheren Gebrauch ausgelegte Datenorganisation, umfassend einen Datenbestand (Datenbasis) und die dazugehörige Datenverwaltung.

Beispiele von Datenbanken:

- Im *Reservationssystem* einer Fluggesellschaft wird zentral für jeden Flug festgehalten, wieviele Plätze welcher Klasse noch frei sind. Alle Buchungsstellen bei Fluggesellschaften und Reisebüros haben *Zugriff* auf diese Daten und können Buchungen vornehmen. (Buchungen sind Änderungen, *Mutationen.)*
- Die *zentrale Kontoverwaltung* auf einer Bank: Die Schalterbeamten, aber auch die Kunden beim automatischen Geldbezug am Geldautomaten haben dabei *Zugriff* auf den aktuellen Kontostand eines ganz bestimmten Kunden und können diesen bei Bedarf auch abändern *(Mutationen).*

In Datenbanken werden Zugriffe zu Daten allgemein *Transaktionen* genannt. „Transaktion" ist ein Oberbegriff für *Abfragen* und *Mutationen.* „Abfragen" sind reine Lesezugriffe auf Daten; „Mutation" umfasst alles, was Änderungen in den Einzeldaten betrifft, sei es die Änderung von Einzelwerten, sei es das Einfügen oder Löschen ganzer Datensätze.

Am Beispiel eines Flugreservationssystems sieht das so aus:

- *Abfragen* sind alle Zugriffe auf Daten *ohne* Veränderungen, also z.B. Anfragen, in welchen Flügen noch Platz frei ist, aber auch die Erstellung der Passagierlisten vor Abflug des Flugzeugs.
- *Mutationen* sind alle Zugriffe *mit* Veränderungen, in unserem Beispiel etwa die Buchungen. Dabei kann eine *einzelne* Buchung ohne weiteres *mehrere* Dateien in der Datenbank gleichzeitig betreffen: Im Passagierverzeichnis müssen die Namen und Adressen eingetragen werden; im Kapazitätsregister der verschiedenen Flüge müssen die entsprechenden Reservationen abgebucht werden. Andere Beispiele von Mutationen: Aufnahme neuer Flüge, Löschen der durchgeführten Flüge und der nicht mehr benötigten Passagierdaten.

Wer diese Aufzählung von möglichen Transaktionen (Abfragen und Mutationen) liest, erkennt sofort das Charakteristische bei der Benützung von Datenbanken: Viele Benutzer greifen parallel auf *viele* Einzeldaten der Datenbank zu und arbeiten damit, verändern sie bei Bedarf. Damit ist aber auch klar, dass die Kernaufgabe einer Datenbankorganisation darin besteht, eine Vielzahl von Zugriffen so zu steuern, dass sie sich gegenseitig nicht behindern und dass der Datenbestand (die „Datenbasis“) auf Dauer eine korrekte Abbildung der Wirklichkeit darstellt. Im Falle des Flugreservationssystems ist dies „der aktuelle Buchungsstand aller Flüge“ der Fluggesellschaft.

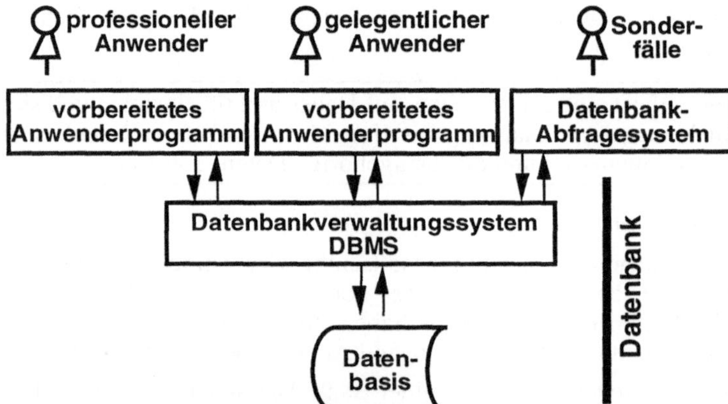

Figur 2.16: Datenbankbenützung im Normalfall und in Sonderfällen

Diese zentrale Steuerfunktion besorgt das *Datenbankverwaltungssystem (DBMS = database management system).* Das DBMS ist ein spezialisiertes Programm zur Datenverwaltung und zur Koordination aller Datenzugriffe von Seiten der Anwender; das DBMS kommt in jeder Datenbank vor und bildet zusammen mit der permanenten

Datenbasis die Datenbank (Fig.2.16). Die Anwender können von ihren Anwenderprogrammen aus *in keinem Fall* direkt auf die Datenbasis zugreifen; *jeder* Zugriff führt über das DBMS. Dabei können je nach Datenbank hundert oder mehr Anwender parallel auf die gleiche Datenbank zugreifen.

Die Fig.2.16 zeigt noch eine andere typische Eigenschaft der Datenbankbenützung: Im Normalfall sind die Anwenderprogramme *sorgfältig ausgearbeitete,* sog. „vorbereitete“ *Programme,* mit denen anschliessend sehr viele Personen sehr häufig („routinemässig“) arbeiten. Dabei kommen als Datenbankbenutzer professionelle so gut wie gelegentliche Anwender in Frage.

Beispiele von normalen („routinemässigen“) Datenbankbenutzern:
- *professionelle Informatikanwender:* Mitarbeiter von Fluggesellschaften und Reisebüros für die Buchung von Flugreisen; Schalterbeamte von Banken für Bankkonti.
- *gelegentliche Informatikanwender:* Bankkunden am Geldausgabeautomaten.

Diese Beispiele zeigen, dass die Benützung von Datenbanken heute für viele Menschen im Berufs- und Privatbereich (Bargeldbezug am Automat) zur Selbstverständlichkeit geworden ist. Voraussetzung dazu ist eine benutzerfreundliche Gestaltung der Benutzerschnittstelle des (vorbereiteten) Anwenderprogramms, das sich genau nach den Möglichkeiten und der Zusammenarbeitsbereitschaft des Anwenders richten muss (wie in den Abschnitten 2.2 „Anwenderarten“ und 2.3 „Dialogbetrieb“ festgehalten wurde). Wir wollen das noch an einem Beispiel bestätigen, das die meisten Leser aus eigener Erfahrung kennen.

Beispiel: Vorbereitetes Anwenderprogramm: Bargeldautomat

Hier handelt es sich um gelegentliche Anwender (die für diese Aufgabe nicht besonders geschult worden sind). Diese Anwender sind aus zwei Gründen hochmotiviert, bei der Bedienung des Bargeldautomaten ja keinen Fehler zu begehen: Erstens hätten sie *jetzt* gerne Bargeld und zweitens wissen sie, dass dabei ihr eigenes Konto belastet wird. Also befolgt jede Person am Automaten ganz präzis die Anweisungen des Informatiksystems, die am kleinen Bildschirm angezeigt werden: „Karte einschieben – Passwort (oder -zahl) eintippen – Geldbetrag eintippen – warten – Karte/Beleg/Geld entnehmen“. Die Tatsache, dass nicht alle Anbieter für die Dienstleistung „Bargeldautomat“ exakt den gleichen Dialogablauf verwenden, weist darauf hin, dass durchaus unterschiedliche Vorstellungen über die bestmögliche Gestaltung von Benutzerschnittstellen möglich sind.

Datenbanken müssen gelegentlich auch ausserhalb der vorbereiteten Routine verwendet werden (Fig.2.16, rechts aussen: „Sonderfälle“), dann nämlich, wenn in bestimmten Situationen aus den gespeicherten Daten Informationen ungewohnter Art geholt werden müssen. Das gilt namentlich für folgende drei Situationen:
- *Forschung:* Messdatensammlungen werden nach „Unbekanntem“ abgesucht.

- *Planung:* Betriebsdaten werden für Planungszwecke nach verschiedenen Zusammenhängen hinterfragt.
- *Revision:* Verdächtige Unregelmässigkeiten verlangen nach Sonderabklärungen.

Für solche Fälle verfügen moderne Datenbanksysteme nicht bloss über das DBMS zur sicheren Betriebsabwicklung, sondern zusätzlich auch über *ein allgemeines Datenabfrageprogramm* (Fig.2.16, rechts oben), mit dessen Hilfe besonders ausgebildete Fachleute (eben Forscher, Planer, Revisoren) Datenabfragen *frei* formulieren und so beliebig in den computergestützten Datenbeständen herumsuchen können (selbstverständlich nur, soweit dies rechtlich und technisch zugelassen ist). Wir werden auf diese freien Abfragesprachen im Abschnitt 3.4 bei den Datenmanipulationssprachen zurückkommen.

Die meisten administrativen Informatikanwendungen sind heute Datenbankanwendungen. Ihre Entwicklung (die im Abschnitt 3.4 behandelt wird) erfordert eine parallele Analyse der betrieblichen Arbeitsabläufe (= Programme) und der Betriebsdaten. Die in diesem Zusammenhang eingesetzten Datenbanksysteme und Anwenderprogramme sind anspruchsvolle und wertvolle Informatikmittel, welche entsprechend grossen Nutzen erbringen können.

Kleinsysteme, Dateiverwaltungssysteme
Längst nicht alles, was heute in der Informatikszene als „Datenbank“ oder „Datenbanksystem“ bezeichnet wird, verdient allerdings diesen Namen im vollen Sinne des Wortes. Nicht immer sind nämlich die aufwendigen Funktionen der Datenbanktechnik wirklich notwendig und gerechtfertigt.

Wer auf einem Kleincomputer die Adressverwaltung oder die Buchhaltung eines Vereins betreut, hat dabei zwar auch mit permanenten selbständigen Datenbeständen zu tun. Da aber in diesem Fall nur eine *einzige* Person (gleichzeitig) Zugang zu den Daten hat, werden die meisten Funktionen eines „zentralen DBMS“, die oben (Fig.2.16) geschildert wurden, gar nicht benötigt. Hier genügen viel einfachere Programme. Es gibt daher heute für viele Kleincomputer Standardprogramme, welche als Dateiverwaltungssysteme (z.B. „Filemaker“) oder Kleindatenbanksysteme bezeichnet werden können und für Einplatzlösungen sehr gute Dienste tun. Der Anwender solcher Systeme muss sich aber immer bewusst sein, dass ihm damit bezüglich Sicherheit und Präzision niemals die Dienste eines vollen Datenbanksystems zur Verfügung stehen.

2.6.4 Offene Informationsangebote

Während beim Arbeiten mit Datenbanken die Anwender die starke Steuerungs- und Sicherheitsfunktion des Datenbankverwaltungssystems (DBMS) spüren und durch vorbereitete Anwenderprogramme zu einem korrekten und effizienten Vorgehen angehalten werden, ist der Benutzer von offenen Informationsangeboten weitgehend auf sich allein gestellt. Er benötigt zwar ein Anwenderprogramm, das ihm den Computer zugänglich macht und ihm erlaubt, auf Datenträgern (z.B. bestimmte CD-ROM) oder Datennetzen auf „Datensuche“ zu gehen. Wie er aber durch die Datenwelt wandert, ist ihm weitgehend selbst überlassen. Das deutet auch der Name der entsprechenden Anwenderprogramme an: Sie heissen „Browser“ (to browse = schmökern)!

Informationsangebote lassen sich mit den wohlbekannten *Anschlagbrettern (bulletin boards)* vergleichen, wo jedermann Notizen, Mitteilungen, Meinungen aufhängen kann, die damit jedermann zugänglich sind. Bei der Papierlösung muss der Leser allerdings zum Anschlagbrett hingehen, bei der Informatiklösung muss er bloss den entsprechenden Informationsserver (ein Computer mit einem bestimmten Namen) ansprechen und die einzelnen Meldungen lesen.

Mit einem einzigen Anschlagbrett ist das noch zu überblicken. Sobald wir uns dabei allerdings in die moderne Welt der globalen *Datennetze* wagen (Abschnitt 6.4 bringt mehr dazu), wird das Suchen rasch zur Situation in einem Labyrinth: Heute schon gibt es auf dem Datennetz „Internet“ Zehntausende von Anschlagbrettern und Millionen von Anschlägen! Niemand kann diese alle durchlesen!

Aus diesem Grunde benötigt der Informationssucher bestimmte *Suchhilfen;* ein Beispiel dazu zeigt Fig.2.17 in Form von Seitenverweisen. Der Leser kennt im Normalfall als Ausgangspunkt die Adresse eines für ihn wichtigen Informationsservers (z.B. des Servers, wo sein Verein Mitteilungen bekanntmacht). So kann der Leser jederzeit zielsicher auf diesem Server die *Erstseite (home page)* seines Vereins ansteuern (Fig.2.17 links, „aktuelles Fenster“). Von dort aus kann er anschliessend gezielt weiter springen, weil ihm im Text ausgezeichnete (hier unterstrichene) *Verweise* (engl.: *„links“) beim Anklicken automatisch die entsprechende Verweisseite öffnen* (Fig.2.17 hinten und rechts). Auf diese Weise kann ein Informationsanbieter (hier der Verein) ein ganzes Netz von Informationsseiten aufbauen, welche der Leser über Verweise sehr rasch durchlaufen kann.

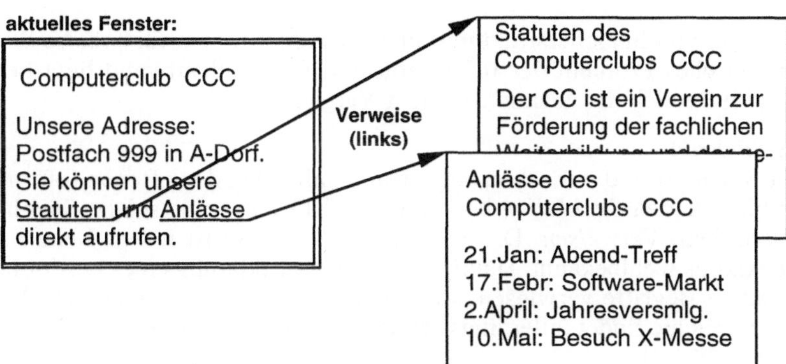

Figur 2.17: Informationsangebote mit Verweisen

Der Umgang mit offenen Informationsangeboten muss gelernt sein. Diese Regel bezieht sich aber nicht bloss auf das technische Wissen für den Umgang mit entsprechenden Systemen; sie bezieht sich noch viel mehr auf den Umgang mit riesigen

Informationsangeboten. Nicht alle Angebote enthalten nützliche Information, die der Anwender sucht, leicht lässt sich mancher von Lektüreangeboten zum Verweilen verführen. Aber das ist vergleichbar mit dicken Zeitungen, mit 40 und mehr Fernsehkanälen, mit Radio- und Tonträgerangeboten jeder Art: Der Mensch des Informationszeitalters muss lernen, mit Überangeboten kontrolliert umzugehen.

2.6.5 Informationssuche und -suchhilfen

Das Überangebot an Daten jeder Art birgt aber nicht nur die Versuchung, zu lange zu verweilen. Das Überangebot erschwert auch das rasche Auffinden des eigentlich Gesuchten. Dabei sind zwei Situationen grundsätzlich zu unterscheiden:

- *Das Suchziel ist bekannt:* Bsp: „Die Telefonnummer von Monika Müller in X-Stadt".
- *Das Suchziel ist nicht oder nicht eindeutig bekannt:* Bsp.: „Das bestgeeignete Buch dieser Bibliothek, um Textverarbeitung zu lernen."

Bekanntes Suchziel
Mit dieser Problemstellung haben wir uns bereits mehrfach befasst. So behandelte Abschnitt 1.6 das Speichern und Wiederauffinden von Daten. Am Beispiel Telefonbuch wurde dort präzis gezeigt, dass es möglich ist, mit bloss 19 Suchschritten die Telefonnummer einer Person mit einem bestimmten Namen aus 500'000 Personen zu finden ($19 = {}_2\log 500'000$), sofern nur die Namen alphabetisch sortiert sind.

In 2.6.3 über Datenbanken wurde die Aufgabe, die Datenbasis geeignet zu organisieren, dem Datenbankverwaltungssytem (DBMS) übertragen, so dass rasche Zugriffe und Mutationen möglich sind. Im Abschnitt 5.7 werden einige für die Praxis wichtige Speicher- und Suchorganisationsformen im Detail vorgestellt.

Die Entwicklung von Speicherstrukturen und Suchalgorithmen für präzise Suchziele stellt ein klassisches Problem der Informatik dar. Der Suchaufwand liegt bei guten Algorithmen im Bereich der genannten ${}_2\log n$-Vergleiche.

Unpräzises Suchziel
Auch dieser Situation sind wir schon begegnet, nämlich bei den offenen Informationsangeboten; hier werden *Suchhilfen* benötigt. Fig.2.17 zeigt eine solche Suchhilfe mit den (automatischen) *Verweisen.* Das Prinzip der Verweise ist jedem Benutzer eines grösseren Lexikons wohlbekannt: Häufig wird bei der Erklärung eines bestimmten Begriffs auf weitere Begriffe verwiesen, so dass der Suchende nach mehreren Verweisschritten das Gesuchte findet (allerdings erfolgen im gedruckten Lexikon die Verweise nicht vollautomatisch!).

Ein anderes Beispiel einer unpräzisen Suchfrage wurde soeben genannt: „Gesucht ist das bestgeeignete Buch der Bibliothek „B" für den Leser „Hans", um Textverarbeitung zu lernen". Diese Suchfrage umfasst übrigens mehrere Teilfragen:

- Welche Bücher der Bibliothek „B" befassen sich überhaupt mit „Textverarbeitung"?
- Welche Voraussetzungen bringt „Hans" für seine Lektüre bereits mit?

Erst jetzt kommt die Hauptfrage:

- Welches der Bücher über „Textverarbeitung" passt zu „Hans"?

Die Beantwortung solcher Fragen sind das Thema des Fachgebiets des *„Information Retrieval"*, der Informationsgewinnung bei unpräzisen Suchfragen. Ältere Suchsysteme basieren meist auf sog. *Sachkatalogen,* wo die gespeicherten Dokumente beim ersten Eintrag mit *Schlagwörtern (key words)* oder anderen Deskriptoren versehen werden; das Verzeichnis der verwendeten Schlagwörter heisst *Thesaurus.* Dieses Prinzip ist aus Bibliothekskatalogen bestens bekannt. Bei neueren Systemen gibt es auch Verfahren, die auf die – aufwendige – manuelle Zuweisung von Schlagwörtern verzichten und die „Nähe" rein rechnerisch bestimmen. Solche Verfahren sind allerdings nicht nur aufwendig (auch mit Computerunterstützung), sondern für sehr grosse Datenbestände (z.B. ganze Universitätsbibliotheken mit mehreren Millionen Büchern) heute noch schlicht unpraktikabel.

Die Entwicklung neuartiger Suchhilfen ist allerdings in vollem Gange und dürfte in den nächsten Jahren herkömmliche Bibliothekskatalogtechniken weitgehend ablösen. Dabei spielt die Informatik eine zentrale Rolle.

2.6.6 Vom Wert der Daten

Zum Abschluss dieses Abschnitts über Informationssysteme und Datenbanken ist ein deutlicher Hinweis auf die wirtschaftliche Bedeutung der Datenbestände angebracht. Sie lesen richtig: der *Datenbestände,* nicht der Informatik! Zwar erreichen die Kosten der Informatiksysteme (Geräte und Programme zusammen) heute in vielen Betrieben Grössenordnungen, die zu äusserst sorgfältigen Planungen und Entscheiden Anlass geben. Diese *Informatikkosten* sind aber in den meisten Betrieben um einen Faktor 2 bis 4 *kleiner* als die *Kosten* der gespeicherten *Daten!*

Einige Beispiele zeigen, wie dies gemeint ist:

- *Personalsystem:* Die gespeicherten Personaldaten werden vom Personaldienst erfasst und nachgeführt. Die Personalkosten dieser Arbeiten sind Datenkosten!
- *Produkteentwurf und -herstellung eines Industriebetriebs:* Sämtliche Produkte- und Herstellungspläne müssen erfasst und in allen Versionen solange verfügbar gehalten werden, wie die Produkte beim Kunden *in Betrieb stehen (für Unterhalt, Reparatur und Entsorgung).*
- *Bibliothekskataloge:* Grossbibliotheken lassen sich ohne Kataloge nicht benützen; diese Kataloge müssen aber bisher vom Spezialisten bereitgestellt werden.

Die erfolgreiche und rationelle Informatikanwendung ist daher nicht nur eine Frage des richtigen Informatikeinsatzes. Auch der rationelle Personaleinsatz bei der Datenbereitstellung gehört dazu; er ist besonders kostenträchtig. Die Bedeutung der Daten wird in Zukunft noch zunehmen. Einige Gründe sind offensichtlich:

- *Menge und Qualität* der Daten: Aus verschiedensten Gründen werden mindestens vorläufig laufend *mehr* Daten und Texte produziert (Beispiel: Anzahl der Fachartikel und Fachzeitschriften). Diese können auch von Fachleuten nicht mehr in vollem Umfang gelesen werden. Wir benötigen also eine separate Aufarbeitung als Dienstleistung spezieller Dokumentationsdienste, welche ihrerseits diese aufgearbeiteten Referenzdaten (oft kommerziell) anbieten.
- *Informationsgehalt* der Daten: Bei wissensbasierten Systemen wird das „Fachwissen von Experten", also etwa von Finanzberatern, Ärzten, Rechtsanwälten, Ingenieuren usw., systematisch gespeichert und verfügbar gemacht, um den Endbenutzer bei der Lösung einfacher Probleme zu unterstützen. Die in solchen Systemen gespeicherten Daten sind von hohem Informationsgehalt und gleichzeitig in manchen Fällen von relativ kurzer Lebensdauer (Bsp. Marktdaten und -empfehlungen). Das macht sie gleichzeitig wertvoll und kostspielig.

Anderseits darf davon ausgegangen werden, dass sich mit der Zeit eine Erneuerung unserer Art des Umgangs mit Daten und Informationen ergeben wird. Gelegentlich wird schon heute vom „Informationszeitalter" gesprochen. Wir sind aber – besonders auch im kontinentaleuropäischen Raum – von der vollständigen Bewältigung dieses Zeitalters noch weit entfernt. Obwohl heute bereits Dokumentationsdatenbanken für fast alle Wissensgebiete existieren, wissen viele nicht, wie sie diese Systeme zum eigenen, praktischen Vorteil nutzen können. Das ist natürlich nicht nur der Fehler der Anwender, sondern auch der Systeme, die noch nicht genügend anwenderfreundlich und/oder zu teuer sind.

In einer zukünftigen Informationsgesellschaft wird sich für das Fachwissen ein offener *Informationsmarkt* etablieren, ähnlich wie er heute in den Massenmedien für einfachere oder allgemeiner interessierende Informationen (Sport, Tagesaktualitäten) bereits existiert. Damit wird die Voraussetzung für einen Markt- und Handelswert der Information geschaffen, was wiederum zu einer Kostensenkung beitragen dürfte.

Es ist die ganz spezielle Eigenschaft von Daten und Information, dass sie sehr billig reproduziert werden können. Daher sollten Organe, welche Daten bereitstellen müssen, bei der Beschaffung von Daten vermehrt *gemeinsam* vorgehen (Verbunderfassung), dabei die Qualität der Daten hoch halten und diese gemeinsam nutzen.

Zur Datenbereitstellung gehört aber auch der oft unterschätzte Arbeitsprozess der Datenerfassung, dem wir uns jetzt zuwenden wollen.

2.7 Datenerfassung

2.7.1 Daten aufzeichnen

Dateneingabe und Datenerfassung bezeichnen jenen Prozess, bei dem Daten aus der realen Welt (z.B. Buchhaltungsdaten, Messergebnisse, Umfrageergebnisse) nach geeigneter Umformung in ein Informatiksystem eingebracht werden. In der Praxis benötigt dieser Prozess oft mehrere Zwischenstationen. Es ist zweckmässig, dabei zu unterscheiden, ob

- ein Mensch (für eine Anmeldung, Umfrage, Notiz usw.) oder
- ein Gerät (Messgerät, Zähler usw.)

der eigentliche Datenlieferant ist.

Den *Menschen* haben wir schon in Abschnitt 2.2 als Computeranwender näher betrachtet, in Abschnitt 2.3 dann die für den Menschen am Bildschirm zentrale Dialogtechnik. Im vorliegenden Abschnitt 2.7 geht es um die systematische Darstellung von verschiedenen Wegen und Schritten bei der Datenerfassung. In der Funktion eines Datenlieferanten muss der Mensch Rohdaten liefern, die dann anschliessend so umgeformt werden, dass sie von der Maschine verarbeitet werden können. Dieser Prozess umfasst drei verschiedenartige Teilprozesse, nämlich

- das *Aufschreiben*: Festhalten eines vom Menschen gedachten Sachverhalts (Inhalt);
- das *Codieren:* Formulierung dieses Inhalts in normierter Form;
- die *technische Dateneingabe:* Umsetzung dieses Inhalts in maschinenverarbeitbare Form (über Tasten, optisches Lesen, Spracherkennung usw.)

Diese drei Teilprozesse können je nach technischer Ausstattung recht unterschiedliche Formen annehmen, sogar ihre Reihenfolge kann wechseln. So erfolgt bei der Arbeit mit Papierformularen die technische Dateneingabe als letzter, beim Arbeiten im Dialog als erster oder als kombinierter Schritt. Zum Verständnis solcher Teilprozesse eignet sich ein Beispiel aus der Formularverarbeitung besonders gut: Für eine bestimmte Anmeldung werden vom Antragsteller Name, Geschlecht und Beruf benötigt. Die drei Teilprozesse können wie folgt aussehen:

– *Aufschreiben:*	MEIER	WEIBLICH	Ärztin
– *Codieren*	MEIER	☐ M ☒ W	248 (gemäss Code-Liste)
– *Dateneingabe*	MEIER	W	248

Das getrennte Durchlaufen aller drei Teilprozesse der Datenerfassung ist in bestimmten Fällen sehr unhandlich. So drängt es sich in unserem Beispiel auf, das dreimalige Niederschreiben des Namens MEIER durch Zusammenfassen der Teilprozesse zu reduzieren. Bei der Erfassung des Geschlechts kann die Entlastung gar noch grösser sein, indem gar nicht nach dem „Geschlecht" gefragt wird, sondern gleich eine Auswahl (Menü) vorgegeben wird und der Ausfüller des Formulars so vom Aufschreiben ganzer Wörter („WEIBLICH") befreit wird. Für andere Fragen sind jedoch mehrere Schritte unumgänglich, da beispielsweise die Codierung des Berufes nicht dem „gelegentlichen Benutzer" überlassen werden kann. Es ist sinnvoll, Verkürzungen der Datenerfassung überall dort anzustreben, wo dies ohne Beeinträchtigung der Datenqualität möglich ist. In manchen Fällen kann die Datenqualität durch geeignete Fragen und Formulare sogar verbessert werden. Denn der Mensch wird als Datenlieferant durch die Fragestellung beeinflusst. Wir werden uns daher in 2.7.2 noch vertieft mit optimalen Fragestellungen befassen.

Fig.2.18 zeigt einige Verkürzungsmöglichkeiten der Datenerfassung im bildlichen Vergleich. So kann etwa das Tippen auf einer Tastatur durch den Einsatz optischer Leser ersetzt werden. Oder das Codieren kann durch die Verwendung geeigneter Fragebogen mit Menüfragen eliminiert werden. Beim Dialogbetrieb ist sogar eine vollständige Zusammenfassung aller Teilprozesse möglich, wenn der Fragebogen in Form einer Maske auf einem Bildschirm dargestellt und der Codierungsprozess durch Menüfragen vollständig abgedeckt werden können. Ein wesentlicher Vorbehalt muss aber bei all diesen Verkürzungsüberlegungen angebracht werden: Bei komplizierteren Sachverhalten kommt für gelegentliche Benutzer oder gar für Organisationsfremde die direkte Dialogerfassung nicht in Frage! Eine *menschliche Unterstützung* ist hier nötig, die bei Unklarheiten, bei der Bereinigung von Sonderfällen und von schlechten Unterlagen hilft. Wir werden auf diesen kritischen und wichtigen Fall noch zurückkommen.

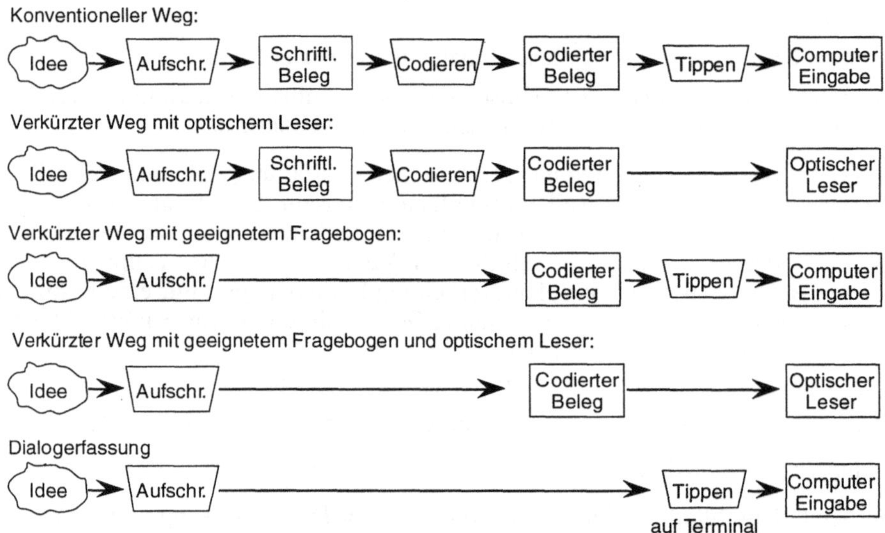

Figur 2.18: Lange und kurze Erfassungswege für Daten aus dem menschlichen Hirn

Bei der *Datenerfassung aus Geräten* werden die Daten mit der gewünschten Genauigkeit – soweit dies messtechnisch möglich ist – direkt aus einem Messgerät oder Sensor übernommen. Die Daten sind also bereits maschinenlesbar vorhanden, eventuell schon codiert oder bedürfen höchstens noch einer Umformung (z.B. analog/digital) oder einer Aufbereitung. Dazu gehören in Technik und Naturwissenschaften oft Datenkompressionen (Eliminieren von nicht benötigten Daten aus den Messreihen) und Datenbereinigungen (Eliminieren von offensichtlichen Fehlmessungen).

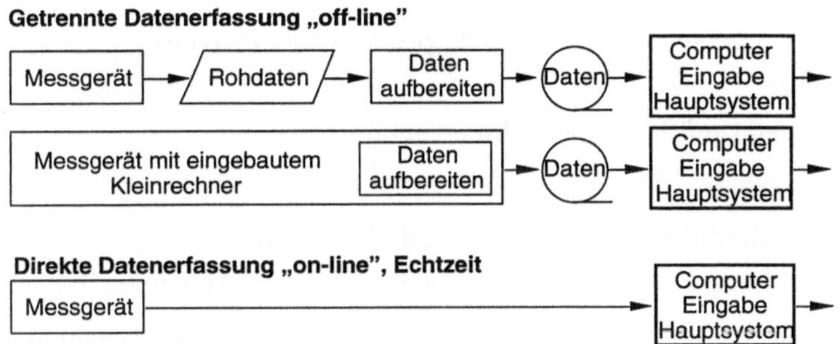

Figur 2.19: Datenerfassung aus Geräten

Fig.2.19 zeigt oben Lösungen mit getrennter („off-line") Datenerfassung. Das Erfassungsgerät ist nicht am Hauptsystem angeschlossen; die Daten werden auf einem Zwischenträger („Daten") gesammelt. (Das in Fig.2.19 verwendete Datensymbol stammt vom früher häufiger verwendeten *Magnetband* und bedeutet heute einfach „sequentielle Datei".) Erst in einem zusätzlichen Schritt gelangen die zwischengespeicherten Daten in das Hauptsystem zur Verarbeitung.

Das unterste Bild in Fig.2.19 zeigt eine direkte („on-line") Datenerfassung, bei der das Erfassungsgerät direkt am Hauptsystem angeschlossen ist. Das heisst aber, dass der Hauptcomputer laufend bereit sein muss, die anfallenden Portionen von Messdaten aufzunehmen und intern zwischenzuspeichern. Diese Lösung benötigt zwar keinen speziellen Computer für die Messphase, belastet aber dauernd das Hauptcomputersystem und macht die Versuchs- und Betriebszeiten des Erfassungsgeräts von den Betriebszeiten des Hauptsystems abhängig. Wenn in technischen Laboratorien gewisse Versuche 24 Stunden durchlaufen und fortwährend Daten produzieren, so zwingt dies bei der on-line-Lösung auch das Hauptsystem zum 24-Stundenbetrieb. Für solche Zwecke werden daher meist kleine Datensammelsysteme getrennt eingesetzt, damit das Grossystem erst nach der Datensammelphase nur während relativ kurzer Zeit für die eigentliche Datenauswertung eingesetzt werden muss.

2.7.2 Fragestellungen für Formulare und Bildschirmmasken

Bei der Betrachtung der Erfassungsmöglichkeiten von Daten aus dem menschlichen Hirn wurde deutlich, dass die Transformation menschlicher Gedanken in formatierte Aussagen (ROT, 58, NEIN) eine wichtige und keineswegs problemlose Aufgabe darstellt. Das wichtigste Hilfsmittel dabei und gleichzeitig die angenehmste Unterstützung für die Befragten bildet eine geeignete *Fragestellung.*

Fragen haben entweder einen vorgegebenen Antwortbereich, oder sie sind offen, wobei allerdings der Umfang der möglichen Antworten noch sehr unterschiedlich sein kann.

Fragen mit vorgegebenen Antwortbereich (geschlossene Fragen):

- Ja/Nein-Fragen
- Auswahlfragen (multiple choice, Menütechnik)

Offene Fragen:

- Fragen mit codierbarer Antwort (z.B. nach dem Beruf)
- Allgemeine offene Fragen (z.B. „Was denken Sie über Herrn X?“)

Die Antworten auf diese Fragen müssen anschliessend als *Daten* festgehalten werden. In der Datenverarbeitung sind *formatierte* Daten, wo feste Datenfelder für bestimmte Merkmale wie Name, Jahrgang usw. vorgesehen sind, besonders einfach zu bearbeiten. Dazu passen Ja/Nein-Fragen, Auswahlfragen und Fragen mit codierbarer Antwort; sie werden anschliessend eingehend behandelt. Allgemeine offene Fragen führen hingegen zu Antworten, die entweder nur unformatiert, also als Text, oder dann erst nach einem zusätzlichen und im allgemeinen schwierigen Interpretationsprozess formatiert erfasst werden können; dieser Interpretationsprozess ist keine Frage der Informatik und wird daher hier nicht weiter untersucht.

Art, Schwierigkeiten und Varianten der interessierenden Fragestellungen lassen sich anhand von Beispielen wohl am besten erkennen:

Ja/Nein-Fragen:

- „Sind Sie Ausländer?“
- „Sind Sie männlich?“
- „Führt diese Strasse nach Babylon?“ (und wenn man es nicht weiss?)
- „Werden Sie weiterhin Steuern hinterziehen?“ (eine dialektische Trickfrage; sowohl mit „ja“ wie mit „nein“ gibt der Antwortende zu, bisher Steuern hinterzogen zu haben...!)

Auswahlfragen:

- „Zivilstand?“ (Wertebereich der Antworten gesetzlich geregelt; eindeutig)
- „Anzahl Kinder?“ (Frage nach einem numerischen Wert; eindeutig)
- „Welche Weltsprachen sprechen Sie?“ (Die Auswahl kann vorgegeben werden; der Befragte kann Mehrfachnennungen machen)
- „Lieben Sie Brahms?“ (mit Auswahl: Ja, Nein, Ich kenne Brahms nicht, Keine Meinung)

Offene Fragen mit codierbarer Antwort:

- „Beruf?“ (Aus einer vorbereiteten Berufsliste mit einer Code-Nummer für eine grosse Zahl von Berufen kann jeder Antwort ein präziser Merkmalswert zugeordnet werden; gleichzeitig werden damit Synonyme wie „Metzger“ und „Fleischer“ eliminiert.)

- „Kreditkarten?“ (Auswahl gross, Mehrfachnennungen möglich; evtl. ist die Zahl der Mehrfachnennungen zu beschränken.)
- „Namen der Kinder?“ (Auch kurze Wörter, Namen usw. lassen sich formatiert erfassen.)

Diese Fragebeispiele zeigen unmittelbar, dass als Ziel jeder Fragestellung ein oder mehrere Merkmalswerte als Daten gewonnen werden müssen. Je nach Fragestellung gehören zu den vorgesehenen Werten auch „unbestimmt“, „keine Meinung“ und ähnliche Begriffe. Für die Beschaffung von guten (= richtigen, einfach zu interpretierenden, problemlosen) Daten sind folgende Grundsätze zu beachten:

- Fragen Sie direkt und einfach, mit Begriffen, die der zur Beantwortung Aufgeforderte (und nicht nur ein Spezialist) kennt!
- Stellen Sie Fragen aus der Sicht des Beantworters, nicht aus der Sicht des Fragestellers und der Auswertungen, die daraus gemacht werden sollen! (Also: „Wieviele Kinder haben Sie?“ und nicht: „Welche Kinderabzüge beanspruchen Sie bei den Steuern?“)
- Vermeiden Sie Fragen über Vergangenes; das Gedächtnis ist unzuverlässig! Rückwirkende Datenerhebungen sind oft wertlos.
- Fragen mit implizierten Unterstellungen und Nebeneffekten sowie Trickfragen sind aus ethischen und datentechnischen Gründen verboten!

Fragestellungen und die Definition der für die Datenverarbeitung benötigten Merkmale (samt Wertebereich) gehören sehr eng zusammen; sie bilden übrigens eine zentrale Problemstellung beim Entwurf einer Datenbank (Abschnitt 3.4).

Nun wenden wir uns der technischen Formatierung der Fragen zu, also der Gestaltung von Frage und Antwort auf Formularen, auf Bildschirmen und ähnlichen Darstellungsmitteln. Dabei spielt das verwendete Medium bezüglich Fragenformulierung eine wesentliche Rolle. Beispiele:

- Formular: „Geschlecht: ☐ M ☐ W (bitte ankreuzen ☒)“
- Bildschirm: „Geschlecht: (Tippen Sie M oder W ein)“
- Telefon: „Sind Sie männlich oder weiblich?“

Es ist hier nicht möglich, alle Medien parallel zu behandeln. Da aber auch in Zukunft Formulare für die Datenerfassung eine wichtige Rolle spielen werden und da sie die Datenerfassungsprobleme besonders deutlich zeigen, sollen anhand eines einfachen Formulars einige Datenerfassungsprobleme noch verdeutlicht werden.

Betrachten wir dazu ein konkretes Beispiel eines einfachen Formulars (Fig.2.20).

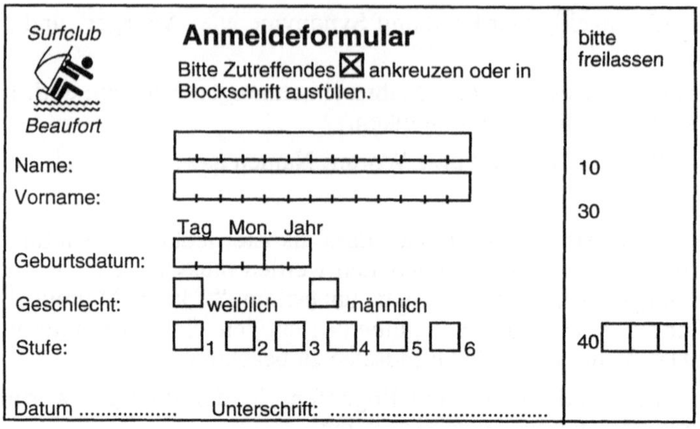

Surfclub
Beaufort

Anmeldeformular

Bitte Zutreffendes ☒ ankreuzen oder in Blockschrift ausfüllen.

bitte freilassen

Name: ☐ 10

Vorname: ☐ 30

Tag Mon. Jahr

Geburtsdatum: ☐☐☐

Geschlecht: ☐ weiblich ☐ männlich

Stufe: ☐1 ☐2 ☐3 ☐4 ☐5 ☐6 40☐☐☐

Datum .... Unterschrift: ....

Figur 2.20: Fragebogengestaltung (Beispiel Clubanmeldung)

Der Surfclub hat sein Anmeldeformular aufgeteilt: Der Beitrittskandidat soll links die grosse Fläche ausfüllen und rechts einen geheimnisvollen Streifen „bitte freilassen". Der geneigte Leser merkt natürlich sofort, dass hier allfällige *Codes* eingetragen werden können! Der Beitrittskandidat wird beim Ausfüllen des Formulars mehrfach angeleitet und unterstützt:

- Bei Namen, Vornamen und Geburtsdatum sind für Buchstaben und Ziffern Positionen angedeutet;
- bei Geschlecht und Stufe genügt ankreuzen.

Sobald der Clubsekretär diese Anmeldung erhält, wird er sie überprüfen und ergänzen: Er sieht nach, ob die gewünschte Stufe der Qualifikation entspricht. Dem neuen Mitglied teilt er eine neue Mitgliednummer im entsprechenden Codefeld (40) zu. Jetzt können die Angaben in den Computer eingegeben werden, vermutlich direkt im Bildschirmdialog.

Könnte die Formularerfassung auch über einen *optischen Belegleser* erfolgen? Möglich wäre es; aber der optische Leser ist erst bei *viel* grösseren Mengen von Formularen wirtschaftlich sinnvoll. Besonders heikel ist bei der optischen Datenerfassung die Qualität des Schriftguts. Betrachten wir dazu bloss das Ankreuzen von Markierungsfeldern, obwohl die gewünschte Form immer wieder gezeigt wird (etwa im Formular von Fig.2.20 gleich unter dem Titel). Da steht:

Bitte Zutreffendes ankreuzen! ☒

Trotzdem werden unerwartete Ergebnisse wie folgende eintreffen: ☐✓ ☐✗
Oder es wird das Nichtzutreffende *durchgestrichen!* Und da ist jede Maschine überfordert. Für die Erfassung von Daten von „gelegentlichen Benutzern" oder von „Organisationsfremden" ist es daher empfehlenswert, *einen* Schritt jeder Dateneingabe

durch eine Person von der Qualifikation eines professionellen Benutzers ausführen zu lassen. Eine qualifizierte Person muss das Material überprüfen.

Bei *sehr grossen* Datenerfassungsaufgaben (Volkszählung, Zahlungsanweisungen usw.) wird heute die Reihenfolge der Arbeitsschritte oft umgekehrt:

- Zuerst wird das ganze Formular ohne weitere Überprüfung *vollständig* optisch eingelesen (mit Scanner im Rastermodus, also als Pixel-Bild, ohne jede Interpretation); das Papierformular wird anschliessend nicht mehr benötigt (weggeworfen oder archiviert).
- Anschliessend werden die automatisch erkennbaren Eintragungen (Kreuze, gut geschriebene handschriftliche Zeichen *automatisch* erkannt und als Code erfasst.
- Zuletzt werden die *nicht automatisch* lesbaren Teile in Originalform, also als Handschrift, auf den Bildschirm projiziert. Eine Bedienungsperson liest die Handschrift vom Bildschirm und tippt die von der Maschine nicht erkennbaren Textteile ein. Ein ähnliches Verfahren wird übrigens heute auch bei der *Unterschriftenprüfung* in Banken und ähnlichen Betrieben verwendet: Die Unterschrift wird vom Formular auf den Bildschirm projiziert, gleichzeitig mit einem Bild der im Computer gespeicherten Originalunterschrift, so dass ein visueller Vergleich möglich ist. Der Mensch wirkt somit nur noch dort mit, wo die Maschine Erkennungsprobleme hat.

Zum Abschluss dieser praktischen Hinweise zur Gestaltung von Formularen für die Datenerfassung seien einige *Gestaltungsempfehlungen* formuliert und kommentiert:

- Jedes Formular soll eine Bezeichnung erhalten, mit der es intern und extern durch die Benutzer angesprochen werden kann (also z.B. „Anmeldeformular", „Adressmeldung"; aber nicht: „Erfassungsbeleg", weil dies eine datenverarbeitungstechnische und keine benutzerorientierte Bezeichnung ist!)
- Im Kopf soll neben der Formularbezeichnung der *Ausgeber des Formulars* ersichtlich sein. Hierher gehören auch allgemeine Ausfüllanweisungen, die nicht bloss für einzelne Fragen Bedeutung haben.
- Die Reihenfolge der einzelnen Fragen soll *natürlich* sein, also sind Fragen zur Person, zur Familie, zu Finanzen usw. je zu gruppieren.
- Die *Anordnung der Beschriftung* ist wesentlich: Alle Erläuterungen müssen oberhalb oder auf der gleichen Höhe wie die Eintragung stehen, sonst sind sie beim Ausfüllen (insbesondere mit Schreibmaschine!) verdeckt und werden nicht beachtet. Die kleinen Kästchen zum Ankreuzen setzt man zweckmässigerweise links zum entsprechenden Text, weil dieser oft ungleich lang ist; so entsteht ein ruhigeres Formularbild: ☐ ja, ☐ nein
- *Platz für Codierung, Eingangsvermerke usw.* ist global zu reservieren („bitte freilassen"), aber er sollte nicht mit Erläuterungen für interne Mitarbeiter belegt werden. Solche Texte würden den externen Ausfüller unnötig belasten und eventuell verwirren; für die internen Dienststellen gibt es andere Orientierungskanäle. Com-

putertechnische Hinweise, z.B. Zeichenpositionen, können in diesem reservierten Teil eingetragen werden, hier stören sie den Ausfüller nicht.

- Sehr viele Formulare werden heute mit *Schreibmaschine* ausgefüllt. Das ist wegen der besseren Leserlichkeit für die Weiterverarbeitung sehr angenehm und darf nicht durch schreibmaschinenfeindliche Formulare bestraft werden. Daher sind Zeilenschaltungen und Schriftgrössen der üblichen Schreibmaschinen nach Möglichkeit zu berücksichtigen. Zum mindesten sind die vorgesehenen Schreibbereiche für Blockbuchstaben entsprechend offenzulassen, damit mit schmalen und breiten Schreibmaschinen einfach linksbündig fortlaufend geschrieben werden kann:

gut : Schneider, schlecht : Schneider

Text mit der Schreibmaschine wie im Bild rechts in Kästchen einzupassen, ist nicht nur zeitraubend, sondern vor allem nutzlos und macht alle Vorteile der Schreibmaschine wieder zunichte!

- *Einseitige Formulare* sind besser! Das gilt für das Ausfüllen (Schreibmaschine), für die Bearbeitung, aber auch für die Erstellung von Fotokopien. Umfangreiche Erläuterungen gehören daher nicht auf die Frontseite, sondern vorgedruckt auf die Rückseite des Formulars; selbstverständlich ist in diesem Fall deutlich darauf hinzuweisen.
- *Sonderfälle* können ein Formular sehr stark belasten. Wenn die Sonderfälle Ausnahmen sind (z.B. unter 20%), so erstelle man für den Normalfall einen Standardfragebogen; für die Sonderfälle lohnt sich ein Sonderformular.

Die meisten dieser Gestaltungsempfehlungen gelten auch für den Entwurf von Bildschirmmasken. Moderne Entwicklungswerkzeuge bieten dem Entwurfsingenieur eine Vielzahl von Gestaltungselementen der Benutzerschnittstelle direkt an:

- *Felder* zum Ausfüllen für Texte und Zahlen
- *Auswahlfelder (radio buttons)* zum Anklicken für kleine Auswahlmenüs
- *Wortlisten* zum Anklicken bei grösseren und/oder variablen Auswahlmenüs (allenfalls sogar mit Rollbalken für *lange* Wortlisten).

Da die technischen Möglichkeiten und die Programmierhilfen inzwischen ausserordentlich vielfältig geworden sind, muss sich der Entwurfsingenieur an den gegebenen Möglichkeiten orientieren, diese aber zurückhaltend nutzen. Einfache, übersichtliche Darstellungen sind gefragt! Auf jeden Fall gilt, dass eine gute Gliederung der Dateneingabe auf professionelle Datentechnik hinweist – und umgekehrt!

2.8 Datenpräsentation

2.8.1 Verwendungszwecke

Informatik bringt erst dann einen Nutzen, wenn sie aufgrund ihrer programmgesteuerten Datenprozesse etwas in der „Aussenwelt" bewirkt. Im einfachsten Fall geschieht das durch direkte Anzeige an den Benutzer, etwa am Bildschirm. In anderen Fällen produziert der Computer schriftliche Belege, Zeichnungen, er übermittelt Daten (über Datennetze) oder er steuert Geräte (Prozesssteuerung). Wir müssen uns daher mit den Möglichkeiten der *Datenausgabe* befassen.

Entsprechend den praktisch unbeschränkten Einsatzmöglichkeiten moderner Informatikmittel werden Daten heute für verschiedenste Zwecke eingesetzt. In rein datentechnischem Sinn lassen sich jedoch Verwendungsgebiete abgrenzen, die deutliche Besonderheiten aufweisen, nämlich Daten für die direkte Ausgabe an Menschen, Daten für maschinelle Weiterverarbeitung und Archivdaten.

Daten für die Ausgabe an Menschen
Hier geht es um eine für den Menschen bequem erkennbare und erfassbare Datendarstellung, meist in lesbarer, textueller Form, oft auch graphisch, gelegentlich in hörbarer (Telefoninformation) oder anderer Ausprägung. Typisch für all diese menschenorientierten Darstellungsformen ist, dass die Daten in einer zweckmässigen Umgebung eingebettet sein müssen, oft angereichert mit entsprechender Redundanz (Bsp.: Bildschirm mit zweckmässiger Gestaltung, übersichtlich, Informationen nicht codiert, sondern im Klartext).

Daten für maschinelle Weiterverarbeitung
Solche Daten werden normalerweise in möglichst verdichteter Form ausgegeben (Bsp.: Steuerimpulse für Geräte, Meldungen über Fernleitungen). Redundanz wird nur im Rahmen der Datensicherheit zugelassen.

Archivdaten
In zunehmendem Masse muss die Informatik nicht nur Daten erfassen, speichern und verarbeiten, sondern diese auch wieder loswerden. (Computer haben grosse Schwierigkeiten mit dem Prozess, der bei Menschen „Vergessen" heisst.) So müssen – auch in grössten Speichersystemen – immer wieder Datenbestände aus dem Normalbetrieb entfernt werden. Entweder werden diese Daten nicht mehr benötigt und daher vernichtet (die Speichermedien also überschrieben), oder die Daten behalten noch eine gewisse Zeugnis- oder Sicherheitsfunktion (z.B. bei gesetzlichen Aufbewahrungsvorschriften) und werden daher archiviert. Archivdaten sollen im Normalfall nicht mehr bearbeitet werden müssen; nur im Ausnahmefall wird daraus ein kleiner Ausschnitt zu suchen (!) und zu interpretieren sein. Das bedeutet datentechnisch zweierlei:

- Zu Archivdaten müssen auch Zugriffshilfen (Verzeichnis, Suchsysteme) bereitgestellt werden (vgl. Datenbanken, Abschnitt 3.4).

- Archivdaten dürfen nicht bloss in codierter Form abgespeichert werden, die Code-Bedeutungen müssen lesbar mitgespeichert werden; oft ist eine analoge Form (z.B. Mikrofilm) der digitalen Form (reine Codes) vorzuziehen.

Archivsysteme sind heute noch eher Stiefkinder der Datenverarbeitung. Erst im Büro der Zukunft sind auch gute Informatiklösungen für Archivdaten zu erhoffen.

2.8.2 Textausgabe und Textgestaltung (Formatieren)

Datenverarbeitungsgeräte sind dafür bekannt, ganze Stapel von „Endlospapier“ mit „Zahlenfriedhöfen“ zu füllen. Damals, als Computer in erster Linie von Grossfirmen und Verwaltungen für die Massenproduktion von Zahlenlisten und Belegen verwendet wurden, standen zwar bereits leistungsfähige Schnelldrucker zur Verfügung; die Schriftqualität dieser Drucker war aber sehr schlecht. Nur Grossbuchstaben einer einzigen Schriftart standen für die Textgestaltung zur Verfügung! Inzwischen ist das Angebot an Computer-Ausgabegeräten, namentlich an Druckern sehr gross geworden, und diese wiederum bieten eine fast unübersehbare Palette von Schriften, Grössen, Formen und Qualitäten an, und zwar zu Preisen, welche auch für Kleinbetriebe und Private tragbar sind. Aber trotzdem ist das Drucken nicht gratis geworden und ganz sicher nicht nebensächlich.

Ziel jeder guten Datenausgabe muss es sein, die Ausgabedaten – die für einen menschlichen Leser bestimmte Information – in übersichtlicher, gut lesbarer und dennoch kostengünstiger Form zu präsentieren. Dafür müssen wir die technischen Möglichkeiten der Ausgabegeräte, aber auch die Erfahrung der professionellen Sachverständigen auf diesem Gebiet, d.h. der Setzer und Drucker, mitberücksichtigen. So werden nicht einfach lange Zeichenfolgen ausgedruckt, sondern Texte und Tabellen bewusst gestaltet.

	Schrift		
	Grotesk (Helvetica)	Antiqua (Times)	Schreibmaschine (Courier)
Grundschrift	Gutenberg	Gutenberg	Gutenberg
kursiv	*Gutenberg*	*Gutenberg*	
fett	**Gutenberg**	**Gutenberg**	
fett/kursiv	***Gutenberg***	***Gutenberg***	
Grösse	Gutenberg	Gutenberg	
Unterstreichung			Gutenberg

Figur 2.21: Verschiedene Schriften und Hervorhebungen

Wer schon eine Pergamenthandschrift, einen frühen Bibeldruck oder auch eine moderne Urkunde genauer betrachtet hat, weiss um die Bedeutung der formalen Gestaltung eines Textes. Neben der Ästhetik geht es dabei in der Praxis vor allem um die Übersichtlichkeit und damit auch um die Verständlichkeit eines Dokuments. Diese Qualitäten spielen auch für gewöhnliche Briefe und für Unterlagen jeder Art eine wichtige Rolle.

Basis jeder Textgestaltung ist der zur Verfügung stehende Zeichensatz von Druckzeichen, die sog. *Schrift (font,* der englische Begriff stammt vom gegossenen Bleisatz). In Fig.2.21 sind drei Schriften aus den für den Informatikeinsatz heute wichtigsten Schriftfamilien kurz vorgestellt, und zwar in der *Grundform und in verschiedenen abgewandelten Formen (kursiv* usw.), die für Hervorhebungen benützt werden. Diese grundlegenden Schriftfamilien und deren Vor- und Nachteile sollte der Informatikanwender zu unterscheiden wissen:

- *Groteskschriften:* Einfache, klare einprägsame Form; Breite der Buchstaben variabel (sog. Proportionalschrift), daher platzsparend, geeignet für kurze Texte, Titelzeilen und Anschriften.
- *Antiqua-Schriften:* Aus römischen Schriften entstandene, klassische Proportionalschrift mit „Füsschen" (sog. Serifen); sie ist dadurch gegenüber einer Groteskschrift etwa 10% rascher lesbar; geeignet für längere Texte.
- *Festbreitenschriften:* Aus Schreibmaschinenschriften entstanden; geeignet für Zahlentabellen und andere Darstellungen, in denen jedes Zeichen gleich breit sein muss.

Innerhalb jeder Schriftfamilie gibt es eine grosse Zahl von Varianten mit festen Namen (z.B. Helvetica, Times, Bookman); schöne Schriften sind selbständige Kunstwerke (und übrigens auch urheberrechtlich geschützt).

In der Büroinformatik benützen manche Anwender das verfügbare Angebot an Schriften allzu grosszügig und wenig systematisch; andere Anwender halten sich strikt an bestimmte Muster und Vorgaben. Die Schriftwahl und der Umgang mit Hervorhebungen, Titelschriften usw. prägen den ersten Eindruck jedes Schriftstücks, weshalb Firmen auf eine einheitliche Gestaltung Wert legen. Was dabei als „schön" zu gelten hat, ist allerdings Geschmackssache. Folgende Grundregel darf aber in jedem Fall empfohlen werden:

> Bei der Textgestaltung sollen nur *wenige* Gestaltungselemente und normalerweise höchstens zwei Schriftarten eingesetzt wenden.

Diese Regel wurde auch bei der Gestaltung dieses Buchs verfolgt: Der laufende Text ist in einer Antiqua-Schrift (Times) geschrieben, die Hervorhebungen erfolgen in der gleichen Schrift, aber *kursiv.* Für die Haupttitel wird eine Groteskschrift (Helvetica) in verschiedenen Grössen und teilweise **fett** verwendet.

Für wichtige Texte oder grössere Auflagen lohnt es sich auch heute, in der Zeit der Textsysteme und des *„Desktop publishing (DTP)"*, den Rat von Setzern und Druckern einzuholen, die Gutenbergs „Schwarze Kunst" seit Jahrhunderten entwickelt haben. Ihre verschiedenen Druckschriften wurden von Künstlern entworfen und nach sehr differenzierten Regeln und handwerklicher Erfahrung des Setzers verwendet und kombiniert, auch wenn heute die technische Herstellung nicht mehr im Bleisatz, sondern im computergesteuerten Lichtsatz (vgl. 2.8.3) erfolgt.

Für Kleindrucksachen wird hingegen heute das Original häuft direkt auf Kleincomputern und entsprechenden Druckern erstellt und mit Kopiergeräten oder Kleinoffsetmaschinen vervielfältigt. Daher seien anschliessend einige wichtige Begriffe aus der „Schwarzen Kunst“ kurz zusammengestellt und erläutert.

Hervorhebungen: Besonders in Sachtexten ist es wichtig und für den Leser hilfreich, wenn einzelne Wörter, Titelzeilen oder andere Textstellen hervorgehoben werden können. Wie diese Hervorhebung geschieht, ist wiederum von den verwendeten Textsystemen und Schriften abhängig (Fig.2.21). In der Schreibmaschinenschrift wird unterstrichen (underline), in einer Druckschrift *kursiv* (italics) oder durch **Fettdruck** (bold type) hervorgehoben. Auch Schriftgrösse und Farbe können für die Gestaltung eingesetzt werden; auf einem Bildschirm lassen sich durch Aufblinken oder durch Negativbilder (etwa weiss-schwarz statt schwarz-weiss) noch weitere Unterscheidungen erreichen. Warnung: Hervorhebungen wirken nur, wenn sie mit Zurückhaltung eingesetzt werden! Zu viele Hervorhebungen und fremde Schriftarten wirken ermüdend und werden gar nicht mehr zur Kenntnis genommen.

Zeilengliederung: Wir haben schon im Abschnitt über die Textverarbeitung das Problem der Silbentrennung angesprochen; Silbentrennung ist notwendig, um möglichst ausgeglichene Zeilenlängen zu erhalten. Trotzdem lässt sich die maximale Zeilenlänge nicht immer ausnützen. Was macht man mit kürzeren Zeilen? In der Praxis gibt es dafür zwei wichtige Lösungen:

- *Flattersatz:* Alle Zeilen werden direkt linksbündig gesetzt (Bsp.: dieser Absatz, üblicher Schreibmaschinenbrief). Das hintere Ende der Zeilen ist zwar etwas unruhig (es „flattert“), aber die Lösung ist einfach.
- *Blocksatz:* Die zu kurzen Zeilen werden künstlich durch Vergrösserung der Wortzwischenräume verlängert, sog. *ausgeschlossen* (Bsp.: dieser Absatz, übriger Text dieses Buches, Zeitungsspalte). Ein ausgeschlossener Text ist sowohl links wie rechtsbündig. Er wirkt ruhiger, vor allem bei mehrspaltigen Seiten.

Je kürzer die maximale Zeilenlänge ist, umso kleiner ist die zum Ausgleich verfügbare Zahl der Wortzwischenräume und umso schwieriger ist es, die Zeilen „schön“ zu gliedern; das gilt für Flatter- und Blocksatz in gleicher Weise.

Seitengliederung (Umbruch): Texte müssen schliesslich nicht nur nach Zeilen, sondern in einem weiteren Schritt auch nach Seiten gegliedert werden. Dazu sind analoge Überlegungen wie zur Worttrennung auf zwei Zeilen und zu Block- und Flattersatz nötig. Bei der Seitengliederung müssen *Absätze* auf zwei Seiten aufgeteilten werden. Dabei sollte niemals eine einzelne Zeile eines Absatzes allein auf einer Seite stehen, während der Rest auf der anderen steht. Titelzeilen dürfen nicht unten auf einer Seite isoliert werden. Solche Bereinigungsarbeiten beim Seitenumbruch werden durch Textsysteme stark erleichtert, wobei sie die Gliederung ganzer Seiten auf dem Bildschirm präsentieren können. Der Mensch kann dann allenfalls Zeilenabstände noch anpassen; solche manuellen Anpassungen sind erst sinnvoll, wenn *alle* anderen Textbereinigungen erledigt sind.

Bei dieser Seitengestaltung können auch Figuren eingeplant werden. In einfacheren Textsystemen wird für die Figuren bloss der notwendige freie Platz reserviert, mit allgemeineren Entwurfssystemen können auch Zeichnungen angefertigt und diese vielseitig mit den Textteilen zu Dokumenten kombiniert werden.

2.8.3 Graphische Datenausgabe

Bereits mehrfach wurde auf die Bedeutung der nichttextuellen Datenausgabe hingewiesen. Eine besonders wichtige Rolle spielt dabei die Graphik. Viele Sachverhalte (Verhältnisdarstellungen, flächenbezogene und räumliche Angaben, technische Schemata usw.) kann der Mensch viel rascher und zuverlässiger aufnehmen, wenn sie ihm in graphischer Form präsentiert werden. Daher spielt heute die *Computergraphik* eine grosse Rolle, und ihre Bedeutung nimmt laufend noch zu.

An dieser Stelle ist keine umfassende Einführung in die Computergraphik möglich, dazu sei auf entsprechende Einführungs- und Spezialliteratur nach Kap. 5 verwiesen. Was wir aber hier zeigen können, ist eine grobe Systematik der dafür verfügbaren Hilfsmittel. Gerätemässig sind dies

- behelfsmässige graphische Ausgabegeräte,
- Normalgeräte für graphische Arbeiten auf Rasterbasis,
- Spezialgeräte.

Behelfsmässige graphische Ausgabegeräte
Digitale Grössen (z.B. die Zahl „7") lassen sich mit Schriftzeichen auch analog („●●●●●●●") darstellen. Solche Darstellungen sind für einfache Graphiken und als Blickfang oft durchaus genügend und mit überall verfügbaren Geräten (Zeichendruckern, Textbildschirmen) und Programmen realisierbar.

Normalgeräte für graphische Arbeiten auf Rasterbasis
Normale Kleincomputer verfügen heute in den meisten Fällen gerätemässig (Bildschirm, Drucker) über eine graphikfähige Ausrüstung und damit über die Voraussetzung für diesen breiten Einsatz der Computergraphik. Haupthindernis für deren Verwendung ist heute nicht die Technik, sondern die fehlende Bereitschaft und/oder Erfahrung der Anwender, diese einzusetzen. Der Aufwand für die Entwicklung der Graphiken darf nicht unterschätzt werden. Was auf dem Bildschirm locker und lustig aussieht, erfordert sorgfältige Vorbereitung. Diese wird durch ein laufend wachsendes Angebot von Graphikprogrammpaketen wesentlich erleichtert.

Spezialgeräte, insbesondere Plotter und Graphiksysteme

Schon seit vielen Jahren existieren für Strichzeichnungen Zeichengeräte und Bildschirme höchster Qualität, sog. *Plotter.* Dazu sind inzwischen auch für Rasterbilder hochauflösende Bildschirme und Farbdrucker hinzugekommen. Andere Spezialgeräte erlauben die *filmmässige* Aufzeichnung von Bildserien, etwa zur Erzeugung von Bewegtbildern, Trickfilmen und ähnlichen Sonderformen graphischer Darstellungen. Diese Systeme sind für Spezialaufgaben geschaffen und dort wirtschaftlich gerechtfertigt.

Auch hier darf trotz Verfügbarkeit der Geräte der *Aufwand* für die effektive Herstellung des datenmässigen Inhalts solcher Darstellungen nicht unterschätzt werden. Nicht ohne Grund hat sich inzwischen eine ganze Industrie entwickelt, welche für Fernsehen, Firmenpräsentationen und Ausbildungszwecke professionell Filme und andere audiovisuelle Produkte gestaltet.

Weiterführende Literatur:

- Informatikwissen für Anwender: Einführungs- und Grundlagenbücher, Bsp.: [Becker et al. 95]
- Wirtschaftsinformatik: [Hansen 92], [Heinrich 93], [Mertens 96], [Schwarze 94], [Stahlknecht 95]
- Benutzerschnittstellen, Dialoggestaltung, Bildschirmergonomie: [Blaha 95], [Fähnrich et. al. 96], [Götze 95], [Herczeg 94], [Zeidler, Zellner 94]

Kapitel 3: Realisierung von Informatikanwendungen

Informatiker und künftige Anwender bei einer Projektbesprechung

Jede Informatikanwendung beeinflusst Arbeitsabläufe. Sie automatisiert bestimmte Informationsflüsse; andere belässt sie dem Menschen. Entsprechend wichtig und auch heikel ist daher die Vorbereitung jeder Informatikanwendung; diese Entwicklungsarbeit bildet ein sog. Informatikprojekt.

Solange bei der Projektarbeit auf Erfahrungen aus ähnlichen Anwendungen und auf vorhandene Programme aufgebaut werden kann, ist der Projektaufwand gut abschätzbar. Bei echten Neuentwicklungen führten überbordende Ansprüche oder Änderungswünsche der Anwender und undisziplinierte Arbeit der Entwickler schon öfters zu unkontrollierten Aufwand- und Terminüberschreitungen und damit zum Projektabbruch.

3.1 Kleinigkeiten und Schwergewichte

3.1.1 Standardanwendungen und Sonderentwicklungen

Wer selber erstmals eine Informatiklösung einführen will oder muss, fühlt sich in vielen Beziehungen unsicher. Das gilt für den Fall, dass jemand privat von der Schreibmaschine auf Textverarbeitung umstellen und dafür einen Kleincomputer, einen Drukker und ein Textprogramm beschaffen möchte; das gilt aber auch für den Fall, dass ein Betrieb neue Informatikanwendungen benötigt und dazu grössere Vorbereitungen an die Hand nehmen muss. Diese *Unsicherheit* ist leicht verständlich, weil mit neuen Informatikeinsätzen ganz verschiedenartige Neuerungen und auch Überraschungen verbunden sein können. Die allerwichtigste Regel gegen unangenehme Überraschungen besteht wohl darin, auch beim Informatikeinsatz Wesentliches und weniger Wichtiges voneinander zu trennen.

Wir wollen uns daher im vorliegenden Abschnitt 3.1 mit mehreren derartigen Unterscheidungen befassen, wobei je ein Beurteilungsaspekt – Zeit, Wirtschaftlichkeit, Daten, Flexibilität – besonders betrachtet wird. Wir beginnen dabei mit einer Grundregel, welche für jede Art von Automation gilt und damit auch für die Informatik, wo es um die Automatisierung von Informationsabläufen geht; es ist die sog. 80-20-Regel.

80-20-Regel Bei der Automatisierung vieler ähnlicher Fälle lassen sich mit 20% des Automatisierungsaufwandes 80% aller Fälle (nämlich die einfacheren) behandeln, während für die komplizierteren 20% der Fälle 80% des Automatisierungsaufwandes anfallen.

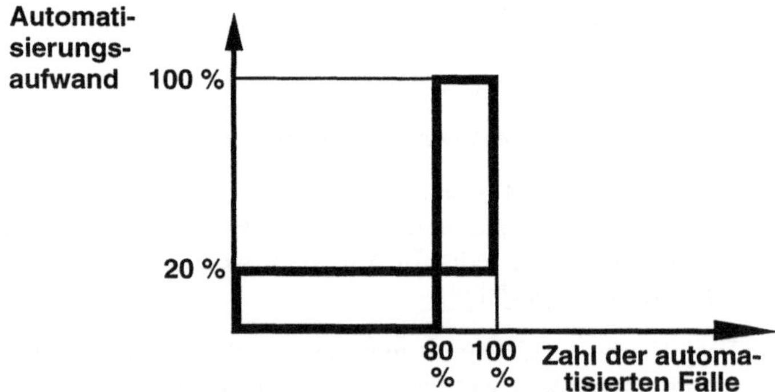

Figur 3.1: Die 80-20-Regel

Fig.3.1 veranschaulicht die Grössenordnungen. Die Aussage der 80-20-Regel (die gelegentlich sogar eine 90-10-Regel sein könnte!) ist deutlich: Wer auf die Automatisierung der Sonderfälle verzichtet, reduziert den Automatisierungsaufwand um Faktoren. Oder noch anders ausgedrückt:

Die Entwicklung vollautomatischer Lösungen für Sonderfälle ist extrem teuer!

Die Gültigkeit dieser Regel soll gleich an einigen Beispielen verdeutlicht und validiert werden.

Beispiel: Standardprogramm oder Eigenentwicklung

Für Problembereiche, wo bereits Programme vorhanden sind, ist deren Verwendung im allgemeinen *viel* kostengünstiger als eine Neuprogrammierung. Das gilt namentlich dort, wo bereits ein Markt mit entsprechenden Standardprogrammen existiert, also etwa für Textverarbeitung, Tabellenkalkulation, Buchhaltung. Kein Mensch kommt ohne besondere Gründe heute auf die Idee, für den Eigenbedarf oder auch für einen Betrieb ein neues Textverarbeitungsprogramm zu entwickeln; der Lizenzgebrauch ist besser und billiger.

Beispiel: Anpassung von vorhandenen Lösungen

„Vorhandene Informatiklösungen“ – das sind im Normalfall bestimmte Anwenderprogramme, also Software. Weil Programme immateriell sind, steckt in den Köpfen mancher Programmierer, aber auch mancher Auftraggeber noch allzuoft die Vorstellung, dass „Programmänderungen doch kein Problem“ und Anpassungen vorhandener Programme an Sonderbedürfnisse somit leicht machbar seien. Dies ist ein teurer Trugschluss, weil jede Programmänderung einen Eingriff in ein sehr anspruchsvolles technisches System darstellt, neue Fehlermöglichkeiten schafft, vorhandene Dokumentationen obsolet macht, spätere Programmwechsel erschwert usw. Programmanpassungen sind nur in wirklich ausgewiesenen Situationen sinnvoll.

Beispiel: Einfache oder vielfunktionale Ausbildung

Wer eine neue Informatiklösung einführt, und sei es bloss Textverarbeitung, und von Beginn weg möglichst alle Funktionen des Programms ausnützen möchte, wird dafür einen *viel* grösseren *Ausbildungsaufwand* erbringen müssen, als für die Beherrschung der einfachsten, für den Alltagsgebrauch aber meist durchaus genügenden Funktionen nötig ist. Durch Konzentration auf das Einfache werden gleichzeitig Zeit und Ausbildungskosten gespart, wie auch psychologische Hindernisse abgebaut, indem künftige Anwender wenigstens zu Beginn von kaum verständlichen Sonderlösungen für Sonderprobleme verschont werden.

Die Verwendung vorhandener Programme und die Nutzung von Erfahrungen bisheriger Benutzer haben aber noch einen ganz anderen Vorteil: Manche Schwierigkeiten und gar Misserfolge bei der Einführung neuer Informatiklösungen lassen sich so mindern oder vermeiden. Der Einsatz von automatischen Lösungen im Informationsbereich – eben „der Informatikeinsatz“ – hat derart viele Verflechtungen mit betrieblichen Abläufen, dass Nichterfahrene leicht in Fussangeln treten. Jede Hilfe zur Vermeidung solcher Fehltritte ist daher erwünscht. Dazu dienen namentlich die konsequente

Verwendung vorhandener Lösungen und der möglichst weitgehende Verzicht auf – teure – Individualwünsche.

3.1.2 Massstab Zeit

Die Neuangebote der Informatikindustrie beeindrucken Fachleute und Beobachter jedes Jahr neu: Die Geräte werden gleichzeitig leistungsfähiger und billiger, die Programme bieten neue Funktionen (und verlangen ihrerseits nach leistungsfähigeren Geräten!), dazu kommen immer wieder neuartige Anwendungen. Für viele Menschen ist Informatik daher gleichbedeutend mit ständigem Wettrennen nach dem Allerneusten.

Aus der Sicht des Informatikeinsatzes ist die Gleichsetzung „Informatik" = „Ständige Erneuerung" allerdings völlig verfehlt. „Informatik ist Automatisierung von Informationsabläufen." Wer sich an diesem Grundgedanken orientiert und nicht an der Hektik der Marktangebote, gewinnt zum Massstab Zeit ein ganz anderes Verhältnis.

Beispiele: Textverarbeitung, Buchhaltung

In einem Bürobetrieb wurde vor drei oder vier Jahren eine Kleincomputerlösung für Textverarbeitung und Buchhaltung eingeführt. Eingesetzt werden Standardprogramme. Diese Lösung kann noch jahrelang und ohne jeden Ausbau ihre Aufgaben erfüllen, sofern keine *neuen Anforderungen* gestellt werden.

Beispiel: Informatik in einer Versicherung

Eine Versicherung führt seit Jahren ihre sämtlichen Policen in einer Datenbank. Ein Software-Haus offeriert eine neue Versicherungslösung mit sehr attraktiven Benutzerschnittstellen. Die Datenstruktur der neuen Lösung entspricht aber nicht dem bisherigen Policeninhalt. Daher kommt eine kurzfristige Umstellung gar nicht in Frage; eine mittelfristige Umstellung (auf 1 bis 2 Jahre) ist nur sinnvoll, wenn in dieser Zeit die Daten vom alten auf das neue System transferiert („migriert") werden können, und wenn der dafür und für die Neulösung nötige Aufwand mit den Einsparungen durch bessere Arbeitsplätze abgedeckt werden kann.

Beispiel: Neue Versicherungsprodukte

Die soeben skizzierte Versicherung wird – wie wir gesehen haben – auch auf in bestimmten Punkten höchst attraktive neue Informatikangebote nicht ohne weiteres eingehen. Es gibt aber andere Argumente, welche sie im Informatikbereich allenfalls zu raschmöglichster Anpassung zwingen könnten. Dazu gehören z.B. neue gesetzliche Vorschriften im Versicherungswesen oder ein Vorstoss der eigenen Versicherungsspezialisten, mit einem neuen Versicherungsprodukt auf dem Markt aufzutreten, wofür allerdings neue Anwenderprogramme nötig sind.

Diese drei Beispiele zeigen, dass

- primär betriebliche, nicht informatische Gründe den Rhythmus von Informatikerneuerungen vorgeben;
- blosse Neuangebote auf dem Informatikmarkt im allgemeinen kein genügender Grund für Systemablösungen sind;

- ernsthafte Gründe Systemablösungen oder -anpassungen erzwingen können, allenfalls auch unter Zeitdruck;
- grössere Systeme, namentlich wenn sie über entsprechende Datenbestände verfügen, nur mit bedeutendem Arbeits- und Zeitaufwand abgelöst werden können.

Ein guter Informatikverantwortlicher eines Betriebs muss für den Fall von Anpassungsbedarf vorsorgen, indem er durch geeignete Systemarchitekturen (vgl. 3.1.5) sowie durch den Einsatz geeigneter Programmierwerkzeuge und -systeme (vgl. 4.3.4) die notwendige Flexibilität bereithält. Hohe Automatisierung und Rationalisierung einerseits sowie Flexibilität und Anpassungsfähigkeit an Änderungswünsche anderseits sind nämlich Zielsetzungen, die sich nicht ohne weiteres unter einen Hut bringen lassen. Sicher falsch wäre es aber, den Informatikeinsatz kurzfristig nach den Marktangeboten statt nach den Betriebsbedürfnissen auszurichten.

Zum Schluss dieses Unterabschnittes über den „Massstab Zeit“ sei aber nicht verschwiegen, dass die heutige Wirtschaftswelt stark auf *immer raschere* Bereitstellung und Markteinführung neuer Produkte ausgerichtet ist. Schon manches Unternehmen konnte trotz guter Technik und günstigen Preisen plötzlich nicht mehr verkaufen, weil die Konkurrenz dank *neuartigen* Lösungen den Markt umkrempelte (Beispiele: Quarz-Uhr, elektronisch gesteuerte Werkzeugmaschinen, Videokamera statt Filmkamera, Musikkassette und CD statt Schallplatte). Wer aber *zuerst* mit neuen Lösungen auf den Markt kommt, hat einen wichtigen Startvorteil. Und solche Zeitvorsprünge lassen sich heute ohne Informatikunterstützung kaum mehr erreichen.

3.1.3 Massstab Wirtschaftlichkeit

Dass die Wirtschaftlichkeit auch für den praktischen Einsatz der Informatik selber eine Hauptrolle spielt, dürfte bei ruhigem Nachdenken niemanden überraschen. Als die Informatik in den sechziger Jahren erstmals in grossem Stil kommerziell eingesetzt wurde, ging es um die Rationalisierung von *Massenarbeiten* (Versicherungsprämien, Löhne usw.). Seither sind computergestützte *Produkte und Produktverbesserungen* dazugekommen sowie – noch neuer – optimierte *Produktionsprozesse (PPS* = Produktionsplanung und -steuerung). Offensichtlich stehen Wirtschaftlichkeitsüberlegungen beim Informatikeinsatz ganz im Vordergrund!

Leider wird die Entwicklung der Informatik seit Jahrzehnten jedoch auch von manchen Beispielen begleitet, bei denen wirtschaftliche Massstäbe grob missachtet wurden. Projektverantwortliche, aber auch Geschäftsleitungen waren von den Möglichkeiten der Informatik so *geblendet,* dass sie

- den möglichen Nutzen der Informatik massiv überschätzt und/oder
- den notwendigen Entwicklungsaufwand für das Traumziel massiv unterschätzt haben.

Informatik ist in der betrieblichen Praxis *kein Wert an sich.* Auch der modernste Arbeitsplatz, der farbigste Bildschirm, das „papierloseste Büro" – sie sind alle kein Ersatz für konkurrenzfähige Kosten-/Nutzen-Verhältnisse.

In 3.1.1 kam die 80-20-Regel zur Sprache: Nicht eine *maximale* Automatisierung wurde dort gefordert, sondern eine *angemessene.* Teure Sonderfälle sollen nur dann automatisiert werden, wenn dies wirtschaftlich sinnvoll ist. Das alles ist „Massstab Wirtschaftlichkeit".

3.1.4 Massstab Daten

Ein weiterer Aspekt, bei welchem erstaunlich oft das Wesentliche übersehen wird, betrifft den *Wert der Daten* im Rahmen eines Informatikeinsatzes. Dabei kann dieser Wert wiederum von eng wirtschaftlicher Art sein (Kosten für die Bereitstellung der Daten), aber auch im übertragenen Sinn (etwa bei Gefahr von unwiederbringlichem Verlust oder unberechtigten Kopien durch Wirtschaftsspionage).

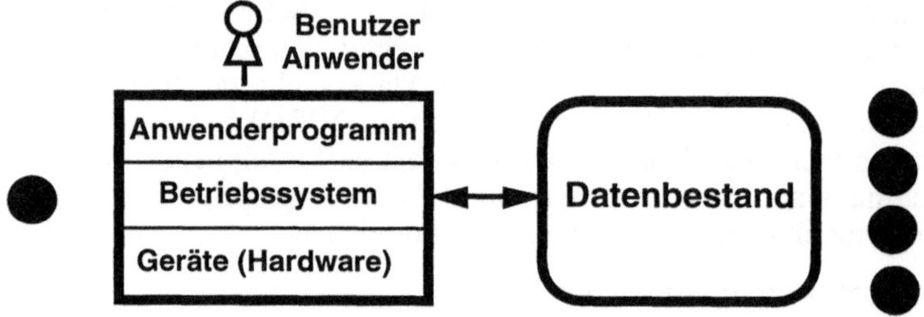

Figur 3.2: Der Wert der Daten beträgt ein Mehrfaches des Werts der Informatikmittel

Der Wert der Daten in Informatiklösungen wird oft massiv *unterschätzt.* Hitzige Diskussionen drehen sich dann um die Kosten der Informatikmittel, seien es Geräte oder Programme (Fig.3.2, links). Dass aber der Wert der in diesen Informatikmitteln gespeicherten Daten typischerweise das Drei- bis Fünffache beträgt (Fig.3.2, *rechts),* wird dabei leicht übersehen. *Beispiele* gefällig?

- *Textverarbeitung:* Man vergleiche die Beschaffungskosten eines Kleincomputers (samt Programmen) mit den Lohnkosten für Textverarbeitung (über die mehrjährige Nutzungsdauer des Systems).
- *Computergestützter Entwurf* (CAD = computer aided design): Auch hier ist das (teure) CAD-System mit der Lohnkostensumme des Zeichners zu vergleichen.
- *Buchhaltungssystem:* Nebst dem Verhältnis „Informatikmittelwert : Buchhaltungswert" sind auch die rechtliche und die betriebliche Bedeutung der Daten mitzubetrachten.

Aus den genannten Beispielen und allgemein aus der Erkenntnis, dass Daten meist teurer als die gesamten Informatikmittel sind, lassen sich unmittelbar folgende Konsequenzen ableiten:

- Die *Datensicherung* (vor Verlust und vor unberechtigtem Zugriff) hat eine grosse Bedeutung; sie benötigt auch einen angemessenen Platz in der Benutzerausbildung.
- Bei der *Beschaffung* von Informatikmitteln spielt deren Preis viel die geringere Rolle als die künftigen *Bedienungskosten* (Bsp.: 10% geringere Bedienungskosten wirken sich ähnlich aus wie 40% geringere Informatikkosten!).

Die grosse Kostenkomponente „Daten" in den meisten Informatiklösungen verdient aber noch weitere Überlegungen. Zwei besonders wichtige seien hier – ergänzend, aber keineswegs abschliessend – noch beigefügt:

- *Verlangte Präzision der Daten:* Teuer sind Daten besonders dann, wenn sie allzu genau erfasst und *allzu häufig* nachgeführt werden. Daten müssen nur dem Verwendungszweck entsprechend angemessen genau, vollständig und nachgeführt sein.
- *Fremdbeschaffung von Daten:* Nicht alle Daten müssen betriebsintern erfasst werden. Gerade mit dem Aufkommen der Datennetze (Kap. 6) wird auch der An- und Verkauf von Daten immer wichtiger und wirtschaftlich attraktiv.

3.1.5 Massstab Flexibilität

Eingangs dieses Kapitels wurde deutlich darauf hingewiesen, dass Informatik der Automatisierung von Informationsabläufen dient; diese Abläufe müssen präzis festgelegt werden. Die Forderung nach Flexibilität steht dazu im Widerspruch. Dennoch ist diese Forderung in der Praxis begründet, weil eben immer wieder neue Bedürfnisse der Praxis (neue Produkte, Arbeitsverfahren, Werkzeuge, Vorschriften) Anpassungen auch an den besten Informatiklösungen, gelegentlich gar deren Ablösung verlangen.

Moderne Informatiklösungen werden daher möglichst so gestaltet, dass schon ihre Struktur (man sagt auch: ihre *„Architektur")* bestimmte Anpassungen erleichtert. Zu diesen Architekturen gehören etwa das sog. *„Client-Server-Konzept"* (vgl. auch 5.2.2) oder ganz allgemein die Idee der Trennung stabiler von den weniger stabilen Funktionsbereichen einer Informatiklösung (Fig.3.3)

Stabile Funktionsbereiche: Dazu gehören vor allem die Datenbestände (in Datenbanken) und die dazugehörigen Dienstfunktionen (inkl. Sicherheit), die in Fig.3.3 „unterstützende Informatik" genannt werden; beim Client-Server-Konzept betrifft das die Server-Seite. Stabil sind aber auch die häufig benützten Routineanwendungen auf der Anwenderseite (Fig.3.3, oben links).

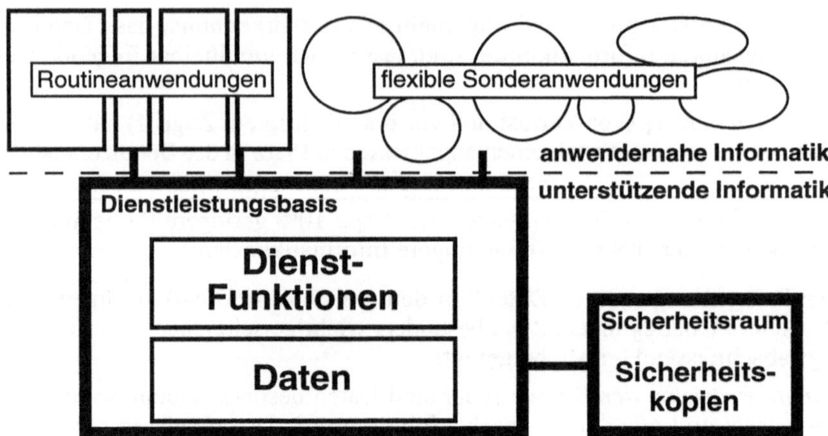

Figur 3.3: Verschiedenartige Funktionsbereiche

Flexible Funktionsbereiche: Flexibilität lässt sich vor allem dadurch erreichen, dass die (stabil verwalteten) Daten mit modernen, anwendernahen Standardprogrammen (Tabellenkalkulation, Graphik) in unterschiedlichster Art *präsentiert werden können* (Fig.3.3, oben rechts). Datenpräsentation ist längst nicht mehr ausschliesslich Sache der Informatiker. Beim Client-Server-Konzept können Anwender Daten vom Server auf ihren Client-Computer übernehmen und allenfalls in Standardprogrammen nach eigenem Wunsch darstellen.

Eine moderne Informatikarchitektur kann also auch Flexibilitätsbedürfnisse dort unterstützen, wo dies nötig und wirtschaftlich ist.

3.2 Informatik-Projektentwicklung (Automationsprojekte)

3.2.1 Das klassische Phasenmodell

Bevor irgend ein Arbeitsablauf aus der Praxis mit Hilfsmitteln der Informatik unterstützt werden kann, müssen diese Hilfsmittel bereitgestellt werden. Während dieser Vorbereitungs- und Entwicklungsphase müssen auch neue Methoden erlernt, Arbeitsplätze neu eingerichtet und Umstellungen bewältigt werden. Es lohnt sich somit, dieser Entwicklungsphase besondere Aufmerksamkeit zu schenken.

Der Einsatz neuer Verfahren, neuer Geräte und neuer Verhaltensweisen benötigt überall eine entsprechende Vorbereitung. Das gilt ganz besonders für automatisierte Verfahren wie in der Informatik. Hier benützt man für „Vorbereitung“ und „Einsatz“ die Begriffe Projekt und Anwendung, wie sie schon in Abschnitt 1.9 eingeführt wurden.

- Projekt: Künftige Informatiklösung im Entwicklungsstadium; zeitlich begrenzt.
- Anwendung: Informatiklösung im Betrieb; zeitlich unbegrenzt.

Beispiel: Vereinsmitgliederverzeichnis

Ein Verein überlegt, Mitgliederlisten, Beitragsrechnungen und -zahlungen sowie Adressetiketten mit Computerhilfe zu erstellen (= Problemstellung). Alle Verhandlungen, das Erarbeiten von Lösungsvorschlägen, die genaue Beschreibung der gewünschten Produkte und die Programmbereitstellung bilden Teile des Projektes. Nach der Inbetriebnahme der Programme, also im künftigen Normalbetrieb, sprechen wir von einer Anwendung; das Projekt ist dann abgeschlossen.

Beispiel: Systemablösung

Ein Betrieb, der schon bisher seine Verwaltungsabläufe (Finanzen, Personal, Kunden- und Lieferantenverkehr) computerunterstützt abwickelte, soll eine modernere Informatiklösung erhalten (= Problemstellung). Das *Projekt* umfasst alle Arbeiten, die mit der Vorbereitung und Durchführung der Systemablösung zu tun haben; die *Anwendung* ist dann das neue Anwendersystem nach Inbetriebnahme.

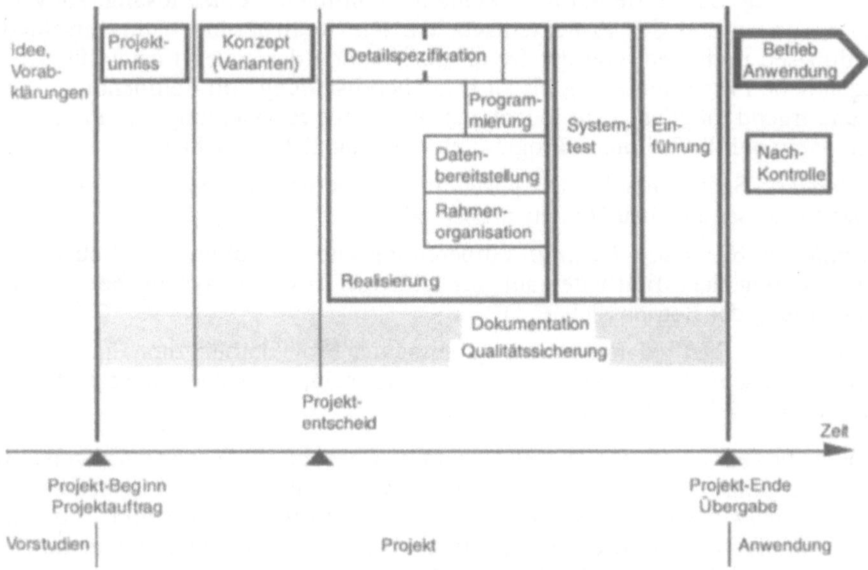

Figur 3.4: Die klassische Phasengliederung eines Informatikprojekts

Die Projektarbeiten lassen sich nun wiederum in mehrere Teilaufgaben, sog. *Projektphasen,* zerlegen, die zeitlich gestaffelt durchgeführt werden. Fig.3.4 zeigt graphisch die Abfolge der Projektphasen gemäss einem bestimmten Phasenmodell [Zehnder 91]. Die meisten grossen Betriebe (Informatikanwender und Informatikentwickler) benützen derartige Phasenmodelle, die sich in Einzelheiten und in den verwendeten Begriffen von Fig.3.4 unterscheiden können, die aber alle auf eine systematische und zielgerichtete Durchführung der Projektarbeiten ausgerichtet sind.

Gedanklich beginnt jede Projektarbeit bei ihrem Endziel, also bei der künftigen (Informatik-)Anwendung. Diese Anwendung muss verstanden werden („Was wollen wir eigentlich?"); sie ist aber auch einzugrenzen, damit nicht allzu komplizierte Informatiklösungen angestrebt werden.

Betrachten wir nun die einzelnen Projektphasen (gemäss Fig.3.4). Der Projektarbeit gehen meist Vorstudien und Abklärungen voraus („Wer will/macht was?"), die dann erst zum eigentlichen Projektbeginn (Projektauftrag) führen. Das Projekt umfasst folgende Phasen:

- *Projektumriss:* Umschreibung und Abgrenzung des Problembereichs. Beschreibung des Ist-Zustands. Pflichtenheft für die angestrebte Lösung.
- *Konzept (mit Varianten):* Grobentwurf von sinnvollen Varianten im Hinblick auf den Projektentscheid (durch den Auftraggeber) samt Aufwandabschätzungen.
- *Realisierung:* Strukturierte Entwicklung der künftigen Problemlösung (Anwendersystem) aufgrund des Projektentscheids. Die Realisierung kann verschiedene Teilphasen umfassen, von der Detailspezifikation der neuen Lösung über deren eigentliche Programmierung bis zu Datenbereitstellung und Rahmenorganisation. Wenn irgend möglich, wird jedoch auf die eigene Entwicklung von Programmen und damit auf die Teilphase Programmierung gänzlich verzichtet.
- *Systemtest:* Systematische und gesamthafte Überprüfung des neuen Anwendersystems (Zusammenbau der neuen Lösung).
- *Einführung der neuen Lösung:* Vorbereitung und Umstellung des Betriebs samt Umschulung der Mitarbeiter auf das künftige Anwendersystem bei minimaler Gefährdung der Betriebssicherheit.
- *Anwendung:* Jetzt gelangen die Ergebnisse der Projektarbeit zum Einsatz. Daran können verschiedene Personenkreise beteiligt sein; als wichtigste seien Benutzer und Informatikbetriebspersonal erwähnt.

Parallel zur Projektarbeit müssen ständig und konsequent die *Dokumentation* bereitgestellt und die *Qualitätssicherung* durchgeführt werden, damit sie bei *Projektende* und *Betriebsaufnahme* verfügbar sind. Einige Monate nach Betriebsaufnahme wird in der *Nachkontrolle* festgestellt, wie weit sich die realisierte Anwendung mit dem angestrebten Ziel deckt und die wirtschaftlichen Vorgaben erfüllt.

Je nach Art der konkreten Situation (Standardlösung/Neuentwicklung, Zahl der von der Informatikanwendung betroffenen Mitarbeiter und Betriebsteile usw.) kann der Arbeitsaufwand während eines Projekts sehr stark variieren, was anschliessend in 3.2.2 zur Sprache kommt. Unabhängig von der Aufwandgrösse ist es aber für jedes Informatikprojekt in der Praxis wichtig, dass *alle* Phasen sequentiell und konsequent abgearbeitet werden. Dabei dürfen die Vorgaben im Pflichtenheft, das in der ersten Phase („Projektumriss") festgelegt wird, nachher nicht aufgeweicht werden, auch wenn die Auftraggeber/Anwender oder auch die Informatiker im Laufe der Projektarbeit noch alle möglichen „guten Ideen für Verbesserungen" entwickeln sollten. Solche Änderungswünsche führen zu explodierenden Projektkosten (80-20-Regel)! Wer daher ein Informatikprojekt kostenmässig und terminmässig unter Kontrolle halten will, muss unbedingt auf solche nachträglichen Änderungen verzichten. Sind diese aus externen Gründen zwingend, so ist das Projekt *abzubrechen* und ein Nachfolgeprojekt (mit allen Phasen) neu aufzusetzen, das selbstverständlich von allen bereits erarbeiteten Grundlagen und Teilergebnissen Gebrauch machen kann. Projektabbruch plus Neubeginn sind in solchen Fällen oft billiger und schneller als das mühsame Durchschleppen unstabiler Projekte.

3.2.2 Kleinlösungen und Superprojekte

Zu den *Kleinlösungen* zählen etwa die Einführung oder Ablösung eines Textverarbeitungssystems im Ein-Personen-Büro; die Neuentwicklung einer neuen Wertschriftenverwaltung für eine Grossbank bildet ein *Superprojekt.* Wir wollen uns in diesem Unterabschnitt mit der Frage befassen, ob und allenfalls wie sich Projektabläufe solch unterschiedlicher Projekte unterscheiden.

Wir orientieren uns dazu vorerst an der Definition des Projektbegriffs aus Abschnitt 1.9: „*Projekt* heisst die Gesamtheit aller Tätigkeiten und Massnahmen zur Beschaffung, Entwicklung und Einführung neuer Verfahren und Hilfsmittel für eine Problemlösung."

Das Ziel ist nicht das Projekt, sondern die Nutzung der Neuerungen. *Jedes Projekt* soll also zu einem *nutzbaren Abschluss* führen. Da auch die Einführung eines Textverarbeitungssystems – hoffentlich – zu nützlichen Zwecken erfolgt und mit der definitiven Betriebsaufnahme beendet wird, sind auch *kleine* Projekte von wenigen Wochen Dauer und einigen Personenstunden Aufwand durchaus definitionsgerecht.

Schwieriger ist die Abgrenzung *nach oben.* Massgebend für die Projektgrösse sind offenbar die beiden Grössen Projektdauer und Projektaufwand:

- *Projektdauer* (von Projektbeginn bis Projektende; vgl. Fig.3.4): gemessen in Wochen, Monaten oder Jahren,
- *Projektaufwand:* gemessen in Personenstunden, Personentagen, Personenwochen, Personenmonaten, Personenjahren. (Die Masseinheit „Mann-Monat" ist eine schlechte Übersetzung aus dem Englischen und unbedingt zu vermeiden.)

Die Erfahrung zeigt nun, dass bei Informatikprojekten sowohl Dauer wie Aufwand bestimmte Grenzen nicht überschreiten sollten, weil die Projekte sonst technisch und führungsmässig mit grosser Wahrscheinlichkeit in Probleme hineingeraten. Grössere Aufgaben müssen daher so *in Teilaufgaben* zerlegt werden, dass jede Teilaufgabe mit einem definitionsgemässen und somit einen Nutzen erbringenden Projekt gelöst werden kann. Die Formulierung grosser Gesamtaufgaben und deren Aufgliederung in Teilaufgaben erfolgt in einem sog. *Superprojekt* [Zehnder 91].

Wo liegen die vertretbaren Grenzen für reguläre Projektgrössen (so dass keine weitere Untergliederung notwendig ist)?

- Die *Projektdauer* sollte *zwei Jahre* (Ausnahmefälle: drei Jahre) nicht überschreiten. Sonst lässt sich die Forderung nach unveränderten Rahmenbedingungen nicht halten.
- Der *Projektaufwand* sollte etwa 170 Personenmonate (in Ausnahmefällen das Doppelte) nicht überschreiten. Diese Zahl errechnet sich wie folgt: Ein *Projektteam,* also jene Gruppe von Informatikern, Organisatoren und Anwendervertretern, welche die neue Lösung entwickeln, muss eng zusammenarbeiten und führbar bleiben; seine Mitgliederzahl sollte daher bei maximalem Bestand während Realisierung und Systemtest 10 – 12 Personen nicht übersteigen; zu Beginn und beim Abschluss arbeiten im Projektteam wesentlich weniger Leute. So ergibt sich der maximale Aufwand im Einzel- oder Teilprojekt.

Grosse Informatikaufgaben müssen zwingend in kleinere Teilaufgaben zerlegt werden, deren Ergebnisse bereits nach ihrem Abschluss einzeln und allein nutzbar sind. Nur so lassen sich Dinosaurierprojekte vermeiden, wie sie in der Praxis schon öfter vorgekommen sind und zu Notabbrüchen geführt haben, obwohl bereits sehr grosser Aufwand hineingesteckt worden war.

3.2.3 Arbeiten mit Prototypen

Der Begriff des (materiellen) *Prototyps* ist in verschiedensten Gebieten der Technik wohlbekannt. So wird etwa bei der Neuentwicklung eines Flugzeugtyps zuerst ein Prototyp hergestellt und auf dem Boden und in der Luft nach Herz und Nieren ausgetestet (und allenfalls auch noch abgeändert), bevor die Serienproduktion aufgenommen wird. Die Herstellung eines solchen materiellen Prototyps kostet meist ein Vielfaches des späteren Serienprodukts, erspart aber teure Fehler in der Serie. Auch in der Informatik gibt es solche materiellen Prototypen: Bei Geräteentwicklungen wird ähnlich wie beim Flugzeugbeispiel vorgegangen.

Im *immateriellen* Software-Bereich bedeutet hingegen der Prototypeinsatz etwas strukturell anderes. Nicht die Serienproduktion ist hier das Teure (weil sich ja Programme fast umsonst technisch kopieren lassen), sondern die Originalherstellung eines Programms. Ein Programmprototyp ist daher nicht ein Original, sondern ein erster Schritt zu diesem Original, eine vereinfachte und daher viel billiger zu erstellende Voraus-Version. Gerade dank der Immaterialität der Programme lassen sich solche Voraus-Versionen relativ einfach bereitstellen, vor allem, wenn dafür Programmierwerkzeuge und/oder Standardprogramme mitbenützt werden können.

Das *Arbeiten mit Prototypen (prototyping)* ist in der Informatik weitverbreitet. Leider wird dabei nicht immer sauber genug unterschieden zwischen *Wegwerf-Prototypen und evolutionären Prototypen.* Dieser Unterschied ist derart grundlegend und auch für den Einsatz so bedeutsam, dass er hier angesprochen werden muss:

- *Wegwerf-Prototypen:* Das sind Programme oder Programmergänzungen, mit denen sich bestimmte Aspekte des zu bauenden Originals im voraus *demonstrieren und ausprobieren lassen.* Ihre Herstellung ist selbst ein Kleinstprojekt innerhalb der Phasen Projektumriss oder Detailspezifikation des Phasenmodells (Fig.3.4). So lässt sich etwa die geplante Benutzerschnittstelle (Bildschirmauslegung) rasch und einfach mit einem entsprechenden Programmierwerkzeug aufbauen, ohne dass bereits alle Funktionen verfügbar sind. Die künftigen Benutzer können sich anhand eines solchen Prototyps wesentlich besser vorstellen, was die künftige Informatikanwendung bringen kann und soll; sie lassen sich auf diese Weise früh in den Entwurfsprozess einbeziehen, werden zu kompetenten Gesprächspartnern der Entwickler und erhalten gleichzeitig Ausbildung. – Nach diesen Diskussionen und allfälligen Experimenten werden solche Demonstrationsprogramme definitiv weggeworfen.

- *Evolutionäre Prototypen:* Das sind korrekt funktionierende Programme für wichtige Teilfunktionen, die schrittweise – über mehrere sog. Generationen – zur vollen Funktionalität des zu bauenden Originals erweitert werden (Fig.3.5). Jede Generation umfasst einen vollen Lebenszyklus mit Informatikprojekt und -anwendung. Evolutionäre Prototypen werden von der ersten Generation an durch wenige ausgewählte Anwender *praktisch eingesetzt. Deren Erfahrungen fliessen sofort in die Gestaltung der funktional erweiterten* und technisch verbesserten nächsten Generation ein. Erst die letzte Generation wird dem Gros der Anwender zugänglich gemacht.

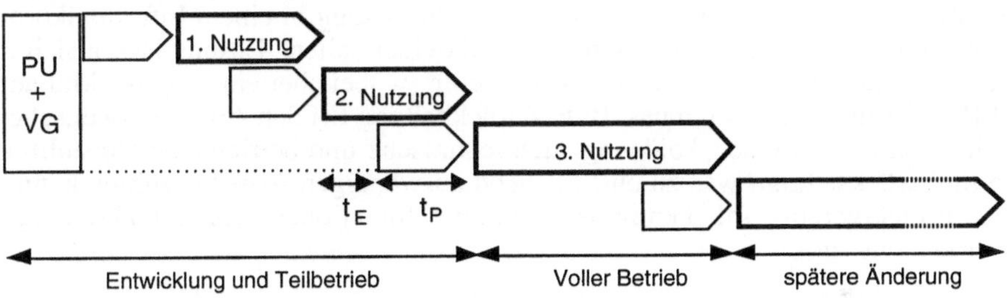

Figur 3.5: Evolutionäre Prototypen werden über mehrere Generationsschritte entwickelt (im Beispiel in drei Schritten)

Bei beiden Arten von Prototypen lassen sich *rasch kostengünstig* erste Funktionen der künftigen Informatikanwendung demonstrieren und mit Anwendern diskutieren. Im übrigen aber sind die beiden Arten sehr unterschiedlich:

- *Wegwerf-Prototypen* sind reine Demonstrationsprogramme, ohne zuverlässige Funktionalität, ohne Dokumentation, ohne Einbettung in die Organisation. Sie lassen sich aber sehr rasch (oft innerhalb von Tagen!) bereitstellen. Gelegentlich formulieren sogar qualifizierte Anwender ihre Bedürfnisse gleich selbst in Form solcher Prototypen, indem sie etwa bestimmte Rechenabläufe auf einem Tabellenkalkulationsprogramm darstellen.

– *Evolutionäre Prototypen* müssen jene Teilaufgaben, die sie lösen wollen, korrekt lösen. Dazu gehören auch angemessene Sicherheits- und Organisationsfunktionen und die notwendigen Verbindungen mit Datenbanken. Bei der Auswahl der Teilfunktionen für die erste und zweite Generation leistet die 80-20-Regel gute Dienste: Zuerst wird eingebaut, was am schnellsten Nutzen bringt, also bloss die einfachsten und häufigsten Fälle.

Das Arbeiten mit Prototypen hat beim Informatikeinsatz einen bedeutenden Stellenwert erreicht; es erleichtert vor allem den frühen Einbezug der Anwender und führt so zu *besseren* Lösungen. Prototypen sind aber *keine* Billiglösungen. Die Erstellung des voll funktionsfähigen Originalprogramms bleibt weiterhin eine anspruchsvolle Aufgabe.

3.2.4 Die Ablösung von Informatikanwendungen

Informatikprojekte dienen der Bereitstellung von Informatikanwendungen. Manchmal bedeutet das auch heute die Neueinführung der Informatik in einem Bereich, der bisher von Hand oder überhaupt nicht bearbeitet wurde. Häufig geht es jedoch um die Ablösung vorhandener, aber – aus irgendeinem Grund – überholter Informatiklösungen. Wie ist in diesem Fall vorzugehen?

Grundsätzlich erfolgt die Bereitstellung der neuen Lösung in einem Informatikprojekt genau analog Fig.3.4. Dank der Erfahrungen mit einer „alten“ Lösung lassen sich häufig die Anwenderbedürfnisse präziser formulieren (wobei aber ein weiteres Mal an die 80-20-Regel erinnert werden muss: Bitte Zurückhaltung bei den Anwenderwünschen!). Natürlich werden bei einer Ablösung auch technische und betriebliche Umstellungen gleich mitberücksichtigt, was zu entsprechend aufwendigen Arbeiten führen kann, die von den Projektverantwortlichen in den konkreten Situationen geplant und durchgezogen werden müssen.

Eine andere Aufgabe ist den meisten *Systemablösungen gemeinsam* und unterscheidet sich anderseits von Neuinstallationen von Informatiklösungen: die *Datenübernahme.* Meist arbeitet bereits die bisherige Anwendung mit bestimmten Datenbeständen. *Wie* diese Datenbestände intern organisiert sind (Datenbank, Dateisystem, anwenderprogramminterne Datenorganisation), ist dabei vorerst unwichtig. Wichtig ist aber, dass diese *alte* Organisationsform meist von der Datenorganisationsform der *neuen* Anwendung abweicht. Wir benötigen daher *Übernahmehilfen für* die Übernahme der aktuellen Datenbestände aus der alten in die neue Anwendung.

Fig.3.6 zeigt, dass nach der Bereitstellung der neuen Lösung („Projekt“) ein Schritt „Testdatenübernahme“ samt einer Testphase folgt. Für diese Testdatenübernahme müssen die erwähnten Übernahmehilfen bereits bereitstehen, und in der Testphase erlernen die vom Anwendungswechsel betroffenen Mitarbeiter die Funktionen der neuen Anwendung bereits mit betriebseigenen Daten.

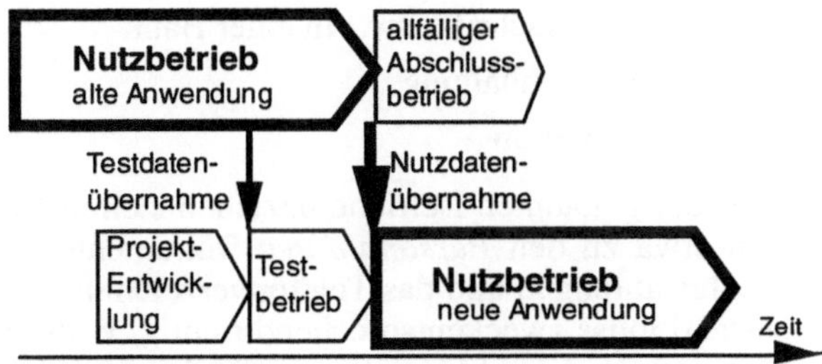

Figur 3.6: Der Ablösungsschritt von einer alten zu einer neuen Anwendung mit Nutzdatenübernahme

Erst wenn die Testdatenübernahme und die Testphase keine kritischen Probleme aufgezeigt haben, erfolgt die definitive Übernahme der Nutzdaten (Fig.3.6 rechts); sonst müssen an der neuen Anwendung oder an den Datenübernahmehilfen vorerst noch Nachbesserungen erfolgen. Solange bleibt die alte Anwendung voll im Betrieb. *Nach* der Nutzdatenübernahme gibt es aber kein Zurück mehr, weil ab diesem Zeitpunkt die Anwender voll mit der neuen Anwendung arbeiten und die Daten nur noch dort nachführen. Die alte Anwendung steht allenfalls noch eine Zeitlang zur Verfügung, damit alte Datenbestände abgerufen und korrekt archiviert werden können.

Beispiel: Buchhaltung

Buchhaltungssysteme werden zweckmässigerweise auf den Geschäftsjahreswechsel abgelöst. Dann müssen relativ wenige Daten übernommen werden. Die Buchungen im neuen Jahr erfolgen nur im neuen System. Die alte Anwendung bleibt im neuen Jahr solange arbeitsfähig, bis die Abschlussbuchungen des alten Geschäftsjahres ausgeführt sind.

3.3 Entwurf und Betrieb von Datenbanken

3.3.1 Selbständige Datenbestände

Dass zu Informatiklösungen oft auch Datenbestände gehören, und dass diese wirtschaftlich grosse Bedeutung haben können, wurde in diesem Buch bereits mehrfach betont (vgl. etwa 2.6.3 und 3.1.4). Angesichts dieser Bedeutung lohnt es sich, den Umgang mit Datenbeständen genauer anzuschauen. Wir beginnen dabei mit betrieblichen Beispielen.

Die meisten Betriebe verfügen über permanente Datenbestände, Register, Verzeichnisse, ohne die ihre Tätigkeit schlicht undenkbar wäre; solche Datenbestände heissen oft *Stammdaten*.

Beispiele von Stammdaten:

- Personaldaten in der Personalabteilung einer Unternehmung
- Versicherungspolicen in einer Versicherung

- Kundenangaben (Adresse, Unterschrift usw.) in einer Bank
- Lagerbestände in einer Lagerbuchhaltung
- Mitgliederadressen in einem Verein

Vielfache Bürotätigkeiten der genannten Betriebe beziehen sich jeweils auf diese Datenbestände. So gehören etwa zu den *Personaldaten* Dokumente zur Neuanstellung eines Mitarbeiters, die Lohnzahlungen und das Telefonverzeichnis der Unternehmung. Dieser Personaldatenbestand muss zweckentsprechend richtig, vollständig und aktuell sein, dem Personaldienst und der Lohnbuchhaltung ständig als Arbeitsgrundlage zur Verfügung stehen, und er darf bei einer möglichen Störung (z.B. Stromunterbrechung) im Rechenzentrum nicht verloren gehen oder beschädigt werden.

Damit ist das Charakteristische eines *selbständigen Datenbestandes* angedeutet. Es handelt sich um Daten, welche geordnet, sicher, auf Dauer angelegt, vielfach nutzbar und systematisch verwaltet werden. Weil die Daten so wertvoll und wichtig sind, hat sich eine eigene Technik für deren Verwaltung herausgebildet, die *Datenbanktechnik.*

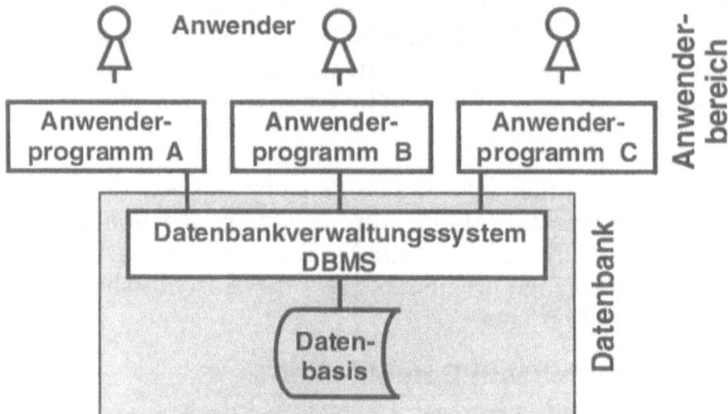

Figur 3.7: Mehrere Anwenderprogramme greifen auf die gleiche, stabile Datenbank zu

Kernidee der Datenbanktechnik ist die Trennung der *Daten* und ihrer Organisation und Verwaltung von der *Verwendung* dieser Daten im Anwenderbereich. Fig.3.7 zeigt diese Trennung deutlich. Bei der funktionellen Gliederung einer Datenbankorganisation sind zu unterscheiden:

- die *Daten* (oder *Datenbasis*) als systematisch gespeicherte und verschiedenen Benutzern zur Verfügung stehende Datensammlung;
- das *Datenbankverwaltungssystem (Datenbank-Management-System, DBMS = database management system)* als einziger Zugang zu den Daten mit der Aufgabe, diese zu organisieren, ihre Integrität zu wahren und zentrale Funktionen zur Datenpflege anzubieten;

- die *Anwenderprogramme* als benutzerseitige Partner („Kunden") des Datenbankverwaltungssystems, welche über dieses Daten abfragen und speichern.

Datenbasis und DBMS zusammen bilden die Datenbank.

Bei der Datenbanktechnik werden somit die Daten zusammengefasst (zentrale Datenverwaltung mit Hilfe des DBMS) und von den verschiedenen Anwendungen *abgetrennt*, so dass die einzelnen Benutzer nur noch über diese Datenverwaltung an die Daten herankommen. Dabei werden alle Daten nach zentralen Ordnungsregeln gespeichert; eine einzige Stelle ist für Speicherung und Ausgabe zuständig, und jeder Benutzer erhält nur Zugang zu den Daten, die er braucht. Genau das ist das Prinzip von Datenbanklösungen.

In dieser datenorientierten Form ist die ganze Informatiklösung „um die Daten herum" konzipiert. Die einzelnen Programme bearbeiten die Datenbestände oder Teile davon nur momentan und punktuell; die Stammdaten bilden den *permanenten* Kern des Systems.

Die Einführung eines zentralen Datenbankverwaltungssystems hat Konsequenzen für den gesamten Betriebsablauf:

- *Vorteile:* Zusammenfassung aller sonst mehrfach nötigen Funktionen für Datendefinition, Datenorganisation, Datenintegrität; effizienter Zugang zu Einzeldaten; einheitliches Konzept; vereinfachter Unterhalt.
- *Nachteile:* Abhängigkeit von zentralen Funktionen und Entscheiden; Bereitstellung und Betrieb des Datenbankverwaltungssystems (Aufwand).

Die Einführung von Datenbanklösungen in der Datenverarbeitung bedeutet nicht automatisch, dass damit die entsprechenden Anwendungen (also z.B. die Personalverwaltung, das Ersatzteillager usw.) ebenfalls zentralisiert werden müssten. Aber eine Datenbank lässt sich nicht betreiben, wenn nicht wenigstens *zentrale Organisationsregeln* für die betroffenen Anwendungen existieren.

Eine Datenbank enthält Daten für eine *vielseitige, langfristige* Verwendung. Das schafft Probleme des Datenschutzes und der Datensicherheit, welche an anderer Stelle (Kap. 7) ausführlich behandelt werden. Bereits hier muss aber darauf hingewiesen werden, dass an die Daten und an ihre Definition in einer Datenbank *besonders hohe Ansprüche* gestellt werden müssen. In eine Datenbank gehören nur klar definierbare, überprüfbare Daten, deren Aktualisierung (oder Pflege) sichergestellt ist. Nur so lässt sich vermeiden, dass mit der Zeit zunehmend falsche Angaben und Widersprüche in die Datenbank geraten und diese damit wertlos wird oder gar zu falschen Auskunftserteilungen Anlass gibt.

Daten und ihre Verarbeitung bilden in der Informatik ein Paar, das eng zusammengehört. Kein Partner kommt ohne den anderen aus. Dabei muss bei vielen Informatikanwendungen die Datenseite als die teurere betrachtet werden, wie bereits in 3.1.4 gezeigt wurde. Sie unterscheiden sich häufig aber auch stark in ihrer *Lebensdauer:*

- Informatikmittel werden früher oder später durch Nachfolgesysteme *abgelöst:* Geräte etwa nach 5 bis 10 Jahren, Systemprogramme in ähnlichem Rhythmus (allenfalls auch rascher oder langsamer), individuell entwickelte Anwenderprogramme allenfalls erst nach 10 bis 20 Jahren.
- *Datenbestände* werden *permanent weitergeführt,* selbstverständlich mit den notwendigen *Nachführungen (updates).* Sie müssen – aus betrieblichen, rechtlichen und allenfalls auch aus wissenschaftlichen Gründen – noch nach vielen Jahren, allenfalls Jahrzehnten korrekt verfügbar sein (Bsp.: Geschäftsbücher, Pensionskassenbeiträge, Produktebeschreibungen in Garantiefällen, Archive).

Gerade diese langen Lebensdauern vieler Datenbestände erfordern, dass bei der Entwicklung von Computerlösungen dem *Datenaspekt* genügend Aufmerksamkeit geschenkt wird.

Merkmale einer Datenbank

Nicht jede Ansammlung von Daten ist eine *Datenbank (database),* sowenig wie eine Kiste Geld bereits eine „Geldbank" ist. Daher werden in diesem Unterabschnitt die Wesensmerkmale von Datenbanken herausgearbeitet.

Wir betrachten dazu nochmals Fig.3.7 mit der klaren Trennung zwischen Datenbank einerseits (Datenbasis und DBMS) und den Anwenderprogrammen anderseits. Aufgrund dieser Gliederung lassen sich grundlegende Merkmale von Datenbanken formulieren:

- *Strukturierte Datensammlung:* Eine Datenbank enthält strukturierte, systematisch organisierte Daten von kontrollierter Redundanz. (Redundanz nur, wenn aus Gründen der Datensicherheit oder des schnelleren Zugriffs nötig; vgl. 2.1.2)
- *Trennung zwischen Daten und Anwendungen:* Diese Trennung schafft klare Kompetenzbereiche, ermöglicht einerseits die *Datenunabhängigkeit* der Programme (Anwendungsprogramme müssen nicht geändert werden, wenn die Datenorganisation intern geändert wird) und anderseits die *Flexibilität der Datenbank* (Daten werden nach generellen Optimierungskriterien und unabhängig von einzelnen Anwendungsprogrammen organisiert).
- *Datenintegrität*: Die Datenbank enthält nur definitionsgerechte Daten und stellt deren Aufbewahrung und Schutz vor Missbrauch sicher. Es dürfen keine widersprüchlichen Daten in die Datenbank eingespeichert werden (*Datenkonsistenz*), die gespeicherten Daten dürfen nicht zerstört oder verfälscht werden (*Datensicherheit*), und die Daten sind der richtigen Verwendung zuzuführen (*Datenschutz*).
- *Permanenz:* Die Daten stehen langfristig zur Verfügung (auch *Persistenz* genannt).

Ein nicht immer, aber häufig wichtiges Merkmal von Datenbanken erlaubt die Bildung von

- *Teilsichten:* Bestimmten Anwenderprogrammen – und damit auch bestimmten Anwendern – stehen nur Teile der Datenbasis offen, dies allenfalls in speziell angepasster Form.

Die hier genannten Merkmale verdeutlichen die schon in 2.6.3 eingeführte Definition:

> Eine *Datenbank* ist eine selbständige, auf Dauer und für sicheren und flexiblen Gebrauch angelegte Datenorganisation, umfassend einen Datenbestand (Datenbasis) und die dazugehörige Datenverwaltung.

Eine Datenbank ist somit eine anspruchsvolle Art der Datenbereitstellung, eine zentrale Dienstleistung für *dezentrale* Anwender. Zentral ist dabei vor allem die Koordination.

Eine *Dezentralisierung* der Daten ist nicht ausgeschlossen, wie man sie bei *verteilten Datenbanken* (distributed databases) findet. Bei diesen werden Konzept und Systemorganisation zentral bereitgestellt und die Daten in verschiedenen Computersystemen gespeichert. Allerdings bedingen solche Lösungen einen erheblichen zusätzlichen Verwaltungsaufwand.

Über Probleme und Konzepte der Datenbanken existiert heute eine umfangreiche Literatur (Beispiele am Ende dieses Kapitels). Der Leser findet darin Einzelheiten und Lösungsmöglichkeiten zu den oben angeschnittenen Fragen bis zur Architektur von DBMS und zur Daten-Dezentralisierung.

3.3.2 Logische Datenstrukturen: Die Beschreibung von Daten

Wer eine Datenbank aufbauen und später betreiben will, muss seinen „Kunden", den Anwendern, beschreiben, welche Art von Daten in der Datenbank enthalten sind. Die Beschreibung soll dabei in einer Form erfolgen, welche für alle Beteiligten verständlich ist. Beim Informatikeinsatz lassen sich recht unterschiedliche Betrachtungsebenen unterscheiden (Tab. 3.A). Zur Illustration sei gleich in der Tabelle ein *Beispiel* beigefügt, hier aus einer öffentlichen Bibliothek.

Betrachtungsebenen (allgemein)	**Beispiel: Öffentliche Bibliothek**
Reale Welt, Teile der realen Welt	Bücher suchen im Gestell, Bücher ausleihen
Informationen über einen Teil der realen Welt, Modell	Bücher suchen im Katalog, Quittung ausfüllen
Logisches Datensystem	Datensatz „Buchbearbeitung" im „Katalog" mit Autor, Titel, Jahrgang, Standortnummer
Physische Datensysteme	Katalogdatei als indexsequentielle Datei, mit Sekundärschlüssel; Artikeldatei
Computer (Hardware, Software)	Plattenspeicher, Systemprogramme

Tabelle 3.A: Betrachtungsebenen von Datensystemen

Der *Anwender* kommt in Tab. 3.A von *oben* her: Er hat ein praktisches Problem (*reale Welt*), das allenfalls bei kleinen Anwendungen (Bsp.: Privatbibliothek, Handbibliothek) direkt und abschliessend erledigt werden kann; bei grösseren Anwendungen (Bsp.: öffentliche Bibliothek) benötigt der Betrieb zusätzlich schriftliche Ergänzungen, Korrespondenzen, Gespräche (*Informationen*). Ein Teil dieser „Informationen" ist oft sehr informeller Art (Idee, Hinweis), ein anderer Teil hat hingegen bei vielen praktischen Problemen eine eingespielte und weitgehend normierte und formatierte Form gefunden (Katalog, Register, Bestellungen, Quittungen).

Diese normierten Informationsprobleme führen – insbesondere auch wegen ihrer Häufigkeit – zu automatisierten Lösungen und zum Informatikeinsatz. Dazu werden sie nun mit den Augen des Datenorganisators betrachtet (*logisches Datensystem*), wobei der Anwender und der Datenfachmann miteinander absprechen müssen, welche Bereiche die Computerlösung abdecken soll. Die nachfolgenden Figuren 3.8 bis 3.13 zeigen logische Datenstrukturen, wie sie als Unterlage für das Gespräch zwischen Anwender und Informatiker im obigen Beispiel aussehen könnten.

Die untersten Ebenen von Tab. 3.A (physische Datensysteme, Computer) beschreiben die Daten in rein technischer Form, wie sie nur die Informatiker, nicht aber die Anwender interessiert.

Schon auf Grund dieser groben Gliederung gemäss Tab. 3.A wird rasch klar, dass für den Entwurf von Datenbanken das Gespräch zwischen Informatikern und Anwendern auf der Ebene der *logischen Datensysteme* und deren Strukturen ansetzen muss. Daher folgt jetzt eine kurze Einführung in *logische Datenstrukturen.*

Elemente, Elementmengen und Strukturen
Kernidee jeder Automatisierung und damit auch des Informatikeinsatzes ist es, viele gleichartige Einzelfälle zusammenzufassen und gemeinsam zu behandeln. Um eine derartige Verallgemeinerung zu ermöglichen, müssen die vorhandenen Gemeinsamkeiten erkannt und beschrieben werden. (Diese Methode wird übrigens nicht erst seit dem Computerzeitalter verwendet, wie die Formulare und Tabellen aller Betriebe der Welt belegen!) Wir betrachten das Beispiel Bibliothek und deren Bücherkatalog.

In Fig.3.8 finden wir drei verschiedene Darstellungsformen für die gleichen Bücher einer Bibliothek:

- *Zettelkatalog* (Fig.3.8 links): Jedes Kärtchen enthält die wichtigsten Angaben zu einem Buch der Bibliothek (Autor(en), Verlag, Jahrgang, Standortnummer usw.).
- *Tabellenkatalog* (Fig.3.8 Mitte): Jede Zeile enthält die wichtigsten Angaben zu einem bestimmten Buch der Bibliothek.
- *Mengensymbol „Bücher“* (Fig.3.8 rechts): Hier werden die Bücher nicht mehr einzeln dargestellt, sondern als Gesamtheit, als (mathematische) *Menge.*

Alle drei Darstellungsformen können sich aber auf die exakt gleichen Datenbestände beziehen: Das *Mengensymbol* [Bücher] ist einfach eine gröbere und gleichzeitig allgemeinere Darstellungsform. Während im Zettelkatalog und im Tabellenkatalog die Einzelelemente (man nennt diese auch *Objekte* oder *Entitäten) noch sichtbar sind, stellt* [Bücher] nur noch die entsprechende Entitätsmenge direkt dar; die darin enthaltenen Einzelheiten werden vorerst nicht im einzelnen betrachtet, auch wenn sie vorhanden sind.

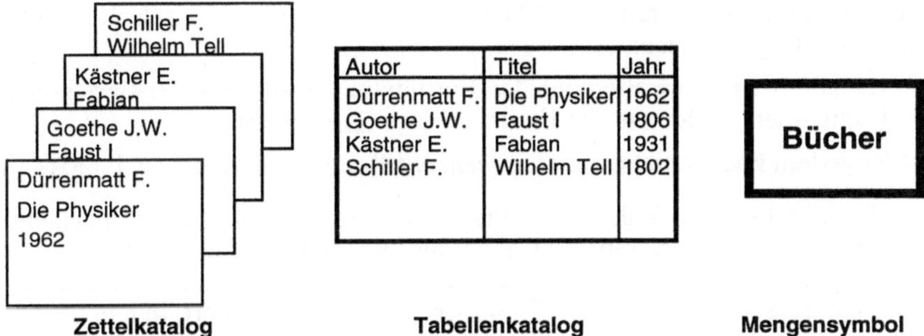

Figur 3.8: Katalogkärtchen, eine Tabelle, ein Entitätsmengen-Symbol: Sie alle repräsentieren hier „Bücher" aus der realen Welt

Entitätsmenge ist der Oberbegriff für gleichartige beschreibbare individuelle Elemente (Entitäten, Objekte).

Jede Entitätsmenge lässt sich direkt durch eine Tabelle darstellen (Fig.3.8 Mitte). Da *einzelne* Tabellen wiederum sehr gut in verbreiteten Standardprogrammen (Tabellenkalkulation, Dateiverwaltungen) gespeichert und bearbeitet werden können, erübrigt sich dafür meist der Einsatz spezieller Datenbanksysteme (vgl. 3.3.3). Anders ist es aber, wenn *mehrere* Entitätsmengen miteinander zusammenhängen und so eine mehr oder weniger komplizierte Datenstruktur bilden, etwa eine hierarchische (Fig.3.9) oder eine netzwerkartige (Fig.3.10). Dann kommen mit Vorteil Datenbanksysteme zum Einsatz.

Hierarchische Datenstrukturen

Wenn in unserer Bibliothek jedes Buch zu *einem* bestimmten *Fachgebiet* gehört, dann lässt sich das gemäss Fig.3.9 darstellen, und zwar elementbezogen (links) oder als reine Strukturdarstellung (rechts).

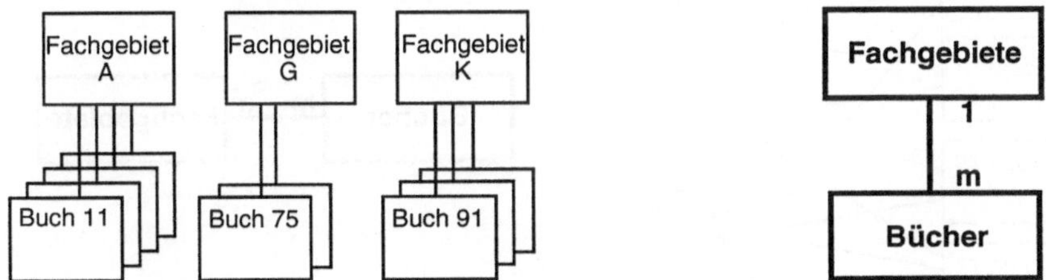

Figur 3.9: Hierarchie: Element- und Strukturdarstellung

Die linke Seite von Fig.3.9 ist leicht verständlich, aber aufwendig in der Darstellung; „Jedes Buch gehört zu einem Fachgebiet"; Fachgebiete und Bücher stehen zueinander in einer hierarchischen Beziehung. Die rechte Seite von Fig.3.9 sagt das Gleiche, allerdings in einer viel kompakteren Form: Die verwendeten kleinen Symbole (1, m) sind hier nämlich wie folgt zu lesen:

- 1: zu jedem Buch (= Element der Entitätsmenge [Bücher] existiert genau *ein* Fachgebiet (= Element der Entitätsmenge [Fachgebiete])
- m: Zu jedem Fachgebiet existieren *mehrere* Bücher (allenfalls auch bloss eines).

Mit dieser Technik lassen sich die in der Praxis wichtigsten Beziehungstypen sehr einfach beschreiben; bloss vier Symbole (1, m, c, mc) werden dafür benötigt.

> Der *Beziehungstyp* zwischen zwei Entitätsmengen wird definiert, indem bei jeder beteiligten Entitätsmenge eingetragen wird, wieviele ihrer Elemente zu einem Element der anderen Entitätsmenge zugeordnet werden können. Dabei bedeutet
> 1 genau ein Element
> m mehrere Elemente, mindestens 1
> c 0 oder 1 Element (c = conditional)
> mc 0 oder 1 oder mehr Elemente

Eine 1-m-Beziehung (gesprochen „Eins-zu-m-Beziehung") entspricht somit einer Hierarchie. Hierarchische Datenstrukturen kommen in der Praxis sehr häufig vor, übrigens auch mehrstufig. Wir hätten auch hier unser bewährtes *Beispiel „Telefonbuch"* benützen können: Jeder Telefonteilnehmer ist genau *einer* Ortschaft zugeordnet, jede Ortschaft genau *einem* regionalen Bereich, jeder regionale Bereich genau *einem* übergeordneten Staatsgebiet. Und Hierarchien sind gute Suchhilfen: Wer eine Telefonnummer sucht, greift sich zuerst das richtige Telefonbuch (= regionaler Bereich), sucht darin die Ortschaft, wiederum darin den gewünschten Telefonteilnehmer.

Netzwerkartige Datenstrukturen

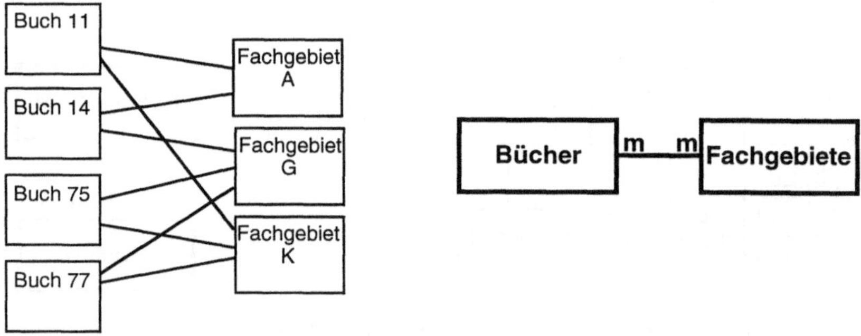

Figur 3.10: Netzwerk: Element- und Strukturdarstellung

Leider ist allerdings die reale Welt oft wesentlich komplizierter als die soeben geschilderten Hierarchien. Unser Bibliotheksbeispiel zeigt dies sofort: Bücher gehören häufig nicht zu genau *einem* Fachgebiet, sondern gleichzeitig zu mehreren (Bsp.: Goethes

„Faust" gehört zu „Deutsche Klassik", aber gleichzeitig auch zu „Schauspiel"). Wenn Elemente beider beteiligten Entitätsmengen (Fig.3.10) zu mehreren Elementen anderer Entitätsmengen gehören können, handelt es sich um sog. *netzwerkartige Datenstrukturen.*

Grössere Netzwerke sind in der elementweisen Darstellung rasch unübersichtlich und auch schwierig darzustellen; sie entsprechen aber häufig der Wirklichkeit mit ihren komplexen Zusammenhängen.

Das Relationenmodell: Tabellen und Fremdschlüssel

Schon in Fig.3.8 wurde gezeigt, dass sich jede Entitätsmenge direkt als Tabelle darstellen lässt: Jede Entität (jedes Element) entspricht einer *Zeile* der Tabelle, jedes Merkmal dieser Entitäten einer Spalte (Fig.3.11). Im klassischen Relationenmodell werden Tabellenzeilen „Tupel", Merkmale „Attribute" und die gesamte Tabelle „Relation" genannt; diese Ausdrücke sind der Mathematik entlehnt und werden hier nicht weiter verwendet.

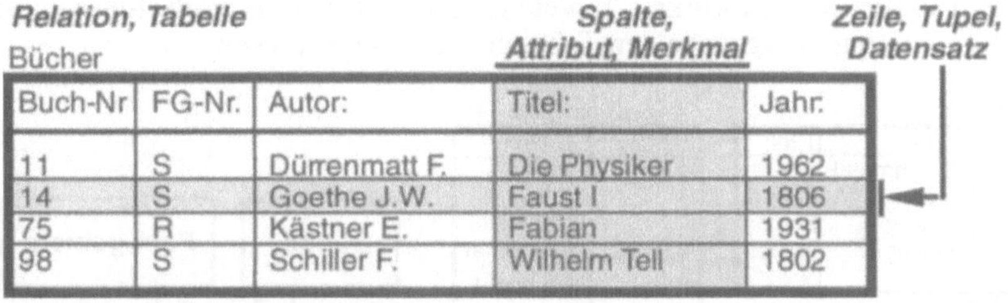
Relation, Tabelle
Bücher
Spalte,
Attribut, Merkmal
Zeile, Tupel,
Datensatz
Buch-Nr
FG-Nr.
Autor:
Titel:
Jahr:
11
S
Dürrenmatt F.
Die Physiker
1962
14
S
Goethe J.W.
Faust I
1806
75
R
Kästner E.
Fabian
1931
98
S
Schiller F.
Wilhelm Tell
1802

Figur 3.11: Eine Tabelle oder Relation mit den Begriffen im sog. Relationenmodell

Mit einer einfachen Tabelle gemäss Fig.3.11 lassen sich nun Entitätsmengen sehr einfach beschreiben. So hat etwa die Entitätsmenge „Bücher" die Merkmale „Autor", „Titel" usw. Tabellen sind recht einfache Datenstrukturen, anders als Hierarchien und vor allem anders als Netzwerke. Eine interessante Frage lautet daher: Lassen sich Hierarchien und Netzwerke durch Tabellen darstellen?

Fig.3.12 zeigt, wie die 1-m-Beziehung im Blockdiagramm (rechts) mittels zweier Tabellen dargestellt werden kann: In der untergeordneten Tabelle „Bücher" wird ein spezielles Merkmal eingefügt („Fachgebietscode" = FG-Code), welches sich direkt auf den *Identifikationsschlüssel* in der übergeordneten Tabelle „Fachgebiete" bezieht. Ein solches Merkmal heisst *Fremdschlüssel.* Im Fremdschlüssel steckt die indirekte Beziehung, dass zu jeder Tabellenzeile (= Entität) in „Bücher" genau *eine* Tabellenzeile in „Fachgebiete" gehört.

Fachgebiete

FG-Code	Fachgebiet-Name
L	Lyrik
R	Roman
S	Schauspiel

Fremdschlüssel

Bücher

Buch-Nr	FG-Code	Autor:	Titel:	Jahr:
11	S	Dürrenmatt F.	Die Physiker	1962
14	S	Goethe J.W.	Faust I	1806
75	R	Kästner E.	Fabian	1931
98	S	Schiller F.	Wilhelm Tell	1802

Fachgebiete
1
m
Bücher

Figur 3.12: Hierarchie, dargestellt mit zwei Relationen und Fremdschlüssel

Eine Stufe komplizierter ist die Darstellung von *Netzwerken* (Fig.3.13). Jede Netzwerkbeziehung muss nämlich in zwei Hierarchien aufgelöst werden. Dazu ist neben den ursprünglichen beiden Tabellen (vgl. Fig.3.10) eine zusätzliche Tabelle nötig (in Fig.3.13 die Tabelle „Zugehörigkeit"), welche jetzt mit *zwei* Fremdschlüsseln an die *beiden* bisherigen, nun übergeordneten Tabellen angehängt werden.

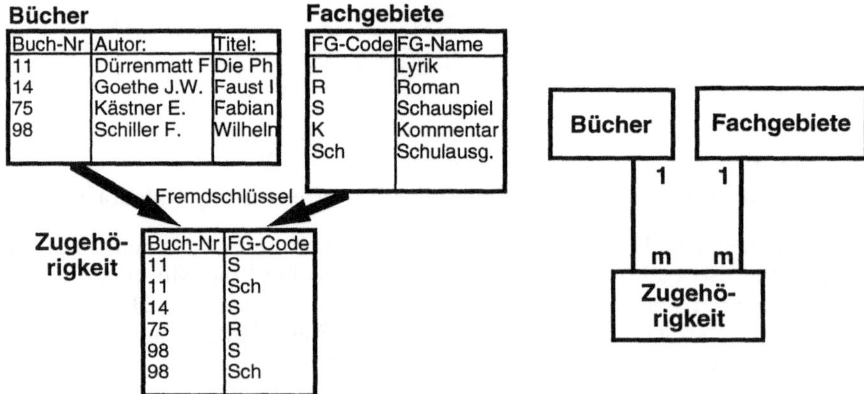

Bücher

Buch-Nr	Autor:	Titel:
11	Dürrenmatt F	Die Ph
14	Goethe J.W.	Faust I
75	Kästner E.	Fabian
98	Schiller F.	Wilheln

Fachgebiete

FG-Code	FG-Name
L	Lyrik
R	Roman
S	Schauspiel
K	Kommentar
Sch	Schulausg.

Zugehörigkeit

Buch-Nr	FG-Code
11	S
11	Sch
14	S
75	R
98	S
98	Sch

Figur 3.13: Netzwerk, dargestellt mit drei Relationen und zwei Fremdschlüsseln

Nach dieser Kurzbeschreibung von Hierarchien, Netzwerken, Relationen/Tabellen und Entitätsmengen samt Verknüpfungen können wir an dieser Stelle nicht weiter auf *Datenbeschreibungssprachen* (auch *„Datenmodelle"* genannt) eingehen. Das sog. „Relationenmodell", 1969 von E.F. Codd erstmals präsentiert und später von P.P. Chen („Entity-Relationship-Model") und vielen anderen erweitert, spielt in der Datenbankwelt weiterhin eine wichtige Rolle, auch wenn periodisch neue Ideen und Begriffe hinzukommen, wie etwa die „objektorientierte" Methodik, welche nicht bloss die Daten, sondern auch die Prozesse betrifft, bis hinein in die betrieblichen Abläufe.

Für den Informatikeinsatz wichtig sind aber vor allem folgende Erkenntnisse:

- Datenbestände lassen sich mittels derartiger Datenbeschreibungssprachen auf logischer Ebene mit Strukturen und Merkmalen beschreiben. Eine solche Datenbeschreibung heisst auch *Datenschema.* Diese Beschreibung ist *unabhängig* vom verwendeten Computersystem.
- Für diese Beschreibung sind relativ wenige Strukturelemente nötig.

Die Schwierigkeiten der Datenbeschreibung für grössere Datenbanken in der Praxis dürfen aber keineswegs unterschätzt werden. Die Hauptprobleme dabei sind allerdings meist nicht informatikbedingt, sondern beruhen auf Unklarheiten in der bisherigen Realität, die es anlässlich der Informatisierung zu beheben gilt. Normalerweise arbeiten bei diesen Arbeiten Datenbankfachleute und Organisatoren der Anwenderseite sehr eng zusammen.

3.3.3 Datenbankbenützung und Transaktionssprachen

Wie lässt sich nun eine Datenbank benützen? Oder anders – und direkt im Relationenmodell – formuliert: Was lässt sich mit diesen Tabellen nun anfangen? Wir haben darauf bereits in 2.6.3 über „Transaktionen in Datenbanken" eine Antwort erhalten:

- Mit *Abfragen* werden die Dateninhalte gelesen.
- Mit *Mutationen* werden die Dateninhalte verändert.

Hier soll nun gezeigt werden, wie das konkret durchgeführt werden kann.

Abfragen
Wer Dateninhalte aus einer Datenbank herausholen will, hat dabei im wesentlichen immer zwei Probleme zu lösen:

a. *Datenauswahl: Welche Daten* sollen herausgeholt werden? (Die gesuchten Daten bilden normalerweise nur einen kleinen Teil des gesamten Datenbestands.)

b. *Datenpräsentation: Wie* sollen die herausgeholten Daten *dargestellt* werden? (Das hängt stark von der Art der Benutzer und von der Art der Verwendung ab.)

Dabei sollte eine computergestützte Datenbank die Benutzer bei Datenauswahl und -präsentation bestmöglich unterstützen! Damit sie das kann, muss der Benutzer der Datenbank mitteilen, welche Daten er in welcher Form wünscht. Das kann in eng vorgegebenem Rahmen, aber auch in äusserst flexibler Form erfolgen, wie folgende Beispiele zeigen:

Beispiel streng geregelt: Kontoabfrage am Bankautomat

Der Kunde möchte seinen Kontostand kennen. Er ist ein gelegentlicher Benutzer und wird daher streng geführt. Er steckt seine Kontokarte in den Automaten, muss sein Passwort eintippen, dazu die Funktionstaste „Kontostand-Anzeige" drücken – und die Datenbank liefert die gewünschte Angabe in Form einer Zahl. Nicht weniger, aber auch kein bisschen mehr.

Beispiel problembezogen offen: Flugreservation

Die (entsprechend ausgebildete) Angestellte im Reisebüro kennt die Fluggesellschaften, die Codes aller Flughäfen und die verfügbaren Befehle ihres Flugreservationssystems. Mit deren Hilfe holt sie die Flugverbindungen und die noch verfügbaren Plätze aus der Datenbank; die entsprechenden, speziell dafür entwickelten Programme stellen Flugverbindungen und ähnliches sofort gut leserlich auf Bildschirm oder Ausdrucken dar.

Beispiel offen: privates Kleindatenbanksystem

Sabine hat die Bücher ihrer Privatbibliothek katalogisiert; sie benützt dazu ein Kleindatenbanksystem auf ihrem Computer. Dieses erlaubt ihr, *alle* gespeicherten Daten und verschiedenste Auszüge davon direkt sichtbar zu machen (auf dem Bildschirm oder auch ausgedruckt). Wie das etwa aussehen kann, wird gleich anschliessend (Fig.3.14) gezeigt.

Diese drei Beispiele machen deutlich, dass für unterschiedliche Situationen die Computerunterstützung für die Datenbankabfrage recht unterschiedlich aussieht:

- Beim Bankautomat und beim Flugreservationssystem kommen *vorbereitete Anwenderprogramme* zum Einsatz (wie schon in Fig.2.16 gezeigt wurde). So lassen sich hohe Anforderungen an Effizienz, Sicherheit, Präzision der Datenauswahl usw. erreichen.
- Wenn die Entwicklung spezieller Abfrageprogramme nicht sinnvoll oder nicht nötig ist, können die Anwender mit *allgemeinen Abfrageprogrammen,* die das Datenbanksystem zur Verfügung stellt, Datenauswahl und -präsentation selber organisieren (Fig.3.14).

Wie in *vorbereiteten Anwenderprogrammen* die Datenauswahl und -präsentation erfolgt, kann sich der Leser anhand mehrfach angesprochener Beispiele (Bankautomat, Flugreservationssystem) in der Praxis ansehen. Wie ein *allgemeines Abfrageprogramm* benützt werden kann, soll hier kurz gezeigt werden.

Bücher

Buch-Nr	Autor:	Titel:	FG-Code
			= Sch

Abfrage "alle Schulausgaben" (= Sch) formuliert als leere Tabelle mit gewünschten Merkmalen und einzelnen Bedingungen

Bücher

Buch-Nr	Autor:	Titel:
11	Dürrenmatt F.	Die Physiker
98	Schiller F.	Wilhelm Tell

Ergebnis durch das System als ausgefüllte Tabelle geliefert

Figur 3.14: Interaktive Datenabfrage: Auswahlbedingungen (links) und Ergebnistabelle (rechts)

Selbstverständlich existieren heute auch für solche Abfragen die verschiedensten Lösungen. Besonders benutzerfreundlich sind in diesem Fall tabellarische Methoden, etwa wie in Fig.3.14. Hier sollen aus einem Bibliothekskatalog „die in der Bibliothek verfügbaren *Schulausgaben* (d.h. FG-Code = Sch)" aufgelistet werden. Dazu wird eine weitgehend leere Tabelle erstellt, welche die entsprechenden Merkmale und Bedingungen enthält (Fig.3.14 links), worauf die Datenbank die gewünschten Ergebnisse in der Tabelle einfügt (Fig.3.14 rechts). Das gleiche Ergebnis lässt sich mittels einer Abfrage erreichen, welche in einer sog. *Abfragesprache* formuliert ist, etwa in der weitverbreiteten Sprache SQL:

```
SELECT      Buch-Nr, Autor, Titel
FROM        Bücher
WHERE       FG-Code = SCH
```

Solche Sprachen arbeiten mit den Operationen der Mengenlehre (Durchschnitt, Vereinigung usw.) und erlauben eine präzise Beschreibung der gesuchten Datenauswahl.

Mutationen

Formulierung und Ausführung von Mutationen sind wesentlich anspruchsvoller als von blossen Abfragen, weil bei Mutationen der Bestand einer Datenbank verändert wird und – im Falle von Fehloperationen – beschädigt oder gar zerstört werden kann. Der Benutzer wird daher im allgemeinen bei Mutationen durch *vorbereitete Anwenderprogramme* streng geführt; gleichzeitig stellt das DBMS die Datenintegrität sicher. Auf diese Weise lassen sich die Forderungen der Datenintegrität (vgl. Kap. 7: Datenkonsistenz, Datensicherheit, Datenschutz) optimal mit den Forderungen nach effizienten Arbeitsbedingungen bei der Arbeit mit Datenbanken kombinieren.

Transaktionssprachen

Frageformulierungen in tabellarischer Form (Fig.3.14 links) oder in verbaler Form (SQL-Beispiel mit SELECT ...) bilden eine Kernaufgabe der sog. *Datenmanipulations-* oder *Transaktionssprachen* (in 3.3.4 auch kurz „DML") genannt. Mit deren Hilfe lassen sich alle notwendigen Transaktionstypen einer Datenbank formulieren:

- Bei *vorbereiteten Anwenderprogrammen* formuliert ein Programmierer die Transaktion als Teil der Anwenderprogramme im voraus: Dies ist der Normalfall.
- Bei *offenen* oder *speziellen Situationen* arbeitet der Anwender mit einem allgemeinen Abfrage- oder gar Mutationsprogramm und formuliert seine Transaktionswünsche selber in einer Transaktionssprache. Das ist aber die Ausnahme!

3.3.4 Datenbanksysteme

Zum Glück für die Anwender, ganz besonders aber zum Glück für die Entwickler von Informatiklösungen gibt es heute leistungsfähige, programmgestützte Werkzeuge für den Aufbau und Betrieb von Datenbanken. Ein *vollständiges* derartiges Werkzeugpaket heisst *„Datenbanksystem"* (im Gegensatz zu dessen Kernprogramm Datenbank-*Verwaltungs*-System DBMS).

Einfache Datenbanksysteme kommen bereits auf Einplatzsystemen („ein Computer, ein Anwender") zum Einsatz und sind als *Standardprogramme* käuflich. Schon Tabellenkalkulationsprogramme (wie etwa „EXCEL") sowie Dateiverwaltungssysteme („Filemaker" usw.) können dazugerechnet werden, denn sie erlauben Abfragen und Mutationen auf einer Tabelle. Leistungsfähigere Systeme (Bsp.: „Access", „dBase", „FoxPro") verknüpfen mehrere Tabellen und stellen auch gewisse Konsistenzprüfungen sicher (Bsp.: „Kommt ein bestimmter Identifikationsschlüssel nie doppelt vor?").

Auf einfachen Datenbanksystemen kann der Benutzer interaktiv den zu speichernden Datenbestand beschreiben, Daten einfüllen und wieder lesen und jederzeit die verwendeten Datenstrukturen verändern und erweitern. Das System *interpretiert* all diese Befehle des Benutzers, ist damit hochflexibel, für grössere Anwendungen aber zu wenig effizient und vor allem zu wenig sicher. (Der Begriff der *Interpretation* wird in 4.2.2 noch vertieft behandelt.)

Vollwertige Datenbanksysteme trennen den *Datenbankentwurf* (= Formulierung von Datenbankstruktur und vorbereiteten Transaktionen) konsequent vom *Datenbankeinsatz* (= Datenspeicherung/-mutationen und -abfrage.) Zuerst erfolgen im Rahmen eines Informatikprojekts alle Entwurfsarbeiten (Fig.3.15 links), gefolgt von einem Übersetzungsprozess, der mit Hilfe entsprechender Compiler die Laufzeitversionen aller benötigten Programme bereitstellt (Fig.3.15 Mitte und rechts). (Die Funktion des *Compilers* wird in 4.2.2 noch vertieft behandelt.)

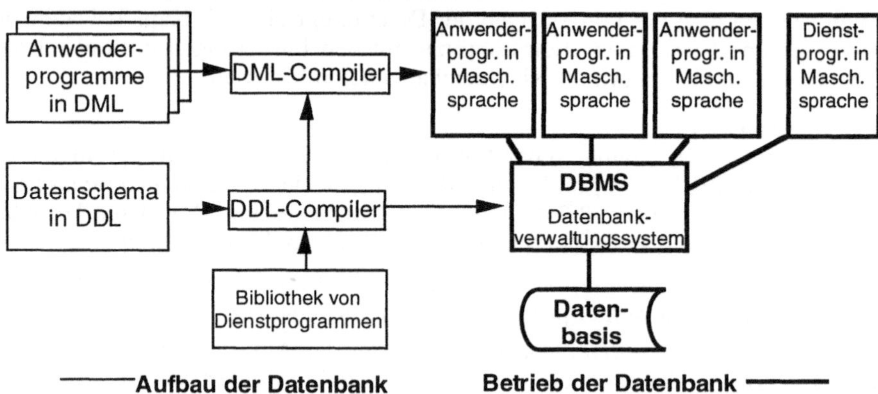

Figur 3.15: Komponenten eines Datenbanksystems für Aufbau (links) und Betrieb (rechts)

Die in Fig.3.15 genannten Compiler haben folgende Aufgaben:

- Zuerst analysiert der *DDL-Compiler* (DDL = data description language) die Datenbeschreibung, das sog. *Datenschema* (vgl. 3.3.2), und konfiguriert entsprechend die Kernkomponente dieser Datenbank, das massgeschneiderte Datenbank-Verwaltungssystem DBMS.
- Anschliessend müssen die Anwenderprogramme in ihre Laufzeitversionen übersetzt werden. Dazu sind beim Datenbankeinsatz erweiterte Programmiersprach-

Compiler, sog. *DML-Compiler* (DML = data manipulation language) notwendig. Der DML-Compiler verwendet dabei wiederum die Datenbeschreibungen des Datenschemas.

Zum Datenbanksystem gehören auch verschiedenste Dienstprogramme, wie sie für Datensicherungs- und weitere Betriebsaufgaben benötigt werden.

Vollausgebaute Datenbanksysteme basieren heute meist auf Datenbeschreibungen im *Relationenmodell* (Tabellen). Spezialisierte Software-Häuser (Bsp: „Oracle", „Sybase", „Informix") sowie der im Datenbankbereich wichtige Grosshersteller IBM (mit „DB/2") prägen heute den für den Informatikeinsatz bedeutsamen Bereich der sog. *relationalen Datenbanksysteme* (RDBS = relational database system).

Im praktischen Einsatz stehen heute aber auch noch viele Datenbanken, welche auf früher stärker benützten Datenbeschreibungssprachen (Bsp.: hierarchisch, netzwerkartig, teilweise tabellarisch) aufbauen oder welche direkt unter Einsatz von *physischen* Datenstrukturen, also von Listen, invertierten Dateien und ähnlichen Strukturmitteln, ausprogrammiert worden sind. Der Programmunterhalt ist allerdings bei derartigen älteren Datenbanken weit aufwendiger als bei relationalen Systemen.

In der Zukunft werden auch Datenbanksysteme mit neuartigen Datenstrukturen verfügbar werden, namentlich *objektorientierte* (OODBS = object oriented database systems). Die relationalen Systeme (RDBS) dürften aber noch viele Jahre ihre führende Rolle im praktischen Einsatz bei Grossanwendungen behalten.

3.3.5 Datenbankentwurf: Modellieren der Realität

Nun haben wir die Methoden und Werkzeuge beieinander, welche zum Aufbau einer Datenbank notwendig sind:

- die Datenbeschreibungssprache und das Datenschema (3.3.2),
- die Transaktionssprache (3.3.3) und
- das Datenbanksystem (3.3.4).

Mit deren Hilfe folgt nun der wichtigste Schritt beim Datenbankaufbau: die *Beschreibung eines Ausschnitts der realen Welt* mit Informatikmitteln, hier als Datenbank.

Beispiel: Katalog und Ausleihe einer kleinen Bibliothek

In dieser Bibliothek soll der Betriebsablauf mit Informatikmitteln rationalisiert werden. Dazu eignen sich vermutlich Katalogherstellung und -benützung sowie die Ausleihe besonders gut. Wie ist nun für den Informatikeinsatz vorzugehen? Der Projektverantwortliche überlegt sich – in Absprache mit dem Bibliothekar – mit welchen *Daten* er ein *Modell der Bibliothek* aufbauen kann, so dass sich seine Arbeiten (Katalogbenützung, Ausleihe) am Modell durchführen lassen. Dieses Modell muss offensichtlich mindestens den Katalog (als Modell der „Bücher") und eine Liste der Ausleihenden (als Modell der „Kunden") umfassen. „Bücher" und „Kunden" sind die Elementmengen oder Entitätsmengen, wie sie in 3.3.2 beschrieben wurden. Der Datenbeschreibungsprozess schreitet darauf weiter: Die Beziehungstypen zwischen den Entitätsmengen sind anzugeben sowie die einzelnen Merkmale. Bücher lassen sich z.B. so mit Merkmalen beschreiben:

> Bücher (Standortnummer, Autor(en), Titel, Verlage, Erscheinungsort, Jahrgang).

Jedes Merkmal wiederum verlangt die Angabe des zulässigen Wertebereichs (Bsp.: „Standortnummer" = „maximal 7-stellige natürliche Zahl".)

Dieses Beispiel zeigt, dass der Aufbau einer Datenbank nicht bloss die Verfügbarkeit und das Beherrschen von Methoden und Werkzeugen voraussetzt, sondern vor allem und zuerst eine genaue Kenntnis des Arbeitsbereichs (hier der „Bibliothek"), der in der Datenbank abgebildet – modelliert – werden soll.

Der *Modellierungsprozess* bildet eine Kernaufgabe jeglicher Neuentwicklung von Informatiklösungen. Der interessierende Ausschnitt der Realität (Bsp. Bibliothek) wird durch Daten und Prozesse auf diesen Daten dargestellt:

- Der *Datenbestand* beschreibt diesen Ausschnitt aus der Realität
- Die *Prozesse* (hier *Transaktionen* genannt) sind die zulässigen Veränderungen des Datenbestands.

Der Entwurf grösserer Datenbanken ist eine interessante, aber anspruchsvolle Aufgabe. Dafür stehen heute auch Entwurfsmethoden ([Vetter 95], [Zehnder 97] u.a.) und Entwurfswerkzeuge (z.B. in Verbindung mit den in 3.3.4 genannten Datenbanksystemen) zur Verfügung. Da Datenbanken in einer bestimmten Anwendungssituation nur alle zehn bis zwanzig Jahre völlig neu entworfen werden, lohnt sich dafür in den meisten Fällen der Beizug externer Berater.

Technischer Datenbankaufbau

Sobald der Datenbankentwurf abgeschlossen ist, d.h. sobald Datenbeschreibung und Transaktionsprogramme/Anwenderprogramme in Fig.3.15 (in 3.3.4) formuliert sind, lässt sich das Laufzeitsystem (in Fig.3.15 rechts, dick ausgezogen) automatisch erzeugen. Für den Betrieb der Datenbank fehlt nun allerdings noch die wichtigste Komponente: die *Datenbasis.*

Die Bereitstellung der Datenbasis, des eigentlichen *Inhalts der Datenbank,* kann ein sehr aufwendiger Prozess sein, besonders dann, wenn bisher keine Informatiklösung eingesetzt wurde. Handelt es sich jedoch bloss um eine *Ablösung* einer bisherigen durch eine neue Lösung, so müssen die Nutzdaten aus der alten Lösung in die neue Datenbank übernommen werden, wie bereits in 3.2.4 und Fig.3.6 gezeigt worden ist. Nach Abschluss der Datenbereitstellung ist die Datenbank einsatzbereit.

3.3.6 Datenbankbetrieb

Datenbanken stehen heute vielfach und auf Dauer im *Zentrum* grösserer Informatikanwendungen (Bsp.: Kunden-DB, Personal-DB, Produkte-DB, Betriebsmittel-DB).

Ihre Zuverlässigkeit und Auskunftsbereitschaft, aber auch ihre Anpassungsfähigkeit an ausgewiesene Änderungsbedürfnisse müssen daher ebenfalls auf Dauer sichergestellt werden. Dazu gehören einige sehr unterschiedliche Aufgaben nämlich

- die Datenpflege,
- die Benutzeradministration,
- die Systempflege und
- allfällige Systemänderungen.

Diese Aufgaben werden bei grösseren Datenbanken durch verschiedene Personen ausgeführt; die wichtigsten sind die *Benutzer* und der sog. *Datenbankadministrator (DBA)*. Die *Datenpflege* erfolgt normalerweise direkt durch die Datenbankbenutzer über die dafür bereitgestellten Anwenderprogramme (Transaktionen). Nur im Falle von grösseren Problemen (Systemzusammenbruch, Datenverluste usw.) ist Hilfe durch Fachleute nötig; der Datenbankadministrator kann die Datenbank mit Hilfe von geretteten Sicherheitskopien neu starten.

Zur *Benutzeradministration* gehören die Zuteilung von Benutzerberechtigungen (Wer darf welche Datenbereiche lesen/ändern?), die Betriebsüberwachung (auch betreffend Datenschutz; vgl. Abschnitt 7.3) sowie kleinere Hilfestellungen für die Benutzer. Das sind Kernaufgaben des Datenbankadministrators.

Die *Systempflege* umfasst betriebssystemnahe Arbeiten (z.B. die Einführung neuer Programme und Programmversionen und die Optimierung von häufig benützten Datenzugriffen); diese Aufgaben besorgt in einfacheren Fällen der Datenbankadministrator, in schwierigeren ein externer Spezialist für das betroffene Datenbanksystem.

Systemänderungen, welche die Datenstruktur der Datenbank verändern, verlangen höchste Sorgfalt. In einfacheren Fällen kann der Datenbankadministrator auch solche Aufgaben ausführen, in grösseren Anwendungen ist wiederum der Beizug von Spezialisten notwendig.

Datenbanken erfüllen heute offensichtlich viele betriebliche Bedürfnisse zur Zufriedenheit der Benützer und der Wirtschaft. Ihr erfolgreicher Einsatz setzt aber voraus, dass Entwurf und Betrieb anwendungsgerecht und mit der angemessenen Sorgfalt erfolgen. Der langfristige Betrieb einer Datenbank ist ohne professionelle Betreuung unmöglich.

3.4 Grosse Projekte

3.4.1 Systeme, Aufgliederung, Module

Die Idee des Aufteilens ist uralt und zeitlos: Grosse Aufgaben müssen in Teilaufgaben zerlegt werden, um lösbar zu werden. Schon die alten Ägypter haben ihre Pyramiden aus Steinblöcken gebaut, welche sie einzeln transportieren konnten! Ganz ähnlich haben wir in 3.2.2 für grosse Informatikprojekte (sog. „Superprojekte") festgehalten, dass sie in mehrere Teilprojekte aufgeteilt werden müssen.

Diese allgemeine Methode der Aufgliederung grosser Komplexe in kleinere Bestandteile gehört in den Bereich der sog. *„Systemtheorie"* und hat auch zu eigenen Begriffen geführt. So spricht man in der Informatik von „Modularisierung", von der „schrittweisen Verfeinerung" und vom „Top-down"-Verfahren; aber auch andere Technikgebiete kennen Module, Komponenten, Baukastenelemente usw., in welche komplexe Gebilde aufgegliedert werden. Wer sich allgemein für die Systemtheorie interessiert, lese etwa [Churchman 71] oder [Daenzer 88]. Für den vorliegenden Überblick genügen aber schon die Begriffe von Fig.3.16.

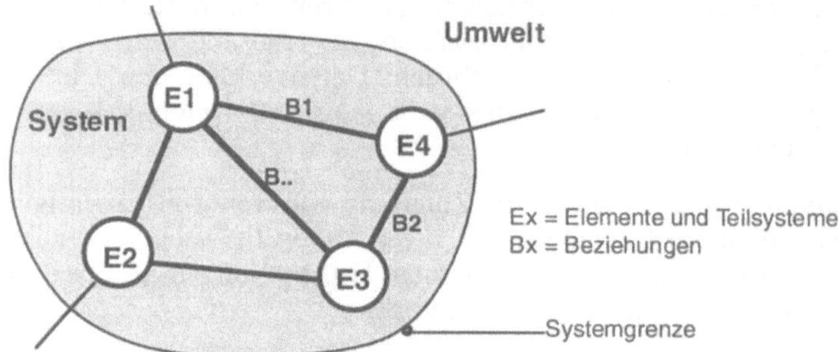

Figur 3.16: System, Systemstruktur und Umwelt

Als *System* bezeichnen wir somit jedes Gebilde, das sich in Teile und Beziehungen zwischen diesen Teilen aufgliedern lässt. Lässt sich ein Teil wiederum aufgliedern, so bildet er selbst wieder ein System: ein Teilsystem. Die untersten Teilsysteme bestehen aus Elementen. Nach aussen ist das System gegenüber seiner Umwelt abgegrenzt; auch zwischen System und Umwelt bestehen normalerweise Beziehungen.

Sehr viele Gebilde des Alltags sind in diesem Sinn „Systeme". Entsprechend häufig wird dieser Ausdruck gebraucht, gerade auch in der Informatik.

Beispiele:

- *Computersysteme* bestehen aus Geräten und Programmen (= Teilsysteme), die in ganz bestimmter Weise zusammenwirken (= Beziehungen). Schon in der entsprechenden Definition in Abschnitt 1.2 kam das zum Ausdruck.
- *Datenbanksysteme* sind Programmpakete für Aufbau und Betrieb von Datenbanken (vgl. Fig.3.15).

Die Aufgliederungsmöglichkeit von Systemen bietet viele Vorteile; zu den wichtigsten gehören:

- *Reduktion der Komplexität:* Komplizierte Systeme werden in mehrere, aber einfachere Teilsysteme aufgegliedert. Diese einfacheren Systeme lassen sich technisch besser verstehen und beherrschen (inkl. Sicherheit).
- *Baukastentechnik:* Geeignete Teilsysteme lassen sich vielseitig in *verschiedenen* grösseren Systemen einsetzen.
- *Ersetzen statt flicken:* Die *Unterhaltsarbeiten* beschränken sich heute bei vielen Systemen auf das Auswechseln einzelner Module.

Damit ein System aus verschiedenen Modulen aufgebaut werden kann, müssen diese zusammenpassen; sie müssen an den Schnittstellen zueinander *kompatibel* sein.

3.4.2 Enge und lose Kopplung zwischen Teilsystemen

Das grundsätzliche Prinzip der Systemtechnik – die Möglichkeit, grosse Gebilde in mehrere kleinere aufzugliedern – gibt in der Praxis kaum zu grossen Diskussionen Anlass. Sehr grosse Auseinandersetzungen ergeben sich aber oft über das Wie und Wo der Aufgliederung und die konkrete Gestaltung der Schnittstellen. Wir können an dieser Stelle nicht allgemein auf diese anspruchsvollen Fragen des *„Systems Engineering"* eingehen, sondern einzig anhand der für die heutige Informatik wichtigen Frage der *Systemkopplung* zeigen, dass oft sehr unterschiedliche Lösungen möglich sind.

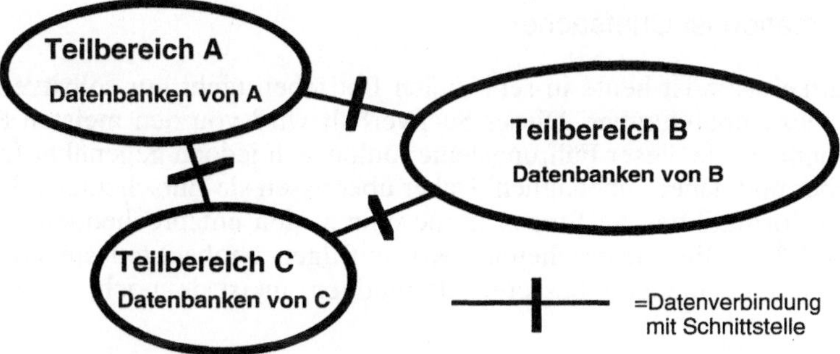

Figur 3.17: Ein System von mehreren, zusammenarbeitenden Informatikanwendungen mit eigenen Datenbeständen

Fig.3.17 zeigt ein Informatiksystem mit drei Teilsystemen, welche alle eine gewisse Selbständigkeit aufweisen, da sie über eigene Datenbanken verfügen. *Beispiele* solcher Systeme finden wir etwa in Banken (Teilsysteme: Zahlungsverkehr, Wertschriften, Devisenhandel) oder in kommunalen Verwaltungen (Teilsysteme: Einwohnerkontrolle, Steueramt, Versorgungsdienste). In all diesen Fällen sollten die Teilsysteme miteinander Daten austauschen können, weil sie teilweise die gleichen Daten benötigen (Bank: Kundendaten; kommunale Verwaltung: Bürgerdaten).

Informatikanwendungen können in sehr unterschiedlicher Weise miteinander gekoppelt werden, von sehr eng bis sehr lose.

- *Enge Kopplung, verteiltes System:* In diesem Fall wird das Gesamtsystem als Einheit konzipiert, aber – etwa wegen seiner Grösse oder aus Sicherheitsgründen – auf verschiedene Computer aufgeteilt. Die physisch verteilten Teildatenbestände bilden logisch eine Einheit; der Datenaustausch erfolgt laufend und automatisiert.
- *Funktionale Kopplung, föderatives System:* Bei dieser Lösung besteht zwar eine übergreifende Gesamtarchitektur, aber die Teilsysteme arbeiten so lange als möglich selbständig. Die Teilsysteme verfügen primär über ihre eigenen Datenbestände, haben aber auch Zugang zu den Datenbeständen der Nachbarsysteme.
- *Lose Kopplung, verbundene Systeme:* Hier sind die Teilsysteme selbständig. Datenaustausch ist möglich; die Koordination erfolgt ausschliesslich durch Festlegung normierter Schnittstellen.

Bei allen drei Kopplungsstufen ist Datenaustausch möglich. Es ist aber offensichtlich, dass ein zwar verteiltes, aber eng gekoppeltes System viel straffer koordiniert werden muss, dafür aber auch effizienter arbeiten kann, als ein föderatives System oder gar bloss verbundene Systeme, wie sie namentlich zwischen unabhängigen Betrieben vorkommen, welche miteinander elektronisch Daten austauschen (EDI = electronic data interchange, vgl. 6.3.7).

3.5 Informatikführung

3.5.1 Information ist Chefsache

Der Informatikeinsatz ist heute in sehr vielen Betrieben nicht nur selbstverständlich, sondern geradezu unabdingbar. Dieser Sachverhalt wird von den meisten Führungsleuten anerkannt. Viele dieser Führungsleute fühlen sich jedoch gegenüber Informatikfragen unsicher und daher unbehaglich. Daher überlassen sie Entscheide zu Informatikeinsatz und Informatikbeschaffungen gerne einmal den entsprechenden Fachleuten, den Informatikern. Die entsprechenden Kostenfolgen beobachten sie misstrauisch, akzeptieren sie aber, mangels besserer Alternativen, meist dennoch, wenn auch mit Knurren.

Diese von Misstrauen geprägte Beziehung vieler Führungsverantwortlicher gegenüber der Informatik ist schlecht für einen optimalen Informatikeinsatz. Sie ist aber auch nicht gerechtfertigt und sollte überwunden werden. Dazu müssen sich die Chefs daran erinnern, dass der *Umgang mit Information* ihre ureigenste Aufgabe ist! Sie müssen sich um die Informationsabläufe in ihrem Betrieb kümmern! Und die häufigsten dieser Informationsabläufe sind Kandidaten für die Automatisierung und damit für den Informatikeinsatz. Damit wird klar, dass die Führungsleute bei den grundsätzlichen Fragen zum Informatikeinsatz sogar erste Fachkompetenz beanspruchen sollten: *Sie* müssen sagen, welche Informationsabläufe besonders wichtig und häufig sind!

Trotz dieser unbestreitbaren Verantwortung für die Informationsabläufe wissen manche Chefs zu wenig über die Informatik. Führungskräfte, die sich bis anhin kaum mit Informatik befasst haben, erwarten nicht selten allzu viel oder gar Wunder von der für sie neuartigen Technik. Die Informatik kann aber schlecht oder nicht geregelte betriebliche Abläufe nicht von sich aus in Ordnung bringen; in solchen Fällen muss zuerst Organisationsarbeit geleistet werden. Und auch beim eigentlichen Informatikeinsatz sind grosse Fehler möglich. So kann etwa übertriebener Informatikeinsatz sehr teuer werden („80-20-Regel“).

Erfolgreicher Informatikeinsatz ist auf die betrieblichen Informationsbedürfnisse und -flüsse abgestimmt. Und für deren Optimierung ist das oberste Management verantwortlich und sachkompetent, nicht die Informatik. In diesem Sinne gilt ganz besonders auch für den Informatikeinsatz die bewährte Managementregel:

> Es ist wichtig, die Arbeit richtig zu tun; wichtiger aber ist es, die richtige Arbeit zu tun.

Dafür werden auch zwei Begriffe unterschieden:

- *effektiv* sein: das Richtige bewirken
- *effizient* sein: eine bestimmte Arbeit rationell („richtig“) durchführen

Wer Informatik zur blossen Effizienzsteigerung einsetzt und dabei das übergeordnete Ziel der Arbeit, den Effekt, aus den Augen verliert, kann damit allenfalls mehr schaden als nützen. Ohne Zweifel sind für die Zielfestlegung primär die Führungskräfte verantwortlich.

3.5.2 Informationskonzept, Informatikkonzept, Informatikprojekte

Beim betrieblichen Informatikeinsatz geht es häufig um die Bereitstellung und Aufarbeitung grosser Datenbestände (Kundendaten, Produkt- und Prozessdaten, Verwaltungsdaten usw.) Dabei lässt sich die übergeordnete Zielsetzung in Form eines Informationskonzepts beschreiben [Zehnder 91].

> Ein *Informationskonzept* ist ein Leitbild für die Führung der wesentlichen Datenbestände und Datenflüsse eines Betriebs sowie für die damit verbundenen Verantwortlichkeiten und Datenbeschaffungswege. Es regelt auch den angestrebten Grad der Dezentralisierung wichtiger Informationsbereiche.

Das Informationskonzept orientiert sich an betrieblichen Bedürfnissen und enthält keine computerbezogenen Festlegungen. Es regelt namentlich die *Art* der zu speichernden Daten (Datenbeschreibungen, vgl. 3.3.2) und ist daher typischerweise über viele Jahre recht stabil. Ein Informationskonzept hat in grösseren Betrieben typischerweise einen Zeithorizont von 5 – 10 Jahren. Anpassungen an neue Bedürfnisse sind im Rahmen gelegentlicher Konzeptüberarbeitungen möglich.

Beispiel Kundendaten:

Ein Betrieb ändert Komponenten und Struktur seiner Kundendaten (und damit deren Beschreibung) nicht jedes Jahr; laufend nachgeführt wird aber der Inhalt dieser Kundendaten.

Abgeleitet vom *Informationskonzept* lässt sich der Informatikeinsatz planen und festlegen. Zum Informatikeinsatz gehören aber nicht nur Investitionen in Informatikmittel, sondern oft auch betriebliche und personelle Umstellungen samt entsprechenden Ausbildungsbedürfnissen. Wegen dieser Verflechtungen erfordern auch der Informatikeinsatz und all seine späteren Änderungen (neue oder geänderte Informatikmittel und/oder -abläufe) sorgfältige und langfristige Planung. Diese wird in einem *Informatikkonzept* festgehalten:

> Das *Informatikkonzept* eines Betriebs ist ein Leitbild des Informatikeinsatzes und der dafür vorgesehenen Informatikmittel zur Koordination der einzelnen Projekte.

Das Informatikkonzept ist dem Informationskonzept untergeordnet (Fig.3.18) und weist diesem gegenüber einen etwas kürzeren Zeithorizont auf. So lassen sich wichtige Entwicklungen bei Informatikmethoden und -produkten berücksichtigen, soweit sie dem betrieblichen Informatikeinsatz nützen. Im Informatikkonzept eines Betriebs wird festgehalten, mit welchen technischen Lösungen (Systemarchitektur, z.B. „Client-Server", Betriebssysteme, Anwender-Programmpakete), aber allenfalls auch mit welchen Partnerfirmen (Hersteller, Dienstleister) in den nächsten Jahren gearbeitet werden soll; dazu kommen weitere personelle, zeitliche, qualitative, finanzielle Randbedingungen. Das Informatikkonzept regelt somit den längerfristigen Gesamtrahmen für den Informatikeinsatz in einem Betrieb.

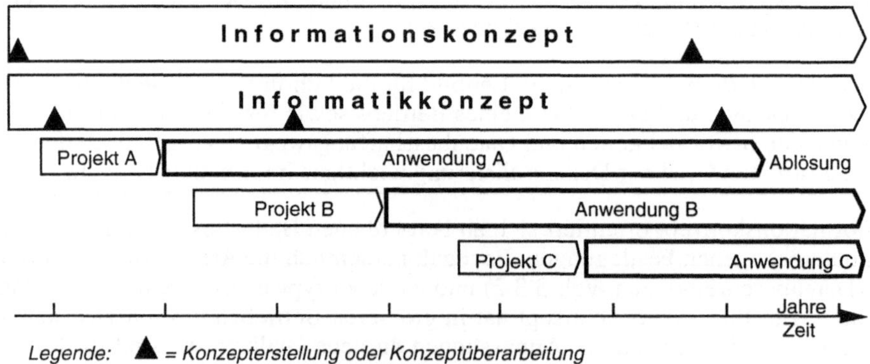

Figur 3.18: Über- und untergeordnete Informatikführungsmittel

Im Rahmen der beiden übergeordneten Konzepte erfolgt nun die konkrete Realisierung des Informatikeinsatzes mittels einzelner Informatikprojekte (wie dies in Abschnitt 3.2 ausführlich dargestellt wurde). Die Realisierungsdauer (die „Projektdauer") jedes einzelnen Projekts ist relativ kurz (max. zwei Jahre, vgl. 3.2.1); während der Projektabwicklung bleiben daher die gültigen Rahmenbedingungen von Informations- und Informatikkonzept normalerweise unverändert. Anders bei der Anwendungsdauer: Diese reicht normalerweise wesentlich über die nächsten Konzeptänderungen hinaus (Fig.3.18 rechts), so dass alte Anwendungen oft nicht mehr den neuesten technischen Vorstellungen entsprechen. Dieser „Konflikt“ ist zu akzeptieren, weil es sich kein Betrieb leisten kann, alle laufenden Anwendungen ständig allen Neuerungen anzupassen, aus wirtschaftlichen, betrieblichen und auch aus personellen Gründen. Eine verantwortungsvolle Informatikführung muss zu betrieblich unbegründeten Systemanpassungen nein sagen können.

3.5.3 Informatikbetrieb, Betriebsberufe

Nach Abschluss der Projektarbeit erfolgt der Übergang zum „Arbeiten mit Informatikanwendungen“; so lautete schon der Titel von Kap. 2. Dort ging es allerdings um die Tätigkeit der *Informatikanwender.* Hier im Kap. 3 stehen ergänzende Aufgaben im Vordergrund, welche die Arbeit jener Anwender am Computer erst ermöglichen und unterstützen.

Schon in den Frühzeiten des Informatikeinsatzes gab es die Funktion der *Operateure,* jener Mitarbeiter in den damaligen Rechenzentren, welche Lochkartenpakete auflegten, Magnetbänder einspannten, Endlosdrucker mit Papier füllten und die ausgedruckten Ergebnisse den Kunden auslieferten. Und es gab ebenfalls bereits die hochspezialisierten *Systemprogrammierer,* welche das Zusammenwirken einer Vielzahl von Programmen auf einem Grossrechner optimieren konnten. Diese Funktionen haben sich seither über Jahrzehnte weiterentwickelt, verfeinert, aber auch verändert.

Der Hilfsberuf des *Operateurs* hat sich zahlenmässig stark zurückgebildet, weil die meisten seiner Aufgaben inzwischen auf die Anwender übergegangen sind (Bsp.: Druckerbedienung) oder automatisiert werden konnten (Bsp.: Speicher- und Magnetbandverwaltung). Übriggeblieben sind hochprofessionelle Funktionen zur betrieblichen Betreuung von Gross- und Spezialsystemen.

Weiter aufgegliedert wurde der Beruf des *Systemprogrammierers.* Heute gibt es zu verschiedenen Problembereichen wiederum eigene Spezialisten, namentlich für Datenbanken und für Datennetze.

Zu einer neuen und noch weiter zunehmenden Kategorie von Unterstützungsfunktionen gehören die sog. *PC-Betreuer (PC-support).* Diese wurden nötig mit der Verbreitung von Kleincomputern am Arbeitsplatz; dieses Phänomen wird inzwischen oft, wenn auch nicht überall zutreffend, *individuelle Datenverarbeitung (IDV)* genannt. Der professionelle Anwender eines Kleincomputers benötigt – auch bei guter Ausbildung – Hilfe bei der Einrichtung seines Arbeitsplatzes, bei Systemanpassungen und -ergänzungen, vor allem aber in Pannenfällen. Wer als Anwender bei einer Computerpanne vor seinem schwarzen Bildschirm alleingelassen wird, gerät je nach Temperament leicht in Wut oder in Panik, vor allem unter Zeit- und Kundendruck. Die guten Geister der Informatikunterstützung, eben die PC-Betreuer, erbringen in der technischen Welt des Computeralltags eine sehr notwendige personelle Dienstleistung, die sich auf absehbare Zeit nicht völlig automatisieren lässt. PC-Betreuer sind keine Entwickler, sie programmieren nicht selber. Aber sie kennen all die kleinen und doch wichtigen Dinge, die für den Betrieb der eingeführten Geräte und Programme wichtig sind. – Wieviele solche PC-Betreuer braucht ein Betrieb? Eine typische Verhältniszahl ist 1 : 40, also ein PC-Betreuer auf etwa 40 Anwender. Dabei kann diese Funktion durch Interne oder Externe ausgeübt werden.

Die Tätigkeit des *PC-Betreuers* hat sich in den vergangenen Jahren wiederum merklich verändert. Zu Beginn des PC-Zeitalters (ab 1980) bildeten Installation und Aufrüstung der verschiedenen Anwenderprogramme direkt auf den individuellen Kleincomputern nebst der Pannenhilfe die Haupttätigkeit der PC-Betreuer. Heute werden in vernetzten PC-Gruppen die Programme für diese Kleincomputer meist zentral auf einem sog. Server (vgl. 5.2.2) gespeichert und betreut; dort werden auch neue Programmversionen zusammengestellt und gewartet, so dass der Betreuungsaufwand am Standort der einzelnen Kleincomputer markant gesenkt werden konnte. Gleichzeitig erhöhten sich dadurch die betriebliche Verfügbarkeit und die Standardisierung der computergestützten Arbeitsplätze, was wiederum die Ausbildung vereinfacht. So ergeben sich aus der Serverlösung gleich mehrfache Rationalisierungsvorteile.

Die Einführung der Informatik in den betrieblichen Alltag ist somit kein einmaliger und abgeschlossener Schritt. Diese Einführung kann Arbeitserleichterungen verschaffen und neue Dienstleistungen für Anwender und Kunden bringen. Sie führt aber auf jeden Fall auch zu *neuen Abhängigkeiten* technischer und personeller Art. Informatisierte Arbeitsplätze setzen voraus, dass die entsprechenden Infrastrukturen verfügbar sind und auf Dauer funktionieren. Für die Führungsverantwortlichen bildet die Berücksichtigung dieser Zusammenhänge eine neue, zusätzliche Aufgabe.

Weiterführende Literatur:
- Projektentwicklung: [Frühauf et al. 91], [Jenny 95] ,[Zehnder 91]
- Anwenderprogrammentwicklung: [Balzert 96], [Böhm et al. 96], [Vetter 94] [Vetter 95], [Yourdon 92]
- Gestaltung von Arbeitsabläufen (im Betrieb): [Baitsch et.al. 89], [Österle 95], [Österle, Vogler 96]
- Entwicklungsumgebung, CASE: [Bauknecht 92], [Engels, Schäfer 89]
- Software-Qualität: [Balzert 96], [Frühauf et al. 95], [Humphrey 89]
- Datenbanken, Informationssysteme: [Biskup 95], [Date 95], [Heuer, Saake 95], [Rahm 94], [Wedekind 92], [Zehnder 97]
- Suchsysteme, Information Retrieval: [Salton, McGill 87], [Schäuble 97]
- Expertensysteme, Wissensrepräsentation, Künstliche Intelligenz: [Brause 95], [Richter 92]

Kapitel 4: Computerprogramme

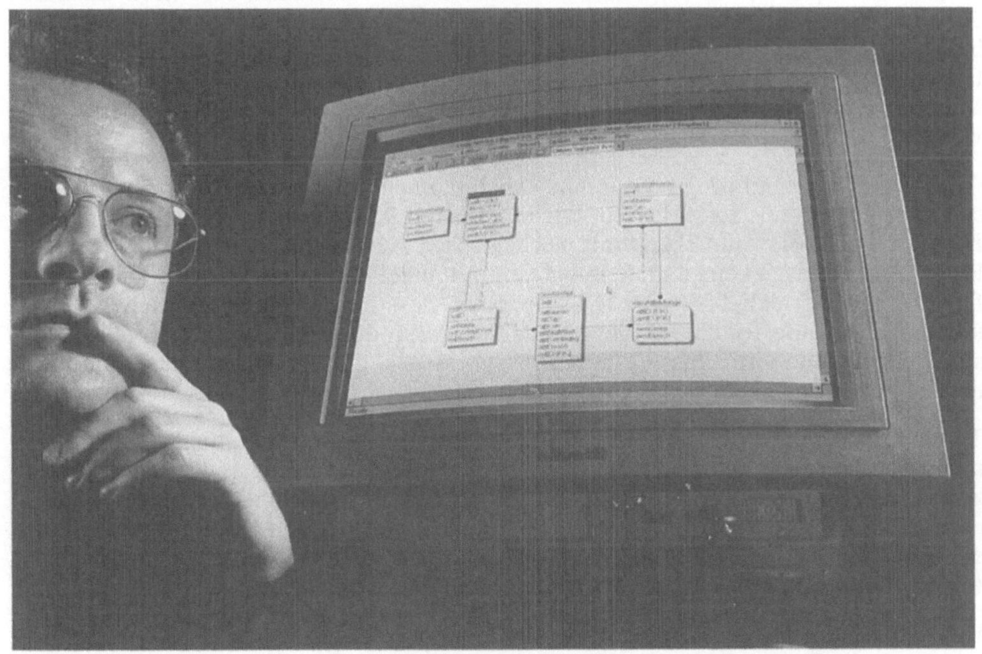

Programmierer bei der Gliederung einer grossen Aufgabe in Module

Anspruchsvolle Informatikanwendungen – dazu gehören bereits Standardprogramme für Textverarbeitung und Tabellenkalkulation und erst recht Computerspiele – benötigen Programme, die aus vielen Tausenden von Einzelbefehlen bestehen. Die Entwicklung zuverlässiger Programme solcher Grössenordnungen ist nur möglich, wenn sie systematisch in überblickbare Teile (Module, Unterprogramme) zerlegt werden, welche mit anderen Teilen nur unter automatisch überprüfbaren Bedingungen Daten und Dienstfunktionen austauschen. Professionelles Programmieren ist eine mathematiknahe Ingenieurtätigkeit, wobei der Computer selber als Hilfsmittel zum Einsatz kommt. Programmierwerkzeuge und Programmierumgebungen bestehen selber ausschliesslich wiederum aus Programmen (Software-Tools).

4.1 Vom Algorithmus zum Programm

4.1.1 Automatische Abläufe und Programme

Mechanische Automaten gibt es seit langem: Musikdosen, Drehorgeln, Uhren, Webstühle für Jacquard-Muster. In all diesen klassischen Automaten sind wiederholbare Arbeitsabläufe präzis geregelt, sie sind *programmiert.* Die Erfinder dieser Automaten haben gleichzeitig auch das Programm festgelegt oder wenigstens die mechanische Form und Variationsgrenzen der Programmdarstellung. So kann die Melodie einer Musikdose mit Stahlstiften, das Jacquard-Webmuster mit gelochten Tafeln dargestellt werden.

Auch Computer sind programmierbar. Auch Computerprogramme bestehen im wesentlichen aus präzis formulierten, wiederholbaren Anweisungen für Arbeitsabläufe. Hier endet aber die Ähnlichkeit mit mechanischen Automaten, weil im Computer das Programm praktisch keinen materiellen Grenzen unterworfen ist: Speicher sind höchst flexibel und fast beliebig gross. Das bedeutet, dass der Computer an sich beliebig komplexe Abläufe festhalten und automatisch reproduzieren kann. Beispiele dafür sind Spielfilme in virtuellen Welten (im „Cyberspace"), Flugsimulatoren für die Pilotenausbildung und elektronische Telefonsysteme.

Trotzdem sei schon hier gewarnt: Viele grosse Computeranwendungen scheiterten schon vor ihrer Inbetriebnahme an ihrer *Komplexität!* Die verfügbaren Speicher hätten zwar problemlos genügt, noch grössere Programme aufzunehmen. Trotzdem waren diese allzu komplexen Programme ihren Entwicklern über den Kopf gewachsen; sie enthielten Fehler und Widersprüche, die niemand mehr finden konnte. So mussten sie weggeworfen werden, bevor sie überhaupt zum Einsatz kamen.

Das ganze Kap. 4 dreht sich um Programme und um die Methoden und Werkzeuge, mit denen die Programmentwicklung, kurz „die Programmierung“ verbessert und erleichtert werden kann. Programme dienen der präzisen Formulierung verschiedenartigster automatischer Abläufe in der realen und in der virtuellen Welt. In den immateriellen Programmen lassen sich all die alltäglichen, aber auch die fantastischen Vorgänge darstellen, die uns die Informatik gebracht hat und noch bringen wird.

4.1.2 Algorithmen

Viel älter als Programme für Automaten sind *Arbeitsanweisungen* an (mitdenkende) Menschen. Wir kennen aus dem Alltag viele solche Beispiele, etwa Kochrezepte, Reparatur- und Bastelanleitungen. Besonders präzis haben wir solche Arbeitsanweisungen in der Schule gelernt, etwa zur schriftlichen Multiplikation oder Division zweier (arabischer) Zahlen, wo jeder Schritt für jede Ziffer geregelt ist. In der Informatik bezeichnet man solche Verfahren als *Algorithmen.* Diese Bezeichnung geht auf den Namen des im 9. Jh. lebenden persischen Mathematikers Muhamad Ibn Musa „Al Chwarismi“ zurück.

Wir versuchen nun, gemeinsame charakteristische Eigenschaften der oben erwähnten Verarbeitungsvorschriften für Alltagsverfahren zu finden. Diese Merkmale bilden gleichzeitig auch die wichtigsten Anforderungen an einen Algorithmus:

- Ein Algorithmus beschreibt üblicherweise ein *Verfahren,* also einen Prozess, und nicht nur dessen Endresultat. Ein Kochrezept, das nur das fertige Gericht beschreibt, wäre kaum hilfreich.
- Ein Algorithmus beschreibt häufig eine ganze Klasse von Problemen und nicht nur ein spezielles Problem. Das spezielle Problem wird mit Hilfe gewisser *Parameter* („Eingabedaten") beschrieben. So können mit einer Strickanleitung Pullover unterschiedlicher Grösse hergestellt werden. Die Körpergrösse des Trägers wäre in diesem Falle der Eingabeparameter.
- Wird ein Algorithmus wiederholt auf dasselbe Problem angewandt, so sollten sich identische Resultate erzielen lassen. Diese Eigenschaft nennt man die *Reproduzierbarkeit* der Ergebnisse bzw. die Determiniertheit des Algorithmus.
- Ein Algorithmus führt die Lösung eines Problems auf die Lösung einer *endlichen Anzahl* elementarerer Probleme zurück, die selbst aber nicht Teil des Algorithmus sein müssen. Somit ist ein Algorithmus häufig nicht vollständig; er geht davon aus, dass die Lösung der elementaren Probleme bekannt ist. Was als elementares Teilproblem angesehen wird, hängt im wesentlichen davon ab, für wen der Algorithmus formuliert wurde. So kann in einem Kochrezept das Erhitzen von Wasser als elementares und damit bekanntes Teilproblem vorausgesetzt werden, muss also im Rezept nicht beschrieben werden.
- Einzelne Teilschritte eines Algorithmus müssen in bestimmter Reihenfolge – d.h. *sequentiell* – ausgeführt werden; andere können dagegen in beliebiger Reihenfolge, ja sogar parallel ausgeführt werden. Für den Anfänger (z.B. beim Kochen) ist ein sequentieller Algorithmus einfacher.
- Die Formulierung eines Algorithmus muss so *präzise* sein, dass dem Ausführenden kein unerwünschter Interpretationsspielraum gelassen wird. Leider lassen manche Alltagsalgorithmen, z.B. Reparaturanleitungen, eine solche Präzision vermissen.
- Ein Algorithmus sollte möglichst *effizient* sein, d.h. das Ziel sollte mit möglichst geringem Aufwand an Zeit und Hilfsmitteln erreicht werden können.

Algorithmen, die Verarbeitungsvorschriften für mitdenkende Menschen, enthalten bereits sehr viele Eigenschaften von Programmen, wie sie für Automaten nötig sind. Da Automaten aber nicht mitdenken können, müssen Programme nicht nur präzis, sondern auch *vollständig* sein.

4.1.3 Programme: Anweisungen an Automaten

Ein *Programm* ist die Formulierung einer präzisen und vollständigen Verarbeitungsvorschrift an einen Automaten, namentlich an einen Computer. Dafür braucht es eine ebenso präzise Beschreibungsform, eine sog. Programmiersprache. Da es heute eine

Vielzahl von Programmiersprachen gibt, werden wir uns mit diesem Thema in einem eigenen Abschnitt 4.2 befassen. Um aber zu verstehen, mit welcher Präzision ein Programm formuliert werden muss, betrachten wir eine Rechenaufgabe und benützen dazu Sprachelemente der Mathematik.

Beispiel: Algorithmus zum schriftlichen Addieren:

Wir kennen alle die Regeln, um zwei mehrstellige Dezimalzahlen zusammenzählen zu können:

```
1. Zahl                1    2    3    4    5
2. Zahl           +    6    7    8    9    0
Behaltezeile           1    1    1
                  ------------------------------
Resultat               8    0    2    3    5
```

a. Schreibe die zu addierenden zwei Zahlen genau übereinander

b. Bearbeite die übereinanderstehenden Zifferngruppe von rechts nach links; beginne zu äusserst rechts.

c. Addiere in jeder Zifferngruppe die übereinanderstehenden Ziffern (Kopfrechnen).
   - Ist das Ergebnis einstellig, schreibe es in die Resultatzeile.
   - Ist das Ergebnis zweistellig, schreibe die letzte Ziffer in die Resultatzeile, die verbleibende Eins in die Behaltezeile, aber eine Position weiter links.

d. Prüfe, ob in der Position links von der eben bearbeiteten noch Ziffern stehen.
   - Wenn ja: Gehe eine Position nach links und wiederhole Schritt c.
   - Wenn nein, bist du fertig; das Resultat steht in der Resultatzeile.

Wer diese Arbeitsanleitung durchliest und bereits schriftlich rechnen kann, wird das Verfahren, den Algorithmus, problemlos nachvollziehen. Wer diesem Verfahren aber in der Schule erstmals begegnet, braucht meist noch eine Nachhilfe des Lehrers – und Übung!

Offensichtlich ist aber die Formulierung dieses Algorithmus weder ganz präzis noch ganz vollständig. (So fehlt etwa die Angabe, wieviele Stellen die zu addierenden Zahlen haben dürfen.) Und trotzdem ist er für Schulkinder kompliziert und schwierig genug.

Wir wollen nun ein Computerprogramm anschauen, das die gleiche Additionsaufgabe ausführt. Es ist viel formelhafter, dafür präziser. Und es macht Gebrauch von ganz bestimmten technischen Gegebenheiten des Computers betreffend Speicher und Rechner. So verwendet es die verfügbaren Speicherplätze (Fig.4.1 oben) so, wie es für die konkrete Aufgabe – hier also für die mehrstellige Addition – zweckmässig ist (Fig.4.1 unten).

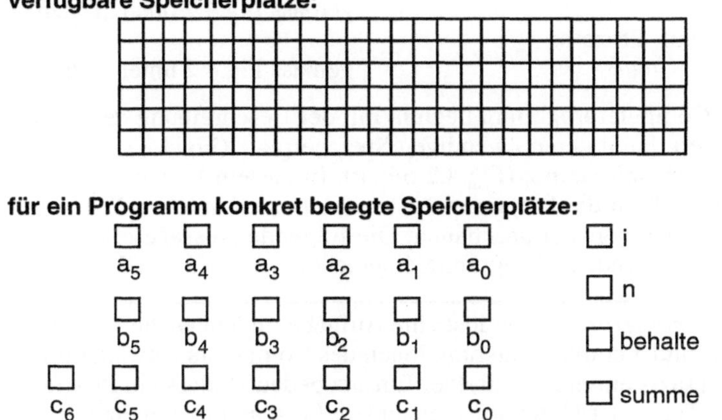

Figur 4.1: Verfügbare Speicherplätze und Belegung von Speicherplätzen für ein konkretes Programm

Nicht nur die Speicherplätze, sondern auch die Operationsmöglichkeiten des Prozessors werden im Programm konkret ausgenützt, indem in einzelnen *Anweisungen (*auch *Befehle* oder *Operationen* genannt) Teilaufgaben gelöst werden.

```
Daten:    a[n-1]..a[0]    Ziffern der ersten Zahl,  Eingabe
          b[n-1]..b[0]    Ziffern der zweiten Zahl, Eingabe
          c[n]  ..c[0]    Ziffern des Resultats,    Ausgabe
          i, n, behalte, summe:    Hilfsvariable

Prozess: BEGIN
          behalte := 0;  i := 0;
          WHILE i < n DO
             BEGIN
             summe := a[i] PLUS b[i] PLUS behalte;
             IF summe > 9 THEN
                  BEGIN behalte := 1; c[i] := summe - 10 END
             ELSE BEGIN behalte := 0; c[i] := summe      END;
             i := i + 1
             END;
          c[n] := behalte
          END
```

Figur 4.2: Programmbeispiel „stellenweises Addieren“

Beispiel: Programm zum Addieren von zwei höchstens n-stelligen Zahlen

Speicherbedarf und -organisation:

schematisch:	gemäss Fig.4.1 unten
verbal:	gemäss Fig.4.2 oben „Daten“

Arbeitsablauf, Prozess:

verbal:	gemäss Fig.4.2 unten: „Prozess“

Ein typisches Computerprogramm beginnt mit der Beschreibung der verwendeten Daten und reserviert damit den notwendigen Speicherplatz (Fig.4.2 oben). Anschliessend folgt die *Prozessbeschreibung* (Fig.4.2 unten). In diesem Beispiel wird eine Notation verwendet, die sich an die Programmiersprache *Pascal* anlehnt. Wir werden in 4.1.4 diese Notation noch genauer anschauen. Die folgende Aussage gilt aber völlig unabhängig von der verwendeten Programmiersprache:

> Ein *Computerprogramm* löst eine Aufgabe, indem es die verfügbaren Speicher- und Verarbeitungsfunktionen des Computers entweder direkt oder indirekt präzis einsetzt. Indirekter Einsatz bedeutet, dass ein Programm für Teil- oder Unteraufgaben andere Programme mitbenützt.

4.1.4 Elementare Programmstrukturen

Jede Automatisierung und damit auch die Computerprogrammierung beruht darauf, bestimmte Arbeitsschritte präzis zu beschreiben und darauf den Automaten (den Computer) diese Schritte vielfach wiederholen zu lassen. Auch Varianten und Beendigungen von Wiederholungen sind vorzusehen. Aber damit sind die minimal notwendigen Ablaufstrukturen schon weitgehend aufgezählt. Ein Computer kennt *einfache Anweisungen* und *Strukturanweisungen:*

Einfache Anweisungen (oder einfache Operationen, Befehle):

Dazu gehören Wertzuweisungen, Speicherbefehle, Schreibbefehle und ähnliche Einzelarbeiten.

Dann gibt es vier grundlegende *Strukturanweisungen:*

- *Sequenz:* eine Folge von aufeinanderfolgenden Anweisungen.
- *Auswahl (oder Fallunterscheidung):* Die Verzweigung eines Arbeitsablaufs aufgrund einer Bedingung.
- *Wiederholung (oder Schleife):* die Wiederholung eines Arbeitsablaufs mit Abbruchbedingung.
- *Gruppierung:* die Bildung übergeordneter Anweisungen durch Zusammenfassung von Sequenzen anderer Anweisungen.

Diese vier Strukturanweisungen und die damit gemeinten Abläufe (auch „Kontrollflüsse“ genannt) lassen sich leicht bildlich darstellen und in Textform (also in einer Programmiersprache) aufschreiben (Fig.4.3). Beim Vergleich mit dem Programmbeispiel in Fig.4.2 ist sofort erkennbar, dass in der Prozessbeschreibung für „mehrstelliges Addieren" all diese Einzelbefehle und Strukturen in Textform auftreten:

- *Einfache Anweisungen:* Dazu gehören namentlich die sog. *Wertzuweisungen* (dargestellt mit dem Zuweisungszeichen :=). In Zuweisungen sind auch Rechenoperationen möglich (+, -,*, /, ..).
- *Sequenz:* Verschiedene Anweisungen folgen aufeinander, getrennt durch Strichpunkte.
- *Auswahl:* Die Struktur „IF Bedingung THEN Anweisung A ELSE Anweisung B" wird verwendet, um das „Behalte 1" darzustellen.
- *Wiederholung:* Mit „WHILE Bedingung DO Anweisung A" werden alle Ziffern von rechts her durchlaufen.
- *Gruppierung:* Mit „BEGIN .... END" werden mehrere Anweisungen zusammengefasst, so dass sie nach aussen wie eine einzige Anweisung erscheinen.

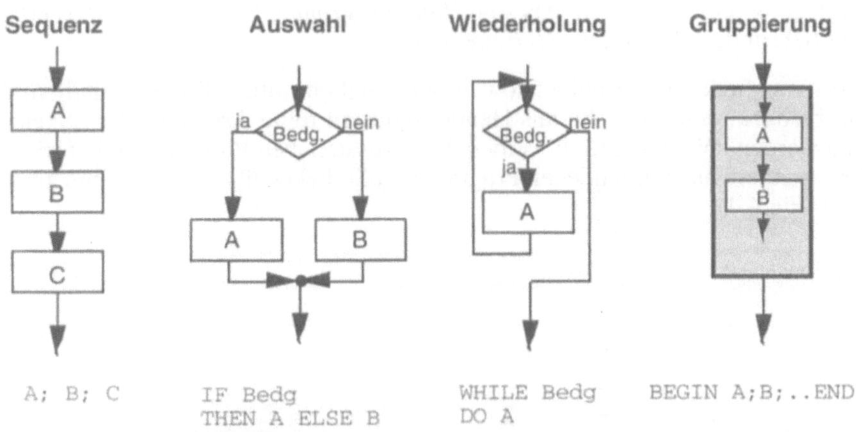

Figur 4.3: Minimaler Satz von vier Ablaufstruktur-Typen in Bild- und Textform

Mit diesen Strukturen haben wir präzise Instrumente in der Hand, um dem Computer nicht nur *einzelne* Anweisungen erteilen zu können. Einzelbefehle, etwa eine Berechnung oder Wertzuweisung (im Beispiel von Fig.4.2 mit dem Zuweisungszeichen := ausgedrückt), Schreibbefehle oder Speicherzugriffe lassen sich mit Strukturbefehlen beliebig zusammenbinden, so dass jede Art von Berechnung möglich wird.

Moderne Programme benützen nebst den Programmstrukturen auch entsprechende *Datenstrukturen.* So lassen sich in ähnlicher Form Dateien, Datensätze, Tabellen (arrays) und andere Datengebilde sehr einfach und präzis beschreiben und auf dem Datenspeicher des Computers darstellen.

4.1.5 Das Prinzip der schrittweisen Verfeinerung

Soeben haben wir präzise und detaillierte Konstruktionselemente eines Programms kennengelernt, einfache Anweisungen und einige Strukturierungsanweisungen. Grosse Programme können in der Praxis aber ohne weiteres Hunderttausende oder mehr Anweisungen enthalten. Wir müssen uns daher auch mit der Frage auseinandersetzen, wie Programmierer überhaupt den *Überblick* über diese vielen Programmbestandteile – oder die einzelnen Anweisungen – behalten können. Ist das nicht gleichsam ein Puzzle mit Tausenden von Einzelteilen?

Gute Programme verfügen dazu nicht bloss im kleinen über Strukturelemente (Schleifen, Fallunterscheidungen, Gruppierungen), sondern auch über Strukturen im grossen. Diese orientieren sich meist an den Strukturen des zu lösenden Problems selber oder an den Algorithmen des Lösungsprozesses. Zuerst wird daher das Problem analysiert und in Teilaufgaben gegliedert. In einem nächsten Schritt entsteht dann noch immer nicht das endgültige Programm, sondern vorerst bloss eine Art Skelett dazu – noch relativ einfach und übersichtlich; das sog. *Hauptprogramm.* Erst anschliessend erfolgt Schritt für Schritt der Ausbau, die Verfeinerung.

Dieser Ausbau wiederum geschieht soweit wie möglich mittels Programmteilen, den sog. *Unterprogrammen,* welche ans Hauptprogramm (eine Art tragendes „Skelett") angehängt werden. Wenn möglich werden diese zusätzlichen Programmteile nicht neu entwickelt, sondern aus vorhandenen Programmbibliotheken übernommen und zusammengefügt (Fig.4.4).

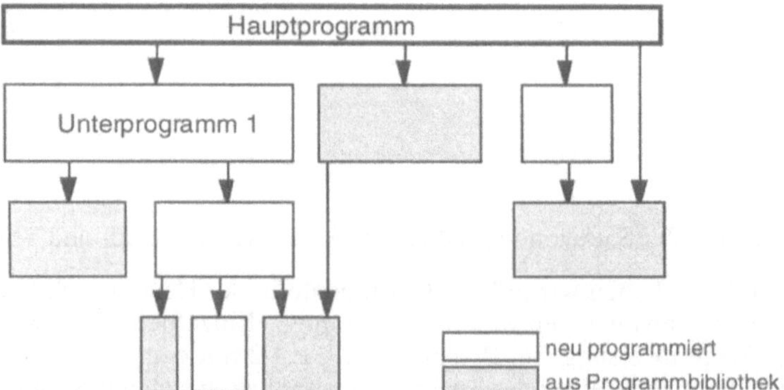

Figur 4.4: Hauptprogramm und Unterprogramme

Die Technik der Unterprogramm-Bildung wurde im Laufe der Zeit stark verbessert und hat die Entwicklung der Programmiersprachen in den letzten vierzig Jahren wie kein anderes Thema geprägt und auch in deren Bezeichnung Eingang gefunden (strukturiertes Programmieren, Modultechnik, objektorientiertes Programmieren). Wir werden diesen Überlegungen daher im Abschnitt 4.2 über Programmiersprachen noch mehrfach begegnen.

4.2 Programmiersprachen

4.2.1 Warum gibt es verschiedene Programmiersprachen?

Bereits beim Aufschreiben von Algorithmen (4.1.3) wurde deutlich, dass natürliche Sprachen für eine eindeutige und unmissverständliche Formulierung eines Algorithmus zu ungenau sind. Aus diesem Grunde wurden bis heute zahlreiche („Tausende") Programmiersprachen entwickelt, die präzis auf die Datenstrukturen und Operationen ausgerichtet sind, welche ein Computer anbietet. Sie verfügen im Vergleich zu natürlichen Sprachen über sehr wenige, aber genau definierte Wörter und Sprachkonstrukte; die damit mögliche exakte Sprachbeschreibung erlaubt die unmissverständliche Formulierung von Algorithmen.

Die Formulierung eines Algorithmus in einer bestimmten Programmiersprache heisst *Programm,* wie schon in 4.1.2 eingeführt. Derselbe Algorithmus kann in unterschiedlichen Programmiersprachen formuliert werden und führt damit zu unterschiedlichen Programmen; werden diese Programme aber auf einem Computer durchgerechnet, so entsteht aus allen das gleiche Ergebnis, da sie auf dem gleichen Algorithmus beruhen. Ein Algorithmus stellt also eine Abstraktion aller ihn beschreibenden Programme dar.

Eine Programmiersprache wird in einer aus Syntax und Semantik bestehenden Sprachbeschreibung festgelegt. Die *Syntax* definiert die Sprachelemente und deren Zusammenbau, also die äussere Form eines Programms, durch formale Hilfsmittel, z.B. durch sogenannte Syntaxdiagramme. Durch die *Semantik* wird die Bedeutung der nach der Syntax zulässigen Programmkonstruktionen festgelegt. Da eine wirklich formale Semantikdefinition für die meisten Programmiersprachen sehr komplex und damit für einen Programmierer wenig hilfreich wäre, werden in den Definitionen und Lehrbüchern von Programmiersprachen die Bedeutung und die Wirkung der einzelnen Programmkonstrukte in natürlicher Sprache und mit Beispielen erläutert.

Zu Beginn des Computerzeitalters, und zwar bis etwa 1950, war jede *automatische Rechenmaschine* (so nannte man damals die Computer) ein Einzelstück. Sie konnte nur mit einer einzigen Programmiersprache benützt werden: mit ihrer eigenen, ihrer sog. *Maschinensprache.* Diese Maschinensprachen waren somit sehr speziell und auch wenig benutzerfreundlich.

Seit den fünfziger Jahren entstanden dann künstliche *Programmiersprachen,* welche das Programmieren einfacher und die Programme besser und vor allem für verschiedene Computertypen gleichzeitig benützbar machen sollten. Als Orientierungshilfe dienten dabei die jeweiligen Problemlösungsprogramme, die Algorithmen (vgl. 4.1.2), die computergerecht als Programme dargestellt werden sollten. So entstanden sog. *problemorientierte Programmiersprachen* für technisch-wissenschaftliche Probleme und Algorithmen (z.B. FORTRAN, ALGOL), aber auch für kommerzielle Aufgaben (z.B. COBOL, Report Generator). Seither wurden diese Sprachen weiterentwickelt; gleichzeitig wurden aber immer auch neue, „bessere“ Sprachen entworfen.

Die Verbesserungsbemühungen gingen gleichzeitig in viele unterschiedliche Richtungen:

- *problembezogen statt computerbezogen:* Programme in einer bestimmten Maschinensprache lassen sich nur für Computer des gleichen Typs verwenden. Werden Programme problembezogen formuliert – man spricht dann auch von höheren Programmiersprachen – , so sind sie allgemeingültig. Sie müssen anschliessend allerdings noch in die Maschinensprache des benützten Computers übersetzt werden, was automatisch möglich ist (vgl. 4.2.2, Compiler und Interpreter).
- *universell einsetzbar:* Vom theoretischen Standpunkt aus kann man sich vorstellen, dass eine einzige, die „ideale“ Programmiersprache zur Darstellung aller denkbaren Algorithmen der Welt genügt. Daher wurde auch mehrfach versucht, „die“ universell einsetzbare Programmiersprache zu formulieren. Solche Entwürfe konnten aber einerseits neuen technischen Entwicklungen (Bsp.: Echtzeitanwendungen, paralleles Rechnen) nicht ohne weiteres folgen, oder sie waren für die Praxis zu anspruchsvoll. (Für die Programmierung darf kein Mathematikstudium vorausgesetzt werden.)

Mit den Jahren wurden daher für verschiedene Anwendungsgebiete und Anspruchsstufen sehr verschiedene Sprachen entwickelt, von denen sich nur ein kleiner Teil in der Praxis auch durchgesetzt hat. So gibt es Sprachen für den Einsatz in der Systemprogrammierung (Betriebssysteme und Dienstprogramme) mit hochentwickelten Fehlerprüfmöglichkeiten (etwa zu Typenprüfung, Kontrollflussprüfung) neben sehr toleranten Sprachen, bei denen fast jeder Programmtext „irgendwie" interpretiert werden kann. Diese offenen Sprachen mögen für Hobbyaktivitäten und Experimente ihre Bedeutung haben; für professionelle Programme in jahrelangem Dauereinsatz sind sie wenig geeignet, weil sie den Programmunterhalt (vgl. 3.5.3) sehr erschweren. Die systematische Verhinderung von Fehlern ist eine der wichtigsten Aufgaben beim Programmieren und damit auch beim Entwurf von Programmiersprachen.

Heute bildet die Informatik weltweit bereits einen der bedeutendsten Industriebereiche; ein Grossteil der damit verbundenen Investitionen fliest in die Programme. Es ist daher naheliegend, dass die wichtigsten Arbeitswerkzeuge der Programmentwickler – eben die Programmiersprachen – immer wieder ergänzt, erneuert und bereichert werden. Dabei gibt es verschiedene Sprachen mit grosser Verbreitung; Beispiele folgen in 4.2.3. Eine Einheitsprogrammiersprache gibt es aber nicht, und es ist auch keine am Horizont abzusehen.

4.2.2 Programmübersetzung: Compiler und Interpreter

Ein Computer ist nur in der Lage, seine eigene Maschinensprache direkt zu verstehen und abzuarbeiten. Alle Programme (System- wie Anwenderprogramme) müssen daher für die konkrete Ausführung in der Maschinensprache des Computers vorliegen, welcher die Verarbeitung durchführen soll. Fast alle Programme werden aber heute in problemnäheren, sog. „höheren" Programmiersprachen und nicht in Maschinensprache formuliert. Damit sie trotzdem auf einem Computer abgearbeitet werden können, müssen sie in dessen Maschinensprache *übersetzt* werden.

Dieser Übersetzungsprozess erfolgt für jedes Programm in einem vorbereitenden Schritt mit Hilfe eines speziellen Übersetzungsprogramms, des *Compilers.*

> Ein *Compiler* übersetzt ein Computerprogramm aus einer höheren Programmiersprache in die Maschinensprache eines bestimmten Computertyps.

Zur Unterscheidung wird das Programm in der Originalfassung auch *Quellprogramm* oder *Quellcode (source code)* genannt, das Ergebnis des Übersetzungsprozesses hingegen *Objektprogramm* oder *Objektcode (object code).* Fig.4.5 zeigt den Erstellungsprozess eines Anwenderprogramms mit Übersetzungsschritt und produktivem Einsatz. Nach der einmaligen Übersetzung kann der Objektcode als Anwenderprogramm eingesetzt werden, und zwar beliebig oft.

Es ist zu beachten, dass *sämtliche* Programme, die auf einem Computer zum Einsatz kommen, als Objektcode verfügbar sein müssen (in Fig.4.5 und 4.6 grau), entweder direkt (Fig.4.5) oder über einen Interpreter (Fig.4.6).

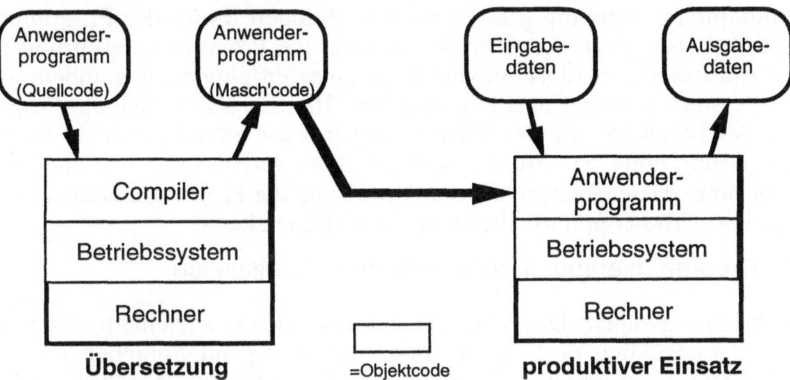

Figur 4.5: Programmübersetzung mittels eines Compilers und produktiver Einsatz eines Programms

Auch das Betriebssystem und der Compiler selber mussten in vorbereitenden Arbeitsschritten übersetzt werden. Dafür wurden ebenfalls Compiler benützt. Hier stutzt der Leser: Wer hat dann den allerersten Compiler in Maschinensprache übersetzt? Antwort: Das tat ein Mensch mit Papier und Bleistift und sehr viel Konzentrationsfähigkeit.

Wer ein Computerprogramm, namentlich ein Standardprogramm kauft, erhält dieses ausschliesslich in übersetzter Form, also als Objektcode in Maschinensprache. Das ist für den Anwender die direkt einsetzbare Form. Gleichzeitig schützt der Programmlieferant dadurch sein Produkt sehr effektiv (wenn auch nicht absolut) vor leicht abgeänderten Nachahmungen. Es ist nämlich in den meisten Fällen nicht möglich, aus einem Maschinenprogramm (Objektcode) automatisch einen lesbaren Quellcode zu erzeugen, das Programm zu „decompilieren"; dieser Prozess ist für Anwender zu komplex.

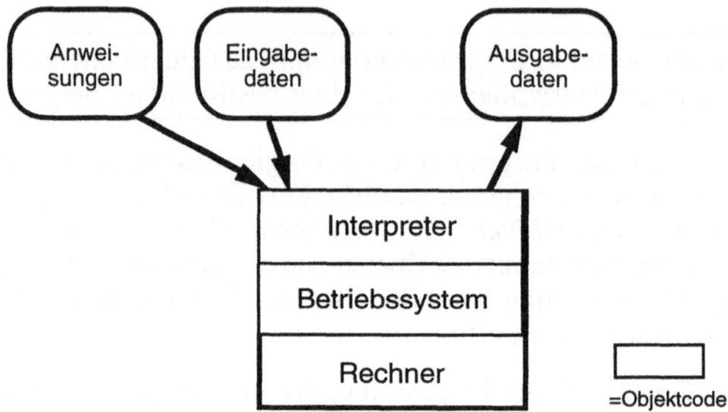

Figur 4.6: Programminterpretation mittels eines Interpreters

Für die Programmentwicklung gibt es noch eine andere Form der Programmübersetzung, die sog. *Interpretation.* Dabei geschieht die Programmausführung mittels *Interpreter*. Ein Interpreter führt Anweisungen eines Programms aus, indem er diese nicht übersetzt, sondern selber darstellt, simuliert. Hierdurch lässt sich die *Programmentwicklung* beschleunigen, da der Übersetzungsprozess entfällt, welcher nach jeder Programmänderung nötig ist. Auf der anderen Seite verlangsamt sich aber die Programm*ausführung,* da der Interpreter jede Anweisung der Programmiersprache immer wieder zunächst analysieren muss, bevor er sie ausführen kann.

4.2.3 Die Programmiersprachgenerationen mit Beispielen

Eine Begriffsklärung zuerst: Das Wort „Generation" deutet auf eine historische Entwicklung hin. Tatsächlich begann die Programmierung mit Sprachen der „1. Generation", den Maschinensprachen. Später kamen Assemblersprachen dazu und erhielten den Namen „2. Generation". So ging es weiter mit der 3., 4. und 5. Generation. Aber es wäre ein Trugschluss zu meinen, damit hätten die „früheren" Generationen ihre Bedeutung verloren. Auch heute sind die Objektprogramme in Maschinencode formuliert (1. Generation), auch heute werden sehr viele und besonders anspruchsvolle Programme in prozeduralen höheren Programmiersprachen (3. Generation) formuliert. Der Begriff „Programmiersprachengeneration" oder kurz „*Generation*" bedeutet heute *keine* historische, sondern ausschliesslich eine *qualitative* Einordnung.

In Fig.4.7 werden die Programmiersprachen nach Generationen gegliedert. Es ist dabei in der Informatik allgemein üblich, Anwendernähe *oben* und Maschinennähe *unten* zu plazieren. Daraus folgt auch der wichtige Begriff der *höheren* Programmiersprachen.

> *Höhere Programmiersprachen* sind unabhängig von Computertypen. Zugehörige Compiler oder Interpreter übersetzen entsprechende Programme in den speziellen Maschinencode.

Nähe zur Anwendung ↑	auf einem einzigen Computertyp	unabhängig vom Computertyp
5.Generation		Sprachen der "künstlichen Intelligenz" (Lisp, Prolog)
4.Generation		höhere Programmier- und Datenzugriffsysteme (Mapper, Natural, Focus, SQL)
3.Generation		höhere Programmiersprachen (Fortran, Cobol, Basic, Pascal, C, C++)
2.Generation	Assemblersprache	
1.Generation	Maschinensprache	
	Mikroprogrammierung	
Nähe zur Maschine ↓	Mikrooperationen	

Figur 4.7: Programmiersprachen nach Generationen und Abhängigkeit vom Computertyp

Noch *unterhalb* der Maschinensprachen angesiedelt sind die Mikroprogrammierung und andere Möglichkeiten, besondere Hardwarefunktionen zu nutzen (vgl. Firmware, 5.3.2).

Sprachen der 1. Generation: Maschinensprachen

Maschinensprache ist die Bezeichnung für die Programmiersprache, die ein Computer direkt „versteht“. Da die Hardware des Computers nur die elektronische Darstellung binärer Zahlen erkennt, besteht ein Maschinensprache-Programm aus einer Folge solcher Zahlen. Einige dieser Zahlen stellen Anweisungen an den Prozessor dar, andere Adressen im Speicher. Der Computer arbeitet optimal anhand so dargestellter Programme; für einen Programmierer ist es hingegen sehr mühsam, Programme auf diese Weise zu formulieren.

Sprachen der 2. Generation: Assemblersprachen

Wegen der Schwierigkeiten, die der Mensch beim Programmieren in Maschinensprache hat, wurde eine Notation entwickelt, die jedem Code der Maschinensprache ein kurzes, aber prägnantes und damit leicht zu merkendes Wort zuordnet. Diese Notation wird als *Assemblersprache* bezeichnet; die kurzen Wörter bilden einen mnemonischen Code. Statt einer Bitfolge 00110101 dürfen bestimmte Buchstabengruppen wie ADD (für addiere) verwendet werden und für Speicheradressen sogar freigewählte Namen, so dass in der Assemblersprache symbolische Anweisungen wie „`ADD SUMME, WERT`" möglich sind, die sich bedeutend einfacher lesen und verstehen lassen als „00110101 0000001 00000010". Die Umsetzung der symbolischen in die binäre Schreibweise besorgt ein relativ einfaches Dienstprogramm für die Symbol- und Adressumrechnung, der *Assembler* (to assemble = zusammensetzen). Trotz dieser Vereinfachung ist die Programmierung in Assemblersprache immer noch sehr stark maschinenorientiert und wenig problemnah. Auch können in Assemblersprache formulierte Algorithmen nicht einfach auf einen anderen Computer übertragen („portiert") werden, da zuviele computerabhängige Details in einem Assemblerprogramm stecken. Aus heutiger Sicht ist deshalb eine Programmierung in Assembler nur noch in extremen Ausnahmefällen angebracht, wenn z.B. sehr strenge Zeitbedingungen erfüllt werden müssen.

Sprachen der 3. Generation: höhere allgemeine Programmiersprachen
Während die Assemblersprachen weitgehend die Maschinenoperationen bestimmter Computer abbilden, orientieren sich höhere Programmiersprachen an der Ausdrucksweise der Anwender oder bestimmter Fachgebiete. So sollte die Berechnung einer Kreisfläche in Form einer mathematischen Formel möglich sein:

```
Kreisfläche : = pi * radius ^ 2
```

Dabei stehe das Zeichenpaar : = für „Zuweisung" und das Zeichen ^ für Potenz.

Neben der Mathematik werden zur Darstellung eines Programms auch Ablaufstrukturen benötigt, wie wir sie bereits in 4.1.4 angetroffen haben (`IF THEN ELSE, WHILE DO, BEGIN END`). Ein Beispiel einer ganzen Programmstruktur zeigte schon Fig.4.2.

Typische Vertreter dieser Programmiersprachen sind FORTRAN, COBOL, BASIC, Pascal, Modula-2, C und C++, Oberon, Smalltalk, PL/I, Ada. Eine wichtige Eigenschaft dieser Sprachen ist ihre weitgehende Normierung. Diese macht es möglich, einmal ausprogrammierte Algorithmen ohne wesentliche Änderungen auf praktisch beliebigen Computern ausführen zu können.

FORTRAN: Die im wissenschaftlich-technischen Bereich verbreitete Programmiersprache FORTRAN wurde ursprünglich zwischen 1954 und 1957 von John Backus bei IBM entwickelt. FORTRAN ist eine Abkürzung von „formula translator", also zu deutsch „Formelübersetzer" und orientiert sich an der Schreibweise mathematischer Formeln. Haupteinsatzgebiete sind wissenschaftliche und numerische Berechnungen. Inzwischen wurde FORTRAN vielfach weiterentwickelt; neue Versionen enthalten auch die erst viel später entwickelten Konzepte der strukturierten Programmierung und Möglichkeiten für die Programmierung von Supercomputern (Vektorrechnern).

Da neuere FORTRAN-Compiler auch ältere Sprachversionen tolerieren, entstehen bei der Kombination umfangreiche, aber unsicher verbundene Programmkomplexe.

COBOL wurde 1960 von einer Gruppe von Computerherstellern und -anwendern erfunden. Der Name COBOL ist die Abkürzung von „common business oriented language", also einer „allgemeinen Sprache für den geschäftlichen Bereich". Dies erklärt auch, warum COBOL seit langem die wichtigste Sprache zur Verarbeitung umfangreicher Datenmengen im kommerziell-administrativen Bereich ist, also bei Banken, Versicherungen, Behörden und ähnlichen Institutionen. Besonderes Merkmal von COBOL ist die starke Orientierung am englischen Satzbau. Hierdurch unterscheidet sich COBOL von anderen Programmiersprachen, die sich mehr an der Formelsprache der Mathematik orientieren. COBOL-Programme sind damit relativ gut lesbar, aber sehr wortreich.

BASIC (Abk. für beginners all purpose symbolic instruction code) wurde in den Jahren 1963-1965 ursprünglich als Sprache für Einführungskurse ins Programmieren entwickelt. In BASIC wird typischerweise interaktiv programmiert unter Verwendung eines BASIC-Interpreters. BASIC bietet nur beschränkt Möglichkeiten einer strukturierten Programmierung, spiegelt aber die interne Funktionsweise des Computers sehr stark wider, da jede Anweisung mit einer Nummer versehen wird, auf die im restlichen Programm Bezug genommen werden kann, um z.B. die Ausführungsreihenfolge zu ändern. Dies kann besonders bei grösseren Programmen zu einer wenig durchschaubaren Struktur und damit zu sehr unleserlichen Programmen führen (sog. „Spaghetti-Code"). Neuere BASIC-Versionen bieten auch Strukturierungsmöglichkeiten an.

Die Programmiersprache *Pascal* (benannt nach dem französischen Mathematiker Blaise Pascal) wurde 1970 von Niklaus Wirth an der Eidgenössischen Technischen Hochschule (ETH) in Zürich für den Einsatz im Unterricht entwickelt. Sie gehört zur Familie der logisch strukturierten und der numerischen Mathematik nahestehenden Sprachen, deren erste Vertreter *Algol-58* und *Algol-60* waren. Die Stärken von Pascal liegen in den hochentwickelten Strukturierungsmöglichkeiten für Prozessabläufe (Beispiele in Fig.4.2 und Fig.4.3) und Daten, in der Konzentration auf das Notwendige (Pascal hat relativ wenige Sprachelemente) und in der sehr effizienten Einbettung in den zugehörigen Compiler (z.B. *TurboPascal).* Dadurch hat Pascal grosse Verbreitung in der Schule und allgemein im Kleincomputerbereich gefunden.

Der direkte Nachfolger von Pascal ist die ebenfalls von Niklaus Wirth 1978 entwickelte Sprache *Modula-2.* Wie schon ihr Name andeutet, unterstützt sie das Konzept der Modulbildung besonders deutlich; aus Unterprogrammen (Fig.4.4) werden *Module,* deren Kooperation strengen Regeln unterworfen ist. Damit können einzelne Module relativ isoliert vom Gesamtproblem allenfalls auch von verschiedenen Programmierern entwickelt werden. Module, welche allgemeine Aufgaben lösen, können in eine *Modulbibliothek* aufgenommen und zur Lösung neuer, aber ähnlich gelagerter Probleme wiederverwendet werden.

Die Programmiersprache *C* kombiniert gewisse Eigenschaften und Sprachelemente der Assembler- mit denen höherer strukturierter Programmiersprachen, wie z.B. Pascal. Dies erlaubt eine effiziente, aber dennoch maschinenunabhängige Programmierung. Obwohl C Anfang der 70er Jahre zunächst nur für die portable Implementierung des Betriebssystems UNIX entwickelt wurde, hat sich diese Sprache inzwischen neben FORTRAN und COBOL zu einer der am meisten verbreiteten Sprachen entwickelt.

C++ ist eine Weiterentwicklung von C aus den achtziger Jahren in Richtung der objektorientierten Programmierung (dieser Begriff wird in 4.2.4 erläutert). Damit kann die Verselbständigung von Unterprogrammen über die Stufe der Module hinaus nochmals verstärkt werden. Auch andere Sprachfamilien haben inzwischen objektorientierte Sprachen. *Oberon* folgt Modula-2 und *Smalltalk* vereinigt verschiedene Konzepte.

Zum Abschluss dieser Kurzbeschreibung einiger wichtiger Drittgenerationssprachen seien noch die Sprachen *PL/I* und *Ada* erwähnt, die beide bewusst als *Universalsprachen* konzipiert worden sind und damit den „Wildwuchs" von Sprachen eindämmen sollten. Sie haben beide eine erhebliche Bedeutung erlangt, weil sie von mächtigen Förderern unterstützt wurden. Dennoch gelang ihnen der Schritt zur Universalsprache nicht; die Gründe wurden schon in 4.2.1 dargestellt.

PL/I wurde Ende der sechziger Jahre von der damals die Computerwelt dominierenden Firma IBM aus Konzepten von FORTRAN, ALGOL und COBOL zusammengesetzt und sollte diese Sprachen ersetzen.

Ada entstand Ende der siebziger Jahre auf Initiative des amerikanischen Verteidigungsministeriums (benannt nach Lady Augusta Ada Byron, die schon im 19. Jahrhundert an einem mechanischen Rechner von Charles Babbage arbeitete und daher als Vorläuferin aller Programmierer gilt). Ada enthält die logischen Strukturen von Pascal und Modula-2, Sprachkonstrukte, um „alle" Programmierbedürfnisse abdecken zu können. Dies hat Ada insgesamt zu einer sehr komplexen Programmiersprache gemacht und gar dazu geführt, dass in den ersten Jahren ihrer Existenz kaum Übersetzungsprogramme existierten, die den vollen Sprachumfang verarbeiten konnten. Gleichzeitig stellt diese Komplexität sehr hohe Anforderungen an die Programmierer.

Sprachen und Systeme der 4. Generation: höhere Programmier- und Datenzugriffssysteme

Die klassische Programmierung in einer Sprache der dritten Generation ist auch mit modernen Programmiersprachen eine intellektuell anspruchsvolle Aufgabe; die so erstellten Programme sind entsprechend zeitaufwendig in der Erstellung und teuer. Daher sind für eine besonders wichtige Gruppe von Informatikanwendungen, nämlich für Datenbankzugriffe, Werkzeuge entstanden, die mit „4.-Generations-Sprachen" (4th generation language, 4GL) bezeichnet werden.

Viertgenerationssprachen verfügen über die klassischen Möglichkeiten von höheren Programmiersprachen der 3. Generation, erweitert durch mächtige Sprachkonstrukte für den Datenzugriff auf (meist relationale) Datenbanken, wie sie bereits in 3.3.3 vorgestellt wurden. So zeigt Fig.3.14 eine graphische Abfrage; gleich anschliessend ist die gleiche Abfrage in der Sprache *SQL* (Abk. für Structured Query Language) formuliert.

Da Datenabfragen in Viertgenerationssprachen wie *Mapper, Natural, SQL* oder mit entsprechenden *graphischen Konstrukten* nicht bloss einzelne Datensätze, sondern ganze Tabellen (genau: Mengen von Datensätzen) und entsprechende Auswahlkriterien sehr kompakt festhalten können, wird damit die Programmierung von Datenbankanwendungen um ein Vielfaches vereinfacht und beschleunigt.

Viertgenerationssprachen benötigen aber für ihren Einsatz nicht bloss einen Compiler oder Interpreter, sondern zusätzlich ein entsprechendes Datenbanksystem (wie es in 3.3.4 bereits beschrieben wurde). Nur so sind die entsprechenden Sprachkonstrukte auch anwendbar. Entsprechend sind diese Sprachen jeweils mit Datenbanksystemen gekoppelt. Wichtige Beispiele sind etwa zu *SQL* die Datenbanksysteme DB/2, Oracle, Sybase, Informix, zu *Natural* Adabas, zu *Mapper* die Mapperdatenbank.

Sprachen der 5. Generation: Sprachen der „Künstlichen Intelligenz“
Das Wort *Künstliche Intelligenz (artificial intelligence)* weckt bei manchen Wissenschaftern und Laien zwiespältige Gefühle. Anderseits haben sich aber in der Informatik längst auch Methoden eingebürgert, welche aus der Analogie zu menschlichen Denkprozessen entwickelt wurden und für geeignete Anwendungsgebiete praktisch eingesetzt werden. Stichworte dazu:

- Expertensysteme und Wissensdarstellung,
- Umgang mit unsicherem Wissen (fuzzy logic),
- Neuronale Netze und andere selbstlernende Systeme.

Selbstredend brauchen solche Methoden entsprechende Darstellungsmöglichkeiten, die gelegentlich mit dem Begriff „5.-Generationssprachen“ zusammengefasst werden. Beispiele dafür sind namentlich Sprachen zur Formulierung von Regeln und logischen Formeln, wie etwa *LISP* und *Prolog* (einige Hinweise dazu folgen in 4.2.4).

4.2.4 Die Paradigmen der Programmiersprachen

Neben der grundlegenden Klassierung der Programmiersprachen „nach Generationen“ (eigentlich „nach dem Abstand von der Maschinensprache“), wie soeben in 4.2.3 gezeigt, gibt es auch andere Klassierungsmöglichkeiten. Besonders interessant ist eine Unterscheidung der Programmiersprachen nach der Denkweise, wie darin bestimmte Ideen ausgedrückt werden. Eine solche Denkweise wird auch Paradigma genannt. In der Philosophie versteht man unter einem Paradigma die Vorstellung, wie etwas funktioniert, bzw. wie es zu funktionieren hat. Auf Programmiersprachen übertragen bezeichnet ein Paradigma die Denkweise, wie Aufträge an den Computer in bestimmten Sprachen formuliert werden.

Man unterscheidet hier vier Paradigmen:

- das imperative oder prozedurale Paradigma,
- das funktionale Paradigma,
- das deklarative oder deskriptive Paradigma,
- das objektorientierte Paradigma.

Das imperative oder prozedurale Paradigma
Die Sprachen der 1. und 2. Generation sowie alle frühen Sprachen der 3. Generation unterliegen dem „imperativen Paradigma". In einer imperativen oder prozeduralen Programmiersprache besteht ein Programm aus einer Folge von Anweisungen, die von der Maschine Schritt für Schritt abgearbeitet werden müssen. Ein Programm schreibt also ganz detailliert vor („befiehlt"), was der Computer tun muss, um ein bestimmtes Ziel zu erreichen. Dadurch spiegelt das imperative Paradigma sehr stark die innere Funktionsweise eines Computers wider: Auch die Befehle im Arbeitsspeicher werden Schritt für Schritt in genau definierter Reihenfolge abgearbeitet. Unter dieser Betrachtungsweise erscheinen dann auch die meisten „höheren Programmiersprachen" gar nicht mehr so sehr problemorientiert oder abstrahierend, sondern doch stark computerorientiert.

Vor allem ältere imperative Programmiersprachen besitzen manche Eigenschaften, welche die strukturierte Formulierung eines Algorithmus erschweren. Für BASIC wurde bereits der dort mögliche „Spaghetti-Code" erwähnt. Modernere, sog. strukturierte imperative Programmiersprachen enthalten allerdings die Hilfsmittel, um Programm- und Datenstrukturen abstrakt und korrekt darstellen zu können. Durch bestimmte Einschränkungen und Strukturierungsmöglichkeiten können die grundsätzlichen Nachteile des imperativen Paradigmas begrenzt werden.

Das funktionale Paradigma
Das funktionale Paradigma versucht die wesentlichen Nachteile des imperativen Paradigmas zu vermeiden, indem dem Programmierer nur noch ein einziges Konzept zur Darstellung seiner Computeraufträge zur Verfügung gestellt wird. Dieses Konzept ist die Anwendung einer Funktion (im mathematischen Sinne) auf ihre Argumente. Da Funktionsargumente selbst wieder Funktionen anderer Argumente sein können, lassen sich Funktionen beliebig verschachteln; so lassen sich auch grosse Aufgaben darstellen. Interessant besonders für den Bereich der künstlichen Intelligenz ist die Eigenschaft, dass durch Anwendung von Funktionen neue Funktionen erzeugt werden können, die selber wieder ausgewertet werden können. Dadurch kann also ein Programm Programme erzeugen, die wieder Programme erzeugen, die wieder Programme erzeugen .... und so rekursiv irgendwann das gewünschte Ergebnis liefern.

Insgesamt besitzt die funktionale Sichtweise der Programmierung gegenüber der imperativen Sichtweise eine Reihe von Vorteilen: die Syntax einer funktionalen Programmiersprache ist sehr einfach, da als einziges Konzept die Funktion existiert. Die Formulierung von Algorithmen durch Funktionen führt auf natürliche Weise zu einer klaren Strukturierung eines Problems in Teilprobleme. Jedes Teilproblem wird durch eine Funktion beschrieben. Da Funktionen im mathematischen Sinne betrachtet werden, kann für ein funktionales Programm (in gewissen Grenzen) sogar dessen Korrektheit bewiesen werden. Dies ist für imperative Programme praktisch unmöglich. Der Hauptnachteil funktionaler Programme sei aber nicht verschwiegen: Für viele praktische Anliegen (z.B. für die Gestaltung von Druckformularen) ist der funktionale Ansatz schlecht geeignet.

Die älteste funktionale Programmiersprache ist LISP, die 1959 von J. McCarthy am MIT (Massachusetts Institute of Technology) entwickelt worden ist. Eine viel weitergehende Verkörperung des funktionalen Paradigmas findet sich in der Sprache FP (engl.: functional programming), die 1979 von John Backus vorgestellt wurde.

Das deklarative oder deskriptive Paradigma

Im deklarativen („vereinbarenden") oder deskriptiven („beschreibenden") Paradigma wird bei der Programmierung nur erklärt, welches *Ergebnis* gewünscht ist, aber nicht, wie der Computer dieses Ergebnis genau erreichen soll. Dies bedeutet nicht, dass das Programmieren überflüssig wird. Neben der Beschreibung des Ergebnisses müssen dem Computer für bestimmte Situationen sehr detailliert die Regeln genannt werden, mit deren Hilfe ein Ergebnis abgeleitet werden soll. Bei wichtigen Standardsituationen, namentlich bei Datenbankabfragen, kennt der Computer jedoch diese Regeln. Und er bestimmt die Reihenfolge der Anwendung selbst.

Anschauliche Beispiele für deklarative Sprachen sind die *Tabellenkalkulationsprogramme* („spreadsheets"), wie z.B. Excel, die durch das Aufkommen von Kleincomputern sehr populär wurden. Obwohl auch hier für Berechnungen Formeln angegeben werden müssen, wird die Reihenfolge der Rechenschritte durch das Tabellenkalkulationsprogramm selbst bestimmt. Ein Benutzer muss sich somit nicht mehr um den genauen Ablauf seines Programmes kümmern, sondern nur noch die für ihn wichtigen Regeln (in diesem Fall also Formeln) liefern.

Die Sprache *Prolog* (ein in Frankreich entwickelter Abkömmling von LISP) geht noch einen Schritt weiter, indem nicht einmal mehr Formeln aufgestellt, sondern nur noch Beziehungen zwischen Objekten und Mengen definiert werden müssen. Somit kennt Prolog überhaupt keine Anweisungen mehr, sondern nur noch Vereinbarungen bzw. Regeln. Eine solche Vereinbarung stellt z.B. die Relation zwischen der Fläche, Länge und Breite dar. Die Gleichung „Fläche = Länge * Breite" wird in Prolog automatisch so transformiert, dass jede gesuchte Grösse aus zwei gegebenen Grössen berechnet werden kann. Ist sogar nur eine Grösse gegeben, so werden in Prolog automatisch alle möglichen Lösungen für die gesuchte Grösse geliefert.

Ein besonders wichtiges Beispiel für deklarative Sprachen liefert die *Datenbankabfrage.* Das Beispiel in 3.3.3 (Fig.3.14 und das SQL-Beispiel) zeigt, dass hier nur das gesuchte Ergebnis (die gesuchte Tabelle) beschrieben wird; *wie* dieses Ergebnis erzeugt werden soll, bleibt dem Computer überlassen.

Das objektorientierte Paradigma

Im objektorientierten Paradigma geht es um die Beschreibung ganzer Systeme, die aus Objekten bestehen. Objekte bestehen aus Daten und darauf anzuwendenden Operationen (Algorithmen); gleichartige Objekte bilden sogenannte Klassen. Programmiert werden diese Klassen, von denen die Objekte mit konkreten Werten als Einzelexemplare abgeleitet werden. Beispiele hierfür sind die „Klasse der natürlichen Zahlen" oder die der komplexen Zahlen. Der konkrete Wert 3 ist dann z.B. ein Objekt der Klasse der natürlichen Zahlen, der Wert (1.3, 4.5) ein Objekt der komplexen Zahlen. Unter einer solchen Sichtweise „weiss" der Computer für jede Klasse selbst, wie er mit den dadurch repräsentierten Daten umzugehen hat. Hierdurch kann eine Klasse von allen übrigen Programmteilen als schwarzer Kasten betrachtet werden, der eine bestimmte, genau definierte Funktionalität zur Verfügung stellt, die interne Realisierung dieser Funktionalität jedoch vollständig verbirgt.

Einer solchen Funktionalität kann ein abstrakter Name gegeben werden, der für unterschiedliche Objekte die gleiche Bedeutung hat, auch wenn eine vollständig unterschiedliche interne Realisierung dahintersteht. So ist etwa die „Addition" sowohl für die Menge der natürlichen Zahlen als auch für die Menge der komplexen Zahlen definiert, obwohl deren interne Realisierung unterschiedlich ist. Für den Benutzer von Objekten ist es nur wichtig zu wissen, dass Objekte der jeweiligen Klasse addiert werden können; wie dies geschieht, kümmert ihn nicht.

Die zweite wichtige Eigenschaft des objektorientierten Paradigmas ist die Möglichkeit, aus einer vorhandenen Klasse eine ähnliche neue Klasse mit veränderten Eigenschaften bilden oder – in objektorientierter Terminologie – „ableiten" zu können. Bei einem solchen Ableiten werden automatisch all jene Eigenschaften „vererbt", die nicht explizit verändert werden sollen. Programmiert werden muss also nur noch das Differenzverhalten, das in typischen Fällen weniger Aufwand bedeutet, als wenn eine Klasse von Grund auf neu programmiert werden müsste. Daher lassen sich in objektorientierten Programmiersprachen häufig verwendete Konzepte oder Mechanismen als Klassen abstrakt vordefinieren, die für konkrete Anwendungen leicht modifiziert werden können. Dieser Mechanismus vereinfacht die Wiederverwendung von existierendem Code und kann dadurch zu einer sehr starken Reduzierung des Programmieraufwandes führen.

Das objektorientierte Paradigma hat ursprünglich keine eigenen Programmiersprachen hervorgebracht. Es wurde vielmehr als zusätzliches Konzept in existierende Programmiersprachen aufgenommen und findet sich heute sowohl in imperativen, funktionalen als auch in deklarativen Sprachen.

Die erste Sprache, die das objektorientierte Paradigma vollständig unterstützte, war *Simula-67,* eine imperative Sprache, die bereits 1967 in Norwegen speziell für den Bereich von Simulationen entwickelt worden ist. Die Bedeutung der in Simula-67 realisierten objektorientierten Konzepte wurde von der Informatikwelt lange Zeit nicht richtig erkannt, so dass im wesentlichen nur die imperativen Eigenschaften dieser Sprache konkret angewendet wurden. In den Achtzigerjahren wurden die aus Simula-

67 bekannten objektorientierten Konzepte in fast identischer Weise z.B. in Pascal, Modula-2 und C aufgenommen und führten zu den Sprachen Object-Pascal, Oberon und C++.

Objektorientierte Konzepte wurden auch in funktionale und deklarative Sprachen, so z.B. in LISP und Prolog, integriert. Interessant ist, dass hier im Gegensatz zu den imperativen Programmiersprachen keinerlei Veränderungen an der jeweiligen Sprachbeschreibung erforderlich sind. Alle objektorientierten Konzepte können ausschliesslich mit den bereits in der Grundsprache vorhandenen Mechanismen realisiert werden. Dies zeigt, dass funktionale und deklarative Sprachen trotz ihrer sehr stark begrenzten Grundmechanismen mächtig genug sind, um auch neue Konzepte aufnehmen zu können.

Durch das am Xerox Forschungslaboratorium ab 1972 entwickelte und 1980 verbreitete *Smalltalk-80* begann die eigentliche objektorientierte Ära der Informatik. Smalltalk stellt nicht nur eine Programmiersprache, sondern ein vollständiges Entwicklungssystem dar. Dieses besteht aus einem speziell entwickelten Rechner mit Graphikbildschirm, Tastatur und Maus als zusätzlichem Eingabemedium sowie den zugehörigen Entwicklungsprogrammen. Zur festen Grundausstattung jedes Smalltalk-Systems gehören ca. 400 vordefinierte Klassen. Die Programmierung in Smalltalk bedeutet deshalb häufig weniger die Neuformulierung von Algorithmen, sondern die Suche nach für das konkrete Problem geeigneten Klassen und deren mehr oder weniger starke Anpassung. Für diesen Prozess bietet das Smalltalk-80-System spezielle graphische Hilfsmittel, die wiederum selbst in Smalltalk realisiert sind. Mit dem Smalltalk-System können Programme in eleganter und komfortabler Umgebung entwickelt werden; es stellt aber sehr hohe Anforderungen an den Programmierer. Im Unterschied zur Benützung von imperativen, funktionalen und deklarativen Programmiersprachen genügt es bei der objektorientierten Programmierung nicht, eine neue Sprache zu erlernen; zusätzlich muss eine umfangreiche Programmierumgebung beherrscht werden.

4.3 Programmiermethoden und -werkzeuge

4.3.1 Programmieren: Kunst oder Technik?

Bei Informatikentwicklungen in den Sechziger- und Siebzigerjahren waren oft Einzelpersonen bestrebt, „optimale" Programme zu erstellen (einzelne dieser Programme laufen noch heute). Unter optimal wurden dabei vor allem die bestmögliche Ausnützung des Speichers und ein günstiges Laufzeitverhalten verstanden. Der Programmierer versuchte deshalb mit allen Mitteln und Kunstgriffen, für diese Kenngrössen möglichst gute Werte zu erzielen. Dazu baute sich jeder Einzelne seine private Trickkiste auf und komponierte seine persönliche Lösung, in den meisten Fällen ein kleines „Kunstwerk". Schon die Dokumentation dieser Konstruktionen bereitete jedoch meist Mühe. Sobald die so erstellten Programme die erste Funktionstüchtigkeit erreichten und in Betrieb genommen wurden, traten nicht selten grosse Schwierigkeiten mit der Zuverlässigkeit auf. Schlimm wurde es, wenn Drittpersonen mit der Weiterentwicklung oder Wartung solcher Programme beauftragt werden mussten; häufig war es nur mit grösster Mühe möglich, die trickreich programmierten „Kunstwerke“ zu verstehen und die geeigneten Anknüpfungspunkte für den Ausbau zu finden. Eine vollständige Neuentwicklung führte oft mit geringeren Kosten als eine Änderung zum Ziel und zu besseren Programmen.

Zwei Zitate aus der damaligen Zeit:

> „We build systems like the Wright Brothers built airplanes – Build the whole thing, put it off the cliff, let it crash and start over again“. (R.M. Graham, 1968)

und

> „Existierende Software
> - wird von Amateuren bestellt,
> - wird von Pfuschern erstellt,
> - ist unzuverlässig und bedarf dauernder Pflege,
> - ist voller Fehler und ungeeignet für Verbesserungen,
> - kommt zu spät mit wesentlichen Preisüberschreitungen,
>
> deshalb ist Software Engineering dringend notwendig.“ (F.L. Bauer, 1971)

Diese unbefriedigende Situation in der Softwareentwicklung gab natürlich Anlass zu heftigen Diskussionen, und vehement wurden bessere Vorgehenstechniken und Entwicklungsmethoden gefordert und auch vorgeschlagen. Im Methodenstreit veröffentlichte Dijkstra 1968 seine grundlegenden Überlegungen zum Thema „Strukturierte Programmierung“, und im selben Jahr wurde in Garmisch eine NATO-Tagung über „Software Engineering" durchgeführt. Setzte Dijkstra mit seinen Ideen einen methodischen Grundstein, so verstand man schliesslich *Software Engineering* als eine ganze Palette von Methoden zur Unterstützung der Anwendungsentwicklung. Die neuen Impulse visierten allerdings primär die Programmentwicklung an und trafen damit den Kern der Problematik nur halbwegs. Es ging nämlich nicht allein um die Herstellung einzelner Programme, sondern vor allem um die Konstruktion von ganzen Systemen, in denen organisatorische Abläufe, Geräte, Programme und Daten zusammenwirken. Neuerdings zeigt sich dabei immer deutlicher, dass die Daten die zentrale Rolle spielen und die Programme sich an den Daten auszurichten haben, wie in diesem Buch vielfach gezeigt wird.

Heute, Jahrzehnte nach Garmisch, liegt ein sehr grosses Arsenal von Methoden und Hilfsmitteln vor. Sie tragen in vielfältiger Form zur effizienten Entwicklung von Anwendungen bei, damit diese den Anforderungen entsprechen. Allerdings sind inzwischen auch die Anforderungen und die Vielfalt der Anwendungen gestiegen, so dass auch heute die Softwareprobleme noch nicht ausgestorben sind. Bessere Methoden und Werkzeuge gehören heute jedoch zum Alltag. Die Programmierung ist zur Ingenieurtechnik geworden.

Auf Bedeutung und Notwendigkeit der Ingenieurtechnik weist die Begriffsbildung Software Engineering hin. Zu deren Erläuterung sei aus unzähligen Definitionen jene von Gewald [Gewald et al. 85] zitiert:

> *Software-Engineering* ist die genaue Kenntnis und gezielte Anwendung von Prinzipien, Methoden und Werkzeugen für die Technik und das Management der Software-Entwicklung und -Wartung auf der Basis wissenschaftlicher Erkenntnisse und praktischer Erfahrungen sowie unter Berücksichtigung des jeweiligen „ökonomisch-technischen Zielsystems".

4.3.2 Der Programmentwicklungsprozess

Informatikeinsatz heisst vor allem auch Programmeinsatz. Wenn im Rahmen der Projektentwicklungsarbeiten (Abschnitt 3.2, speziell Fig.3.4) nicht auf bereits verfügbare Programme zurückgegriffen werden kann, müssen solche neu entwickelt werden.

Ausgangspunkt einer Programmentwicklung ist die *Problemformulierung* mit einer *Problemanalyse* (Fig.4.8 oben). Sie untersucht die gestellte Aufgabe und die gegebenen Randbedingungen (inkl. Schnittstellen zu Nachbarsystemen). Anschliessend werden die gewünschten Funktionen und die erforderlichen Leistungen in einem *Pflichtenheft* festgehalten. Mit einer *Durchführbarkeitsstudie* ist zudem abzuklären, ob sich ein Vorschlag überhaupt realisieren lässt, d.h. ob ein entsprechendes Programmsystem erstellt werden kann. Als Resultat dieser Phase liegt das Pflichtenheft vor, dem das neue Programmsystem zu genügen hat. Es bildet auch die Referenz für die spätere Abnahme der Programme.

Nun folgt die eigentliche Programmentwicklung (Fig.4.8, Mitte).

Beim *Entwurf* wird das eigentliche Programmkonzept entwickelt, das die vorliegenden Anforderungen erfüllt, und in Form von *Spezifikationen* beschrieben. Diese betreffen namentlich die Ein- und Ausgabe sowie die Programmfunktionen im einzelnen. Bei grösseren Programmen ist gleichzeitig das Gesamtsystem so aufzuteilen, dass überschaubare Module entstehen, die wiederum über sauber definierte Schnittstellen miteinander verbunden werden können. In dieser Entwurfsphase werden also noch keine Programme, sondern nur Spezifikationen erstellt. Die Entwurfsphase ist von grösster Wichtigkeit, denn hier entsteht die eigentliche Antwort auf die gestellten Anforderungen.

Die *Implementierung* hat die Aufgabe, ein Programm oder Programmpaket herzustellen, das auf dem verfügbaren Computer und in der bestehenden Systemumgebung lauffähig ist. Hierzu wird jedes einzelne Modul so codiert und dokumentiert, dass ein transparentes Produkt vorliegt. Einfachheit und Klarheit sowie einfache Änderungsmöglichkeiten sind die Eigenschaften, die ein gutes Programm auszeichnen, nicht Individualitäten und raffinierte Tricks des Programmierers. In bestimmten Situationen kann die Implementation teilweise oder ganz automatisiert werden; Voraussetzung ist dafür eine formale Spezifikation in der Entwurfsphase, was deren Bedeutung nochmals unterstreicht.

Der *Systemtest,* wo Funktionen und Leistungen überprüft werden, soll den Nachweis erbringen, dass die Anforderungen erfüllt werden können. Dafür wird das Programmsystem nach verschiedenen Stufen von internen Tests schliesslich den realen Bedingungen ausgesetzt und mit der echten Arbeitslast überprüft. Diesen Tests kommt besondere Bedeutung zu, weil heute noch keine automatischen Verfahren für die Programmverifikation zur Verfügung stehen. Wenn im übrigen korrekte Programme zu langsam laufen, ist eine gezielte Effizienzverbesserung durchzuführen, die aber unter keinen Umständen die korrekte Funktionsweise des Programms beeinträchtigen darf.

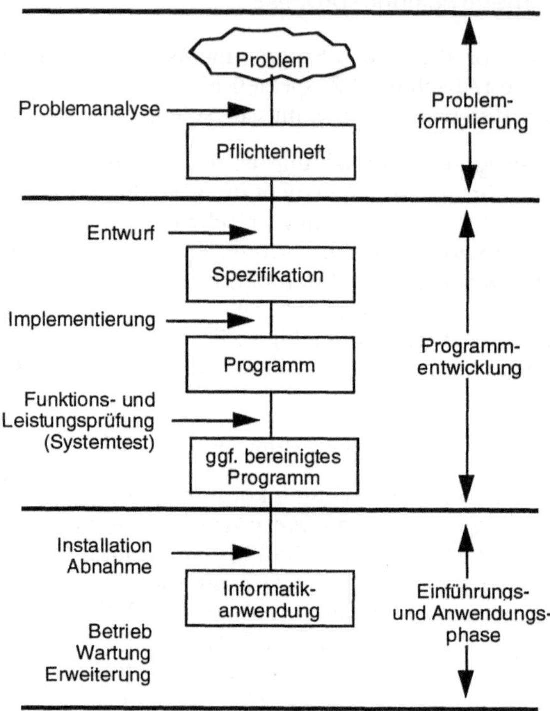

Figur 4.8: Der Problemlösungsprozess führt schrittweise vom Problem zur Informatikanwendung

Nach Abschluss der eigentlichen Programmentwicklung folgt die *Einführungs- und Anwendungsphase* (Fig.4.8 unten). Zur Einführung können ganz verschiedene Arbeiten nötig sein. Wurde das Programm auf einem besonderen Entwicklungscomputer erarbeitet, so ist es auf das künftige Produktionssystem zu übertragen und dort zu implementieren. Bei der anschliessenden Abnahme hat der Auftraggeber abzuklären, ob die in der Problemanalyse formulierten Anforderungen vom vorliegenden Produkt erfüllt werden können.

Zum *Betrieb* gehört auch der sog. Programmunterhalt (oder Programmwartung; maintenance). Erfahrungen zeigen, dass Informatikanwendungen nicht statisch sind und dass im Laufe der Zeit immer wieder kleinere Änderungen und grössere Erweiterungen notwendig sind. Diese Erweiterungen lassen sich umso einfacher durchführen, je sauberer die Programmentwicklung durchgeführt wurde.

Der ganze Programmentwicklungsprozess kann und muss mit Hilfe geeigneter Methoden und Werkzeuge unterstützt werden (vgl 4.3.4). Das in Fig.4.8 beschriebene Vorgehen bei der Programmentwicklung mit den dazu erforderlichen Phasen ist grundsätzlich für Aufgaben jeglicher Art und Grösse gültig. Die einzusetzenden Methoden und Hilfsmittel haben sich hingegen an den jeweiligen Problemstellungen zu orientieren. Die wachsende Komplexität der Probleme verlangt immer wieder nach neuen Verfahren. Die Herstellung umfangreicher Programmpakete unterscheidet sich daher wesentlich vom Erstellen kleiner Programme.

Zum Abschluss dieser Übersicht über die Arbeitsschritte der Programmentwicklung muss aber darauf hingewiesen werden, dass gerade anspruchsvolle Programme oft nicht auf Anhieb spezifiziert, implementiert und in Betrieb genommen werden. Viele Teilabklärungen sind dafür nötig, viele Irrwege werden begangen und erst zu spät erkannt und rückgängig gemacht; die Entwicklung muss allenfalls gar neu in Angriff genommen werden. Aus diesem Grunde werden für grosse Systeme zuerst nur Kernsysteme (evolutionäre Prototypen) oder experimentelle Vorläufer (Wegwerfprototypen) entwickelt, wie bereits in 3.2.3 gezeigt wurde. Der Entwicklungsprozess (Entwurf – Implementierung – Systemtest – Einführung) kann übrigens auch mehrfach durchlaufen werden, um auf diese Weise konstruktiv vom Konzept zum operationellen Produkt zu gelangen, wie etwa [Boehm 88] vorschlägt (Fig.4.9).

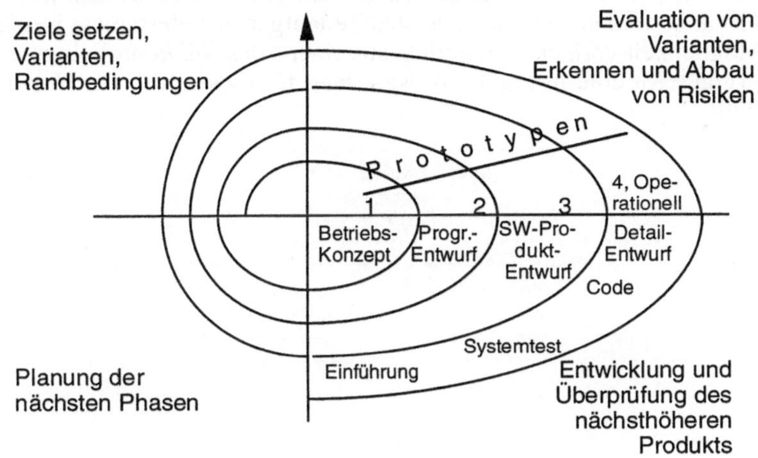

Figur 4.9: Das Spiralmodell für die Programmentwicklung nach Boehm

4.3.3 Module und Schnittstellen

Die heute für den Programmentwurf geltenden Grundsätze verfolgen zwei Zielrichtungen: Einerseits geben sie an, wie Programme gebaut sein sollen und anderseits legen sie fest, in welcher Reihenfolge welche Konstruktionsschritte erfolgen sollen. Objekte der Bemühungen können dabei ganze Programmsysteme, einzelne Programme oder auch Module sein. Es gibt Methoden, die mehr auf den Systementwurf und andere, die stärker auf den Programm- oder Modulentwurf ausgerichtet sind. In allen Fällen geht es vorerst aber darum, die *Struktur eines Systems zu erkennen* und diese in sinnvolle, für die Aufgabenerfüllung geeignete Subsysteme aufzuteilen.

Die Analyse von Aufgabenstellungen geht früh darauf aus, in einem Gesamtsystem Teilbereiche abzugrenzen, Zusammengehörendes zu gruppieren und die gegenseitigen Beziehungen zwischen solchen Gruppen festzuhalten. Dabei verwendet man häufig den Begriff des Moduls und der Modularisierung.

> *Modul* (engl. module) bezeichnet eine Zusammenfassung von Funktionen und Inhalten, welche gesamthaft eine bestimmte Aufgabe lösen.

Module sind also nicht beliebige Programmteile, sondern grössere Programmstücke, welche logisch zusammengehörige Aufgaben und Daten bearbeiten und so eine logische Einheit darstellen; im Rahmen der Programmentwicklung sind Module Bausteine, welche die mit den Daten auszuführenden Operationen festlegen. Die Zerlegung einer Aufgabenstellung in Module ist im allgemeinen nicht eindeutig bestimmt.

Ein *Beispiel* (Fig.4.10) zeigt, wie diese Zerlegung in Module aussehen kann. Die Gesamtaufgabe „Ausstellen eines Studierendenausweises mit Foto" wird zweckmässig in Arbeitsschritte aufgeteilt, wobei dieser Prozess auf jeder Stufe wieder weitergehen kann. Dabei ist anzustreben, dass die untersten Teilaufgaben so festgelegt werden, dass dafür nach Möglichkeit vorhandene Module aus einer *Modulbibliothek* eingesetzt werden können (graue Module in Fig.4.10), weil dann für diesen Teil die Neuprogrammierung entfällt.

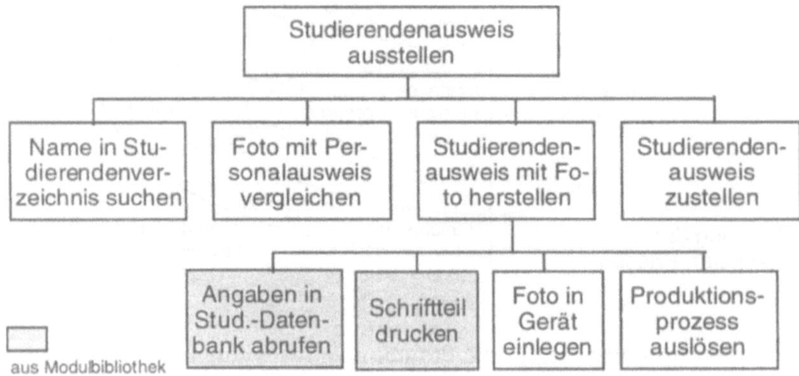

Figur 4.10: Hierarchische Zerlegung einer Aufgabe in Module (Beispiel)

Bei der Zerlegung in Module geht es um drei Ziele, nämlich um

- einen klaren und einfachen Aufbau innerhalb der einzelnen Module zu erreichen;
- die Module weitgehend voneinander unabhängig gestalten zu können;
- spätere Systemänderungen auf wenige Module zu konzentrieren, um diese Änderungen möglichst einfach durchführen zu können.

In der Praxis werden häufig die generellen Steuerungsfunktionen in einem Hauptmodul zusammengefasst und auf einer zweiten Ebene Module für die Hauptfunktionen der Aufgabe gebildet. Diese greifen selbst wiederum auf weitere Module zu. Dies führt zur Bildung von mehrstufigen Strukturen, die über die streng hierarchischen Abhängigkeiten hinausgehen können und dann Netzwerkcharakter annehmen. Der Leser stellt leicht fest, dass diese Modularisierungstechnik (und auch Fig.4.10) genau mit der allgemeinen Strukturierungsmethode übereinstimmt, der wir schon in Fig.4.4 beim Prinzip der schrittweisen Verfeinerung begegnet sind, wie sie namentlich von Niklaus Wirth [Wirth 93] postuliert wurde und auch *Top-down-Entwurf* genannt wird. Dabei geht man von den Hauptfunktionen des Gesamt-Systems aus und verfeinert dann schrittweise Struktur und Darstellungsform (Fig.4.11 links).

Auch der umgekehrte Weg, *Bottom-up,* hat seine Bedeutung in der Praxis. Dieser Weg wird beim Zusammensetzen der Module zu grösseren Einheiten begangen (Fig.4.11 rechts). Beide Vorgehensweisen kommen somit in der Praxis zum Einsatz. Ein top-down entworfenes System kann bottom-up implementiert und vor allem auch geprüft werden, d.h. die Reihenfolge bei der Realisierung muss nicht jener beim Entwurf entsprechen.

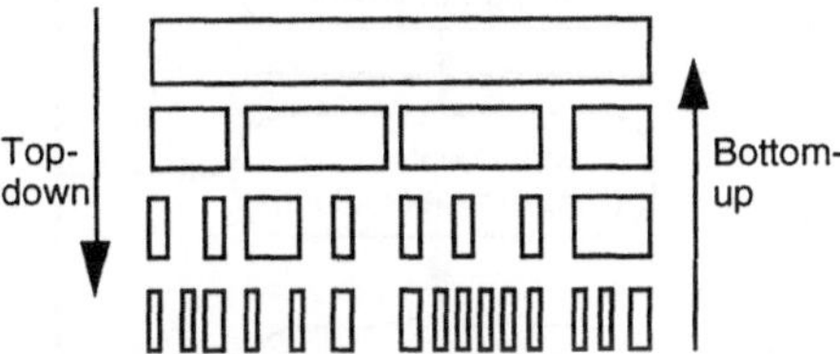

Figur 4.11: Top-down und Bottom-up-Prozesse

Zum Schluss dieser Modularisierungsüberlegungen wollen wir uns noch kurz mit dem *Zusammensetzen* befassen. *Wie* werden Module zusammengesetzt? Wie spielen die *Verbindungen* zwischen Modulen? Wie sehen *Schnittstellen* aus?

Für die *Schnittstellengestaltung* wurden in den letzten Jahrzehnten immer zweckmässigere Lösungen entwickelt, welche in den entsprechenden Programmiersprachen Eingang gefunden haben. So werden die Datenflüsse zwischen verschiedenen Modulen über sog. *Export- bzw. Import-Anweisungen* gesteuert, um zu verhindern, dass der Datenbestand innerhalb eines Moduls über allfällige Nebeneffekte und Hintergrundspeicher (sog. *globale Daten* in bestimmten Programmiersprachen) unkontrolliert verändert werden kann.

Mit der objektorientierten Programmierung (vgl. 4.2.4) wird die Schnittstellengestaltung nochmals raffinierter, wobei allerdings gerade auf Grund des Prinzips der Vererbung neuartige Nebeneffekte möglich werden. Damit wird die Programmierung zwar effizienter, schafft aber neue Sicherheitsprobleme.

4.3.4 Einsatz von Methoden und -werkzeugen

Die Programmentwicklung wird heute wie jede andere Ingenieuraufgabe durch geeignete Methoden und Werkzeuge unterstützt, die *Werkzeuge* sind selber wiederum Programme (*software tools);* deshalb sprich man hier auch von CASE-Tools.

> *CASE (computer assisted software engineering)* bezeichnet die computerunterstützte Programmentwicklung;
> *CASE-Tools* sind die zugehörigen Werkzeuge.

Dem Entwickler steht heute ein vielfältiges Instrumentarium an Methoden und Werkzeugen zur Verfügung. Diese können sich auf einzelne Teilaufgaben konzentrieren, wie etwa Compiler für die Programmübersetzung aus dem Quellcode in den Objektcode. Immer häufiger werden aber Methoden und Werkzeuge so aufeinander abgestimmt, dass sie mehrere Arbeitsschritte im Programmentwicklungsprozess koordiniert unterstützen können (Fig.4.12).

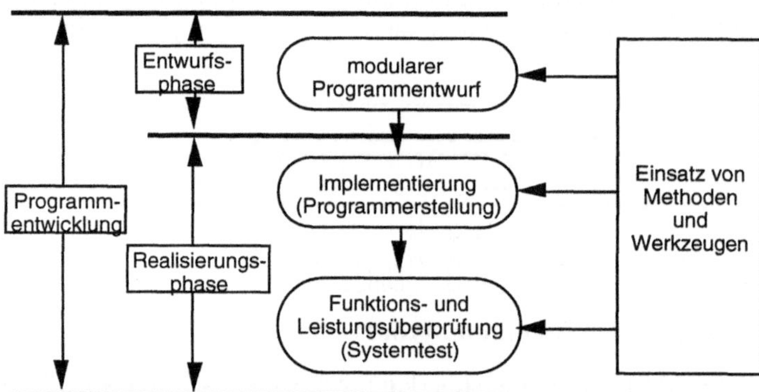

Figur 4.12: Unterstützung der Programmentwicklung mit Methoden und Werkzeugen

Es ist unmöglich, an dieser Stelle dem Leser eine umfassende Übersicht über die heute verfügbaren Methoden und Werkzeuge zu verschaffen. Daher beschränken wir uns auf *Beispiele,* um damit zu zeigen, wie Programmentwickler überhaupt arbeiten. Dabei ist es zweckmässig, Methoden und Werkzeuge getrennt zu betrachten, obwohl selbstverständlich der Methodeneinsatz durch geeignete Werkzeuge *unterstützt* werden kann und muss.

Entwurfs- und Programmiermethoden
Wir sind schon früher (4.2.3) den verschiedenen Generationen von Programmiersprachen begegnet. Jede Programmiersprache erfordert und unterstützt gleichzeitig ein bestimmtes methodisches Vorgehen. So passt ein Top-down-Verfahren – die schrittweise Verfeinerung (4.1.5) – zu strukturierten Programmiersprachen (Bsp. Pascal). Die Entwicklung der höheren Programmiersprachen bildete somit gleichzeitig einen ersten Höhepunkt der Methodenentwicklung.

Der grösste Nachteil der klassischen höheren Programmiersprachen (3.-Generationssprachen) besteht allerdings darin, dass die Programmherstellung auf dieser Basis zwar gut, aber *sehr teuer* ist. Aus diesem Grund wurden Methoden gesucht, welche für wichtige und häufige Anwendungen *einfachere* Wege zum Ziel ermöglichen. Ein sehr erfolgreicher Ansatz in dieser Richtung ist der *Datenbankeinsatz* mit *4.-Generationssprachen* und zugehörigen Werkzeugen, wie er in diesem Buch bereits mehrfach erwähnt wurde (3.3.3 und 4.2.3).

Die Entwurfsmethode nach Jackson

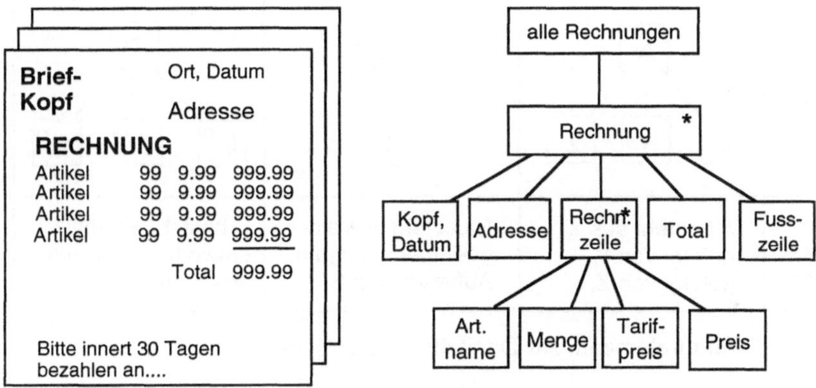

Figur 4.13: Eine Serie von Rechnungen und ihre Strukturdarstellung nach Jackson (Beispiel)

Es gibt aber eine Unzahl weiterer Ansätze, um die Programmherstellung zu vereinfachen; wenige haben sich allerdings in breiterem Ausmass durchsetzen können. Einer der erfolgreichen Ansätze soll nachstehend im Sinne eines Beispiels dargestellt werden, die Entwurfsmethode von *Jackson*.

Die Wirksamkeit jedes Ansatzes und jeder Methode wird stark durch die jeweilige Situation – Art der Aufgabenstellung, organisatorische Bedingungen, Personal usw. – beeinflusst. Vor diesem breiten Hintergrund sind Empfehlungen für spezielle Methoden zu sehen, denn es wird nie für *alle* Fälle die *einzige*, am besten geeignete Methode geben. Vor undifferenzierten Aussagen über die Qualität von Methoden ist zu warnen;

sie würden uns zu einem ähnlich oberflächlichen Glaubenskrieg führen, wie er von den Debatten um Programmiersprachen her bekannt ist.

Diese Methode wurde von Michael A. Jackson 1975 vorgeschlagen und seither in Vorträgen und Schriften verbreitet . Die Jacksonmethode setzt bei den Datenstrukturen an, formuliert diese präzis und leitet daraus die Programmstrukturen ab. Fig.4.13 zeigt dies an einem einfachen Beispiel, dem Ausdrucken von Rechnungen (Fakturierung). Die Datenstruktur einer Serie von Rechnungen besteht aus Sequenzen und Wiederholungen – das sind klassische Elemente von Programmstrukturen, wie sie bereits in 4.1.4, speziell in Fig.4.3, vorgestellt wurden.

Fig.4.13 zeigt das Vorgehen nach Jackson am Beispiel „Rechnungen“. Aus dem anvisierten Produkt („Rechnungen“, in Fig.4.13 links) werden die Strukturen dargestellt (Fig.4.13 rechts), Sequenzen als Folge von Kästchen, Wiederholungen als Kästchen mit Stern. Fig.4.14 zeigt diese Strukturelemente nach Jackson.

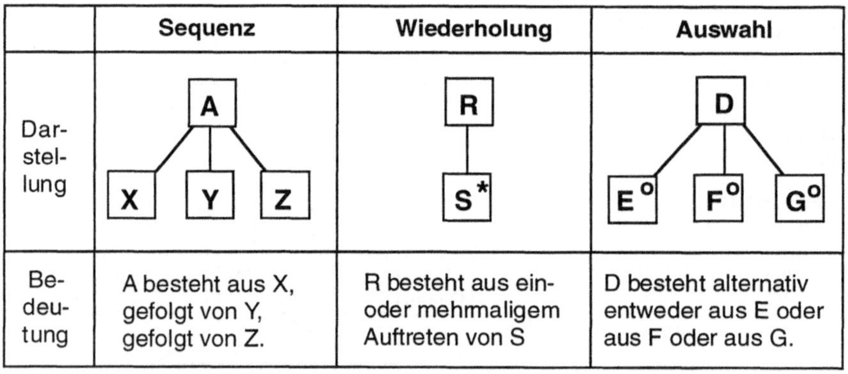

	Sequenz	Wiederholung	Auswahl
Darstellung	A; X, Y, Z	R; S*	D; E°, F°, G°
Bedeutung	A besteht aus X, gefolgt von Y, gefolgt von Z.	R besteht aus ein- oder mehrmaligem Auftreten von S	D besteht alternativ entweder aus E oder aus F oder aus G.

Figur 4.14: Strukturelemente zur Darstellung nach Jackson

Die Methode nach Jackson umfasst selbstverständlich noch weitere Arbeitsschritte. Der Leser kann aber schon aus diesen wenigen Hinweisen ableiten, dass graphische Strukturdarstellungen wie jene nach Jackson dem Entwickler ein Arbeitsmittel in die Hand geben, mit dem er relativ rasch und klar die Hauptstrukturen einer Informatikaufgabe erkennen und präzis ausformulieren kann, ohne sich in Einzelheiten zu verlieren.

Entwurfs- und Programmierwerkzeuge

Die Tätigkeit des Programmierers – das wurde schon mehrfach gesagt – wird heute sehr stark durch computergestützte Werkzeuge (CASE-tools) unterstützt. Die Zeit ist aber längst vorbei, in welcher ausschliesslich professionelle Programmierer Anwenderprogramme nutzungsgerecht bereitstellen konnten. Heute werden die Anwender selber nach Möglichkeit in diese Vorbereitungs- und Entwicklungsarbeiten miteinbezogen. Dafür stehen ihnen flexible Endbenutzer-Programmwerkzeuge zur Verfügung.

Professionelle Entwicklungsarbeiten werden heute meist auf eigentlichen *Entwicklungscomputern* (Fig.4.15 links) ausgeführt. Den Entwicklern stehen dazu einzelne Entwicklungswerkzeuge (Entwurfsprogramme) oder ein ganzes System solcher Werkzeuge, eine sog. *Entwicklungsumgebung* zur Verfügung. Typische Werkzeuge sind neben Compilern etwa spezielle Editoren für die Formulierung der Quellprogramme in bestimmten Programmiersprachen, Organisationshilfen zur Verwaltung von Programm- und Dokumentenversionen sowie Projektführungshilfen. Dazu kommen aber auch spezialisierte Werkzeuge für die Entwicklung bestimmter Komponenten der künftigen Anwenderprogramme, etwa zur Gestaltung graphischer Benutzeroberflächen oder für anspruchsvolle Berechnungen (Matrizenrechnung, Formelumformungen); die für den Betrieb vorgesehenen Anwenderprogramme werden aus solchen Komponenten sowie aus Bibliotheksmodulen zusammengebaut und so implementiert (Fig.4.15 rechts).

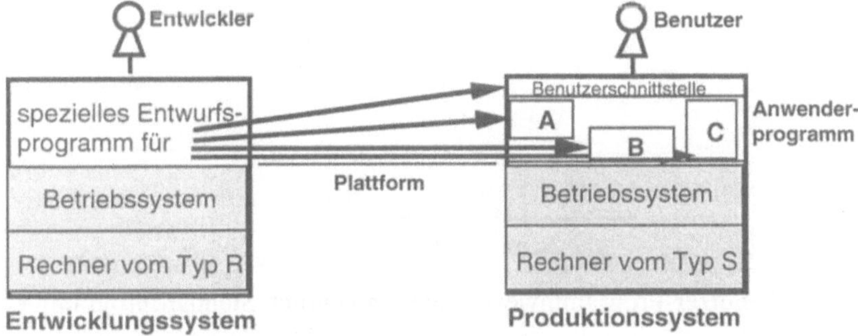

Figur 4.15: Für die Entwicklung vieler Teile von Anwenderprogrammen stehen spezielle Entwurfsprogramme zur Verfügung.

Für die Programmimplementierung kommen zunehmend Programm*generatoren* zum Einsatz, welche aus einer formalen Beschreibung eines Problems automatisch Programme erzeugen. Damit erfüllen diese ähnliche Aufgaben wie ein Compiler. Ein Unterschied besteht darin, dass die Syntax der Generator-Eingabesprache problemspezifischer, aber einfacher als diejenige einer höheren Programmiersprache ist.

Genauso wie bereits das umfassende Überprüfen des Programmentwurfs wichtig ist, sind auch die nach der Implementierung vorliegenden Programme einem strengen Test zu unterziehen. Der Bedeutung dieser Testarbeit entsprechend ist eine eigentliche Theorie darüber entstanden, wie und mit welchen Methoden Programme zu testen sind. Der Test geschieht auf Modul-, Komponenten- und Systemebene, wobei für jede Stufe eine eigentliche Testorganisation mit Testplanung, -durchführung, -auswertung und -dokumentation zu erstellen ist.

Wer Programmentwicklung betreibt, darf jedoch aus dem umfangreichen Angebot von Methoden und Werkzeugen nicht wahllos einkaufen. Nur eine sorgfältige Auswahl von zusammenpassenden Methoden und Werkzeugen bringt dem Entwickler wirkliche

Unterstützung. Und nur gut ausgebildete Leute können diese Methoden und Werkzeuge auch sinnvoll nutzen. Daher müssen die verwendeten Hilfsmittel immer zahlenmässig relativ eng beschränkt bleiben und sollen auch nicht alle paar Monate gewechselt werden.

Endbenutzer-Programmwerkzeuge, Standardprogramme
Anwenderprogramme erhalten ihre definitive Gestaltung nicht immer ausschliesslich durch professionelle Programmierer, weil der sog *Endbenutzer* immer häufiger die Möglichkeit hat, wichtige Arbeitselemente in den von ihm eingesetzten Programmen selbst nach Bedarf festzulegen und an seine Wünsche anzupassen. (Fig.4.16). Hier ist der Benutzer gleichzeitig auch Entwickler.

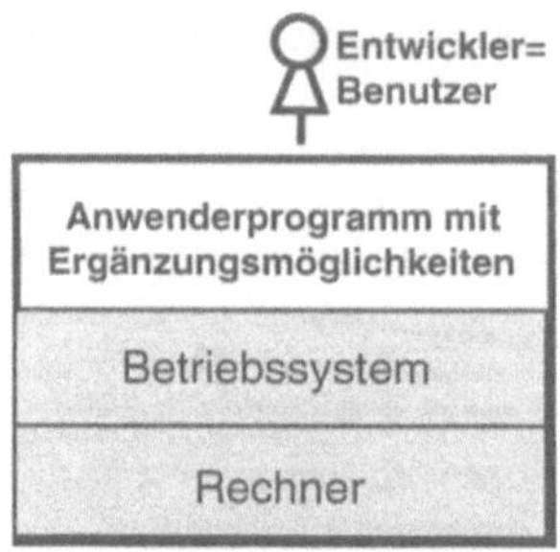

Figur 4.16: Endbenutzer-Programmwerkzeuge (namentlich Standardprogramme)

Endbenutzer-Programmwerkzeuge (enduser software tools) sind Programme, die dem Informatikbenutzer ohne Programmiererfahrung und mit nur geringen Gerätekenntnissen ermöglichen, den Computer zur Unterstützung seiner Arbeit selbständig einzusetzen. Ihr Einsatz kann vom Endbenutzer in einem recht grossen Einsatzbereich flexibel definiert werden, indem die Programme mit individuellen Präferenzen und Programmteilen (sog. *Makros)* ergänzt werden können (Fig.4.16). Die Befehle, die er für diese Anpassungen braucht, sind relativ einfach zu erlernen, wobei das Programmwerkzeug selbst hierfür recht häufig gute Unterstützung bietet.

Viele der heute benützten *Standardprogramme* sind solche „Endbenutzer-Programmwerkzeuge", deren Flexibilität, Einsatzbreite und Benutzerfreundlichkeit sich in den letzten Jahren parallel zur Verbreitung des Kleincomputers massiv verstärkt hat, während ihr Preis sank. Die wichtigsten Endbenutzer-Programmwerkzeuge sind heute vor allem folgende:

- Textverarbeitungsprogramme,
- Tabellenkalkulationsprogramme (spreadsheet programs) mit Präsentations-Ausgabemöglichkeiten,
- Datenverwaltungsprogramme und kleine Datenbanksysteme,
- Statistik- und Mathematikprogramme,

- Graphikprogramme.

Mit diesen Standardprogrammen lässt sich heute ein sehr grosser Bereich von Computeranwendungen im persönlichen Bürobereich abdecken. Der einzelne Anwender kann dabei seine Präferenzen (Bsp.: Standardschrift, Papierformat) selber festlegen und häufige Arbeiten (Bsp.: Berechnungen in Tabellen) mit Makros repetieren lassen. Wirkliche Programmierkenntnisse sind dazu nicht notwendig. Der Käufer hat die Qual der Wahl zwischen relativ einfachen und flexibleren – und damit aber auch komplizierteren – Programmen für professionellere Ansprüche. Wer wenig Erfahrung hat, sollte sich unbedingt an einfache Programme halten, weil ihm die Unmenge der Möglichkeiten und Spezialitäten leistungsfähigerer Systeme nie genügend vertraut werden und ihn somit nur belasten. Die Auswahl geeigneter Programme ist für den erfolgreichen Informatikeinsatz von zentraler Bedeutung.

4.3.5 Dokumentation für Anwender und Wartungsleute

Wer schon selber vor einem Computer sass und ein neues Programm benützen wollte, kennt die Situation: Das Programm konnte gestartet werden, erste Schritte sind absolviert und jetzt geht es nicht mehr weiter – etwas „klemmt". Aber was? Guter Rat ist gefragt.

Dieser gute Rat kann heute in sehr verschiedener Art eingeholt werden:

- von menschlichen *Beratern* im direkten Kontakt (Informatikunterstützung, Ausbildung) oder über Telefon (sog. *Hotline),*
- aus *Handbüchern (manuals)* und *Lehrbüchern* oder
- über *interaktive Hilfe* durch das Computersystem selbst.

Für den *Anfänger* ist der Kontakt mit menschlichen Beratern und Ausbildern wohl das Naheliegendste. Da aber diese Form der Beratung auch die teuerste ist, sollte sich jeder Informatikanwender so rasch wie möglich auch mit anderen Wegen vertraut machen, um zur gewünschten Auskunft bei der Programmbenützung zu kommen. Dazu muss er die verfügbare Dokumentation kennen.

Anwenderdokumentation auf Papier: Handbücher und Lehrbücher
Für die Dokumentation von Standardprogrammen hat sich heute eine eigene neue Literaturgattung von „Programmbüchern" entwickelt, welche jedem Besucher einer technischen Buchhandlung sofort auffällt: Da gibt es irgendwo eine Abteilung mit bunten Büchern, deren Titel genau gleich lauten wie die Programme, die sie beschreiben, also etwa „Excel 7.0" oder „Alles über Unix". Ein Teil dieser Bücher bezieht sich ausdrücklich auf eine einzige Version eines Programms (Bsp. „7.0") und will damit dem Leser präzisen Rat in Einzelfragen bei der Benützung seines konkreten Programms bieten. Andere Bücher, vor allem Einführungen und Lehrbücher, sind meist etwas allgemeiner gehalten, können aber umgekehrt bei Einzelfragen weniger gut als Ratgeber beigezogen werden.

Neben dieser neuen Literaturgattung der „Programmbücher“ existieren zu allen Standardprogrammen auch *Handbücher (manuals),* welche vom Programmhersteller bereitgestellt und dem Programmkäufer mit dem Programm mitgeliefert werden. Viele dieser Handbücher sind heute von hoher Qualität, umfassend und begrifflich sauber. Trotzdem – oder gerade deswegen – haben viele Informatikanwender Mühe, sich in den vielhundertseitigen Handbüchern zurechtzufinden (und ziehen daher die vorher erwähnten „Programmbücher“ vor). Wer aber ständig mit einem bestimmten Programm arbeitet, sollte sich nicht scheuen, auch das entsprechende Handbuch kennen zu lernen, anfänglich vielleicht auch mit Hilfe des menschlichen Beraters.

Zu anderen Programmen, welche nicht wie die typischen Standardprogramme millionenfach abgesetzt werden, ist die schriftliche Dokumentation verständlicherweise dünner gesät. Aber auch für Programme mit einem beschränkteren Einsatzbereich, ja auch für Einzelanfertigungen für Spezialeinsätze gehört die Bereitstellung einer angemessenen Anwenderdokumentation zur selbstverständlichen Pflicht der Programmlieferanten bzw. der Programmentwickler (auch wenn diese meist lieber programmieren als ihre Programme hinterher auch noch zu beschreiben).

Anwenderdokumentation am Bildschirm: interaktive Hilfe

Wenn ein Informatikanwender vor dem Bildschirm sitzt, auf ein Problem stösst und nicht mehr weiter weiss, braucht er normalerweise keine allgemeinen Ratschläge, sondern einen ganz spezifischen Tip für seine momentane Problemsituation. Niemand – auch kein Berater – kennt diese momentane Problemsituation besser als der benützte Computer selber, weil sich sein Programm ja eben gerade in diesem Zustand befindet! Die Hersteller von vielbenützten Programmen, vor allem natürlich solche von Standardprogrammen, bieten daher dem Anwender situationsbezogene Hilfe direkt über den Computer an.

Für diese interaktive Hilfe kann der Anwender eine sog. Hilfefunktion (help) einschalten. Diese basiert auf einer umfangreichen Sammlung von Hinweistexten, welche im Computer mit dem Programm gespeichert sind. Sobald nun die Hilfefunktion eingeschaltet ist, erhält der Anwender zu genau jener Stelle im Programm, an welcher er sich gerade befindet, den zugehörigen Hinweistext auf dem Bildschirm in einem speziellen Hilfefenster eingeblendet. Da die Programmhersteller sehr genau analysieren, wo welche Probleme die Anwender besonders plagen, können sie mit einem guten Hilfesystem den Anwender sehr effektiv unterstützen. Der Aufwand für die Bereitstellung eines solchen Hilfesystems darf aber nicht unterschätzt werden; er kommt nur für Programme in Frage, die in grosser Zahl im Einsatz stehen.

Projekt- und Betriebsdokumentation

Nebst der Anwenderdokumentation (für den Programmeinsatz) darf aber jene ganz andere, technische Dokumentationsaufgabe nicht vergessen werden, welche die Entwicklung und den Einsatz von Programmen begleitet. Die Bedeutung dieser Dokumentation kann hier nicht vertieft behandelt, aber doch an einem Beispiel gezeigt werden:

Beispiel: Lesen einer dreijährigen Archivkopie

In einem Betrieb werden Buchhaltungsbelege auf Magnetbändern archiviert, so lange dies gesetzlich vorgeschrieben ist (zehn Jahre). Wegen der beschränkten Lebensdauer der Magnetbänder werden die Daten alle drei Jahre auf neue Datenträger kopiert. Dabei ist es wichtig zu wissen, mit welcher Programmversion die letzte Speicherung (vor drei Jahren) erfolgt ist. Bei grösseren Systemwechseln müssen allenfalls alte Versionen des Betriebssystems und anderer Programme verfügbar gehalten werden.

Die sorgfältige Dokumentation von Systemänderungen und viele andere Zusatzaufgaben begleiten im Rahmen von Projektentwicklungen und Programmunterhaltsarbeiten die für den professionellen Betrieb von Informatiklösungen Verantwortlichen über die Jahre. Sie bilden auch die Grundlage für die Qualitätssicherung (vgl. 4.4.1).

4.4 Software-Qualität, Software-Kosten

4.4.1 Qualität von Programmen und Qualitätssicherung

Wer ein Computerprogramm einsetzen will – sei es als verantwortlicher Chef, sei es als Anwender am Arbeitsplatz oder privat zuhause – wünscht sich damit ein *Arbeitswerkzeug,* das zweckmässig, richtig und kostengünstig eingesetzt werden kann. Soweit sind sich alle rasch einig. Was heisst aber zweckmässig?

Programme sind relativ komplizierte Arbeitswerkzeuge mit vielen Eigenschaften, so dass die Beurteilung ihrer Eignung, ihrer *Qualität,* oft gar nicht so einfach ist. Es sind ganz verschiedene *Qualitätskriterien* zu beachten, die hier kommentiert werden sollen.

Funktionsumfang:

Die Qualität eines Programms oder Programmpakets wird manchmal daran gemessen, wieviele und welche Funktionen damit abgedeckt werden können. So wünschenswert Vielfalt und Polyvalenz auch sein mögen, so klar zeigt die Erfahrung, dass allzu vielseitige und damit *komplexe Software fehleranfällig* ist und gerade dadurch Qualitätsanforderungen auch verletzen kann. Die Voraussetzung für gute Softwarequalität ist somit eine kluge Beschränkung der Funktionen der einzelnen Programm-Module wie auch des gesamten Programm-Systems. Die „technischen Möglichkeiten" dürfen auf keinen Fall zu unkontrollierbaren Super-Systemen verleiten.

Zuverlässigkeit:

Oberste Anforderung, die man an Programme zu stellen hat, ist *Zuverlässigkeit.* Programme, welche die verlangten Funktionen nicht oder nur für einen Teil der zugelassenen Daten erbringen, sind wertlos, oder, noch schlimmer, können immensen Schaden anrichten, etwa wenn sie einen interaktiven Betrieb zum Erliegen bringen oder in der Prozesssteuerung falsche Aktionen bewirken.

Eine wichtige Voraussetzung für die Zuverlässigkeit von Programmen ist ihre technisch saubere Strukturierung und Modularität sowie die Verwendung geeigneter Programmiersprachen und -werkzeuge. Dazu gehört auch die Lesbarkeit und Vollständigkeit der technischen Dokumentation und damit die Lesbarkeit und Transparenz von Programmen im Falle von Unterhaltsarbeiten. Änderungen und Erweiterungen sind nämlich nur dann mit vertretbarem Aufwand möglich, wenn auch ein Programmierer, der das Programm nicht selber geschrieben hat, sich im bestehenden Programmkomplex rasch zurechtfinden kann.

Benutzerfreundlichkeit:
Der Computer dringt in immer neue Anwendungsgebiete ein, und immer mehr Benutzer begegnen somit den Möglichkeiten, aber auch den Problemen der Informatik. Diese Entwicklung ruft nach hohem Bedienungs- und Benützungskomfort. Jedermann – Routineanwender, gelegentlicher Benutzer – soll effizient und dem Ausbildungsstand angepasst mit dem Computer arbeiten können. Hierzu sind geeignete Dialogformen notwendig, welche leicht erlernbar und anwendbar sind. Diese haben nicht nur die Kommunikation zwischen Anwender und Computer zu ermöglichen, sondern sie sollen den Benutzer bei seiner Arbeit unterstützen und ihm Fehlverhalten signalisieren oder dieses verhindern. Solche Eigenschaften drängen sich vor allem für die Dialogverarbeitung und für Datenbankanwendungen auf. Die Notwendigkeit von guten Benutzerschnittstellen ist zwar unbestritten; es ist aber nicht zu übersehen, dass ihre Realisierung die Entwicklungszeiten und -kosten und schliesslich den Programmumfang merklich erhöhen kann.

Effizienz und wirtschaftliche Ausnützung der Betriebsmittel:
Seit Programme erstellt werden, ist Effizienz eines der dabei verfolgten Ziele. In der Vergangenheit wurde die Optimierung der Software hauptsächlich auf einen minimalen Einsatz der verfügbaren Hardware ausgerichtet, wobei als Massgrössen vor allem die Ausführungszeit und der Hauptspeicherbedarf dienten. Speicherplatz- und Ausführungszeiteffizienz sind jedoch einander entgegenwirkende Grössen, denn eine Minimierung der Laufzeit zieht im allgemeinen einen grösseren Speicherbedarf nach sich und umgekehrt.

Bei der Beurteilung der Effizienz hat man zusätzlich die Preis-/Leistungsentwicklung der Hardware zu berücksichtigen. Heute sind preisgünstige grosse Arbeitsspeicher erhältlich, die das Ringen um den Speicherplatz in den meisten Fällen überflüssig machen. Damit soll nicht dem unsorgfältigen Aufbau von Programmen und der Speicherplatzverschleuderung das Wort geredet werden; aber dem Anwendungsentwickler bleibt doch neuerdings der „Kampf um das letzte Bit“ erspart. Dies ist umso bedeutungsvoller, als der Programmierungsaufwand drastisch zunimmt, wenn man versucht, mit extrem wenig Betriebsmitteln auszukommen. Für die so optimierten Programme sind zudem die Wartungskosten und der Aufwand für einen Weiterausbau ausserordentlich gross.

Im Gegensatz zu den Überlegungen bezüglich Speicherplatzoptimierung spielt die Minimierung der Ausführungszeit trotz steigender Leistung der Zentraleinheiten für gewisse Anwendungsgebiete immer noch eine wesentliche Rolle. Zu diesen Anwendungsgebieten gehören Prozesssteuerungsaufgaben und Echtzeitsysteme mit hohen

Transaktionsraten. Diese sind nach wie vor zeitkritisch und verlangen gut konstruierte, die Ablaufzeit minimierende Programme (vgl. auch 4.4.2).

Flexibilität:
Die Praxis zeigt, dass Programmsysteme nach ihrer erstmaligen Erstellung nicht für ewig in der gleichen Form Bestand haben. Notwendige Änderungen und Erweiterungen drängen sich oft bald auf. Dieser Dynamik kann nur dann erfolgreich entsprochen werden, wenn die Software sich durch Flexibilität auszeichnet, d.h. wenn Anpassungen mit einem vernünftigen Aufwand möglich sind. Die Flexibilität ist ein Mass dafür, wie kostengünstig in einem Softwaresystem neue Benutzeranforderungen berücksichtigt werden können. Wichtigstes Mittel zur Erhöhung der Flexibilität ist eine gute *Modularisierung;* Programmteile, die von einer bestimmten Änderung der Umwelt betroffen werden können, sollen möglichst im gleichen Modul zusammengefasst werden.

Wartungsfreundlichkeit:
Daneben spielt die Wartungsfreundlichkeit (Unterhaltsfreundlichkeit) der Software eine ebenso wesentliche Rolle. Diese gibt an, mit welchem Aufwand Fehler beseitigt und Anpassungen an Hardware und Software durchgeführt werden können. Einfache Wartung ist speziell bei Betriebssystemen und Datenbanksystemen wesentlich, da wegen deren Grösse und Komplexität immer neue Versionen nötig werden.

Auch die Wartungsfreundlichkeit wird massgeblich von einer geeigneten *Modularisierung* beeinflusst; kleine Programme sind übersichtlicher.

Portabilität:
Unter Portabilität wird die Eigenschaft verstanden, dass sich Software von einem Rechner auf einen anderen übertragen lässt. Ein Programm ist umso portabler, je geringer der Aufwand zur Übertragung auf einen anderen Computer ist. Dieser Übergang ist natürlich nur dann möglich, wenn maschinenunabhängige Programmiersprachen verwendet werden.

All diese Qualitätsanforderungen an Software lassen sich nicht einfach *nach* deren Erstellung überprüfen oder ergänzen; sie müssen *während* des ganzen Entwicklungsprozesses in das künftige Programmsystem eingebaut und einer laufenden Qualitätskontrolle unterstellt werden. Aus diesem und vielen anderen Gründen ist es wichtig, dass Softwaresysteme immer überschaubar bleiben. Dies lässt sich (bei Programmen bestehend aus Tausenden oder gar Hunderttausenden von Zeilen Code) nur durch saubere Strukturierung erreichen, also durch modularen Aufbau der Programmpakete.

Die *Modularität* ist somit das eigentlich zentrale Qualitätskriterium von Programmsystemen. Durch sie werden die übrigen Qualitätskriterien von der Wartbarkeit bis zur Flexibilität und Transparenz erst erfüllbar. Professionelle Softwareherstellung und Modularisierung sind nicht voneinander zu trennen.

Globale Qualitätsüberlegungen, Qualität der Entwickler:
Einzelne Qualitätskriterien, wie wir sie soeben betrachtet haben, haben ihre Bedeutung bei der Beurteilung einzelner Programme für bestimmte Aufgaben. Der Informatikeinsatz hat aber heute für viele Betriebe eine Bedeutung erlangt, welche eine viel umfassendere Beurteilung der Qualitätsaspekte verlangt, weil allenfalls Gedeih und Verderb des ganzen Betriebs von der Verfügbarkeit der Informatikdienstleistungen abhängen; als Beispiel denken wir dabei etwa an Banken oder Luftfahrtsgesellschaften.

Aus diesem Grunde hat das Thema *Qualitätssicherung* in den letzten Jahren auch in der Informatik eine sehr hohe Bedeutung erlangt. An dieser Stelle sollen zwei wichtige Stossrichtungen moderner Qualitätssicherungsanstrengungen kurz beschrieben werden. Beide bewerten nicht die Qualität einzelner Programme, sondern jene ihrer *Hersteller.*

Unter dem Namen „*ISO-Norm 9000*“ werden Ansätze zusammengefasst, welche auf internationalen Normen aufbauen (ISO = International Standard Organization) und im wesentlichen die Nachprüfbarkeit aller technischen Entwicklungsarbeiten sicherstellen. Im Informatikbereich betrifft dies namentlich den Programm- und Projektentwicklungsprozess und dessen saubere Dokumentation. Die ISO-Normenreihe 9000 – 9003 definiert also nicht ganz bestimmte Grenzwerte, etwa für „zuverlässige Ausfallzeiten“ oder ähnlich, sondern sie verlangt nur, dass alle *Abklärungen* und Massnahmen zu solchen Ausfallzeiten (und zu allen anderen untersuchten Qualitätsaspekten) klar und *nachvollziehbar dokumentiert* werden. Nur Betriebe, welche diese Anforderungen systematisch erfüllen, erhalten das entsprechende Zertifikat.

Während die ISO-Normenreihe 9000 – 9003 eine präzise Beschreibung des Software-Entwicklungsprozesses verlangt und damit einzelne Qualitätsmerkmale der Qualitätssicherung zugänglich macht, gibt es auch viel globalere Sichten des Qualitätsbegriffs. Eine solch globale Betrachtungsform wurde im Software Engineering Institut der Carnegie-Mellon Universität entwickelt, um nicht bloss einzelne Programme, sondern Software-Entwicklungsbetriebe (Software-Häuser) gesamthaft nach ihrer Qualität klassieren zu können [Humphrey 89]. Dabei dient ein Fünf-Stufen-Schema als Klassifikationsrahmen (Fig.4.17). In diesem Schema bildet das intuitive Vorgehen die unterste, ein voll ingenieurmässiges, objektiv geregeltes und nicht mehr von individuellen Vorlieben geprägtes Vorgehen die oberste Klasse.

Im heutigen Entwicklungsalltag wird bei der Software-Entwicklung vielerorts noch weitgehend nach intuitiven Verfahren gearbeitet, namentlich unter Zeitdruck und in schwierigen Situation (Fig.4.17, Stufe 1). In grösseren Entwicklungsbetrieben werden selbstverständlich Quervergleiche über verschiedene Entwicklungsarbeiten gemacht und ausgewertet (Stufe 2); professionelle Entwicklungsbetriebe arbeiten heute üblicherweise mit klaren Vorgaben, Methoden und Werkzeugen (Stufe 3). Über die Reifestufe 3 hinaus sind jedoch bisher erst wenige Betriebe vorgestossen, indem sie die Programmierung mit Kennzahlen bewerten und steuern (Stufe 4) oder gar so gestalten können, dass aus Messungen und Kennzahlen direkt allfällig nötige Korrekturmassnahmen abgeleitet werden können (Stufe 5).

Das Reifestufen-Modell von Humphrey zeigt besonders eindrücklich, dass für die Qualität von Programmen nicht Einzelverbesserungen zählen, sondern dass ein umfassendes und konsistentes Massnahmenpaket notwendig ist, das gesamthaft zum Einsatz kommt und die *Software-Engineering-Kultur* eines Software-Hauses massgebend prägt.

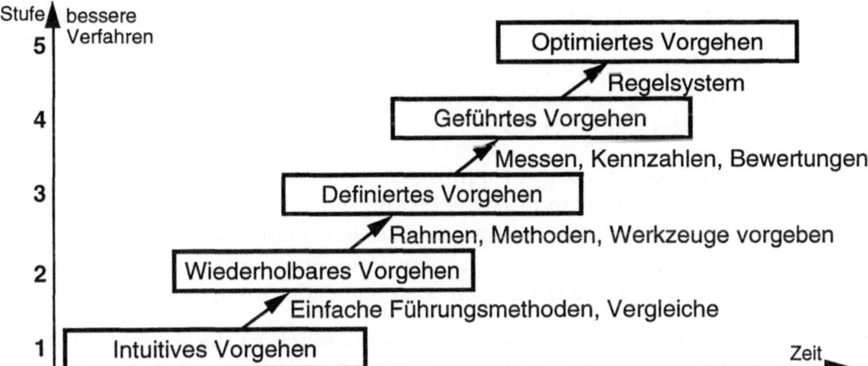

Figur 4.17: Die Reifestufen des Programmentwicklungsprozesses nach Humphrey

Informatik ist eine Ingenieurdisziplin. Informatikeinsatz ohne systematischen Einbezug der Qualitätssicherung gleicht einem Trapezakt ohne Netz. Dies ist überall dort unverantwortlich, wo sich betriebswichtige Arbeiten und Daten auf Informatiklösungen abstützen.

4.4.2 Leistungsmessung bei Programmen

Wer einen Computer kauft, wird sehr rasch mit Leistungszahlen der Geräte (Hardware) konfrontiert, z.B. mit der Taktfrequenz des Zentralrechners (in Megahertz, MHz). Weit weniger häufig wird von der Leistungsfähigkeit von Programmen gesprochen. Dabei ist es doch selbstverständlich, dass in einem Computersystem, welches definitionsgemäss aus Geräten *und* aus Programmen besteht, die Programme ebenso zentral zur Leistung des Gesamtsystems beitragen.

Für die Leistungsfähigkeit (performance) von Programmen sind allerdings wesentlich andere Aspekte wichtig als bei den Geräten, wo es um elektronisch-physikalische Überlegungen, Miniaturisierungen und ähnliches geht. Bei den Programmen kommt es darauf an, einen Rechenprozess geschickt auf einem bestimmten Computer zur Ausführung zu bringen, *zu implementieren.* Dabei können drei verschiedene Teilaufgaben unterschieden werden:

– *Wahl eines geeigneten Rechenverfahrens (Algorithmus):* Schon in Abschnitt 1.6 wurde anhand von zwei Sortierverfahren – sequentielles Suchen und binäres Suchen – gezeigt, dass für eine bestimmte Aufgabe allein durch die Wahl des besseren Algorithmus Geschwindigkeitsunterschiede um den Faktor 1000 und mehr möglich sind.

- *Erstellung eines guten Programms* (Programmimplementierung)*:* Der Algorithmus muss zweckmässig in einer geeigneten Programmiersprache formuliert werden. Auch hier können zwischen guten und schlechten Lösungen Welten liegen.
- *Geeignete Einbettung in eine bestimmte Arbeitsumgebung (Systemimplementation):* Moderne Compiler und Betriebssysteme unterstützen die Implementierung stark. Trotzdem kann es vorkommen, dass ein Programm beispielsweise die verfügbaren Peripheriegeräte schlecht nutzt oder im Mehrprogrammbetrieb andere Benutzer einengt oder gar blockiert.

Weil für die Leistungsfähigkeit von Programmen derart verschiedene Aspekte massgebend sind, ist eine einigermassen präzise Leistungsabschätzung *im voraus* ausserordentlich schwierig. Sie wird nur ausnahmsweise bei besonders wichtigen Programmen gemacht (z.B. bei der Entwicklung von grossen Echtzeitsystemen: Telefonzentralen, Verkehrsüberwachungen usw.); dazu dienen entsprechende Simulationsprogramme.

Einfacher und bei wichtigen Programmen selbstverständlich ist die *nachträgliche* Leistungsmessung. Schon im Laufe des Entwicklungsprozesses werden die Laufzeiten von einzelnen Modulen mit Hilfe von sog. *Monitoren* konkret gemessen; dabei gibt es *Hardware-Monitoren (Messgeräte)* und *Software-Monitoren (Messprogramme).* Auf diese Weise lässt sich erkennen, in welchen Programmteilen zeitliche Engpässe auftreten und allenfalls Nachoptimierungen nötig sind.

Leistungsmessungen von Programmen sind übrigens auch aus der Sicht des *Anwenders* wichtig. Den Anwender interessieren aber nicht die Leistungsmerkmale einzelner Hardware- und Softwarekomponenten; für ihn ist ausschliesslich deren Gesamtleistung wichtig. Dazu existiert eine relative grobe, aber wirklich umfassende Messmethode, die sog. *Benchmark-Methode.* Dabei wird die gesamte Laufzeit eines Programms auf einem bestimmten Computer für eine bestimmte Aufgabe (Testdaten) äusserlich mit der Stoppuhr gemessen; für eine bestimmte Aufgabe lassen sich so die Laufzeiten verschiedener Programme quantitativ direkt miteinander vergleichen. Auch die Leistungsfähigkeit ganzer Computersysteme lässt sich auf diese Weise quantitativ angeben.

4.4.3 Kosten für die Programmbereitstellung

Wer den Informatikeinsatz nur aus der Optik von alleinstehenden Kleincomputerlösungen und Heimanwendungen betrachtet, erhält leicht den Eindruck, dass die bedeutendsten Kosten beim Kauf der *Geräte* entstehen, während Betriebssystem und Anwenderprogramme weniger ins Gewicht fallen. Für Kleincomputerlösungen lassen sich heute tatsächlich das Betriebssystem und die wichtigsten dazu passenden Standardprogramme sehr günstig einkaufen; häufig bieten die Händler auch komplette Paketlösungen an, bei denen die erwähnten Programme in einer Grundversion gerade mit den Geräten mitgeliefert werden.

Noch billiger kommen jene Leute zu ihren Programmen, welche sich die Programme irgendwoher *kopieren.* Diese Methode kann für echte Computerfreaks eine interessante Herausforderung sein, weil über die modernen Datennetze, namentlich über Internet (vgl. 6.4.3), frei zugängliche Programme (Freeware, Shareware) zur Verfügung stehen und von entsprechenden Programmbibliotheken abgerufen („heruntergeladen") werden können. Dort werden Programme von den Autoren frei zur Verfügung gestellt, etwa zur Verbreitung bestimmter Standards oder als Ergebnisse der Hochschulforschung. Die Benützung solch frei erhältlicher Programme erfordert allerdings meist einiges Spezialwissen, und die Ausbildung der Benutzer bleibt diesen völlig überlassen (was bei Freaks kein Problem darstellt).

Nicht frei zugänglich und daher nicht durch blosses Kopieren erhältlich sind jedoch die weitverbreiteten und urheberrechtlich geschützten *Standardprogramme* der international tätigen Software-Häuser. Das Urheberrecht der meisten Industrieländer wurde in den frühen neunziger Jahren entsprechend präzisiert: Das Kopieren geschützter Programme ist ohne Lizenzvertrag nicht zulässig – auch nicht für den Eigengebrauch zuhause! Wer solche Programme trotzdem kopiert und benützt, macht sich strafbar. Das gilt auch für Schulen und andere nichtkommerzielle Anwender.

Nach diesem Ausflug in die Kleincomputerwelt wenden wir uns dem *betrieblichen Informatikeinsatz* zu, wo typischerweise mehrere Computer vernetzt und mit betrieblich spezialisierten Anwenderprogrammen eingesetzt werden:

Beispiele von betrieblichen Anwendungen:

A. In einem kleineren Handelsbetrieb basieren mehrere Computerarbeitsplätze auf einer gemeinsamen Datenbank mit sämtlichen Geschäftsdaten sowie auf speziellen Programmen für *Handelsanwendungen.* Die Datenbank läuft auf einem Datenbankserver (zum Client-Server-Konzept vgl. 5.2.2).

B. In einer *elektronischen Börse* arbeiten sämtliche Börsenhändler (auf vielen Computerarbeitsplätzen in allen der Börse angeschlossenen Banken) über die gemeinsame *Börsenanwendung* und eine gemeinsame *Börsendatenbank* zusammen.

Hier führt die Aufteilung der Informatikkosten nach Hard- und Software meist zu einem deutlich anderen Bild; die Programmkosten übersteigen die Gerätekosten.

Die im Beispiel A genannte Handelsanwendung ist allerdings noch relativ kostengünstig erhältlich, wenn mehrere, ähnlich gelagerte Betriebe das gleiche Programm einsetzen; man spricht hier von *Branchenlösungen.* Software-Häuser, die solche Branchenlösungen entwickeln, gestalten diese daher so, dass eine grössere Zahl von Betrieben diese übernehmen können. Damit lassen sich die Entwicklungskosten für die Programme auf viele Kunden aufteilen. Trotzdem bewegen sich die Kostenanteile solcher Programme für den einzelnen Computerarbeitsplatz meist in einer Grössenordnung, die den Gerätekosten vergleichbar ist.

Viel extremer ist die Situation bei eigentlichen *Spezialentwicklungen,* wie sie etwa eine elektronische Börse (Beispiel „Elektronische Börse Schweiz") darstellt. Eine solche Spezialentwicklung kann Hunderte von Millionen CHF oder DEM kosten, was ein Mehrfaches der Gerätekosten ausmacht. Diese Kosten lassen sich aber rechtfertigen, wenn damit die Leistungsfähigkeit der damit ausgerüsteten Börsenarbeitsplätze entsprechend gesteigert wird.

Bei Kostenüberlegungen im Bereich der Computerprogramme darf der *nach* der Installation noch zu erwartende *Unterhalt* nicht vergessen werden. Da Programme immateriell sind und daher nicht *physisch* altern („rosten") können, bezieht sich der Begriff *Unterhalt (Wartung, maintenance)* auf Arbeiten im Zusammenhang mit Fehlerbehebung und Anpassungen an künftige Bedürfnisse.

Bei *Standardprogrammen* erfolgen Korrekturen und Anpassungen normalerweise durch Nachlieferungen neuer Versionen. Angesichts der weiten Verbreitung dieser Programme sind auch die Beschaffungskosten neuer Versionen relativ klein, so dass ein Versionenwechsel deswegen noch kein Problem darstellen sollte. Wesentlich aufwendiger sind allerdings oft die Folgekosten eines solchen Versionenwechsels, wenn daraus für die eigene Computerinstallation weitere Anpassungsbedürfnisse folgen, etwa für Speichervergrösserungen oder zur gleichzeitigen Versionenänderung anderer Programme. Darum muss auch der Benutzer eines Kleincomputers sich jeweils überlegen, ob er jede angebotene Neuversion eines Programms tatsächlich einsetzen will und soll. Mehrjährig *stabile* Programmeinsätze sind noch längst kein Anzeichen eines unzweckmässigen Informatikeinsatzes.

Völlig anders gestaltet sich die Erneuerung *anwenderspezifischer Programme,* also von Branchenlösungen und Spezialentwicklungen. Diese bleiben häufig zehn und mehr Jahre im Einsatz. Während dieser Zeit lässt sich ihre Anpassung an Veränderungen der Computerplattformen (Geräte, Betriebssysteme), namentlich aber an Bedürfnisse der Praxis oft nicht vermeiden. Solche Anpassungsarbeiten sind jedoch meist schwierig und anspruchsvoll; besonders aufwendig sind sie an überalterten Programmen, für welche entsprechende Entwicklungsleute und Entwicklungswerkzeuge kaum mehr verfügbar sind. Im Zusammenhang mit Kostenüberlegungen ist daher unbedingt zu beachten, dass zehn- bis zwanzigjährige Programme eine Zeitbombe bilden können und zeitgerecht durch modernere Informatikanwendungen ersetzt werden sollten.

Weiterführende Literatur:
Vorbemerkung: Auf Literaturhinweise für bestimmte *Programmiersprachen, Betriebssysteme* und *Standardprogramme* wird verzichtet, da die entsprechenden Bücher in einschlägigen Bibliotheken und Buchhandlungen reichhaltig vorhanden und unter den entsprechenden Namen direkt zugänglich sind.

- Allgemeiner Einstieg ins Programmieren: [Appelrath, Ludewig 95], [Wirth 93]
- Professionelle Programmiertechnik, Software-Engineering: [Beims 95] [Dumke 93], [Humphrey 89], [Suhr, Suhr 93]

Kapitel 5: Computersysteme

In der Hardware die Software, punktuell sichtbar auf dem Bildschirm

Computer basieren auf sehr einfachen Grundkonzepten: Schalterstellung offen/zu (= 1 Bit), logische UND-/ODER-Operatoren, Speicherung von Daten und Programmen im gleichen Speicher. Aber erst durch die moderne Mikroelektronik und durch die damit möglich gewordene preisgünstige Bereitstellung von Millionen (heute häufig schon Milliarden) von Schaltern und logischen Verknüpfungen wurden dessen heutige Einsatzmöglichkeiten Realität. Das einsatzbereite Computersystem besteht auf der Geräteebene aus vielen High-Tech-Komponenten, die durch Betriebssysteme koordiniert werden, welche ihrerseits Spitzenleistungen der Programmiertechnik darstellen.

5.1 Aufbau eines Computers und Digitaltechnik

5.1.1 Analoge, digitale und hybride Computer

Die Geräte, welche in der Informatik Verwendung finden, lassen sich entsprechend den ihnen zugrunde liegenden technischen Prinzipien in drei Klassen einteilen (Fig.5.1). Wir beginnen mit einigen Hinweisen auf analoge und hybride Computer, die heute nur noch in technischen Spezialanwendungen eingesetzt werden und deshalb dem Leser kaum vertraut sein dürften. Damit soll wenigstens ein kurzer Blick in die weite Welt der elektronischen Geräte gemacht werden. Im übrigen konzentrieren wir uns auf die digitale Technik.

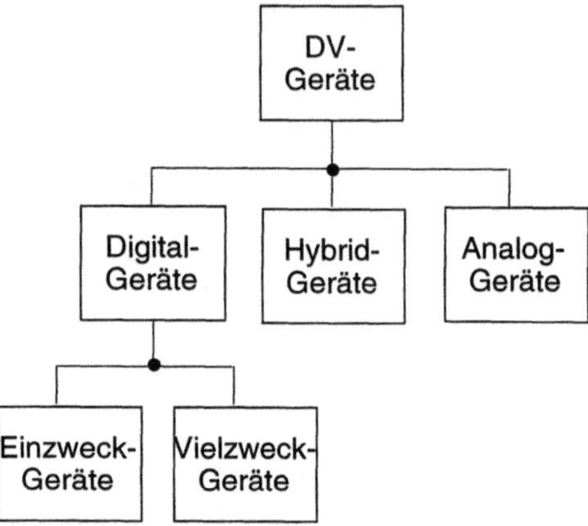

Figur 5.1: Gliederung von Datenverarbeitungsgeräten

Mit einem *Analoggerät* wird ein Problem gelöst, indem aus verschiedenen elektronischen Elementen ein physikalisches Modell des Problems aufgebaut wird, in dem alle wesentlichen Grössen des wirklichen Problems als elektrische Spannungen dargestellt werden. Innerhalb des elektrischen Modells verhalten sich alle Rechenspannungen zueinander genau so, wie sich die Werte im realen Problem zueinander verhalten. Man *simuliert* also die Wirklichkeit im Modell; Problemgrössen und Rechenspannungen lassen sich exakt ineinander umrechnen. In einem Analogrechner wird jede Rechenoperation von einem eigenen Rechenelement ausgeführt. Daher laufen alle Rechenoperationen parallel und somit gleichzeitig ab. Die zur Lösung eines Problems erforderliche Verarbeitungszeit ist nicht abhängig von der Anzahl Operationen des Problems. Sie wird nur von der Leistungsfähigkeit der einzelnen Rechenelemente bestimmt. Die Zahl der Rechenelemente hingegen und der Umfang der Rechenschaltung sind zur Grösse des Problems direkt proportional, so dass sich rasch Grenzen für die auf Analoggeräten bearbeitbaren Aufgaben ergeben. Ihre wichtigsten Anwendungen finden sich bei logisch eher einfachen, aber *zeitkritischen* Aufgaben.

In *digitalen Geräten* werden alle Zeichen in Form von *Ziffern* dargestellt, und die elektronische Verarbeitung erfolgt vollständig losgelöst von jeder physikalischen Bedeutung der Daten. Die für eine Arbeit notwendigen Operationen werden im Digitalrechner grundsätzlich nacheinander durchgeführt (auf die Parallelisierung von Operationen zur Leistungssteigerung kommen wir in Abschnitt 5.2 zurück). Dadurch, dass der Digitalrechner seriell arbeitet, ist die Verarbeitungsdauer direkt proportional zum Umfang der zu lösenden Aufgabe, während diese umgekehrt die Zahl und Struktur der Rechnerkomponenten nicht direkt beeinflusst. Daher kann der *gleiche* digitale Rechner für verschiedenste Aufgaben eingesetzt werden – einer seiner wesentlichen Vorteile! Dennoch gibt es aus wirtschaftlichen Gründen digitale Rechner sowohl als Einzweck- wie auch als Mehrzweckgeräte.

Zur Bearbeitung ganz besonderer Fragestellungen in Forschung und Technik lassen sich Analog- und Digitalrechner kombinieren, um deren Vorteile zu vereinigen. So entstehen *Hybridgeräte,* welche aus einem vollständig ausgerüsteten Analogrechner und einem kompletten Digitalrechner bestehen, die über Kopplungselemente verbunden sind. Während der Bearbeitung von Problemen mit hybrider Rechentechnik bilden Analog- und Digitalgerät eine Einheit.

Damit sei der kurze Exkurs zu den nichtdigitalen Computern abgeschlossen. Alle weiteren Aussagen in diesem Buch gelten ausschliesslich für Digitalcomputer.

5.1.2 Basis-Rechenmaschine nach von Neumann

Schon vor Ende des zweiten Weltkrieges entstanden in Europa und Amerika verschiedene Projekte zum Bau von Rechenautomaten. Konrad Zuse baute in Deutschland eine funktionierende elektromagnetische Maschine, bei der das Programm auf einem umlaufenden Lochstreifen, die Daten mit Schaltern dargestellt wurden. Völlig unabhängig davon erfolgten Entwicklungen auf der Basis von Elektronenröhren in den USA. 1946 veröffentlichten Burks, Goldstine und von Neumann eine Beschreibung der Struktur einer Allzweck-Rechenmaschine. Die Haupteigenschaften dieses Geräts sind darin wie folgt beschrieben:

- Fähigkeiten für die Ausführung arithmetischer und logischer Operationen, für die Ablaufsteuerung, für die Speicherung und für die Kommunikation mit dem Benutzer;
- Steuerung durch schriftliche Anweisungen;
- gleichartige Speicherung von Anweisungen und Daten;
- sequentielle Abarbeitung der Anweisungen.

Zwar wurde nie ein Rechner genau in der vorgeschlagenen Form gebaut, aber die Ideen waren so richtungsweisend, dass man bald generell vom von-Neumann-Rechner sprach. Die wichtigste Neuerung beim von-Neumann-Rechner besteht darin, dass Anweisungen (Programme) und Daten gleichartig auf einem vielseitig verwendbaren Speicher gespeichert werden; so lassen sich nicht bloss Daten, sondern auch die Programme selbst automatisch umformen! Diese Erkenntnis eröffnete neue Dimensionen automatischer Prozesse. Auch heute beruhen die meisten Computer in den Grundideen immer noch auf dem von-Neumann-Prinzip, und es sind erst wenige Ansätze für grundsätzlich andere Konzepte bekannt und realisiert.

Die Basis-Maschine nach von Neumann (Fig.5.2) besteht aus fünf Teilen:

- Die *arithmetisch-logische Einheit* erlaubt die Durchführung der arithmetischen Grundoperationen und die logische Verknüpfung von Daten.
- Die *Steuereinheit* analysiert die anstehenden Programmbefehle und ist für deren Durchführung besorgt.
- Die *Speichereinheit* nimmt sowohl Programme als auch Daten auf.
- Über die *Eingabeeinheit* werden die zu verarbeitenden Daten zugeführt.
- Mit der *Ausgabeeinheit* werden die ermittelten Resultate ausgegeben und dem Benutzer in zweckmässiger Darstellung zugänglich gemacht.

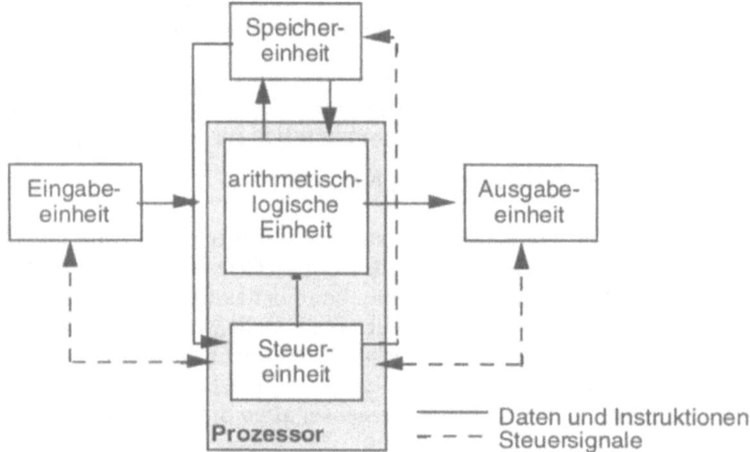

Figur 5.2: Basismaschine nach von Neumann

Die arithmetisch-logische Einheit und die Steuereinheit werden oft unter einem Begriff zusammengefasst und als *Prozessor* bezeichnet.

Die von-Neumann-Architektur wurde im Laufe der Zeit verfeinert und verbessert, und für die einzelnen Einheiten fand man, unterstützt durch die technologischen Fortschritte, immer wieder noch effizientere und den Anwendungen besser angepasste Lösungen. Der grundsätzliche Aufbau eines programmgesteuerten elektronischen Digitalrechners, so wie er heute dem Anwender im ganzen Leistungsspektrum vom Kleincomputer bis zur Hochleistungsanlage (ausgenommen sog. Supercomputer) zur Verfügung steht, entspricht aber immer noch eindeutig dem von-Neumann-Konzept.

Die schematische Darstellung des Digitalrechners in Fig.5.3 zeigt zur von-Neumann-Maschine nur zwei Unterschiede: Der Gesamtkomplex heisst jetzt *Zentraleinheit* und statt der „Speichereinheit" werden mehrere Speicherstufen unterschieden, eine sog. *Speicherhierarchie:*

- *Arbeitsspeicher* (auch *Zentralspeicher = central, main memory,* Primärspeicher): hohe Arbeitsgeschwindigkeit, aber teuer und nicht beständig,
- *Zusatzspeicher* (auch *Sekundärspeicher = secondary storage,* externer Speicher): grosse und stabile Speicherfähigkeit, langsamer.

Die Zentraleinheit bildet den Kern jedes Computers und ist für den Benutzer unentbehrlich; Detailkenntnisse über deren Aufbau und ihre Arbeitsweise muss der Benutzer jedoch in der Regel nicht besitzen. Die Zusatzspeicher, vor allem Festplatten (hard disks), aber auch Disketten, Magnetbänder usw. heben sich von der Zentraleinheit ab; sie stehen aber in engster Verbindung mit dem Arbeitsspeicher und sind dem Anwender ebenfalls nicht direkt zugänglich. Anders die Einheiten für die *Datenein- und -ausgabe,* die sog. *Randeinheiten* oder *Peripherieeinheiten.* Sie bilden die unmittelbaren Kontaktstellen zum Anwender, und ihre Eigenschaften und Funktionsweise beeinflussen oft ganz wesentlich die Auslegung und den Betrieb von Anwendungen.

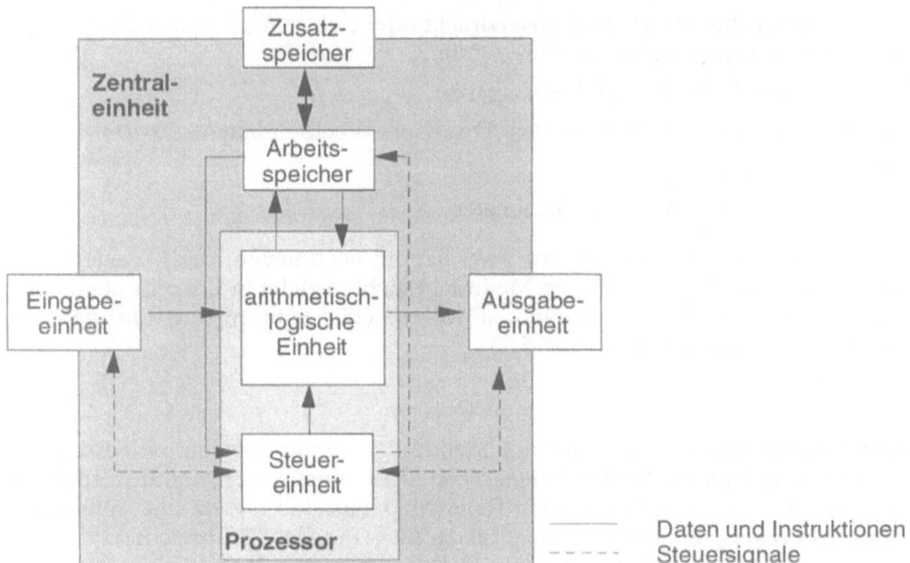

Figur 5.3: Schematischer Aufbau eines programmgesteuerten, elektronischen Digitalrechners (stark vereinfacht)

Für die *Ein- und Ausgabe der Daten und Resultate* steht heute eine Vielzahl von Verfahren und Geräten zur Verfügung.

Die *Dateneingabe* kann *direkt* erfolgen:

- Tastaturen, Maus und andere Geräte,
- Telefon, Telex, Telefax, Funk, Datennetze,
- Direktverbindung zu Sensoren, Messgeräten und Analog-Digital-Wandlern.

Die Eingabe kann aber auch ab einem *Datenträger* erfolgen. Als Eingabedatenträger kommen je nach Aufgabenstellung und Benutzeranforderungen in Frage:

- Disketten, Wechselplatten, Magnetbänder, CD-ROM usw.,
- Belege für optische und Magnetschrift-Ablesung.

Lochkarten und Lochstreifen, die in der Vergangenheit dominierenden Datenträger, finden heute kaum mehr Anwendung.

Die *Datenausgabe* erfolgt häufig *direkt* über:

- Bildschirme,
- andere Medien (Sprache, Multimedia),
- Digital-Analog-Wandler und Aktoren.

Die Daten können aber extern auch ausgedruckt oder elektronisch gespeichert werden. Als *Ausgabedatenträger* stehen im Vordergrund:

- Schnelldrucker, Schreib- und Zeichengeräte,
- Magnetbänder, Magnetbandkassetten, Disketten, Wechselplatten, CD-ROM,
- Mikrofilm, Bildplatten,
- Telefon, Telex, Telefax, Funk, Datennetze.

Neben den aufgeführten Datenträgern wird ständig nach neuen, noch besser auf die Benutzerbedürfnisse zugeschnittenen Medien gesucht, welche in Zukunft noch benutzerfreundlichere Lösungen ermöglichen sollen. (Für weitere Ausführungen zur Ein-/Ausgabe vgl. Abschnitte 5.6 und 5.7).

5.1.3 Kanäle

Die Kommunikation zwischen Randeinheiten und externen Speichern einerseits und Zentraleinheit anderseits erfolgt heute meist über eigene, selbständig arbeitende Ein-/Ausgabe-Prozessoren. Sie werden Kanäle genannt und bilden eine *Schnittstelle (interface)* mit den Steuereinheiten der Randgeräte (Fig.5.4). Entsprechend ihrer Arbeitsweise kann man zwei Hauptarten von Kanälen unterscheiden.

- Ein *Selektorkanal* dient zur Datenübertragung zwischen dem Hauptspeicher und schnellen externen Geräten. Der Kanal wird für die gesamte Dauer eines Datentransfers einem einzigen externen Gerät zugeordnet, und er kann erst nach Abschluss der Übertragung von einem anderen Gerät benützt werden.

- Ein *Multiplexkanal* erlaubt den gleichzeitigen Anschluss *mehrerer* langsamer externer Geräte, wobei diese den Kanal miteinander teilen, indem abwechslungsweise Zeichen von verschiedenen Geräten übertragen werden. Dadurch kann trotz der relativ geringen Arbeitsgeschwindigkeit mancher Ein-/Ausgabegeräte (EA-Geräte) der Kanal effizient ausgenützt werden (zur Technik vgl. auch 6.2.4).

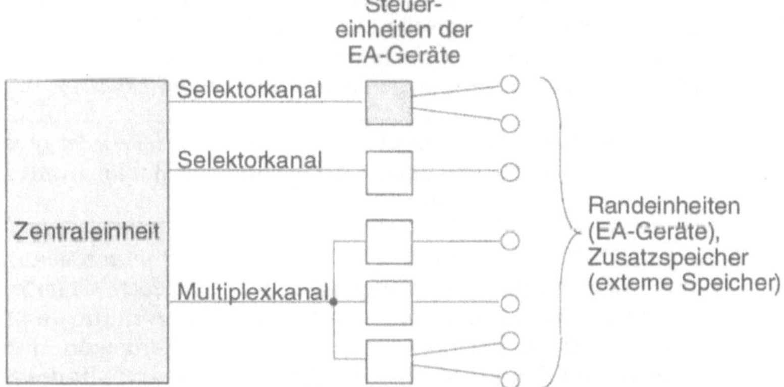

Figur 5.4: Verbindung der Randeinheiten mit der Zentraleinheit über verschiedene Kanaltypen

Die Kanäle wie auch die Zentraleinheit werden heute von vielen Ein-/Ausgabefunktionen (Codeumwandlung, Formatkontrolle, Fehlerbehandlung usw.) entlastet, indem diese auf leistungsfähige zusätzliche Prozessoren, sogenannte Vorrechner und Front-End-Prozessoren, ausgelagert werden. Damit lassen sich Engpässe im Datenfluss entschärfen. Umgekehrt genügt für Kleinrechner oft ein einfacheres, weniger leistungsfähiges Kanalkonzept.

Kanäle dienen aber nicht bloss dazu, verschiedene Geräte gleichsam als eine Art Satelliten an *eine* Zentraleinheit anzuschliessen. Über Kanäle lassen sich auch selbständige Zentraleinheiten verbinden, so dass sie miteinander Daten direkt austauschen können (Fig.5.5).

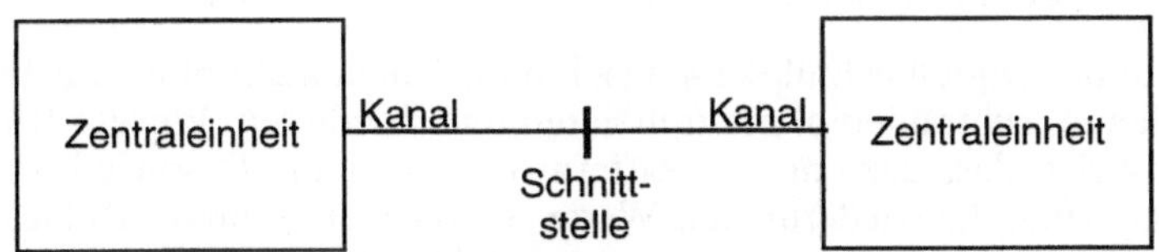

Figur 5.5: Verbindung Computer – Computer

Die Hauptschwierigkeit bei diesem Zusammenschluss selbständiger Computer besteht darin, den Datenfluss zwischen den beiden Partnern jederzeit auf deren aktuelle Sende- und Empfangskapazitäten abzustimmen. Die Bedingungen dieses Datenverkehrs werden für die dazwischenliegende *Schnittstelle (interface)* genau festgelegt. Auf weitere Formen der Verbindungsmöglichkeiten zwischen Computern geht Abschnitt 6.3 („Datennetze") ein.

5.1.4 Elektronische Bauelemente, Digitaltechnik, Mikroprozessoren

Jedermann weiss, dass in einem Computer *Elektronik* eingebaut ist: Begriffe wie „Chip", „Mikroprozessor" und „Elektronische Datenverarbeitung (EDV)" sind geläufig. Daher soll an dieser Stelle in knapper Form gezeigt werden, wie die Bauelemente eines Computergeräts funktionieren. Grundlage dazu ist die *Digitaltechnik.*

> Die *Digitaltechnik* ermöglicht, *Zahlen* mit Hilfe technischer Geräte oder physikalischer Effekte *darzustellen* und unter ganz bestimmten Bedingungen *umzuformen.*

Die einfachste Form einer Zahl ist eine *Binärziffer,* d.h. eine Ziffer im binären Zahlensystem; sie kann nur die zwei Werte 0 und 1 annehmen. Das einfachste Gerät zur Darstellung einer *Binärziffer* ist ein *Schalter* mit *zwei Zuständen,* z.B. „Ein" und „Aus". Der Einfachheit halber bezeichnen wir im Zusammenhang mit Computern diese beiden Schaltzustände gerade mit den beiden Binärziffern „1" und „0". Mit der Schalttechnik und dem binären Zahlensystem können wir aber nicht bloss einzelne Binärziffern darstellen, sondern beliebig grosse Zahlen; wir benötigen dazu einfach mehrere Schalter parallel (Fig.5.6; in elektronischer Form sehen die Schalter natürlich anders aus).

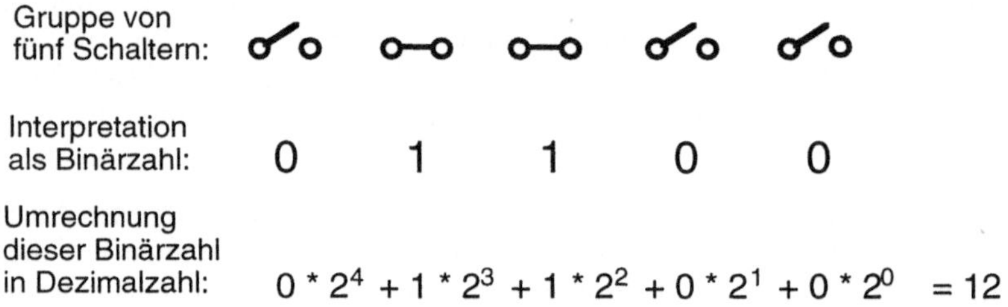

Gruppe von fünf Schaltern:	offen	geschlossen	geschlossen	offen	offen
Interpretation als Binärzahl:	0	1	1	0	0

Umrechnung dieser Binärzahl in Dezimalzahl: $0 * 2^4 + 1 * 2^3 + 1 * 2^2 + 0 * 2^1 + 0 * 2^0 = 12$

Figur 5.6: Darstellung einer Zahl durch eine Gruppe von Schaltern

Mit den Mitteln der Digitaltechnik lassen sich nun Zahlen nicht bloss darstellen, sondern auch addieren, subtrahieren, multiplizieren und dividieren. Wer im Binärsystem rechnen kann, weiss, dass dazu nur die Ziffernwerte „0" und „1" sowie bedingte Umformungen nötig sind, die wiederum auf Werte „0" oder „1" führen. All diese bedingten Umformungen lassen sich mit sog. logischen UND- und ODER-Schaltungen darstellen (Fig.5.7), für welche die Elektronik schnelle physikalische Bauelemente entwickelt hat. Aus diesen lassen sich im wesentlichen alle anspruchsvolleren Prozessoren aufbauen, vom einfachen Addierwerk bis zum vollständigen Computer.

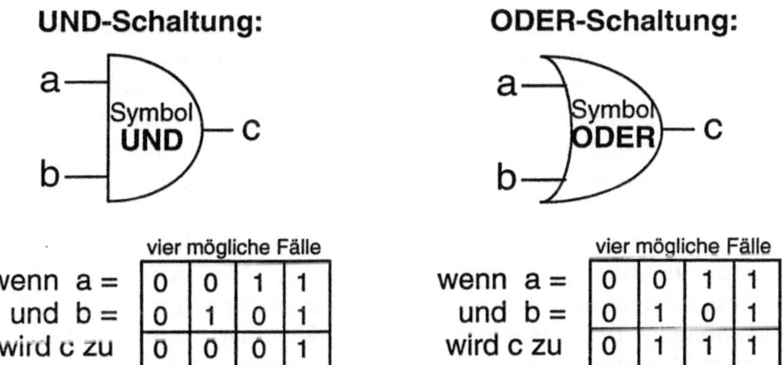

Figur 5.7: UND- und ODER-Schaltungen, Symbol und Wirkung

In Fig.5.7 werden die elementaren logischen Schaltungen nur mit ihrem Symbol und mit ihrer Wirkung dargestellt. Ihre technische Realisierung erfolgt heute normalerweise mikroelektronisch in Form von sogenannten *„integrierten Schaltungen" (integrated circuits, IC).* Die einzelnen Schaltelemente sind Transistoren in sog. Halbleitertechnik auf einem miniaturisierten Träger, dem sog. *Chip* (Bild 5.a).

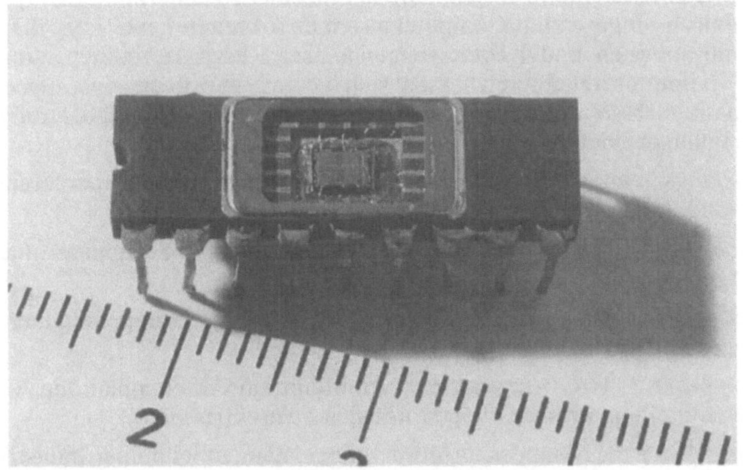

Bild 5.a: Halbleiterspeicher, Chip (aufgeschnitten, daneben Millimetermassstab)

Zur Darstellung von Binärziffern sind zweiwertige Transistorzustände notwendig. Diese können etwa in 10 Nanosekunden geschaltet werden. Neue technologische Entwicklungen werden diese Werte – allerdings mit bedeutendem technischem Aufwand (weitere Miniaturisierung, Supraleitung usw.) – für besonders schnelle Computer noch beträchtlich reduzieren können.

Der Computer stützt seine heutige Leistungsfähigkeit aber nicht einzig auf die schnellen logischen Schalter in Halbleitertechnik ab, sondern gleichzeitig auf die Tatsache, dass sich bereits dank Miniaturisierung sehr viele (eine Million und mehr) von diesen auf dem *gleichen* Chip unterbringen lassen. Damit lassen sich viele Schalter parallel betreiben und ihre Verbindungen sind sehr kurz und damit schnell (vgl. 5.4.2). Der Entwurf geeigneter Schalterkombinationen gehört heute in das Gebiet des *Entwurfs integrierter Schaltungen (VLSI = very large scale integration).* Erst dank der hohen Integration auf einem einzelnen Mikroelektronikelement, dem Chip, wird die *Leistungsfähigkeit* der heutigen Computer möglich. (Ihre *Flexibilität* erhalten sie durch die Möglichkeit der Programmierung.) Auf einem einzigen Chip lassen sich Schaltelemente für verschiedene Teilaufgaben (Speichern, Rechnen, Kommunikation usw.) so kombinieren, dass sie eine vollständige Arbeitseinheit ergeben. Diese werden als *Mikroprozessoren* bezeichnet.

5.2 Verschiedene Computerarchitekturen

5.2.1 Klassen von Computern

Im Abschnitt 5.1 wurden die wichtigsten geräteseitigen Konstruktionsgrundlagen des Computers kurz vorgestellt. Noch heute gelten im Prinzip recht einheitliche Grundsätze (von-Neumann-Maschine) für den Aufbau einzelner *Rechnereinheiten (processing unit).* In praktisch eingesetzten Computersystemen kommen heute aber die verschiedensten Kombinationen und Erweiterungen dieser Rechnereinheiten zum Einsatz. Nach ihren Haupteinsatzgebieten lassen sich vor allem folgende Computerklassen (Unterschiede in Grösse und Leistungsfähigkeit wie auch in der Realisation einzelner Funktionen) unterscheiden:

- *Hochleistungscomputer* für extreme Rechenleistungen (sog. Supercomputer) mit Vektor- und Parallelverarbeitungsmöglichkeiten, vgl. 5.2.3),
- *Grosscomputer* für rechenintensive und datenintensive Aufgaben (auch „main frames“ genannt),
- *Mittelgrosse Rechner* (früher *„Minicomputer“),* die als Gruppenrechner und Server eingesetzt werden,
- *Kleincomputer („Mikrocomputer“),* vor allem am Arbeitsplatz des Anwenders (eine Feineinteilung dieser Gruppe folgt gleich anschliessend),
- *Spezialcomputer* für besondere Anforderungen, namentlich in der Industrie,
- *Telekommunikationssysteme.*

Im Bereich der Kleincomputer hat sich seit deren Auftreten auf dem Markt (um 1980) eine weitere Auffächerung ergeben. Die wichtigsten Unterklassen werden nachstehend kurz definiert. In der Praxis werden aber diese Bezeichnungen unter sich und mit Produktenamen einzelner Hersteller auch durchmischt.

Eine *Arbeitsstation* (workstation) ist ein sehr leistungsfähiger Kleincomputer, der den Grossteil der an einem bestimmten Arbeitsplatz benötigten anspruchsvollen Computerfunktionen und -leistungen abdecken kann.

Ein *persönlicher Computer* (PC = personal computer) ist ein leistungsfähiger Kleincomputer, der an einem bestimmten Arbeitsplatz wichtige Computerfunktionen und -leistungen abdecken kann.

Laptop-Computer und *Notebooks* sind die kleinen und tragbaren Varianten des persönlichen Computers (PC) für die Computerarbeit unterwegs.

Ein *Palmtop-Computer* ist eine Sonderausführung in Taschenformat (Palm = Handfläche) für ausgewählte Aufgaben unterwegs.

Ein *Heimcomputer* (home computer) ist ein Kleincomputer, bei dessen Nutzung nicht Arbeitseffizienz und Sicherheit, sondern Vielseitigkeit (z.B. für Spiele) zu günstigem Preis im Vordergrund stehen.

Die Leistungsfähigkeit eines Computers hängt nicht bloss von der Taktfrequenz und der Speichergrösse, sondern ebenso von der verwendeten Computerarchitektur und dem eingesetzten Betriebssystem ab. Wir können hier nicht auf Einzelheiten eingehen, möchten aber doch einige Stichworte aufnehmen, welche in Produktebeschreibungen für neue Computertypen auftreten. Ein solches Stichwort ist die *Wortlänge* des Rechners, d.h. die Anzahl Bits, die im Prozessor jeweils völlig parallel bearbeitet werden können. So finden sich in Heimcomputern „kleine" Mikroprozessoren mit Wortlängen von 8 oder 16 bit, während die typischen PC und Arbeitsstationen auf 32-bit- sowie zunehmend auf 64-bit-Mikroprozessoren aufbauen.

Der Trend geht eindeutig zur 64-bit-Arbeitsstation, welche damit ins Leistungsspektrum der mittelgrossen Rechner hineinwächst und für Serverfunktionen geeignet ist. Diese Leistungsfähigkeit wird auch benötigt für hochauflösende Graphikbildschirme, wie sie an anspruchsvollen Arbeitsplätzen etwa für den computerunterstützten Entwurf (CAD) verwendet werden.

Ein anderes Stichwort zur Leistungssteigerung bezieht sich auf sog. *Zusatzkarten* oder *Steckkarten* mit zusätzlichen Mikroprozessoren und/oder Speichererweiterungen, womit ein.dafür vorbereiteter Computer hardwaremässig aufgerüstet werden kann. Die technische Voraussetzung ist eine Ausstattung der Computer-Zentraleinheit mit einigen *Steckplätzen,* in welche Steckkarten mit vielen elektronischen Kontaktflächen direkt eingesteckt werden können. Es gibt Steckkarten mit Erweiterungen für den Arbeitsspeicher, mit leistungsfähigen Prozessoren für numerisches Rechnen, für die Telekommunikation und für verschiedene andere Zwecke. Von grosser praktischer Bedeutung sind heute sog. *Graphikkarten,* womit die grossen Leistungsbedürfnisse moderner Bildschirmgraphik auch auf schwächeren Computern nachgerüstet werden können.

Computerklassen und Betriebssysteme
Die wichtigsten heute für Computer verfügbaren Betriebssysteme lassen sich ebenfalls einzelnen Grössenklassen zuordnen. So besitzen einfache Heim- und Hobbycomputer meist herstellerspezifische Betriebssysteme mit stark eingeschränkter Funktionalität. Für die Kleinrechner im 16- und 32-bit-Bereich hat sich bald nach ihrem Auftreten (1981) das Betriebssystem MS/DOS im Bereich der IBM- und dazu kompatiblen Produkte durchgesetzt; inzwischen wurden graphische Benutzeroberflächen eingeführt und mit ihnen die Nachfolger-Betriebssysteme Windows (inkl. NT und 95) sowie OS/2 bei IBM. Ein graphisch orientiertes, aber herstellerspezifisches (sog. proprietäres) Betriebssystem (Mac-OS) vertreibt in dieser Computerleistungsklasse seit 1984 die Firma Apple auf dem Macintosh.

Leistungsfähige *Arbeitsstationen* sowie mittelgrosse Server verwenden meist das weitgehend herstellerunabhängige Betriebssystem UNIX. Bei Grossrechnern werden hingegen häufig proprietäre Betriebssysteme eingesetzt, obwohl für einige Maschinentypen dieser Klasse UNIX-ähnliche Betriebssysteme verfügbar sind.

Im Gegensatz zur Situation bei Grossrechnern existieren somit bei den Kleincomputern einige wenige, weiterverbreitete und bei Computern *verschiedener* Hersteller verwendete Betriebssysteme (MS/DOS, Windows, UNIX). Hierdurch können – was bei Grossrechnern bisher nicht erreicht wurde – Anwenderprogramme einfach von einem Rechnertyp auf einen andern übernommen (sog. portiert) werden, womit sich eine früher nicht gekannte *Portabilität* erreichen lässt. Diese Tatsache hat den Markt für Standardprogramme stark geöffnet. Das Angebot an Standardprogrammen für Kleinrechner ist überaus gross, so dass in sehr vielen Fällen Anwendungen ohne Eigenprogrammierung realisiert werden können. Viele dieser Standardprogramme geben dem Benutzer eine grosse Flexibilität beim Aufbau von Computerlösungen (Endbenutzer-Programmwerkzeuge).

5.2.2 Computergruppen, das „Client-Server“-Konzept

Ein einzelner Computer kann für verschiedene Zwecke nutzbringend eingesetzt werden; schon ein Kleincomputer an einem Einzelarbeitsplatz bildet heute für viele Menschen für Arbeit und/oder Freizeit ein unentbehrliches Werkzeug. Für grössere Betriebe mit mehreren Computerarbeitsplätzen stellt sich aber die Frage der optimalen Zusammenarbeit. Vielfach arbeiten ja mehrere Mitarbeiter nicht unabhängig voneinander. Sie geben einander bestimmte Arbeiten weiter, und sie benützen häufig die gleichen Daten (Datenbanken).

Die ersten Ansätze, mehrere Arbeitsplätze gemeinsam computermässig zu unterstützen, führten seit den späten sechziger Jahren zu sog. Terminallösungen (Fig.5.8 unten links). Ein Grosscomputer lässt sich dabei samt seinen Programmen und Daten von verschiedenen Terminals aus gleichzeitig benützen. Auch heute stehen namentlich in hochintegrierten Grossbetrieben (Banken, Versicherungen, Fluggesellschaften usw.) vielfach derartige *zentrale Grosscomputerlösungen* im Einsatz.

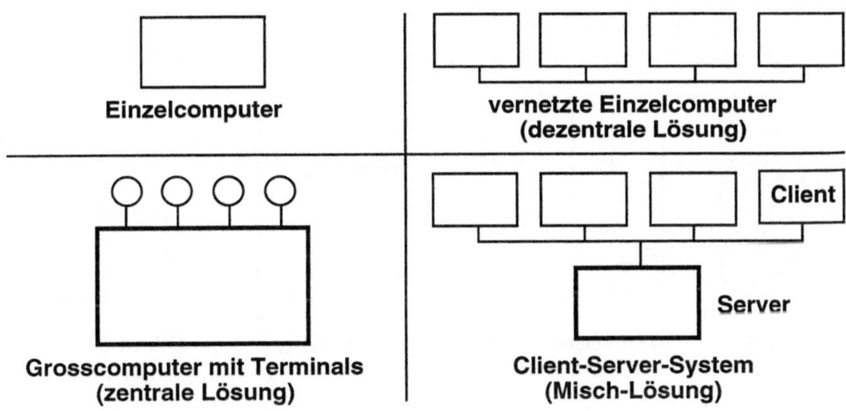

Figur 5.8: Auslegung von Computergruppen

Mit dem Auftreten der preisgünstigen Kleincomputer (PC) seit Beginn der achtziger Jahre entstand den Grossrechnern Konkurrenz. Zwischen Kleincomputern lassen sich selbstverständlich auch Daten austauschen. Zwischen isolierten Einzelcomputern genügen dazu Disketten. Wesentlich bequemer sind dank der Möglichkeit des elektronischen Zusammenschlusses dieser Einheiten *lokale Netze* (wir werden darauf in 6.3.2 zurückkommen). So entstanden in den letzten Jahren sehr viele dezentrale Kleincomputerlösungen (Fig.5.8 oben rechts). Diese erlauben Datenübertragungen, lassen aber die einzelnen Arbeitsplätze im übrigen selbständig. Aus der Sicht der betrieblichen Führung und der informatikmässigen Unterstützung sind allerdings vollständig dezentrale Lösungen für Betriebe mit mehreren Mitarbeitern unzweckmässig: Die *gemeinsame* Arbeit wird computermässig kaum oder nicht unterstützt, und die Unterhaltsarbeiten an den Programmen müssen an allen Computer einzeln vorgenommen werden.

Daher hat sich seit etwa 1990 eine Mischform zwischen zentralen und dezentralen Lösungen etabliert, die unter dem Namen *Client-Server* (Fig.5.8 unten rechts) die Vorteile beider Ansätze vereinigt:

- Gemeinsame Daten und Anwendungsfunktionen werden auf einem *Dienstrechner (server)* gemeinsam bereitgestellt.
- Benutzerschnittstelle und Datenpräsentation nutzen die lokale Leistungsfähigkeit moderner Kleincomputer voll aus; diese dienen als *Benutzerrechner (client).*

Da betriebliche Aufgaben einen sehr unterschiedlichen Integrationsgrad aufweisen können, lassen sich auch die Anwenderprogramme für Client-Server-Lösungen in recht unterschiedlicher Weise auf Server und Client aufteilen. Fig.5.9 zeigt fünf Aufteilungsvarianten, die in der Praxis alle benützt werden. So laufen bei stark integrierten Aufgaben nebst den Daten auch die Anwendungsfunktionen auf dem Server (Serverlastig) und bloss ein Teil der Präsentationsfunktionen auf dem Client; bei Client-lastigen Lösungen konzentrieren sich die Serverfunktionen auf die Datenhaltung.

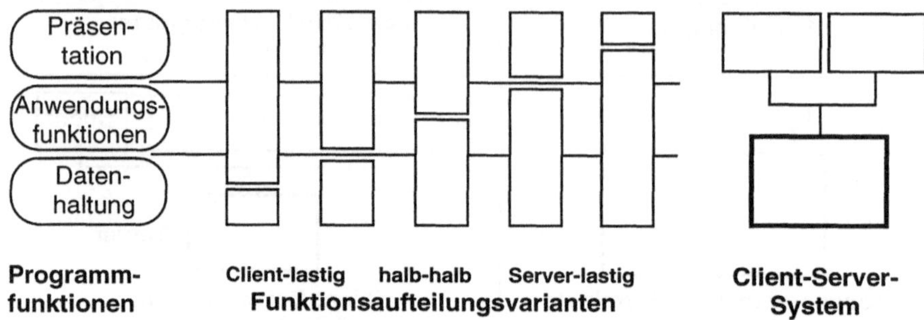

Figur 5.9: Unterschiedliche Aufteilungsmöglichkeiten der Programmfunktionen auf Server und Clients

Bereits zeichnet sich auch eine Weiterentwicklung des Client-Server-Konzepts in Richtung *mehrstufiger* Lösungen ab (dreistufig sog. 3-Tier-Konzept, Fig.5.10 links). Dabei bleibt sicher die Präsentationsseite auf dem Kleincomputer beim Anwender (Client). Die Serverfunktionen werden aber nochmals aufgeteilt: Ein *Applikationsserver* übernimmt die Kernfunktionen der Anwenderprogramme und stellt diese dem Client zur Verfügung; gleichzeitig greift er selber auf den *Datenbankserver* zu, der die dritte Stufe bildet.

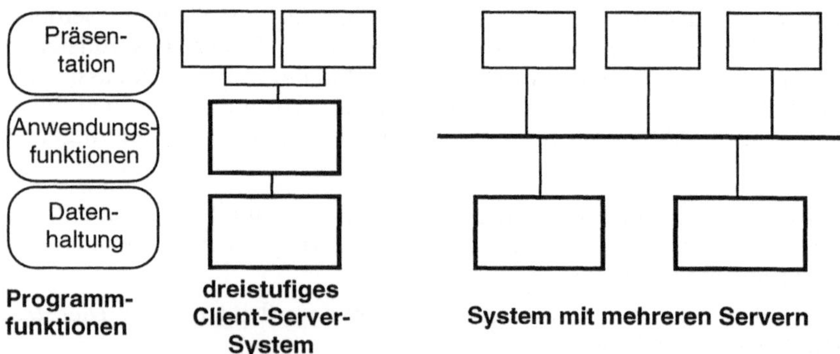

Figur 5.10: Das Client-Server-Konzept erlaubt auch Erweiterungen und den Zugriff auf mehrere Server

Der einzelne Arbeitsplatzrechner kann bei Bedarf gleichzeitig als Client zu mehreren Servern eingesetzt werden (Fig.5.10 rechts). Auf diese Weise kann der Arbeitsplatz bei Bedarf für verschiedene Anwendungen optimal unterstützt werden.

Bereits gibt es Betriebssystem- und Datenbanksystem-Versionen, welche voll auf das Client-Server-Konzept eingestellt sind und die Zusammenarbeit des Vordergrundrechners (Client) und des Hintergrundrechners (Server) sehr komfortabel und effizient unterstützen.

5.2.3 Entwicklung der Computerarchitekturen

Betrachtet man die allgemeine Kurzlebigkeit im Computergebiet und die Dynamik, mit der ständig technologische Verbesserungen verfügbar werden, so überrascht es doch, dass sich die Computerarchitektur rund fünfzig Jahre nach von Neumanns grundlegenden Vorschlägen immer noch stark an diesen orientiert. Zwar kann man verschiedene punktuelle Änderungen und Erweiterungen feststellen, wie z.B. die Ausbildung eines *direkten* Speicherzugriffs der verschiedenen Funktionseinheiten bei praktisch allen Rechnergrössen und -typen oder den überlappenden Zugriff zu einzelnen Speicherblöcken; das Grundkonzept bleibt aber beinahe unverändert.

Zu den wesentlicheren neuen Akzenten gehört die Ein-/Ausgabe-Organisation, wie sie mit den mittelgrossen Rechnern (damals „Minicomputer“) vom Typ DEC-PDP-11 in den siebziger Jahren auftrat. Das Computersystem verfügt hier über eine globale Sammelschiene *(Bus),* an welche der Prozessor, die Hauptspeichermodule, alle weiteren Speicher sowie alle Ein-/Ausgabe-Geräte angeschlossen sind (Fig.5.11). Die Rolle der Schnittstelle zwischen dem Bus und den einzelnen Geräten übernehmen Register, welche deren Status angeben und auch als Daten-Zwischenspeicher dienen. Diese Register können genau so wie ein Hauptspeicherplatz adressiert werden, so dass es keinen Unterschied macht, ob ein Wort innerhalb des Speichers verschoben wird oder ob ein Transfer in ein Datenregister eines anderen Gerätes erfolgen soll.

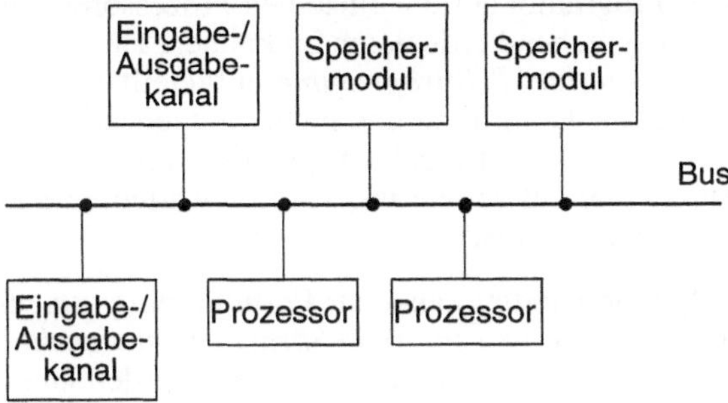

Figur 5.11: Verbindung der Einheiten über eine gemeinsame Sammelschiene (Bus)

Immer wieder wurde aber auch versucht, über das von-Neumann-Konzept hinauszugelangen und mit neuen Computerarchitekturen die Leistungsgrenzen zu sprengen, welche für konventionelle Einzelprozessoren trotz verbesserter Technologie aufgrund physikalischer Gesetze absehbar sind. So stehen heute auch Rechenanlagen mit „unkonventioneller Struktur“ als sog. *Supercomputer* im Routineeinsatz. Aus den entsprechenden Konzepten greifen wir hier kurz drei Möglichkeiten auf, nämlich Pipelining, Vektorrechner und Parallelverarbeitung.

In *Pipelinerechnern* werden die im Programm formulierten Operationen so in Verarbeitungsschritte aufgeteilt und gruppiert, dass diese auf mehreren Einzelprozessoren hintereinander ausgeführt werden können. Wenn nun in einem Programm hintereinander mehrere gleiche Aufgaben zu erledigen sind, werden im Sinne einer Fliessbandtechnik gleichartige Verarbeitungsschritte auf spezialisierte Einzelprozessoren konzentriert. Zu einem bestimmten Zeitpunkt arbeitet jeder Einzelprozessor an einer unterschiedlichen Teilaufgabe einer Operation. Dieses Prinzip findet übrigens nicht bloss auf der Ebene der einzelnen Operationen, sondern auch auf der Ebene ganzer Rechnerkomponenten (z.B. Rechenwerk) Anwendung.

Vektorrechner sind sehr leistungsfähige Maschinen, die sich aber nur für Arbeiten eignen, die aus vielen, aber völlig gleichartigen Teilaufgaben bestehen, wie sie zum Beispiel bei Matrizenrechnungen auftreten, wo *alle* Werte einer Matrixzeile gleichzeitig mit einem bestimmten Faktor multipliziert werden müssen. Ein Vektorrechner verfügt dazu über eine ganze Reihe von Rechenwerken, welche parallel durch ein einziges gemeinsames Steuerwerk gesteuert werden. Ein Vektorrechner arbeitet deshalb zu einem bestimmten Zeitpunkt immer nur an einem einzigen Programm, aber an vielen gleichartigen Daten, wobei dieselbe Operation gleichzeitig auf mehreren Rechenwerken ausgeführt wird.

Ausgangspunkt für *paralleles Rechnen* ist ein *Multiprozessorsystem* von mehreren Prozessoren und Speichern, wo die einzelnen Komponenten weitgehend voneinander unabhängig funktionieren und zum gleichen Zeitpunkt mehrere verschiedenartige Programme ablaufen können. Solche Multiprozessorsysteme können aber auch verwendet werden, um ein einziges Programm auf die einzelnen Prozessoren verteilen und damit dessen Gesamtlaufzeit entsprechend reduzieren zu können. Dazu muss das Programm allerdings in relativ *unabhängige Teilprogramme* aufgeteilt werden, eine oft recht schwierige Aufgabe. Sind die Teilprogramme nicht weitgehend unabhängig, benötigt also ein Teilprogramm laufend als Eingabe Ergebnisse anderer Teilprogramme, so muss der zugehörige Prozessor auf andere Prozessoren warten, was natürlich die Vorteile des Multiprozessors zunichte macht.

Zur Erleichterung der Parallelisierung, also zur Formulierung voneinander möglichst unabhängiger Programmteile, wurden *spezielle Sprachen entwickelt,* in denen die parallele Ausführung von Teilproblemen direkt formuliert werden kann und die so über einen speziellen Compiler eine geeignete Verteilung unterstützen. Besonders geeignet für die Programmierung von Multiprozessoren sind deklarative Programmiersprachen, wie z.B. Prolog. Wesentliches Merkmal einer deklarativen Sprache ist es ja gerade, nicht den sequentiellen Ablauf eines Programms zu beschreiben, sondern nur das Ergebnis sowie die Regeln anzugeben, die das Computersystem in selbst gewählter Reihenfolge abarbeiten kann.

Ein konkretes Beispiel für ein Multiprozessorsystem ist der sog. *Transputer,* ein sehr einfach aufgebauter und relativ preisgünstiger Mikroprozessor mit einer RISC-Architektur (vgl. 5.2.4), der in beliebiger Zahl zum Aufbau eines Multiprozessorsystems verwendet werden kann. Zur Unterstützung der Programmierung solcher Transputersysteme wurde die Sprache OCCAM entwickelt. Preisgünstige Multiprozessoren mit 4 oder 8 Transputern erlauben schon die Aufrüstung gängiger Kleincomputer. Damit lassen sich bereits mit solch kleinen Systemen bestimmte Probleme lösen, die üblicherweise Grossrechnern vorbehalten sind.

Ein sehr grosser Multiprozessor ist etwa die sog. „Connection-Maschine", die aus über 64'000 (genau 2^{16}) einzelnen Prozessoren besteht und speziell für Probleme der künstlichen Intelligenz konzipiert wurde. Bei einer so grossen Zahl von Prozessoren entsteht ein neuartiges Problem, nämlich die einzelnen Prozessoren so untereinander zu verbinden, dass beliebige zwei Prozessoren ohne grosse Umwege, aber auch ohne allzuviele teure Verbindungen miteinander kommunizieren, also Daten austauschen können.

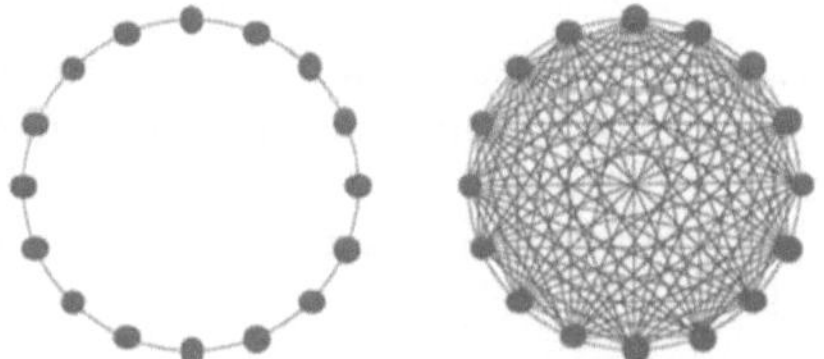

Figur 5.12: Zwei Methoden, 16 Prozessoren miteinander zu verbinden

Bei relativ kleinen Prozessorzahlen, z.B. bei 16 Prozessoren, ist das noch kein dramatisches Problem. Fig.5.12 zeigt zwei mögliche Lösungen. Die linke, ringförmige Struktur besitzt eine sehr kleine Zahl von 16 Verbindungen und ist daher billig im Bau, erfordert aber gleichzeitig einen hohen Kommunikationsaufwand (max. 7 Zwischenknoten). In der rechten, vollständig verbundenen Struktur kann jeder Prozessor mit jedem anderen *direkt* (ohne Zwischenknoten) kommunizieren; gleichzeitig sind aber 120 Verbindungen erforderlich.

Für die Connection-Machine (mit n=65'536) würde die vollständig verbundene Lösung (Fig.5.12, rechts) zu mehr als 2 Milliarden (=n*(n-1)/2) Verbindungen führen, was technisch nicht zu realisieren ist. Aus diesem Grunde wurde eine spezielle Verbindungsstruktur entwickelt, die sowohl die Zahl der Verbindungen als auch den Aufwand der Kommunikation minimiert. Es ist dies die sog. „Hypercube-Struktur", bei der man sich die einzelnen Prozessoren als Eckpunkte eines mehrdimensionalen Würfels vorstellt. Fig.5.13 zeigt solche Strukturen für einen 3- und einen 4-dimensionalen Würfel. Der 4-dimensionale Würfel (Fig.5.13 rechts) hat 16 Eckpunkte (wie die Beispiele in Fig.5.12), benötigt aber nur 30 Verbindungen bei einer Maximaldistanz zwischen zwei Prozessoren von 4 Verbindungen: eine optimierte Lösung. In der Connection-Maschine werden nun je16 Prozessoren auf einem einzigen Chip zusammen mit einem gemeinsamen Router (= Netzrechner) integriert. Die 4'096 Router bilden die Eckpunkte eines 12-dimensionalen Würfels („Hypercube"). Dieser ist aus naheliegenden Gründen nicht dargestellt. Er benötigt (mit k = 12) allerdings „nur" $k*2^{k-1}$=24'576 Verbindungen, wobei die maximale Distanz zwischen zwei Prozessoren 12 beträgt.

Dieses Beispiel zeigt, dass schnelle Computerarchitekturen nur im Zusammenspiel verschiedenster Optimierungsüberlegungen entstehen können.

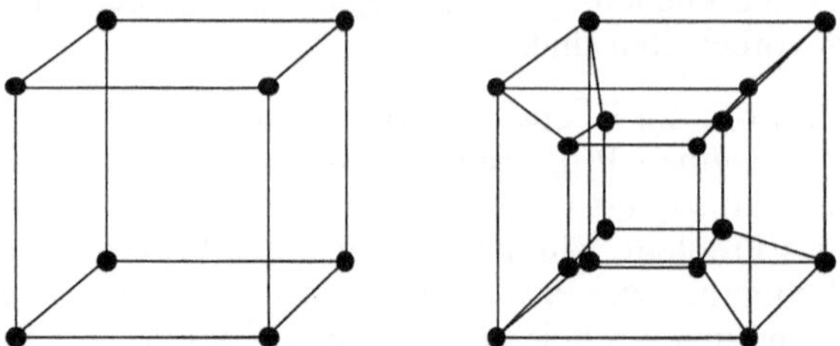

Figur 5.13: Struktur eines 3- und eines 4-dimensionalen Hypercubes

Als letztes Beispiel von Effizienzsteigerung durch geeignete Systemarchitektur sei auf die sog. Auslagerung von Funktionen hingewiesen. Der zentrale Prozessor bildet trotz ständiger Leistungssteigerung öfter einen Leistungsengpass. Das hat zur Auslagerung von Funktionen und von in sich abgeschlossenen Aufgaben in spezielle Prozessoren geführt (Koprozessoren und Server).

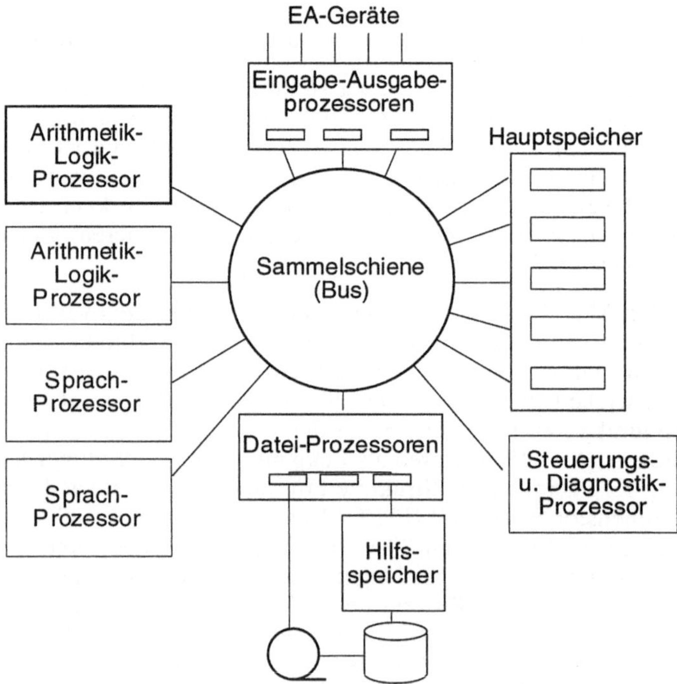

Figur 5.14: Flexible Computerarchitektur mit verbundenen Servern

Als Beispiel von ausgelagerten Funktionen sind Datennetz-Server für die Erledigung der aus der Datenfernverarbeitung anfallenden Operationen im Einsatz, und analog kann die Bearbeitung der Zugriffe auf Datenbanken einem Datenbankserver übertragen werden. Auch arithmetische Operationen und andere Spezialaufgaben könnten noch stärker vom zentralen Prozessor losgelöst werden. Diese Überlegungen führen zu einer Skizze für eine Computerarchitektur, wie sie in Fig.5.14 dargestellt ist. Die schon früher beim PDP-11-Rechner erwähnte Sammelschiene (Bus) übernimmt auch hier – selbstverständlich mit wesentlich höherer Leistungsfähigkeit – die Aufgabe, die Verbindung zwischen den einzelnen Komponenten herzustellen und als Transportmedium zu wirken.

5.2.4 CISC- und RISC-Architekturen

Produktive Programme, die ja normalerweise in einer höheren Programmiersprache geschrieben sind, werden durch Compiler in Maschinensprache übersetzt. Viele der in höheren Programmiersprachen vorhandenen Konzepte (Bsp.: Wiederholung, Gruppierung, Modulbildung) besitzen keinerlei direkte Entsprechung auf der Hardwareseite. Die Compiler müssen also solche Konzepte auf eine grosse Zahl von einfachen Maschinensprachoperationen zurückführen. Die Diskrepanz zwischen den höheren Konzepten bestimmter Programmiersprachen und der zugrundeliegenden Hardware wird als „semantische Lücke“ bezeichnet.

Dass die semantische Lücke an sich immer durch entsprechende Programmteile geschlossen werden kann, ergibt sich direkt aus der universellen Struktur des Computers. Doch entstehen durch eine softwaremässige Schliessung dieser Lücke zum Teil erheblich längere Programmlaufzeiten und natürlich auch grössere Programme. Aus diesem Grund wurde immer wieder versucht, diese Lücke nicht durch zusätzliche Programmteile zu schliessen, sondern die Hardware so zu ergänzen, dass Konzepte höherer Programmiersprachen direkt unterstützt werden und somit gar keine Lücke mehr auftritt.

Möglich wurde dies durch die rasant fortschreitende Entwicklung in der Mikroelektronik. Immer mehr Funktionalität konnte bei gleichen oder sogar geringeren Kosten mit komplexen Digitalschaltungen *hardwaremässig* realisiert werden. Immer neue Befehle kamen hinzu, um die semantische Lücke zwischen logischen Programmanweisungen und Maschinenbefehlen zu schliessen. Es wurden sogar Befehlskonzepte entwickelt, die es dem Anwender in gewissen Grenzen erlauben, den Befehlssatz seines Computers den eigenen Bedürfnissen anzupassen, indem er „unterhalb“ der eigentlichen Maschinensprache direkt die Benützung der Hardwarekomponenten programmieren kann. Diese Art der Programmierung heisst auch *Mikroprogrammierung* (vgl. 5.3.2, „Firmware“). Insgesamt wird die bei diesen Computern realisierte Architektur als sog. CISC-Architektur bezeichnet. CISC steht für *„Complex Instruction Set Computer“*, also Rechner mit komplexem Befehlssatz; dieser kann 150 – 600 Befehlstypen umfassen.

Ein anderer Weg, die semantische Lücke zu schliessen, führte zur Einführung sehr spezialisierter Computer, zumeist Mikroprozessoren. Durch solche sog. Koprozessoren wird nicht die Leistungsfähigkeit des Zentralprozessors vergrössert, sondern es werden ihm gewisse Aufgaben abgenommen. Typische Beispiele für solche Prozessoren sind Graphikprozessoren (die in 5.2.1 erwähnten „Graphikkarten"), Ein-/Ausgabeprozessoren oder Signalverarbeitungsprozessoren.

Genau in die entgegengesetzte Richtung gehen die sogenannten *„Reduced Instruction Set Computer" (RISC-Architektur),* die seit Anfang der achtziger Jahre entwickelt werden und sich heute immer stärker verbreiten. Die einem RISC-Prozessor zugrundeliegende Idee zielt auf eine drastische Reduktion des Befehlssatzes auf die nur unbedingt notwendigen Funktionen bei gleichzeitiger Vereinfachung dieser Funktionen. Dadurch haben typische RISC-Prozessoren nur noch 20 – 50 Befehlstypen.

Die Motivation für eine solche Reduktion ergibt sich aus statistischen Untersuchungen, die gezeigt haben, dass bei einer CISC-Architektur 80% aller Befehle eines typischen Programms bloss etwa 20% der verfügbaren Befehlstypen verwenden. Diese 20% repräsentieren ausserdem häufig die einfachsten Instruktionen des Befehlssatzes. Da die restlichen 80% des Befehlssatzes also für die Ausführungsgeschwindigkeit von Programmen nur noch eine untergeordnete Rolle spielen, aber sehr stark zur internen Komplexität eines Prozessors beitragen, können sie aus dem Befehlssatz entfernt werden, wenn gleichzeitig eine Möglichkeit besteht, ihre Funktionalität durch ein Programmstück von einfacheren Maschinenbefehlen zu ersetzen. Diese Ersetzung kann direkt durch einen Compiler erfolgen, ohne dass der Programmierer in einer höheren Programmiersprache davon überhaupt etwas merkt. Die semantische Lücke wird beim RISC-Konzept konsequent *softwaremässig* geschlossen.

Durch die Beschränkung auf das unbedingt Notwendige kann die strukturelle Komplexität eines Prozessors wesentlich vereinfacht werden, was sich direkt in einer grösseren Ausführungsgeschwindigkeit widerspiegelt. Typischerweise kann bei gleicher Technologie und gleicher Taktfrequenz ein RISC-Prozessor *einen* Befehl pro Zyklus *komplett* abarbeiten, wohingegen ein CISC-Prozessor für einen kompletten Befehl etwa 6 Zyklen benötigt. Somit sind RISC-Prozessoren typischerweise auch um den Faktor 6 schneller als vergleichbare CISC-Prozessoren.

Ein weiterer Vorteil für RISC-Prozessoren ergibt sich durch die geringere interne Komplexität. Erreichen übliche Prozessoren eine bestimmte Leistung nur durch den Einsatz einiger 100'000 aktiver Schaltkomponenten auf einem Chip, so lässt sich die gleiche Leistung mit einer RISC-Architektur bereits mit 20'000 Komponenten erreichen. Wenn die Mikroelektronik neue Halbleiter entwickelt und so schnellere Schalttechnologien bereitstellt, lassen sich damit anfänglich nur relativ kleine Chips herstellen, die erst mit der wachsenden Erfahrung vergrössert werden können. Es ist daher offensichtlich, dass RISC-Architekturen sehr viel schneller als CISC-Architekturen von neuen Hardware-Technologien profitieren können und damit nochmals leistungsfähiger werden.

5.3 Betriebssysteme

5.3.1 Vielfältige Aufgaben der Systemprogramme

Gleich zu Beginn dieses Buches wurde schon in Abschnitt 1.1 das *Betriebssystem* als zentrale Komponente jedes Computersystems vorgestellt. Moderne Anwenderprogramme können nicht direkt auf dem Prozessor arbeiten, sondern benötigen dazu ein Paket von Dienst- und Hilfsprogrammen – eben das Betriebssystem (Fig.5.15 links)

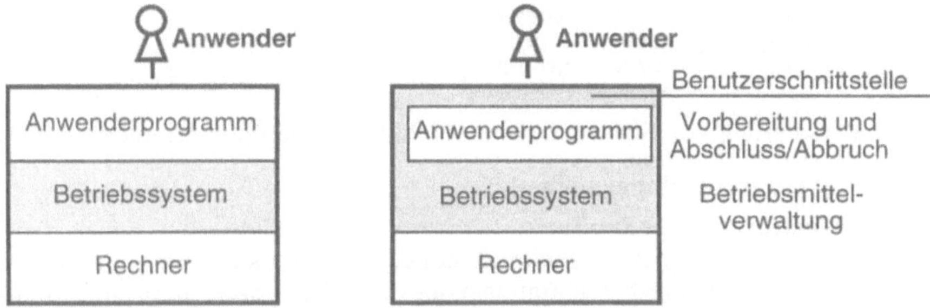

Figur 5.15: Das Betriebssystem unterstützt das Anwenderprogramm

Da im Laufe der Zeit die Computersysteme immer reichhaltiger geworden sind (mehr Speicherangebote, mehr Prozessoren, mehr Ein- und Ausgabemöglichkeiten), stieg auch die Bedeutung der Betriebssysteme entsprechend. Denn es ist das jeweilige Betriebssystem eines bestimmten Computers, welches dieses reichhaltige Angebot koordiniert und den verschiedenen Anwenderprogrammen in *einheitlicher Form* zur Verfügung stellt. Diese Einheitlichkeit der Darstellung wirkt sich längst auch auf die Anwender direkt aus, indem diese verschiedene Anwenderprogramme mit einer möglichst einheitlichen *Benutzerschnittstelle* einsetzen können. So spricht man von textorientierten MS-DOS- und Unix-Benutzerschnittstellen im Gegensatz zu *graphisch orientierten* (mit Fenstertechnik) bei den Betriebssystemen von Macintosh, Windows und OS/2. Zum Betriebssystem gehören aber auch jene Funktionen, mit denen das Anwenderprogramm in den Arbeitsspeicher geladen und dann gestartet wird; nach Beendigung oder Abbruch eines Anwenderprogramms übernimmt wiederum das Betriebssystem die Kontrolle über das Geschehen am Computer. Das Betriebssystem umgibt somit das Anwenderprogramm funktional und zeitlich (Fig.5.15 rechts) von allen Seiten. Trotzdem verwenden wir auch weiterhin die einfache Schichtendarstellung (Fig.5.15 links).

Der Begriff *Betriebssystem (OS = operating system)* wird in der Praxis gelegentlich weiter, gelegentlich enger verstanden. Zum *Betriebssystem im weiteren Sinn,* zu den sog. *„Systemprogrammen"*, gehören auch Entwicklungswerkzeuge (Bsp.: Compiler) und Dienstprogramme (Bsp.: Sortierprogramme). Das *Betriebssystem im engeren* Sinne umfasst nur jene Programme, welche beim Betrieb von Anwenderprogrammen direkt benötigt werden. Fig.5.16 gibt einen Überblick über die Begriffsordnung.

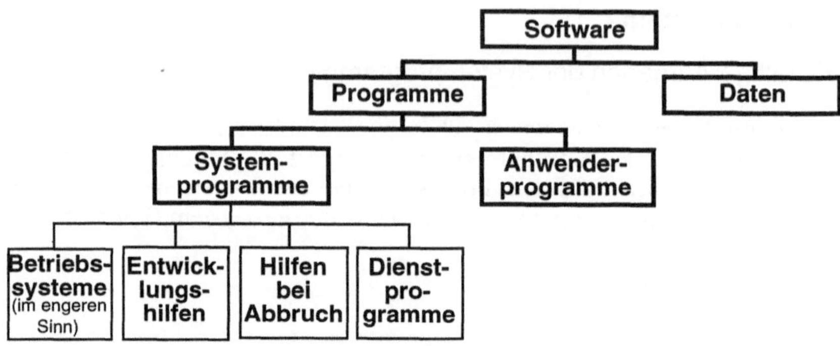

Figur 5.16: Klassierung von Software, namentlich von Systemprogrammen

Die Gruppe der Systemprogramme umfasst:

- *Betriebssystem (im engeren Sinn):*
  Betriebsmittelverwaltung, Benutzerschnittstelle, Kommunikationsanschluss, Graphikunterstützung, Zugangsberechtigungskontrolle (Passwortschutz), Sicherheitsfunktionen, Programmladen und -starten, Treiberprogramme für alle Gerätekomponenten (Drucker, Tastatur, ...) usw.
- *Entwicklungs- und Vorbereitungshilfen*
  Entwicklungswerkzeuge und -umgebungen (inkl. Compiler, Editoren, Testhilfen), Dokumentationshilfen usw.
- *Hilfen bei Programmabbrüchen und zur Fehlersuche*
  Programmablaufprotokollierung (Tracer), Datenrekonstruktionshilfen usw.
- *Dienstprogramme*
  Abrechnungs- und Statistikprogramme (für die Computer- und Netzbenützung), Programme für Datenabsicherung, Datenkompression und -dekompression, Archivverwaltung, Sortieren usw.

Das Betriebssystem bildet aber nicht bloss die Arbeitsumgebung für die *Anwenderprogramme.* Immer stärker beeinflusst es auch die Arbeitsweise des *Anwenders.* Von allgemeinen Eigenschaften der Benutzeroberfläche haben wir bereits gesprochen (textorientiert oder graphisch; mit/ohne Maus). Moderne Betriebssysteme erlauben aber auch direkte Anpassungen an die Bedürfnisse eines *individuellen* Benutzers. Er kann die Zeichenbelegung der Tastatur selber wählen (amerikanische QWERTY- oder deutsche QWERTZ-Tastatur, siehe Fig.2.3; Umlaute); er kann gar die Reaktionszeit der Maus beim Doppelklick individuell einstellen, je nach Temperament und Geschicklichkeit. Die Palette dieser Anpassungsmöglichkeiten ist heute schon auf Kleinrechnern meist viel grösser, als vom Durchschnittbenutzer auch genutzt wird. Der häufige Benutzer kann und soll aber von derartigen Optimierungsmöglichkeiten profitieren; er wird dazu im Normalfall am besten einen Betreuer konsultieren.

Besonders wichtig sind solche Anpassungen übrigens für Personen, welche in irgendeiner Form *behindert* sind. Für sie kann der Computer heute vielfach eine grosse Hilfe sein. Dazu ist es aber unbedingt notwendig, dass Behindertenarbeitsplätze am Computer besonders sorgfältig eingerichtet werden. Dazu gehören nicht nur gerätemässige Rahmenbedingungen (Stuhl- und Tastaturhöhe usw.), sondern besonders auch optimale Einstellungen im Betriebssystem.

5.3.2 Firmware

Bisher haben wir zwischen Computer-Hardware und -Software eine ganz offensichtliche Grenzlinie gezogen: hier Geräte – dort immaterielle Angaben wie Befehle und Daten. Diese traditionelle Trennung zwischen Hardware und Software hat sich in den letzten Jahren etwas verwischt, weil einzelne Funktionen sowohl in Hardware wie auch in Software realisiert werden können. So kann etwa das Quadratwurzelziehen durch einen eigenen Befehl (mit entsprechender Funktion im Prozessor) oder durch ein kurzes Programm mit Additionen und Multiplikationen realisiert werden. Auch gibt es Möglichkeiten, die Struktur einzelner Befehle zu beeinflussen. Dies kommt dem Streben nach erhöhter Verarbeitungsgeschwindigkeit entgegen. Man überträgt Funktionen des Betriebssystems auf eine spezielle Art in die Hardware; das Ergebnis wird mit dem Begriff Firmware bezeichnet (Fig.5.17). Die Firmware hat die Form von sog. *Mikroprogrammen,* Folgen von Mikrobefehlen, welche die Interpretation eines normalen Maschinenbefehls beschreiben. In bestimmten Maschinen werden die Mikroprogramme nicht fest realisiert, sondern in einem programmierbaren Kontrollspeicher untergebracht. Dies erlaubt, Mikroprogramme dynamisch zu ändern oder die Interpretation der Benutzerprogramme an deren spezifische Eigenschaften anzupassen.

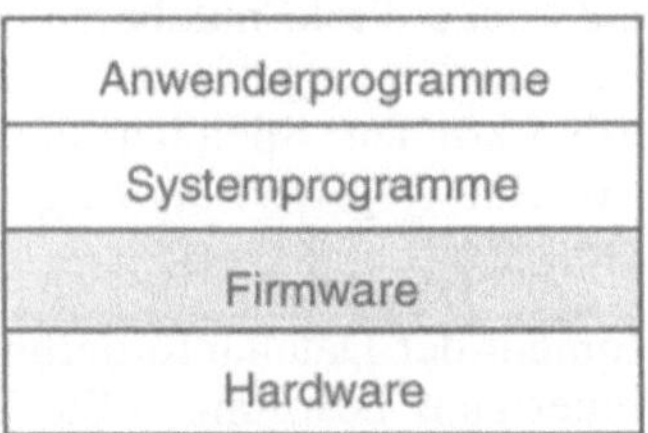

Figur 5.17: Hardware/Software-Schnittstelle: Firmware

Im Rahmen dieses Buches können wir lediglich auf diese Entwicklungen hinweisen, für weitere Ausführungen zur Mikroprogrammierung sei auf die Spezialliteratur verwiesen.

5.4 Speichermedien

5.4.1 Leistungsmerkmale von Speichergeräten

Als *Datenspeicher* oder kurz Speicher (memory, storage) seien alle Einrichtungen bezeichnet, in denen Daten aufgezeichnet und aus denen diese wieder abgerufen werden können. Dazu gehören verschiedenartige technische Lösungen:

- *optische Datenträger:* Bücher, Notizen, Briefkopien in Archiven, Mikrofilme usw.
- *magnetisch-elektronische Datenträger:* Magnetplatten, Magnetbänder, elektronische Halbleiter-Bauelemente (Mikroelektronik) usw.
- *andere Datenträger:* optische Bildplatten, Lochkarten, Lochstreifen, akustische Geräte usw.

Für den Benutzer ist die Form der technischen Realisierung der Speicher meistens nebensächlich, ihn interessiert vor allem die Leistungsfähigkeit der einzelnen Medien. Diese äussert sich quantitativ in der Grösse des Speichers, der Zugriffszeit und der Übertragungsrate. Diesen Leistungsgrössen stehen die dafür erforderlichen Kosten gegenüber. In der Folge werden die hauptsächlichen charakteristischen Eigenschaften kurz beschrieben.

Grösse des Speichers: Angabe der maximalen Speicherkapazität einer Speichereinheit, meist angegeben in Bytes (ausnahmsweise in Bits oder in Wörtern). Vom Anwender aus gesehen ist einzig die Anzahl der speicherbaren Zeichen (in MByte, GByte) relevant und auch vergleichbar. Die maximale Speichergrösse ist nicht identisch mit der durch den Anwender für seine Zwecke direkt nutzbaren Speichergrösse, da die Speicher meistens aus verschiedenen Gründen (organisatorische Daten, Trennbereiche etc.) nicht zu 100% ausgenutzt werden können. Speicher sind verfügbar in Grössen von ganz klein (einige Zeichen für interne Register) bis zu ganz gross (Grossbibliotheken zu 10^{14} Zeichen).

Zugriffszeit: Zwischen dem Moment der Datenanforderung (Befehl zum Ablesen des Inhalts eines Datenträgers an einer ganz bestimmten Stelle) und der Auslieferung der Daten durch den Speicher vergeht eine für das Speichermedium charakteristische Zeit, die Zugriffszeit. Sie schwankt zwischen Teilen von Mikrosekunden (µs) für Halbleiterspeicher bis zu Stunden und Tagen in Bibliotheken und Archiven. Bei sequentiellen Speichermedien ist die Zugriffszeit zusätzlich abhängig vom Standort der Daten innerhalb der Datei, was bei adressierbaren Speichern nicht der Fall ist.

Übertragungsrate: Daten können in sehr unterschiedlichen Mengen pro Zeiteinheit in einen Speicher geschrieben oder daraus abgerufen werden. Gemessen wird diese Grösse in Bytes pro Sekunde (Byte/s) oder in Bits pro Sekunde (bit/s); bei computerrelevanten Verbindungen schwankt die Übertragungsrate zwischen einigen Tausend bit/s (Telefonleitung) und Milliarden bit/s (innerhalb einer Computer-Zentraleinheit und über schnelle Datennetze).

Kosten: Die Kosten sind wesentlich von der Grösse und der Zugriffszeit der Speicher abhängig. Sie zwingen den Computerarchitekten zur Zurückhaltung beim Einsatz von sehr schnellen und sehr grossen Speichern.

Weitere Unterscheidungen sind nicht mehr quantitativer, sondern qualitativer Art.

Speichertyp: *Adressierbarer* oder *sequentieller* Speicher (wie schon in Abschnitt 1.6 behandelt). Der adressierbare Speicher hat die Eigenschaft, dass der Zugang zu allen seinen Speicherplätzen im Mittel gleich schnell und unabhängig von der aktuellen Speicherstelle ist und er sich somit für zufällig verteilte Abfragen eignet. Daher hat sich im englischen Sprachgebrauch für direkt adressierbare Speicher die Bezeichnung RAM (= Random Access Memory, „Speicher für *beliebigen* [direkten] Zugriff") eingebürgert. Neben rein adressierbaren und rein sequentiellen gibt es auch viele gemischte Speichertypen.

Wechselspeicher und Festspeicher: In gewissen Speichergeräten können die eigentlichen Datenträger (Bsp.: Disketten, Magnetplatten, Magnetbänder) gegen gleichartige Träger *ausgewechselt* werden. Damit lassen sich Datenbestände gesamthaft kurzfristig auslagern und wieder einsetzen oder in andere Computersysteme übernehmen; das ist vor allem für die Datensicherung gegen Verlust wichtig. Andere Datenträger sind fest eingebaut; bei Neugebrauch wird der alte Inhalt überschrieben. Diese Festspeicher werden vor allem als schnelle Arbeits- und Zwischenspeicher eingesetzt.

Speicher für Einmal- oder Mehrfachgebrauch: Von ihrer technischen Natur aus sind bestimmte Speichermedien (etwa Schreibpapier, Lochkarten, Mikrofilme) nur einmal beschreibbar, andere (etwa magnetische Datenträger) können mehrfach neu überschrieben werden. Speichermedien, welche nur einmal beschrieben werden und dann nur noch gelesen werden können, heissen daher *ROM (= read only memory,* „Nur-Lese-Speicher"), wobei dieser Begriff in der Praxis primär auf elektronische Bauteile mit dieser Eigenschaft beschränkt wird. ROM-Speicher werden z.B. benötigt, um die wichtigsten Teile des Betriebssystems, ohne die ein Computer gar nicht einsatzfähig wäre, ständig verfügbar zu halten. Für das Initialisieren solcher ROM-gespeicherten Kernprogramme steht auf dem Computer oft ein besonderer Startknopf zur Verfügung.

Flüchtige und stabile Speicher: Während magnetische Speicher (z.B. Magnetplatten, Disketten) ihre Daten bei normalem Umgang permanent (stabil) festhalten können, haben manche elektronische Speicher, namentlich die üblichen Arbeitsspeicher in der Zentraleinheit, die Eigenschaft, dass sie beim Abstellen der Stromversorgung die gespeicherten Daten „verlieren"; nach dem Wiedereinschalten ist dann der Speicherinhalt undefiniert und somit verloren. Dies ist bei reinen Arbeits- und Hilfsspeichern kein Problem; für permanente Programm- und Datenspeicher ist ein solches flüchtiges Speichermedium aber unbrauchbar. ROM-Speicher sind immer stabil.

Schutz vor Überschreiben: Wegen der Bedürfnisse der Anwendungen sollten auch Speicher verfügbar sein, welche normalerweise nur gelesen, in Sonderfällen aber doch auch neu beschrieben werden können. Hier muss mit besonderen Massnahmen dafür gesorgt werden, dass kein unbeabsichtigtes Überschreiben (und damit Löschen wichtiger Inhalte) erfolgen kann. Solche Schutzmassnahmen kennt man z.B. bei Disketten (Schieber zu: Schreiben erlaubt; Schieber offen: Schreiben verboten), bei Magnetbandkassetten und bei bestimmten elektronischen Bauelementen (*PROM* = programmable/programmierbares ROM; *EPROM* = erasable/löschbares PROM).

Die nächsten Abschnitte erläutern technische Aspekte wichtiger Speichergeräte. Diese Hinweise machen den Leser selbstverständlich noch nicht zum technischen Speicherspezialisten. Sie gestatten jedoch die Abschätzung von Grössenordnungen, was für die Organisation grösserer Datenspeichersysteme auch aus der Sicht des Einsatzes von zentraler Bedeutung ist.

5.4.2 Direkt adressierbare Arbeitsspeicher

Arbeitsspeicher, Zentralspeicher, Primärspeicher oder ähnlich heisst jener direkt adressierbare Speicher, der als Teil der Zentraleinheit in engster Zusammenarbeit mit dem zentralen Prozessor steht und ihm dabei sowohl seine eigenen Arbeitsanweisungen in Form von Programmschritten bereithält, als auch als „Notizblock“ für alle Arbeiten dient. In diesem Speicher werden Programme und Arbeitsdaten parallel nebeneinander bereitgestellt, bearbeitet, wieder abgespeichert und tabelliert. Die Grösse und die Geschwindigkeit des Arbeitsspeichers müssen auf die Arbeitsgeschwindigkeit des Zentralrechners im Mikrosekundenbereich abgestimmt sein; die Zentralspeicher können je nach Leistungsklasse des Computers zwischen 10^6 und 10^9 Bytes aufnehmen. Die Grösse des Arbeitsspeichers (z.B. 8 MByte oder salopp „8 Mega“) ist gerade bei Kleincomputern die meistgenannte technische Angabe für die Maschinengrösse überhaupt. Die Bytes sind aus Bits aufgebaut. Diese sind im Arbeitsspeicher alle direkt zugänglich, und zwar mindestens alle Bits eines Bytes gleichzeitig; in leistungsstärkeren Maschinen (z.B. „32-bit-Adressierung“) gilt dies gar für grössere Bit-Serien.

Dem Elektronikingenieur, der diese Anforderungen erfüllen und entsprechende Geräte entwickeln muss, stellen sich zwei Hauptfragen:

- *Wie speichert man ein Bit?* Gibt es dafür geeignete physikalische Phänomene, welche das Schreiben oder Lesen im Mikrosekundenbereich oder schneller erlauben?
- *Wie kombiniert man Millionen von Bitspeichern?* Braucht man dazu Millionen von elektrischen Leitungen oder geht es einfacher (vor allem auch billiger)?

Dazu kommt natürlich eine ganze Menge von Zusatzproblemen, von denen nur einige angedeutet seien:

- Die Lichtgeschwindigkeit als Grenzwert der elektronischen Signalgeschwindigkeit spielt im Computer bereits eine Rolle, da sich das Licht in einer Nanosekunde (10^{-9} s) nur 30 cm weit bewegt. Das ist ein wichtiger Grund für die Miniaturisierung der Computerbauteile.
- Die benutzte Speichertechnik sollte mit möglichst geringen Energien arbeiten. Dies ist aus zwei Gründen wichtig und typisch für die Computerelektronik. Er-

stens ist der zu speichernde Informationsgehalt *nichtmaterieller* Art und somit qualitativ unabhängig von der Speicherenergie, und zweitens sind Speicher mit grösserem Energieaufwand stärkere Wärmeproduzenten, wobei diese Wärme die Speicherdichte nach unten begrenzt und durch lärmige Ventilation und allenfalls durch eine Klimaanlage wieder abgeführt werden muss.

– Die technische Fertigung der Speicherteile sollte aus Kosten- und Miniaturisierungsgründen möglichst vollständig maschinell möglich sein.

Wir wollen uns nun kurz den beiden Hauptfragen zuwenden, weil damit anschaulich gezeigt werden kann, welche Ideen den Speicherkonstruktionen zugrunde liegen.

Speicherung eines Bits: Der Informationsgehalt eines Bits kann technisch durch viele zweiwertige Phänomene dargestellt werden, angefangen beim „Ja"/„Nein" auf einem Stimmzettel über das „Loch" in der Lochkarte (Loch oder Nichtloch an einer adressierbaren Stelle) oder bei einem elektrischen Schalter (Ein/Aus). Für den Bau eines Computerspeichers mussten aber Lösungen gesucht werden, welche keine mechanischen, sondern nur schnelle elektronische oder magnetische Effekte benutzen. So gelang in den fünfziger Jahren mit dem Magnetkern (-ring) erstmals der Sprung in den Mikrosekundenbereich. Inzwischen hat die Mikroelektronik mit der Halbleitertechnik Einzug gehalten und dank Miniaturisierung und entsprechenden Kostenreduktionen alle anderen Speichertechniken bei Arbeitsspeichern verdrängt. Die Speicherung eines einzigen Bits benötigt grundsätzlich nur einen elektronischen Schalter; Schalter lassen sich in Halbleitertechnik mittels Transistoren realisieren. Für unsere Überlegungen genügt es zu wissen, dass solche schnellen Schalter kostengünstig verfügbar sind (Fig.5.18).

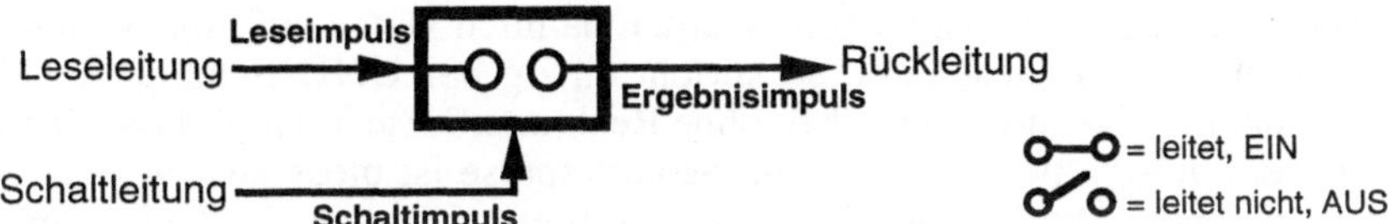

Figur 5.18: Ein Bitspeicher mit Stromleitungen

Um einen Speicher einsetzen zu können, werden von diesem zwei Funktionen benötigt: speichern und ablesen (oder „auslesen"). Das Speichern erfolgt durch einen Schaltimpuls (Fig.5.18), das Ablesen durch einen Leseimpuls verbunden mit einer Überprüfung des Ergebnisses: Kommt auf der Rückleitung ein Ergebnisimpuls heraus, so steht der Schalter auf „Ein", sonst auf „Aus". Ein solcher Schalter braucht drei elektrische Leitungen, die Schaltleitung, die Leseleitung und die Rückleitung.

Kombination von Millionen von Bits: Wenn nun aber jeder Bitspeicher drei elektrische Leitungen benötigt, folgt daraus gleich das nächste Ingenieurproblem: Gibt es eine Möglichkeit, Millionen von Bitspeichern anzuschliessen, ohne Millionen von Leitungen zu ziehen? Da hilft das sogenannte Matrix-Prinzip (Matrix bedeutet hier eine Rechtecks-Anordnung) in Fig.5.19 links. Wenn wir nämlich 1'000 parallele Leitungen horizontal legen (H-Leitungen) und (isoliert) weitere 1'000 Leitungen vertikal dazu (V-Leitungen), erhalten wir mit diesen bloss 2'000 Leitungen 1 Million Kreuzungspunkte. Wir müssen nun allerdings noch eine Methode entwickeln, wie über diese 2'000 Leitungen jeder einzelne Kreuzungspunkt individuell und ganz präzis angesprochen werden kann. Dazu lässt sich die UND-Schaltung verwenden, welche in Fig.5.7 bereits eingeführt wurde und deren Einsatz zur bedingten Adressierung in Fig.5.19 rechts gezeigt wird.

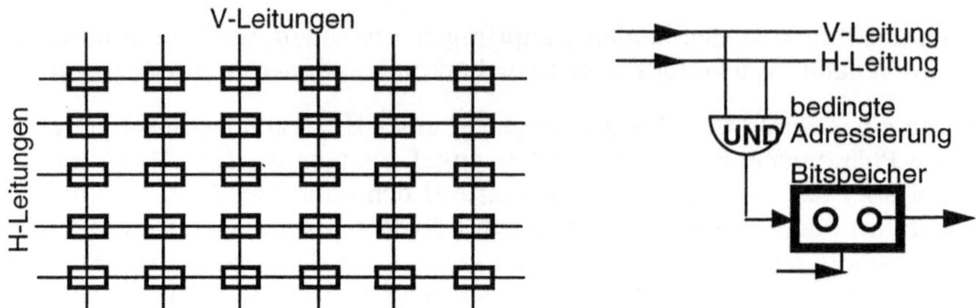

Figur 5.19: Speichermatrix: An jedem Kreuzungspunkt von Leitungen sitzt ein Bitspeicher

Wir betrachten zuerst Fig.5.19 links. An jedem Kreuzungspunkt der Matrix kreuzen sich genau eine H- und eine V-Leitung. Diese lassen sich anzapfen und liefern die Eingabesignale für einen UND-Schalter (Fig.5.19 rechts). Dieser liefert genau dann einen Impuls, wenn *beide* hier kreuzenden Leitungen einen Impuls schicken. Wenn nun an sämtlichen Kreuzungspunkten je ein UND-Schalter vorhanden ist, lässt sich damit jeder Kreuzungspunkt genau ansprechen: Werden nämlich genau auf eine V- und eine H-Leitung je ein Impuls geschickt, so spricht einzig der UND-Schalter auf deren Kreuzungspunkt an, alle anderen bleiben ohne Reaktion. Diese Technik lässt sich nicht bloss für Leseimpulse anwenden. Für die Schaltimpulse ist bloss eine weitere Schar von S-Leitungen nötig, und die Rückleitungen werden wie schon für die Leseimpulse zusammengefasst. Dank dem Matrix-Prinzip lassen sich daher sehr viele Bitspeicher mit relativ wenigen elektrischen Leitungen direkt erreichen.

Damit steht ein kostengünstiger Speicher für Millionen von Bits zur Verfügung. Dank der direkten Leitungen zu jedem Bit liegen die Speicherzugriffszeiten für alle Speicherpositionen im Mikro- oder gar Nanosekundenbereich.

Für wirkliche grosse und permanente Datenspeicher ist die soeben geschilderte Technik der direkt adressierbaren Halbleiterspeicher trotz ihren Vorteilen wenig geeignet, weil deren Speicherinhalt beim Ausschalten der Stromversorgung verloren geht. Es gibt zwar auch nichtflüchtige Halbleiterspeicher (ROM), die sich aber nur mit Zusatzgeräten beschreiben lassen. Für wirklich grosse, stabile und wiederbeschreibbare Speicher dient die Magnetspeicherung, der wir uns jetzt zuwenden.

5.4.3 Blockweise adressierbare Sekundärspeicher (Magnetplatten)

Die Magnetplattenspeicher oder kurz Plattenspeicher benützen als Bitspeicher eine winzig kleine Fläche magnetisierbaren Materials, dessen Magnetisierungsrichtung (Nord - Süd) als Binärziffern (0 - 1) interpretiert wird. Auf einer grösseren Fläche (Magnetplatte, Magnetband) lassen sich somit Milliarden von permanenten Bitspeichern unterbringen. Zu lösen ist dabei das Problem der Lese- und Schreibleitungen. Plattenspeicher benutzen dazu die gleiche Leitung für viele Speicherpositionen, indem sie den Datenträger mechanisch bewegen und damit viele Speicherpositionen an einer einzigen Lese-/Schreibvorrichtung (ähnlich dem Tonkopf beim Tonbandgerät) vorbeiführen. Damit wird aber die Zugriffszeit für eine bestimmte Speicherposition gegenüber deren Direktzugriff mindestens um einen Faktor 10^4 bis 10^5 verschlechtert! (Die Berechnung folgt gleich.) Bei kostengünstigen Lösungen, d.h. bei Disketten (floppy disks), ist der Unterschied noch grösser.

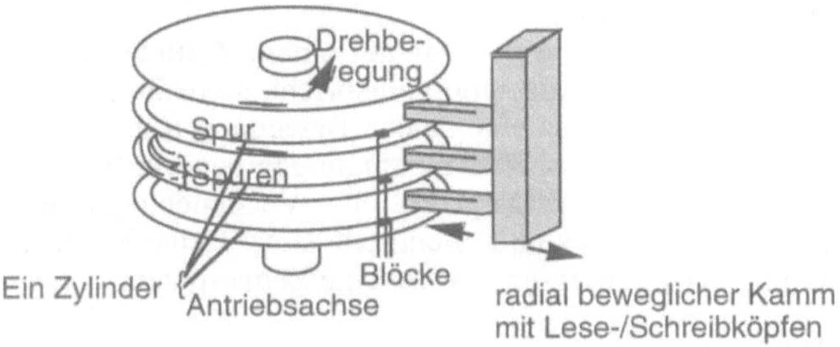

Figur 5.20: Grosser Magnetplattenspeicher

Fig.5.20 zeigt das Prinzip des Magnetplattenspeichers mit Magnetplatte (magnetic disk) und Lese-/Schreibvorrichtung. Auf einer Antriebsachse sitzt ein Stapel von stabilen (harten) Platten mit magnetisierbaren Oberflächen. Auf einem Kamm, der zwischen die Platten eingeschoben wird, sitzen die Magnetisierungs-Lese-/Schreibköpfe, mindestens einer pro Plattenfläche. Der ganze Plattenstapel dreht sich dauernd *mit konstanter Geschwindigkeit.* Wir betrachten nun die Speichermöglichkeiten zuerst ohne, nachher mit Bewegung der Lese-/Schreibköpfe auf dem Kamm.

Bei *festem Kamm* sind im Verlauf jeder Plattenumdrehung bereits sehr viele Speicherpositionen zugänglich:

- *Spur (track):* Alle Speicherpositionen einer Plattenfläche, welche im Laufe einer Umdrehung bei festem Kamm unter dem gleichen Lese-/Schreibkopf vorbeilaufen, bilden eine Spur.
- *Zylinder:* Alle Speicherpositionen auf allen Plattenflächen, welche im Laufe einer Umdrehung bei festem Kamm unter irgendeinem Lese-/Schreibkopf vorbeilaufen, bilden einen Zylinder. Der Zylinder besteht aus je einer Spur pro Lese-/Schreibkopf.

Bei *beweglichem* Kamm entspricht jede Position des Kamms, bzw. der Lese-/Schreibköpfe, einem Zylinder. Die gesamte Speicherkapazität einer „Platte“ (Plattenstapel) entspricht somit der Gesamtheit der Zylinder.

Die geschilderten technischen Hinweise erlauben nun bereits Überschlagsrechnungen zur Bestimmung der für die Benützung so wichtigen Zugriffszeit:

Zugriffszeit bei festem Kamm bzw. Lese-/Schreibkopf:
Bei einer typischen Tourenzahl des Plattenstapels von 3000 Umdrehungen pro Minute (50 Touren pro Sekunde) ergibt sich eine Umdrehungszeit von 20 Millisekunden (ms). Bei jeder Speicheranfrage wird eine bestimmte Speicherposition angesprochen, welche im Moment der Anfrage nur selten direkt vor dem Lese-/Schreibkopf liegt. Im Mittel müssen wir eine halbe Umdrehungszeit (also 10 ms) warten, bis die gesuchte Position zugänglich ist.

Zugriffszeit mit Kammbewegungen:
Befindet sich die gesuchte Speicherposition auf einem Zylinder, der im Moment der Anfrage nicht der aktuellen Kammposition entspricht, so bedingt dies eine Kammbewegung. Es ist offensichtlich, dass eine solche Bewegung trotz extremem Leichtbau des Kamms doch erhebliche Massenbeschleunigungen bewirkt (während die Drehbewegung der Platte gleichförmig verläuft). Da diese Verschiebung eine Zeit von 50 bis 100 ms beansprucht, ergibt sich somit, wenn ein Zugriff eine Kammbewegung nötig macht, eine Erhöhung der Zugriffszeit um fast eine Zehnerpotenz.

Zugriffszeit für blockweisen Zugriff:
Die vorstehenden Angaben für die Zugriffszeit gelten für jede beliebige einzelne Speicherposition. Werden nun hintereinander viele Speicherpositionen in beliebiger Reihenfolge (random access) abgefragt, addieren sich die Zugriffszeiten, was sehr rasch kritisch werden kann (nur ca. 10 Abfragen pro Sekunde!). Werden aber Daten in Blöcken zusammen gruppiert, benachbart gespeichert und zusammen gelesen (auf dem gleichen Zylinder „hintereinander“, vgl. Fig.5.20, „Block“), so ist die Zugriffszeit für den ganzen Block praktisch gleich gross wie für das erste Datenelement des Blocks. Aus diesem Grund ist der Plattenspeicher bei geschicktem Einsatz dieser Blockstruktur wesentlich leistungsfähiger, d.h. er kann bei einem einzigen Blockzugriff (der auf jeden Fall 10-100 ms benötigt) gleich eine Datenmenge von einigen hundert oder tausend Bytes lesen oder schreiben. Das gilt aber nur für Daten im gleichen Block. Damit ist aber der Plattenspeicher kein Zufalls-Zugriffspeicher! Er gehört zur Gruppe der blockadressierbaren Speicher. Den grossen Nutzen der blockweisen Speicherung werden wir in Abschnitt 5.5 noch genauer kennenlernen.

Zum Abschluss dieses Abschnitts seien noch einige Begriffe etwas präzisiert:

- *Festplatte (harddisk):* Sie bildet das Standardmedium für die permanente Datenspeicherung in heutigen Computern. Platten und Plattenstationen werden bereits bei der Herstellung staubdicht als Einheit zusammengebaut und verschlossen (sog. Winchester-Prinzip).

- *Wechselplatte (removable harddisk):* Für die Datensicherung müssen Datenträger mit den darauf gespeicherten Daten komplett ausgewechselt werden können. Wechselplattensysteme erlauben ein Auswechseln ganzer Platten oder Plattenstapel. Dazu wird der Plattenantrieb abgestellt, der Kamm ausgefahren, die Platte oder der Plattenstapel gelöst, herausgenommen und durch einen gleichartigen mit anderen Datenbeständen ersetzt.
- *Diskette (floppy disk)*: Für kleine und billige Computersysteme wurden einfachere Plattensysteme entwickelt; dazu gehören die Disketten (floppy disks) und ähnliche Systeme. Diese haben geringere Drehgeschwindigkeiten (z.B. 5 Umdrehungen pro Sekunde) und geringere Speicherdichten, sie sind dafür aber entsprechend billiger und robuster (Fig.5.21). Die Diskette ist heute mit einer Speicherfähigkeit bis zu einigen MByte der wichtigste auswechselbare Datenträger zum Lesen und Schreiben bei Kleincomputern.

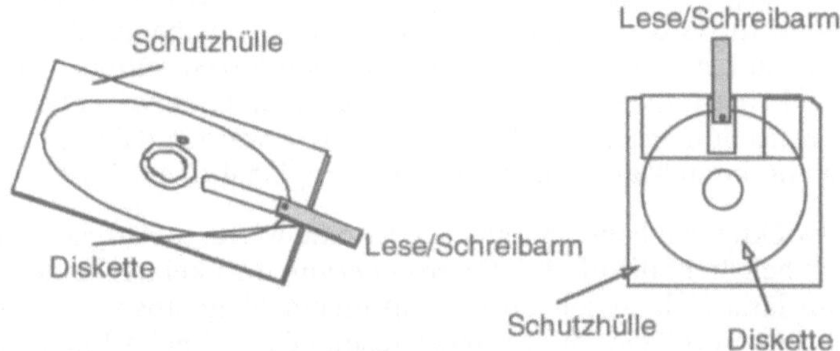

Figur 5.21: Diskette (floppy disk) in Schutzhülle mit Lese-/Schreiböffnung

- *Trommel (drum):* Einzelne Hersteller produzieren statt Plattenstapel trommelähnliche Gebilde. Die Funktionen entsprechen vollständig denjenigen eines Plattensystems.

Magnetplatten sind heute auf den meisten Computersystemen die wichtigsten permanenten Datenträger, sie haben eine hohe Leistungsfähigkeit und grosse Speicherkapazität (bis 10^9 Zeichen und mehr). Es sind Präzisionsgeräte; so wird beispielsweise der Luftspalt zwischen Lese-/Schreibkopf und Magnetplatte bei grossen Systemen aerodynamisch reguliert. Solche Magnetplatten laufen normalerweise 24 Stunden im Tag und 7 Tage in der Woche ohne Anhalten. Sie enthalten jedoch mechanische Teile, sind damit störanfällig und können Alterungsschäden bekommen, was in bezug auf Datensicherheit kritisch sein kann.

5.4.4 Sequentielle Sekundärspeicher (Magnetbänder)

Es ist charakteristisch für sequentielle Datenspeicher, dass gleichzeitig immer *nur eine einzige Stelle* des Speichers zugänglich ist, dass nur dort gelesen (und eventuell geschrieben) und nur von dort vor- und rückwärts im Speicher weitergeschritten werden kann. Solche Speicher gab es schon im Altertum (Papyrusrollen); aber auch Bücher lesen wir im allgemeinen sequentiell, und jedes moderne Kind kennt mit dem Tonband auch technische Formen, die erst im 20. Jahrhundert entwickelt wurden.

Verglichen mit dem direkt adressierbaren oder dem blockweise adressierbaren Speicher zeigt der sequentielle Speicher folgende Hauptcharakteristika:

- Lesen und Schreiben ist jeweils nur an einer einzigen Stelle möglich, was ein Minimum an Leitungen benötigt.
- Das Speichermedium wird nach Bedarf am Lese-/Schreibkopf vorbeibewegt, so dass die Speicherkapazität mit der Länge des Speichermediums wachsen und damit sehr gross werden kann.
- Die Zugriffszeit hängt direkt vom Abstand des Speicherplatzes von der aktuellen Lese-/Schreibposition ab.

Das *Magnetband* (magnetic tape) bildete während Jahrzehnten das wichtigste Sekundärspeichermedium für Grosscomputer (weshalb die Magnetbandstationen mit ihren grossen Spulen noch heute auf Bildern mit Computerwitzen auftauchen...!). *Datenarchive* waren und sind teilweise heute noch Magnetbandarchive, erfordern aber für das Bänderauswechseln menschliche Hilfsarbeiten und werden daher in Grossrechenzentren immer mehr durch Massenspeichersysteme (vgl. 5.4.6) abgelöst.

Trotz diesen Entwicklungen haben Magnetbänder eine wichtige Aufgabe im modernen Informatikeinsatz behalten: die direkte *Datensicherung.* Mit keinem anderen auswechselbaren Medium lässt sich so schnell wie mit einem Magnetband eine Sicherheitskopie irgendwelcher Vorgänge im Computer festhalten! Schnelle Magnetbandstationen (Fig.5.22) können innert 100 µs (das ist hundertmal schneller als auf einer Festplatte!) an jener Stelle weiterschreiben, wo das eingespannte Magnetband im Moment steht. Damit lassen sich sogar im Echtzeitbetrieb wichtige Transaktionen sehr rasch auf das Magnetband herausschreiben und damit für eine allfällige Rekonstruktion im Katastrophenfall speichern.

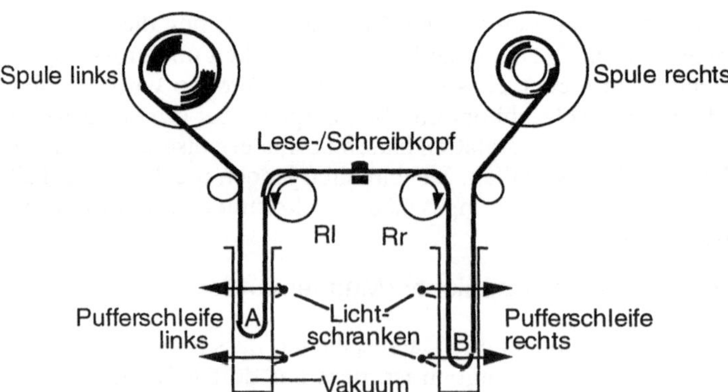

Figur 5.22: Leistungsfähige Magnetbandstation

Neben den Hochleistungs-Magnetbandstationen gibt es eine Vielfalt einfacher, billiger Konstruktionen. Dazu gehören insbesondere Magnetbandkassetten, welche als Datenträger für die Datenerfassung verbreitet sind. Die organisatorischen Grundkonzepte sind die gleichen wie bei allen Magnetbändern, wenn auch Speichergrösse, Zugriffszeit und Übertragungsraten differieren. Leider ist allerdings die Normierung wenig fortgeschritten; es existieren – firmenabhängig – verschiedenste Kassetten und Bandnormen nebeneinander. Viele Magnetbandkassettenstationen werden aber als Sicherheitsmassnahme nur an einer einzigen Anlage für die Erstellung von Sicherheitskopien auf Band (sog. streamer tape) benutzt und nicht weiter ausgetauscht, so dass hier keine Normenkonflikte entstehen.

Datentransfer, Kompatibilität: Magnetbänder sind aus verschiedenen Gründen (Einfachheit, Preis, relative Robustheit usw.) sehr geeignet für die Übergabe von Daten von einer auf eine andere Computeranlage. Es ist aber klar, dass nur zueinander passende (kompatible) Magnetbänder und -stationen für diesen Datentransfer eingesetzt werden können. Um möglichst flexibel zu sein, gibt es daher in grossen Rechenzentren

- *umschaltbare Magnetbandstationen* für verschiedene Speicherdichten,
- *Magnetbandstationen für fremde Normen,* z.B. eine 7-Spur-Station, während das Rechenzentrum sonst mit 9-Spur-Bändern arbeitet.
- *Umwandlungsprogramme* für die Anpassung fremder Bänder (Bsp.: Paritätswandel gerade/ungerade, Ergänzung von Kontroll-Bytes und Datensätzen, Umblockierung etc.)

Es lohnt sich, bei Umwandlungsschwierigkeiten von der Erfahrung grosser Rechenzentren zu profitieren.

Datenarchivierung auf Magnetbändern: Trotz der hervorragenden Eignung von Magnetbändern für die *schnelle Datensicherung* muss hier von einer anderen Verwendung dringend gewarnt werden: Magnetbänder sind *nicht geeignet* für die langjährige Datenarchivierung! Schon nach wenigen Jahren summieren sich die Probleme:

- Der Träger der Magnetschicht, also das eigentliche *Kunststoffband,* das für den schnellen Betrieb und die grosse Speicherdichte sehr dünn hergestellt wird, wird mit der Zeit spröde; die Hersteller begrenzen daher ihre Garantie für die tadellose Funktionsfähigkeit als Hochleistungsband auf etwa fünf Jahre.
- Nach einigen Jahren sind die für das Schreiben eines bestimmten Bandinhalts benötigten Bandstationen, Betriebssysteme usw. oft *ausser Betrieb* und nur mit Mühe rekonstruierbar.

Werden Magnetbänder als Langzeit-Datenspeicher benützt, müssen deren Inhalte unbedingt bei jedem Systemwechsel *sowie* auf jeden Fall alle paar Jahre vollständig umkopiert werden.

5.4.5 Optische Speicher

Zu den optischen Speichern gehören namentlich die unter dem Namen CD-ROM verbreiteten Datenträger. CD-ROM steht dabei für „compact disk – read only memory". Optische Speicher bestehen aus metallisch beschichteten Kunststoffplatten, die wie Magnetplatten rotieren und ebenfalls in Spuren und Sektoren eingeteilt sind. Durch einen stark gebündelten Laserstrahl werden Daten als ca. einen Mikrometer grosse Löcher (sog. pits) in die Metallschicht eingebrannt (Fig.5.23). Zum Lesen wird ein Laserstrahl mit sehr viel geringerer Leistung verwendet. Durch das unterschiedliche Reflexionsverhalten der Löcher und ihrer Zwischenräume können die gespeicherten Daten mit Hilfe eines Lichtdetektors (Fotodiode) zurückgewonnen werden.

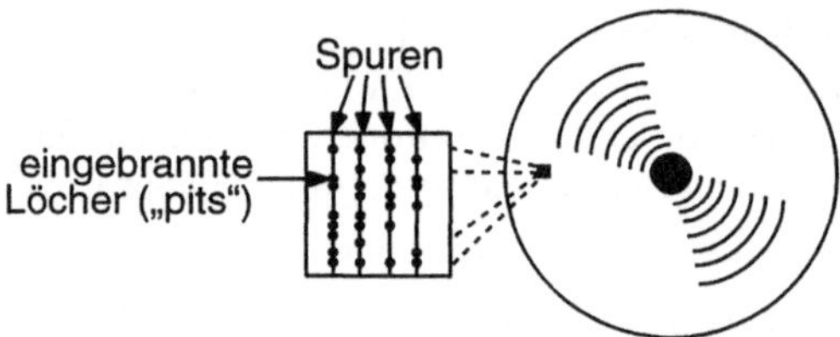

Figur 5.23: Optische Speicherplatte mit vergrösserten Datenspuren (links)

Da bei einer optischen Speicherplatte ein extrem gebündelter Laserstrahl verwendet wird, kann die Spurbreite sehr gering gehalten werden, so dass vergleichsweise grosse Datenmengen pro Flächeneinheit untergebracht werden können. Auf einer optischen Speicherplatte lassen sich etwa 10^{10} Bits speichern. Die geringe Spurbreite erfordert aber auf der anderen Seite eine aufwendigere Positionierung des Lasers, so dass die mittlere Zugriffszeit bei ca. 150 ms liegt.

Neben der höheren Speicherdichte besitzt eine optische Speicherplatte den Vorteil einer grossen Robustheit gegenüber Umwelteinflüssen. Durch die optische Aufzeichnungstechnik ist sie immun gegen Magnetfelder. Da ausserdem der Laser die Metallschicht nicht berühren muss, beschädigen Verschmutzungen (z.B. Fingerabdrücke) oder Kratzer der darüberliegenden Deckschicht die Daten nicht. Durch die Versiegelung der datentragenden Metallschicht zwischen transparentem Kunststoff werden die Daten dauerhaft geschützt.

Da beim Schreiben die Daten fest in die Metallschicht eingebrannt werden, kann im Unterschied zur Magnetplatte eine optische Platte insgesamt nur einmal beschrieben werden. Das zuvor beschriebene Verfahren wird deshalb auch als „WORM-Technologie" bezeichnet (write once – read multiple). WORM-Geräte dienen dem Einbrennen der Daten auf eine Originalplatte; sie sind heute bereits für einige Tausend Mark oder Franken erhältlich. Da die Herstellung von Plattenkopien durch Spezialfirmen bereits billiger als die Herstellung eines Buches ist, eignen sich diese Platten auch zur Verbreitung von Buchtexten, Bildern wie auch von Computerprogrammen und -daten.

Die entsprechenden Lesegeräte sind bereits heute sehr verbreitet. Sie basieren auf den mit einer Computerschnittstelle versehenen *Compact-Disk-Plattenspielern (CD player)*. Auf einer Compact Disk wird üblicherweise Musik digital gespeichert; aber sie kann auch ca. 600 MByte Daten aufnehmen und wird dann als „CD-ROM" bezeichnet. Das Hauptanwendungsgebiet für die CD-ROM liegt in Bereichen, in denen grosse und relativ stabile Datenmengen weit verbreitet werden sollen, also z.B. Adress- oder Telefonbücher, Lexika und Bibliographien sowie eben Programmpakete.

Eine gewöhnliche CD-ROM lässt sich nur einmal beschreiben. Dieser Nachteil optischer Platten wird bei der sog. *magneto-optischen Technologie* behoben. Magneto-optische Platten sind ähnlich aufgebaut wie WORM-Speicher, besitzen aber eine Metallschicht mit speziellen magnetischen Eigenschaften. Zum Schreiben von Daten wird ein Punkt der Metallschicht durch einen Laserstrahl auf eine bestimmte Temperatur (die sog. „Curie-Temperatur") erhitzt. Oberhalb dieser Temperatur können die Kristalle des Metalls durch ein von aussen einwirkendes magnetisches Feld in zwei mögliche Richtungen ausgerichtet werden. Kühlt das Metall wieder ab, so wird die Ausrichtung fixiert. Zum Lesen wird das Magnetfeld abgeschaltet und der Laser mit reduzierter Leistung betrieben. Je nach Ausrichtung der Kristalle wird der Laserstrahl unterschiedlich stark reflektiert, so dass der Zustand (0 oder 1) des bestrahlten Punktes bestimmt werden kann. Auch diese Technologie ist gegenüber Magnetfeldern in der normalen Umwelt unempfindlich, da eine Ummagnetisierung nur oberhalb der Curietemperatur erfolgen kann.

5.4.6 Gemischte Speichertechniken

Mit dem (schnellen, aber platzmässig beschränkten) direkt *adressierbaren* Arbeitsspeicher und mit dem (beinahe endlosen und damit beliebig grossen) *sequentiellen* Magnetbandspeicher sind die zwei Grund-Speicherformen in Reinkultur gezeigt worden, die in dieser Form auch praktisch zum Einsatz gelangen. Schon der blockweise adressierbare Plattenspeicher ist aber eigentlich eine Mischform, worin die Hauptnachteile (Preis der direkten Leistungen, bzw. vom Standort der Speicherung wesentlich beeinflusste Zugriffszeit) der artreinen Speicher vermieden werden. Dieses Mischprinzip findet man nun besonders bei grossen Datensystemen in immer wieder neuen Formen.

Konventionelle (nicht-computergestützte) Datensysteme: Auch in Bibliotheken und Archiven arbeitet jedermann mit diesen Mischtechniken. Um Dürrenmatts „Besuch der alten Dame" zu erreichen, braucht man nicht die gesamte Bibliothek durchzulesen. Man besorgt sich aus dem Katalog unter „Dürrenmatt" die Standortnummer des Buchs (= direkte Adresse), holt das Buch und liest darauf die „alte Dame" sequentiell. Oder man geht (sequentiell) durch eine Freihandbibliothek und holt im interessierenden Sachbereich durch „Herumsehen" (sequentiell) oder auf Grund eines bestimmten Hinweises (adressiert) das Gewünschte. Jedes Verfahren hat für bestimmte Zwecke seine Vorzüge.

Archive magnetischer Datenträger: Grossrechenzentren verfügen über Tausende von beschriebenen Magnetbändern und/oder -Platten, die alle eindeutig mit einer Standortnummer gekennzeichnet sind. Braucht ein Benutzer ein bestimmtes Band, so nennt er der Hilfsperson die Nummer, womit dieser direkt (adressiert) diesen gesamten Datenbestand holen und in einer Datenstation einsetzen kann. Ein Magnetbandarchiv, auch wenn es aus Einheiten von sequentiellen Speichermedien besteht, ist somit als Ganzes bezüglich dieser Einheiten direkt adressiert. Allerdings sind die physischen Einheiten (analog zu den „Blöcken“) hier sehr gross, nämlich ganze Magnetbänder.

Massenspeichersysteme: Zur Vermeidung der soeben beschriebenen Tätigkeit von Hilfspersonen im Rechenzentrum, nämlich laufend Magnetbänder zu holen, einzuspannen und auch wieder abzulegen, wurden seit vielen Jahren verschiedenste automatische Massenspeichersysteme entwickelt. Der menschliche Hilfsarbeiter wird darin durch eine automatische Transportanlage ersetzt, wie sie aus der Unterhaltungselektronik bekannt ist, nämlich aus der Musikbox mit Auswahltasten. In einem Massenspeichersystem werden mit ähnlichen, aber schnellen Transportmethoden einige tausend Magnetbandkassetten, Disketten oder ähnliche Medien verwaltet, geholt, gelesen/beschrieben und abgelegt. Die gesamte Speicherkapazität eines solchen Systems erreicht dabei 10^{11} und mehr Bytes.

Hauptkriterium für alle Mischsysteme ist ein vernünftiges Verhältnis von Aufwand und Leistung. Leistungsmassstäbe sind primär Speicherplatz und Zugriffszeit. Mit etwas längeren Zugriffszeiten (Bsp.: Massenspeicher) werden grössere Speicher erkauft.

5.4.7 Speichermedien (Übersicht)

Nach der eher exemplarischen Behandlung einzelner Speicher folgt nun eine summarische Zusammenstellung wichtiger Speichermedien. Dabei werden hier Datenträger wie optische Belege weggelassen, da sie primär nur im Zusammenhang mit der Datenersterfassung eine Rolle spielen (vgl. 5.6.2) und die zugehörigen Lese-/Schreibgeräte in einem wesentlich kleineren Geschwindigkeitsbereich arbeiten.

Medium	Speicherkapazität pro Einheit in Byte	übliche Masseinheit für Kapazität	Zugriffszeit in s	Übertragungsrate in bit/s
Halbleiterspeicher	$10^5 - 10^9$	Bit, Byte, Wort	$10^{-9} - 10^{-6}$	10^{10}
Magnetplatte	$10^8 - 10^{12}$	Byte	$10^{-3} - 10^{-1}$	$10^6 - 10^7$
Diskette	$10^5 - 10^8$	Byte	$10^{-2} - 10^{-1}$	$10^6 - 10^7$
Magnetband	$10^7 - 10^9$	Byte	$10^2 - 10^3$	$10^5 - 10^7$
optische Speicher	$10^8 - 10^{11}$	Byte	$10^{-1} - 1$	$10^6 - 10^7$
Massenspeicher	$10^9 - 10^{12}$	Byte	$10^{-1} - 10^2$	10^6

Tabelle 5.A: Leistungsgrössen von Speichermedien (reine Grössenordnungen)

Die heute wichtigsten Speichermedien sind in Tab. 5.A zusammengestellt. Dabei fällt das sequentielle Magnetband natürlich aus der Reihe, weil hier die kürzestmögliche

Zugriffszeit nur für das jeweils erste verfügbare Zeichen gilt (ein Suchprozess nach einem beliebigen Datensatz kann Minuten dauern). Mit seiner gegenüber der Platte 10 - 100 mal schnelleren Zugriffszeit ist aber das Magnetband für Sonderfunktionen (besonders als Absicherungs- und Log-Band) weiterhin konkurrenzlos.

Der Inhalt von Tab. 5.A wird noch deutlicher sichtbar, wenn Zugriffszeiten und Speichergrösse der adressierbaren Speichermedien einander grafisch (in doppeltlogarithmischem Massstab) gegenübergestellt werden (Fig.5.24).

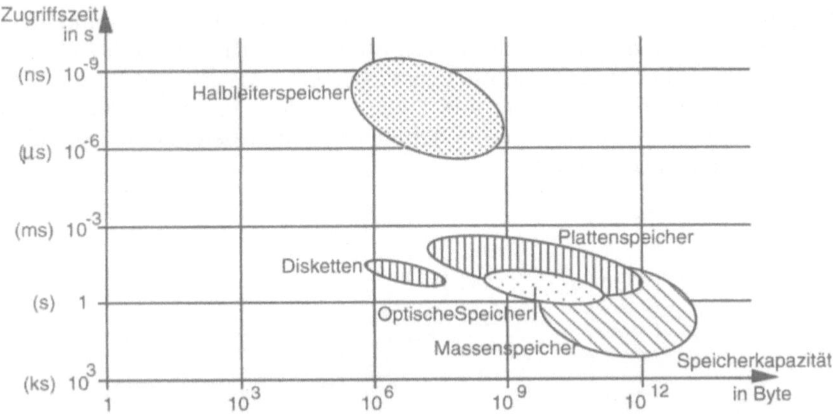

Figur 5.24: Zugriffszeit und Speichergrösse adressierbarer Speichermedien

Interessant sind folgende Tatsachen:

- Die teuersten Ausführungen liegen im allgemeinen im Bereich oben rechts (Fig.5.24) der angedeuteten Grössenordnungen.
- Erstaunlicherweise besteht eine Lücke zwischen den Medien im Mikrosekundenbereich (Halbleiterspeicher) und jenen für Sekundärspeicher. Speichermedien in diesem Zwischenbereich wurden immer wieder angekündigt (Bsp.: „Blasenspeicher"), aber haben sich bisher nicht durchsetzen können.
- Es gilt näherungsweise folgende Relation:

  Speichergrösse / Zugriffszeit ~ konstant.
- Werden die Zugriffszeiten mit den dazugehörigen Kosten pro Bit in Relation gesetzt, so ergibt sich eine ähnliche Beziehung, nämlich:

  Zugriffszeit * Speicherpreis pro Bit ~ konstant.

Dabei darf wie bisher auch in den nächsten Jahren mit weiteren Preisreduktionen bei Speichermedien gerechnet werden. Diese führen dazu, dass grosse Plattenspeichersysteme (GByte) auch bei kleineren Computeranlagen zur Regel werden.

5.5 Effiziente Speicherzugriffe

5.5.1 Speicherhierarchien und Puffer

Wir kennen nun eine ganze Palette von Speichermedien. Sogar in Kleincomputern treten sie aber nicht allein, sondern kombiniert auf, weil nur auf diese Weise einerseits die hohe Geschwindigkeit in der Zentraleinheit, anderseits das grosse und stabile Speichervermögen der Sekundärspeicher ausgeschöpft werden kann. Daher besteht eine der Grundaufgaben eines Computersystems darin, Daten zwischen verschiedenen Speichern zu transferieren. Da jeder Transfer dieser Art zwischen einem schnellen, aber kleinen und einem grossen, aber langsameren Medium stattfindet, stellt sich jedesmal das Problem der zeitlichen und räumlichen *Pufferung*. Als Beispiel diene der Datentransfer zwischen Arbeitsspeicher und Plattenspeicher (Fig.5.25); die symbolisch gezeichnete Trommel steht für einen beliebigen blockadressierbaren Sekundärspeicher, also auch Platte oder Diskette.

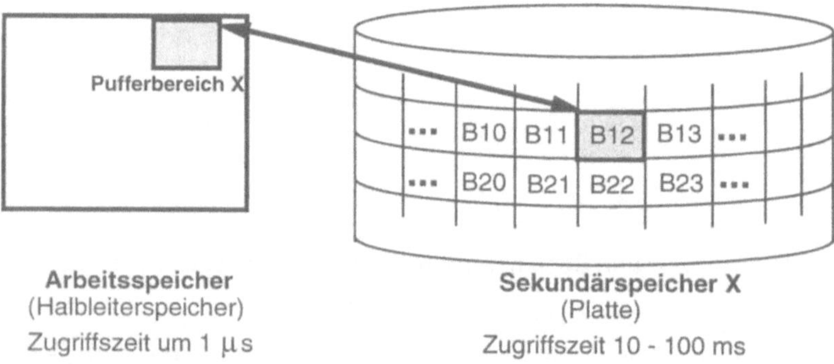

Figur 5.25: Pufferbereich im Arbeitsspeicher für Datentransfer von und zum Sekundärspeicher

Der Zentralrechner arbeitet primär mit Daten aus seinem Arbeitsspeicher, wie bereits in der Einleitung (Abschnitt 1.2) gezeigt wurde. Benötigt eine Anwendung Daten, die zuerst vom Plattenspeicher geholt werden müssen, so bildet dies für den Arbeitsablauf eine sehr starke Unterbrechung, da dieser Datenzugriff 10'000 bis 100'000 Mal länger dauert als ein Zugriff auf Daten im Arbeitsspeicher. (Das Verhältnis ist ähnlich wie der Gang in eine Universitätsbibliothek im Vergleich zu einem Blick in das eigene Notizbuch!). Daher holt der Benutzer vom „langsamen" Sekundärspeicher jeweils bei einem Zugriff nicht Einzeldaten, sondern ganze *Datenblöcke* (auch Seiten/pages genannt). Der gesamte Datenbestand ist auf der Platte in solchen Blöcken gespeichert (in Fig.5.25 summarisch angedeutet als B11, B12, ...). Werden Daten aus Block B12 benötigt, so wird der ganze Block ohne weitere Differenzierung direkt in den im Arbeitsspeicher für den Plattenspeicher X reservierten, entsprechend grossen *Pufferbereich X* übertragen. Beim Abspeichern von Daten aus dem Arbeitsspeicher auf den Plattenspeicher geschieht das Umgekehrte: Der ganze Pufferinhalt X wird als Block auf den gewünschten Datenbereich (Block) des Sekundärspeichers geschrieben.

Für einen effizienten Betrieb ist es von grösster Wichtigkeit, dass *möglichst wenig Plattenspeicherzugriffe* nötig sind. Dazu dienen vor allem geschickte Methoden der Datenverwaltung, wie sie in 5.5.2, 5.5.3 und 5.5.4 an für die Praxis besonders wichtigen Beispielen vorgestellt werden.

Wie gross sind Puffer bzw. Block zu wählen? Für diese Optimierung sind folgende Überlegungen wichtig:

- Kleine Blöcke bewirken viele (langsame) Plattenzugriffe.
- Grosse Blöcke belegen viel Pufferplatz im stark benützten Arbeitsspeicher.
- Zur Beschleunigung des Datentransfers können für den *gleichen* Sekundärspeicher auch *mehrere* Pufferbereiche parallel und gestaffelt eingesetzt werden.

Die optimale Blockgrösse und die Anzahl paralleler Pufferbereiche hängen stark vom Gebrauch und von der Konfiguration eines bestimmten Computersystems ab (also vom vorhandenen Sortiment an Geräten, insbesondere an Speichern); typischerweise liegen Blockgrössen meist bei einigen tausend Bytes, so dass typischerweise bei jedem Block-Datentransfer mehrere Datensätze übertragen werden.

Der Leser könnte nun befürchten, dass er sich selbst als Computerbenutzer mit diesen Zugriffsfragen, Blockgrössen und Pufferreservationen detailliert beschäftigen müsse, aber das Betriebssystem des Computers nimmt ihm auch dieses Problem ab.

- Das *Betriebssystem* führt die gepufferten, blockweisen Speicherzugriffe durch; es stellt innerhalb des Pufferbereichs die Datensätze einzeln zur Verfügung und kontrolliert deren individuelle Benützung; es legt geeignete Puffergrössen und Pufferbereiche fest.
- Der *Benutzer* muss über das Zusammenspiel verschiedener Speicher primär wissen, dass *jeder Zugriff auf Platten- und andere blockadressierbaren Speicher relativ viel Zeit* kostet. Im weiteren wird für jedes periphere Speichermedium im Arbeitsspeicher Pufferplatz belegt; da „mehr Pufferplatz" auch schnelleren Datentransfer bedeuten kann, muss *zur Beschleunigung* eines langsamen Computers oft nicht ein schnellerer Prozessor, sondern *mehr Arbeitsspeicher* gekauft werden.

Moderne Computersysteme verfügen alle über Speicher verschiedener Leistungsklassen und somit über eine *Speicherhierarchie.* Die Zentraleinheit benötigt einen schnellen Arbeitsspeicher und für Zwischenresultate noch schnellere Hilfsspeicher und Register. Anderseits werden für die permanente Datenspeicherung nicht besonders schnelle, aber besonders stabile und grosse Speicher genötigt. Die folgende Aufstellung zeigt die wichtigsten Hierarchiestufen, geordnet nach der Speicherzugriffszeit:

- *Sehr schnelle Zwischenspeicher („Cache-memories"), Register:*
  Für Zwischenergebnisse, Adressberechnungen; nur für systeminterne Dienste, dem Anwender kaum zugänglich.

- *Zentralspeicher, Arbeitsspeicher, Primärspeicher:*
  Standardspeicher für Programme und lokale Daten, Pufferbereiche während des Computerbetriebs. Die Grösse dieses Speichers wird häufig als typische Grösse für die Zentraleinheit eines Computers angegeben.
- *Blockadressierbare Sekundärspeicher, insbesondere Platten:*
  Für permanente Datenbestände, die laufend verfügbar sein müssen. Die Grösse dieser sekundären Speichermedien wird häufig als zweiter Hinweis auf die Systemgrösse genannt.
- *Magnetbänder:*
  Sekundärspeicher für spezielle Aufgaben wie Sicherheitskopien, Archivierung usw.; nicht geeignet für Einzelzugriff.
- *Massenspeicher, optische Speicher:*
  Für sehr grosse, relativ selten gebrauchte und nur selten oder gar nie zu ändernde Daten

Für Kleincomputer nennt schon der Verkaufsprospekt, welche Speichergrössen von Arbeits- und Sekundärspeicher kombiniert werden können. Bei Grossrechnern ist die optimale Konfiguration der Komponenten eine anspruchsvolle Aufgabe der Systemingenieure.

Im Betrieb bildet die *Zahl der Sekundärspeicherzugriffe* (oder kurz „Plattenzugriffe") oft die kritische Leistungsgrösse. Wir beobachten daher in den nächsten Unterabschnitten, wie die Datenorganisation auf deren Minimierung ausgerichtet werden kann. Neben der *Zugriffszeit* werden aber auch der *Änderungsdienst* und die *Speicherausnützung* als wesentliche Qualitätskriterien einer Speicherorganisation in die Beurteilung einbezogen.

5.5.2 Indexsequentielle Speicherorganisation

Die indexsequentielle Speicherorganisation ist eine typische *zweistufige* Struktur, die in ähnlicher Form auch in *manuellen Suchsystemen* zum Einsatz gelangt. Wir betrachten dazu vorerst ein Telefonbuch oder ein Lexikon. In derartigen Nachschlagebüchern sucht man zuerst die richtige Seite (obere Stufe), dann den eigentlichen Eintrag (untere Stufe). Dazu wird als Suchhilfe auf jeder Seite oben der erste oder letzte Schlüsselbegriff der entsprechenden Seite angegeben. Diese Suchmethode macht allerdings nur Sinn, wenn alle Einträge sortiert sind, z.B. alphabetisch. Der Suchschlüssel ist gleichzeitig der Sortierschlüssel. Auf beiden Stufen (richtige Seite und richtiger Eintrag) erfolgt die Suche nach dem Sortierschlüssel binär; wir haben das binäre Suchen schon bei den Grundlagen (Abschnitt 1.6) kennengelernt.

Genau diese zweistufige Suchmethode lässt sich nun direkt auf ein zweistufiges computergestütztes Speichersystem übertragen. Die Daten sind in Form einer sortierten Datei auf einem blockadressierten Speichermedium gespeichert; jeder *Block* entspricht einer *Seite* der manuellen Buchlösung und enthält mehrere Einträge oder Datensätze (Fig.5.26 rechts). Welcher Block enthält den gesuchten Eintrag? Das ergibt sich durch

Suchen in einer separaten Indextabelle, welche ebenfalls nach dem gleichen Schlüssel sortiert ist und die Blockadressen aller Blöcke auf dem Sekundärspeicher enthält (Fig.5.26 links). Der Suchalgorithmus lautet nun wie folgt:

a. Hole die Indextabelle (= 1 Block) vom Sekundärspeicher in den Arbeitsspeicher.
b. Suche in der Indextabelle die richtige Blockadresse: binäres Suchen intern im Arbeitsspeicher.
c. Hole mit dieser Blockadresse den richtigen Datenblock vom Sekundärspeicher in den Arbeitsspeicher.
d. Suche in diesem Datenblock den richtigen Datensatz: binäres Suchen intern im Arbeitsspeicher.

Bei der indexsequentiellen Organisation wird somit zusätzlich zu den Daten noch ein Inhaltsverzeichnis, die Indextabelle, abgespeichert. Die Indextabelle enthält Schlüsselwert und Adresse des jeweils ersten (oder letzten) Eintrags aus jedem Datenblock; die Indextabelle und alle Datenblöcke haben den gleichen Sortierschlüssel. Somit ist der eigentliche Suchprozess bei einer Abfrage nach diesem Schlüssel auf beiden Stufen binär und daher schnell.

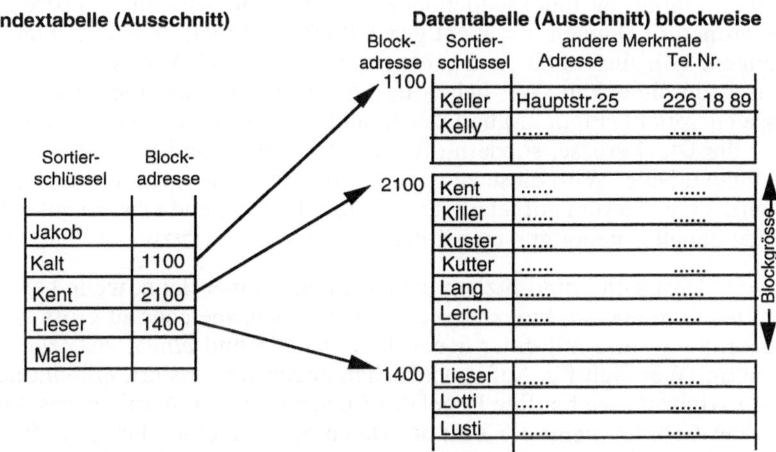

Figur 5.26: Indexsequentielle Datei (Ausschnitt, Beispiel: Telefonbuch)

Für den zeitlichen Gesamtaufwand ist aber das binäre Suchen gar nicht massgebend, sondern allein die Zahl der Plattenzugriffe. In diesem Algorithmus sind zwei Schritte (a und c) relativ langsam, zwei (b und d) schnell, denn a und c erfordern je einen Plattenzugriff, während b und d völlig innerhalb der Zentraleinheit mit einem schnellen Suchverfahren (binär) ablaufen. Wer die Suchschritte des binären Suchverfahrens genau berechnet und mit den Zahlen beim einstufigen binären Verfahren in Abschnitt 1.6 vergleicht, stellt sogar fest, dass durch die Einführung der zweiten Stufe das binäre Suchen nicht einmal verlangsamt wird.

Beispiel Telefonbuch der Stadt Zürich:

300'000 Telefonteilnehmer, 1'000 Seiten = 5 Blöcke mit je ca. 300 Einträgen = Datensätzen: In der Indextabelle von 1'000 Seiten werden 10 Suchschritte (2^{10} = 1024) benötigt, in einem Datenblock 9 Suchschritte (2^9 = 512), total 19 Suchschritte. Das ist genau gleichviel wie im Beispiel in Abschnitt 1.6.

Diese Suchschritte, die alle im Arbeitsspeicher erfolgen, benötigen gesamthaft höchstens einige 10 oder 100 *Mikro*sekunden, viel weniger als die 10 – 100 *Milli*sekunden, welche für einen einzigen Plattenzugriff nötig sind. Damit wird sofort klar, dass die Plattenzugriffe allein die Zugriffszeit massgebend prägen. Dort müssen auch allfällige Optimierungen gesucht werden:

Beispiel einer wirksamen Effizienzverbesserung:

Wird die Indextabelle ständig im Arbeitsspeicher plaziert, so entfällt Schritt a in den vorgestellten Suchalgorithmen und damit ein Plattenzugriff (von total zwei). Dies halbiert in etwa die Zugriffszeit und kostet einen geringfügigen Speicheranteil. (Das Beispiel bestätigt damit die Aussage aus 5.5.1: „schneller" wird oft mit zusätzlichem *Speicher* erreicht!)

Offensichtlich erlaubt die indexsequentielle Organisation schnelle Zugriffe auch bei grossen (geordneten) Dateien, die nicht gesamthaft im Arbeitsspeicher untergebracht werden können. Gilt dies auch für beliebig grosse Dateien? Wir wollen die Konsequenzen rasch durchdenken. Wir haben in 5.5.1 gesehen, dass die Blockgrösse der Puffergrösse entspricht (Fig.5.25) und beschränkt sein muss. Bei sehr grossen Dateien ändert nicht die Blockgrösse, sondern die Zahl der Blöcke und proportional dazu die Länge der Indextabelle. Wird diese zu gross für die integrale Speicherung im Arbeitsspeicher, wird sie wiederum aufgeteilt auf mehrere Blöcke, und es wird eine „Indextabelle der Indextabelle" benötigt – eine dritte Stufe und *ein* zusätzlicher Plattenzugriff.

Diese Methode lässt sich grundsätzlich weiterführen: Immer dann, wenn bei Vergrösserung der Datei die oberste Indextabelle für den Arbeitsspeicher zu gross wird, wird eine übergeordnete Stufe mit einer neuen Indextabelle und *einem* zusätzlichen Plattenzugriff nötig. Wer sich für Aufwandabschätzungen interessiert, erkennt auch hier die bei *guten* Algorithmen häufige Regel des *logarithmischen* Anstiegs des Aufwands bei wachsender Grösse: Steigt die Zahl der Datensätze um einen Faktor (z.B. 100 *mal* mehr Datensätze), so steigt der Aufwand linear (*ein* Plattenzugriff mehr).

Nach diesen Überlegungen zum *Zugriff* wenden wir uns der zweiten Funktion zu, die eine Datenorganisation zweckmässig erfüllen muss: dem *Änderungsdienst.* Am Beispiel „Telefonbuch" in Fig.5.26 heisst das, dass auch zusätzliche Datensätze so in die indexsequentielle Datei eingefügt werden können, dass dadurch der Zugriff auf die Daten nicht erschwert wird. Auch damit wird die indexsequentielle Organisation gut fertig, wobei der Normalfall „blockinterne Änderung" und der etwas aufwendigere Sonderfall „Änderung in Datenblock *und* Indextabelle" zu unterscheiden sind. Wir untersuchen beide Fälle, indem wir zwei neue Abonnenten in die Telefonbuchdatei von Fig.5.26 einfügen, zuerst „Frau Koller", dann „Herrn Leist".

Beispiel Blockinterne Änderung: Einfügen des Namens „Koller“
Das Einfügen von „Koller“ zwischen „Killer“ und „Kuster“ verlangt das Verschieben der restlichen Einträge „Kuster“ bis „Lerch“ um eine Position innerhalb des Blocks nach unten. (Der Block ist jetzt voll.) Die übrigen Blöcke sowie die Indextabelle werden nicht berührt.

Beispiel Änderung in Datenblock und Indextabelle: Einfügen des Namens „Leist“
Das zusätzliche Einfügen von „Leist“ zwischen „Lang“ und „Lerch“ würde den durch „Koller“ gefüllten Block zum Überlaufen bringen. In diesem Fall werden folgende Massnahmen getroffen:

- Schaffung eines neuen (leeren) Blocks irgendwo im Speicher mit Speicheradresse X; dank der Indextabelle ist auch diese Blockadresse für den Zugriff immer sofort erreichbar.
- Aufteilen der Daten im Block mit Adresse 2100 (halb - halb) auf diesen und den neugeschaffenen Block mit Adresse X.
- Einfügen einer neuen Zeile in der Indextabelle mit folgendem Eintrag: „Kutter, Adresse X“. Dabei muss nun der ganze Rest der Indextabelle um eine Position nach hinten verschoben werden.
- Einfügen von „Leist“ in den neugeschaffenen und vorerst nur halbvollen Block mit Adresse X.

Die Massnahmen beim Einfügen neuer Datensätze in eine indexsequentielle Datei verlangen somit aufs Ganze gesehen immer nur relativ geringfügige, lokale Änderungen. Im Normalfall („Koller“) betreffen sie nur einen Block, im Ausnahmefall („Leist“) zwei Datenblöcke und die Indextabelle; die Aufteilung der Datensätze auf zwei Blöcke schafft immer wieder genügend freien Platz für neue Einträge.

Zur Beurteilung der Qualitäten der indexsequentiellen Speicherorganisation betrachten wir jetzt die drei schon weiter oben genannten Kriterien:

- *Zugriffsverfahren:* Ein oder zwei (bei *sehr* grossen Dateien allenfalls drei) Plattenzugriffe, sofern der Suchschlüssel dem Sortierschlüssel entspricht.
- *Änderungsdienst:* Zum Aufsuchen gleich viele Plattenzugriffe wie beim Zugriff. Dazu kommt im Normalfall ein Plattenzugriff für das Abspeichern des veränderten Blocks, bei Blockaufteilung sind es drei zusätzliche Plattenzugriffe.
- *Speicherausnützung:* etwa 60 - 80%

Mit der indexsequentiellen Speicherorganisation steht somit eine Speichermethode zur Verfügung, welche einerseits die (langsamen) Plattenzugriffe minimiert und anderseits die schnellen Prozesse im Zentralrechner/Arbeitsspeicher für viele binäre Teilsuchen ausnützt, die verglichen mit den Plattenzugriffen zeitlich jedoch gar nicht ins Gewicht fallen. Damit sind Suchfragen und sogar Änderungen in grossen Dateien in Sekundenbruchteilen möglich – vorausgesetzt, der Suchschlüssel entspricht der Sortierreihenfolge der Datensätze in der Datei.

5.5.3 Berechenbare Speicheradressen (Hash-Verfahren)

Unter dem Titel Hash-Verfahren soll hier noch ein zweites allgemeines Speicherverfahren vorgestellt werden. Damit soll der Leser erkennen, dass durchaus unterschiedliche Methoden für gleichartige Probleme verfügbar sind und dass für viele Computermethoden auch manuelle Parallelen existieren. Wir stellen daher dieses Verfahren anhand einer nichtcomputerisierten Anwendung vor.

Figur 5.27: Hash-Organisation

Beispiel: Hash-Organisation von Mitgliederdaten einer Krankenkasse

Eine Krankenkasse mit 10 000 Mitgliedern möchte ihre Akten so ablegen, dass immer höchstens 30 - 35 Hängemappen (eine pro Mitglied) in einer Registraturschublade hängen. Wie sollen nun die Schubladen zugeordnet und beschriftet werden, damit diese Organisation nicht laufend umgestellt werden muss? Eine Einteilung *nach Namen* brächte viele Verschiebungen, da immer wieder ganze Familien hinzukommen und wegziehen; noch schlechter wäre eine Einteilung nach Alter (Geburtsjahr und -datum). Eine gute Lösung ist jedoch die auf den ersten Blick ungewohnte Ablage *nach Geburtstag* (nur Monat und Tag). Diese Lösung braucht 366 Schubladen; in jeder Schublade sind durchschnittlich 10 000/366, also etwa 27 Mappen plaziert. Bei dieser Organisation ist es sehr einfach, aufgrund des Geburtstags die Akten abzulegen und zu finden. Zwei Probleme sind dabei noch zu regeln: Wie ordnet man die Mappen innerhalb jeder Schublade? Das ist wegen der kleinen Zahl relativ unwichtig und könnte z.B. nach Geburtsjahr oder alphabetisch nach dem Namen geschehen. Und: Was tut man, wenn an einem bestimmten Tag sich die Geburtstage häufen und über 35 oder gar 40 Mappen unter diesem Tag abzulegen sind? Dann legt man in die betreffende Schublade einen Hinweis „Weitere Akten in Schublade X“, welche man für diesen Fall des Überlaufens zusätzlich vorbereitet hat.

Das geschilderte Verfahren geht also davon aus, dass der für die Organisation massgebende Primärschlüssel und damit auch gerade die Adresse der Schublade, bei einer Computerlösung die Adresse des Blocks auf dem Sekundärspeicher, aus den entsprechenden Daten direkt berechnet werden können (Fig.5.27). Normalerweise genügt dann *ein einziger Sekundärspeicherzugriff* für das Auffinden der Daten, ausnahmsweise wird ein zweiter solcher Zugriff für den Überlauf benötigt. Die Detailsuche *innerhalb* des Speicherblocks erfolgt mit der Arbeitsgeschwindigkeit des Zentralrechners, also schnell.

Jede Hash-Organisation („Hash“ = „Gehacktes“) beruht auf einer Analyse des Datenmaterials, wobei der Primärschlüssel ohne direkten inhaltlichen Sinn so gewählt wird, dass die zu speichernden Datensätze möglichst gleichmässig auf die verfügbaren Datenblöcke verteilt werden. Im obigen Beispiel war dies der Geburtstag (ohne Jahr). Der Primärschlüssel dieser Organisation lässt sich dann mithilfe der sogenannten Hash-Funktion f (Schlüsseltransformationsfunktion) wie folgt in die Blockadresse umrechnen:

Adresse des Speicherblocks = f (Primärschlüssel)

Beurteilung:

- *Zugriffsverfahren:* berechenbare Adressen, sehr schnell für Einzelabfragen.
- *Änderungsdienst:* Auswirkungen sind im Normalfall auf einen Speicherblock beschränkt, also unproblematisch.
- *Speicherausnützung:* je nach Anwendung etwa 60-80%.

Das Verfahren setzt voraus, dass eine vernünftige Hash-Funktion aufgrund eines präzis verfügbaren Schlüsselbegriffs gefunden werden kann; ist dies der Fall, bietet das Hash-Verfahren eine sehr effiziente Speicherverwaltungsmethode.

5.5.4 Datenzugriff über Sekundärschlüssel und invertierte Dateien

Über den bisherigen Datenorganisationsbetrachtungen stand die Frage: Wie organisieren wir die Daten, damit der Zugriff über *einen Hauptsuchbegriff* (Primärschlüssel) schnell erfolgen kann und gleichzeitig Änderungsdienst und Speicherausnützung wirtschaftlich bleiben. Aber lassen sich denn alle Abfragen auf eine *einzige Suchfrage* (Suchschlüssel) zurückführen? Und steht für alle übrigen Suchbegriffe (Sekundärschlüssel) nur ein *sequentielles* (und damit langsames) Absuchen aller Datensätze als Zugriffspfad zu den gesuchten Daten zur Verfügung? Das muss nicht sein, wenn wir auch Zugänge über Sekundärschlüssel vorbereiten. Der Zugang zu den Daten über Sekundärschlüssel soll uns daher noch etwas näher beschäftigen (Fig.5.28).

Die Häufigkeit dieser Problemstellung zeigt sich schon an einfachen Beispielen:

- Krankenkassen-Ablage (Bsp. von 5.5.3): Primärschlüssel: Geburtstag und -monat; wünschbare Sekundärschlüssel: Name, Versichertennummer.
- Telefonbuch: Primärschlüssel: Name und Vorname; wünschbare Sekundärschlüssel: Telefonnummer, Strasse und Hausnummer, Beruf (Branchenregister).
- Bankkonten: Primärschlüssel: Kontonummer; wünschbarer Sekundärschlüssel: Name, Vorname (wenn Kontonummer vergessen).

Solche Probleme wurden schon seit jeher und ohne Computereinsatz gelöst; aus der manuellen Methode lässt sich direkt die wichtigste Hilfstechnik ableiten, nämlich jene der *invertierten Dateien (inverted files),* oft auch *Hilfsindex* genannt. Eine invertierte Datei ist eine nach dem Sekundärschlüssel umsortierte *Tabelle, in welcher der Benutzer den entsprechenden Primärschlüssel finden kann.*

Beispiel: Bankkonti

Die Bankkonti sind primär nach Kontonummer abgelegt (Primärschlüssel = Kontonummer). Für Kunden, welche ihre Kontonummer nicht gleich angeben können, führt die Bank als Hilfsorganisation eine separate Tabelle, geordnet nach Namen und Vornamen (= Sekundärschlüssel), in welcher alle Kontonummern dieser Person aufgeführt sind.

Nennt nun ein Kunde nur seinen Namen, so kann in der Hilfsorganisation die Kontonummer, dann mit deren Hilfe in der Primärorganisation das zugehörige Konto mit allen Kontoeinträgen abgerufen werden.

Die invertierte Datei ist somit die Hilfsorganisation für einen Sekundärspeicherzugriff; zu jedem Sekundärschlüssel liefert eine zugehörige invertierte Datei den entsprechenden Primärschlüssel für den Zugriff in der Primärschlüsselorganisation (Fig.5.28).

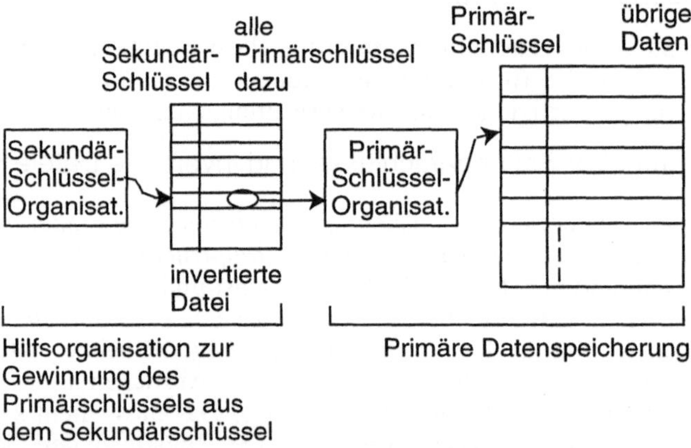

Figur 5.28: Invertierte Dateien für Sekundärschlüssel

Der Begriff der „invertierten Datei“ kommt aus der Mathematik, wo die Umkehrfunktion „invertiert“ genannt wird. Und so ist es auch hier: Man schliesst aus dem Sekundär- auf den Primärschlüssel, während üblicherweise der umgekehrte Weg beschritten wird.

Zwei wichtige Methoden für die *primäre* Datenorganisation wurden in 5.5.2 (indexsequentiell) und 5.5.3 (berechenbar) vorgestellt. Diese lassen sich auch für die Hilfsorganisation zur Gewinnung des Sekundärschlüssels einsetzen. Die Hilfsorganisation selber benötigt somit nur einen oder zwei zusätzliche Plattenzugriffe. Die invertierte Datei enthält normalerweise wesentlich weniger Daten als die primäre Datei, da in der invertierten Datei nur Sekundär- und Primärschlüssel gespeichert werden und alle übrigen Daten einzig in der primären Datei enthalten sind.

Wieviele und welche Sekundärschlüssel sollen für die schnellere Abfrage durch eine invertierte Datei unterstützt werden? Das hängt von der Häufigkeit ab, mit der solche Sekundärschlüssel benutzt werden. Denn für jeden Sekundärschlüssel beansprucht der Aufbau der invertierten Datei Speicherplatz und Rechenzeit, und der Änderungsdienst muss auf alle invertierten Dateien ausgedehnt werden. Invertierte Dateien „verstossen" gegen jene Grundregel der Datenverarbeitung, wonach alle Daten nur einfach (ohne Redundanz) vorhanden sein sollen. Aber das Verlangen nach schnellerem Zugriff geht hier vor, führt aber zu erhöhtem Speicher- und Serviceaufwand. Die optimale Zahl von unterstützten Sekundärschlüsseln muss daher im einzelnen ermittelt werden.

Beurteilung des Verfahrens mit Sekundärschlüssel (gegenüber Systemen ohne Hilfsorganisation):

- *Zugriffsverfahren:* für jeden Sekundärschlüssel, der mit einer invertierten Datei unterstützt wird, wird der Zugriff von „sequentiell" (= viele Plattenzugriffe) auf „sehr schnell" (= total 2 - 5 Plattenzugriffe) verbessert.
- *Änderungsdienst:* für jeden unterstützten Sekundärschlüssel kommt der primäre Mutationsaufwand mindestens nochmals dazu.
- *Speicherausnützung:* für jeden unterstützten Sekundärschlüssel erhöht sich der Speicherbedarf um einige Prozente; würden alle Merkmale unterstützt (Maximallösung), so würde sich der primäre Speicherbedarf etwas mehr als verdoppeln.

Optimierung der Suchorganisation, künstliche Primärschlüssel

Sekundärschlüssel-Hilfsorganisationen liefern im allgemeinen noch nicht die gesuchten Daten, sondern nur den Primärschlüssel, also erst den *Zugang* zu der Primärorganisation, die für die meisten Abfragen ebenfalls beansprucht wird (Fig.5.28). Die Primärorganisation dominiert also alle Zugriffe, und es ist daher wesentlich, *diese* so gut wie möglich zu machen. Das heisst

- kurzer, einfacher Primärschlüssel (denn dieser kommt in *allen* invertierten Dateien vor, wird überall gespeichert und dient für die Primärorganisation);
- schnelle primäre Speicherorganisation.

Somit kommen in grösseren Anwendungen als Primärschlüssel alphabetische Grössen wie etwa Name, Vorname (wie in manuellen Systemen) kaum in Frage. Da der Computer intern am schnellsten mit Zahlen arbeitet, ist es oft sinnvoll, als Primärschlüssel eine *künstliche interne Nummer* für jeden Datensatz einzuführen. Alle realen Suchfragen beginnen dann zwar bei Sekundärschlüsseln; dieser Mehraufwand wird aber durch die Vorteile der viel kompakteren inneren Organisation mehr als aufgewogen.

Invertierte Dateien sind eine leichtverständliche und im Falle der hier benutzten Beispiele auch geeignete Datenorganisationsform zur Verbesserung von Sekundärspeicherzugriffen. Für andere Fälle, etwa für mehrdimensionale Suchfragen, für sehr grosse Datenbestände und für unpräzise Suchfragen, wurden in den letzten Jahren viele neue Lösungen entwickelt, die in Datenbanksystemen (vgl. 3.3.4) und anderen Datenverwaltungsdienstprogrammen zum Einsatz kommen.

5.6 Dateneingabegeräte

5.6.1 Eingabegeräte (Übersicht)

Kein Informatikeinsatz ohne die richtigen Ausgangsdaten! Diese Grunderkenntnis muss jede vernünftige Informatikanwendung prägen. Die Amerikaner sagen es noch drastischer: „Garbage in, garbage out!“ (Wer Mist eingibt, erhält Mist raus!). Die ganze Dateneingabe und die dazu verwendeten Geräte dienen alle dem einen wichtigen Zweck: Wie lassen sich Daten möglichst „gut“ in ein Computersystem eingeben? Dabei kann das Wort „gut“ für recht verschiedene Bedürfnisse stehen:

- richtig: der Warenpreis im Supermarkt, das Passwort, der Messwert im Labor
- schnell: der Messwert im Labor
- änderungsfähig: der Text bei der Textverarbeitung
- verständlich für viele: am Billetautomat, am Auskunftsbildschirm
- kostengünstig: der Warenpreis im Supermarkt

Schon diese wenigen Beispiele zeigen, dass es „das“ optimale Dateneingabegerät nicht geben kann. Allzu verschieden sind die Bedürfnisse der Praxis und allzu gross sind die mit der Dateneingabe verbundenen Kosten und wirtschaftlichen Aspekte. Die Kosten für die Bereitstellung der Daten (inkl. Dateneingabe) betragen typischerweise ein Mehrfaches der gesamten Informatikkosten (Geräte, Programme). Diese Aussage wurde schon früher gemacht (2.6.6), muss an dieser Stelle aber in Erinnerung gerufen werden.

Ein Vergleich verschiedener Dateneingabegeräte muss sich am *Einsatz* orientieren. Und hier trennen sich sehr rasch zwei Hauptnutzungsarten:

- *flexible Einsatzmöglichkeiten* für verschiedenste Anwendungen: Dazu gehören typischerweise *Tastaturen* und die üblichen Positionierungshilfen am Kleincomputer (Maus).
- *spezialisierte Einsatzmöglichkeiten* für wichtige Einzelanwendungen: Beispiele sind maschinenlesbare Identifikationskarten (für die Identifizierung des Anwenders) und Strichcodes zur Artikelidentifikation im Einzelhandel (Fig.5.29).

Speziallösungen kommen nur zum Einsatz, wenn eine wichtige, häufige und wirtschaftlich interessante Anwendung dies veranlasst. In allen anderen Fällen ist der Einsatz der verbreiteten Standardeingabemedien, namentlich der *Tastatur,* weit wirtschaftlicher und zweckmässiger. Tab. 5.B gibt eine Übersicht über die wichtigsten Eingabegeräte.

Eingabegerät	**flexibel**	**präzis**	**schnell**	**kostengünstig**	
				Einrichtung	**Betrieb**
Tastatur					
– alphanumerisch	++	++	+	+	+
– nur Ziffernblock	+	++	++	+	+
– Spezialtastatur	–	++	variabel	–	+
Positionseingabe (Maus usw.)	++	variabel	++	+	+
Optische Leser (Scanner					
– Rasterleser	+	variabel	–	–	variabel
– Strichleser	–	+	++	–	++
Identifikationsleser	+	++	variabel	–	++
Sensoren	–	variabel	++	–	++

Tabelle 5.B: Wichtige Dateneingabegeräte und ihre besondere Eignung

In Tab. 5.B wird deutlich, dass die heutige Standardausstattung jedes Kleincomputers, Tastatur und Maus, einen hochflexiblen Einsatz erlauben, verbunden mit hoher Präzision (über die Tastatur für digitale Eingaben) und respektabler Geschwindigkeit. Geübtes Personal bringt etwa 3'000 bis 9'000 Anschläge pro Stunde auf die Tastatur, je nach Art der Daten und Anforderungen (das Maximum für reine Ziffernerfassung mit *einer* Hand, etwas weniger für alphanumerische Zeichen, Grossbuchstaben, Spezialzeichen, Funktionstasten im Zehnfingersystem) und Art der Anwendung. Durch die zusätzliche Verwendung von Positionseingabemedien (Maus, Tablett, Lichtgriffel; vgl. 2.3.5, Fig.2.9) mit ihren Mehrfachfunktionen ist allerdings die Bedeutung der Masseinheit „Anzahl Anschläge pro Stunde“ für die Datenerfassung nicht mehr sehr aussagekräftig, nicht einmal bei Textsystemen.

Tastaturen sind aber keineswegs *selbständige* Datenerfassungsgeräte. Sie bilden nur eine – allerdings wichtige – Komponente der gesamten *Benutzerschnittstelle,* der wir in diesem Buch schon oft begegnet sind. Der Benutzer erkennt normalerweise über den *Bildschirm,* was er auf der *Tastatur* zu tun hat. Beispiele von Bildschirmmasken wurden in 2.3.4 (Fig.2.8) gezeigt, Beispiele einer Textverarbeitung in 2.3.3. Für häufig einzusetzende Programme optimieren ganze Arbeitsgemeinschaften aus Informatikern, Arbeitspsychologen und Ausbildungsfachleuten die Gestaltung der Benutzerschnittstelle schon während der Entwicklung. Dazu gehört die Bildschirmaufteilung genauso wie die Belegung der Funktionstasten mit anwendungsspezifischen Aufgaben. Dank der programmierbaren Bildschirmfläche lässt sich die *gleiche* Geräteausrüstung (Bildschirm, Tastatur, evtl. Maus) für extrem unterschiedliche Aufgaben benutzerfreundlich einsetzen. Der Leser vergleiche dazu etwa folgende Beispiele aus der Praxis: ein Textverarbeitungsprogramm, eine Tabellenkalkulation, ein Computerspiel. In allen drei Fällen spielt die Tastatur eine Rolle – aber eine sehr unterschiedliche!

Der Tastatur überlegen sind andere Dateneingabegeräte meist nur dann, wenn sehr spezielle Anforderungen vorliegen, sei es von der Menge oder von der Struktur der einzulesenden Daten her:

- Belege auf Papier: Der *optischen Datenerfassung* ist ein eigener Unterabschnitt 5.6.2 gewidmet.
- Messung von physikalischen Werten: *Sensoren* (vgl. 5.6.3.)
- Handschrifterfassung unterwegs: Palmtop-Computer (vgl. 5.2.1) und andere Datenerfassungsgeräte für unterwegs bieten Sonderlösungen.
- Identitätsprüfung: Mit dem Anwachsen von Computeranwendungen im Berufs-, Privat- und Freizeitbereich wächst auch das Bedürfnis, kostenwirksame Dienstleistungen präzis auf die berechtigten Personen zu beschränken. Ein wichtiges Identifikationsmittel bilden dabei *maschinenlesbare Identifikationskarten* (Kreditkarten, Eintrittskarten, Schlüsselkarten usw.). Solche Karten können heute auch mit magnetischen Datenträgern (Magnetspur) oder gar mit selbständigen Rechnerfunktionen ausgestattet werden (sog. *Chip-Karten).*
- *Berührungsempfindliche Bildschirme (touch screen):* Für Informationsdienste, etwa in Ausstellungen, auf Bahnhöfen und Flugplätzen, die einem breiten Publikum angeboten werden, sind Tastaturen allenfalls zu wenig robust, die Bildschirm-Tastatur-Kombination zu kompliziert. Daher wird die Dateneingabe direkt mit dem Bildschirm kombiniert: Der Anwender berührt Anwortmarkierungen auf dem Bildschirm (A, B, C, HILFE, ENDE) mit dem Finger; das System erkennt diese Berührung auf dem entsprechend ausgerüsteten Bildschirm.
- *Mikrofon:* Akustische Signale können durch entsprechende Programme interpretiert und in Computerdaten umgesetzt werden.

Diese Liste von Sondermöglichkeiten ist in keiner Weise vollständig, und sie wird in Zukunft noch ergänzt werden. Einen besonders wichtigen Anwendungsbereich für ungewöhnliche Eingabegeräte bildet die Gestaltung von Benutzerschnittstellen für Behinderte. Hier finden nicht nur Interpretationsprogramme für akustische Signale, sondern auch Spezialhandschuhe (zur Aufnahme von Signalen von Teilgelähmten) und andere Geräte schon heute praktische Anwendung.

5.6.2 Optische Datenerfassung, Scanner

Optische Datenerfassung gehört heute vielfach zum Alltag. Im Supermarkt liest die Dame an der Kasse häufig den aufgedruckten Artikelcode (Fig.5.29) mit einem entsprechenden Lesegerät von den Kaufgegenständen ab, während sie früher den Preis über die Tastatur der Registrierkasse eintippen musste (Zusatzvorteil: Aus dem Artikelcode lässt sich gleichzeitig der aktuelle Preis bestimmen und die Lagerbuchhaltung führen). Optische Datenerfassung geschieht im Zahlungsverkehr von Bank und Post mit automatisch lesbaren Einzahlungsscheinen. Und sogar in der Freizeit hat uns diese

Technik erreicht, wo mancherorts Eintrittskarten für Grossanlässe und Sportanlagen maschinenlesbar geworden sind. Das optische Lesen ist offenbar technisch gelöst und wirtschaftlich, zumindest bei Grossanwendungen.

Figur 5.29: Artikelidentifikation im Einzelhandel (für Strichleser)

Trotzdem gibt es offensichtlich auch Gegenbeispiele. Bei der Post werden auch heute noch auf vielen Briefen die Postleitzahlen vorerst mal von Menschenaugen und nicht mit optischen Lesern entziffert, obwohl es sich hier sicher um eine wichtige Grossanwendung handelt. Daher die Frage: Wo eignet sich denn die optische Datenerfassung?

Diese Frage lässt sich kurz so beantworten:

Die optische Datenerfassung lässt sich dort relativ problemlos einsetzen, wo die zu lesenden Zeichen gut erkennbar und leicht zu unterscheiden sind.

Diese Antwort lässt sich auch umkehren:

Wer wirtschaftlich Daten optisch erfassen will, muss dafür sorgen, dass dabei möglichst wenige, gut unterscheidbare Zeichen verwendet werden.

Damit lässt sich bereits eine klare Rangfolge verschiedener Stufen von Zeichensätzen mit unterschiedlicher Eignung für die optische Dateneingabe angeben. Wir beginnen mit der einfachsten Stufe:

- *Strichcodes* (*bar codes;* wie in Fig.5.29 oder ähnlich): Unterscheidung von markiert/nicht markiert, allenfalls auch von Strichdicken (Fig.5.29). Das Lesegerät ist speziell für den eingesetzten Strichcode entwickelt oder eingerichtet.
- *Ziffern:* Unterscheidung von 10 Ziffern als Spezialfall einer OCR-Schrift (siehe nächste Stufe).
- *OCR-Schrift* (Fig.5.30): Unterscheidung von 36 Schriftzeichen (oder allenfalls mehr, wenn Sonderzeichen dazukommen), die speziell so gestaltet wurden, dass sie von optischen Lesern besonders gut unterschieden werden können, aber auch vom menschlichen Leser noch erkannt werden (OCR = optical character recognition).
- *Gewöhnliche Druckschrift oder Schreibmaschinenschrift:* Da sehr viele Schriftarten existieren (eine Auswahl wurde in Fig.2.21 vorgestellt), ist die sichere Unterscheidung von 26 Buchstaben und 10 Dezimalziffern gegenüber OCR-Schriften wesentlich schwieriger. Ein Schrifterkennungssystem kann aber auf bestimmte Schriftarten eingestellt („trainiert“) werden.

- *Handschrift:* Hier ist die Vielfalt der Zeichen nochmals viel grösser; sogar bei der gleichen schreibenden Person sind die Abweichungen allenfalls gross. Entsprechend schwierig ist eine zuverlässige Handschrifterkennung.

ABCDEFGHIJKLMNOPQRSTUVWXYZ

Figur 5.30: Alphabet in OCR-A-Schrift

Die Lesegeräte für die optische Datenerfassung heissen Scanner.

Scanner sind optische Leser für das punktweise Abtasten von Darstellungen aller Art auf Flächen.

Technisch erfolgt der Abtastvorgang mit einem stark gebündelten Lichtstrahl (Laser), dessen reflektiertes Licht gemessen wird. Auf dem Markt sind heute verschiedene Scanner für unterschiedliche Zwecke erhältlich. Bereits erwähnt wurde der höchst spezialisierte Strichcode-Scanner für die Erkennung von Artikelnummern an der Kasse im Supermarkt. Ein anderes Beispiel sind billige Handscanner, die an Kleincomputern anschliessbar sind und mit deren Hilfe Bilder und Texte in den Computer geladen und dort manipuliert werden können. Zu einer dritten Gruppe gehören teure und hochpräzise Grossscanner, mit welchen in der graphischen Industrie (Druckereien) Farbbilder eingelesen und für den Druckprozess aufbereitet werden können. Eine vielfältige Welt also.

Figur 5.31: Arbeitsschritte beim optischen Lesen

Wir müssen uns in diesem Buch daher auf wenige zentrale Überlegungen beschränken. Zuerst soll gezeigt werden, mit welchen *Arbeitsschritten* eine gedruckte Textseite (z.B. eine Buchseite oder ein Brief, der mit einem modernen Textverarbeitungssystem geschrieben wurde) optisch in einen Computer eingelesen werden kann.

1. *Einlesen (scannen):* Original auf Papier (Fig.5.31 links) in den Scanner einlegen und einlesen (oder mit Scanner drüberfahren). Das Ergebnis ist ein Rastermuster Fig.5.31 Mitte); jedes einzelne Rasterelement (Pixel) ist entweder weiss oder

schwarz (keine Grauwerte). Das Rastermuster ist im Computer gespeichert und bildet die Basis für die nachfolgende Mustererkennung.

2. *Mustererkennung (pattern recognition):* Diesen Arbeitsprozess leistet ein spezielles Mustererkennungsprogramm, das buchstabenweise das Rastermuster jedes Schriftzeichens mit vorgespeicherten Musterzeichen vergleicht und das am besten passende Zeichen für den Ergebnistext (Fig.5.31 rechts) vorschlägt. (Das Ergebnis kann durchaus auch einmal falsch sein: im Beispiel von Fig.5.31 wurde im Wort „toller" das erste „l" fälschlicherweise als „i" erkannt, weil vielleicht dieser Buchstabe etwas schlecht gedruckt war und daher im Rastermuster das für die Unterscheidung von „l" und „i" wichtige Pixel fehlte.

3. *Nachbearbeitung:* Da das Ergebnis der automatischen Mustererkennung (Fig.5.31 rechts) Fehler aufweisen kann, ist oft eine Nachbearbeitung notwendig. Da der geübte menschliche Leser (Korrektor) Fehler rasch erkennt, wird die Nachbearbeitung diesem überlassen.

Es lohnt sich übrigens, diese drei Arbeitsschritte „Scannen – Mustererkennen – Nachbearbeiten" noch kurz in Bezug auf die damit verbundenen Datenmengen zu betrachten. Wir verfolgen dazu nochmals die erwähnte Buchseite, bzw. den Brief im Format A4:

– Nach dem *Scannen* ist im Computer das Rastermuster gespeichert, pro Pixel ein Bit (oder mehr, falls Grauwerte und/oder Farben unterschieden werden). Bei einer Auflösung von 0.25 mm ergibt ein Blatt A4 ca. 1 Mbit.

– Bei der *Mustererkennung* werden Schriftzeichen unterschieden, die sich durch je 1 Byte (= 8 bit) darstellen lassen. Ein volles Blatt A4 weist etwa 5'000 Zeichen oder 40'000 bit auf. Die Mustererkennung *verdichtet* somit ein Mbit auf etwa 40 kbit, also auf 4%.

– Die *Nachbearbeitung* belässt es bei 40 kbit, erhöht aber deren Qualität.

Die Verwendung von Scannern, also das optische Abtasten von Dokumenten, Bildern usw., ist somit nur einer von mehreren Arbeitsschritten bei der optischen Datenerfassung, wenn auch ein wichtiger. Weiter gehören auch anspruchsvolle Prozesse der Datenanalyse (Mustererkennung, Datenverdichtung) und – wenn nötig – die manuelle Nachbearbeitung dazu.

Wer grosse Datenmengen einlesen und verarbeiten muss, wird die optische Datenerfassung vor allem dann einsetzen, wenn die Voraussetzungen für eine möglichst automatische Verarbeitung (und wenig Nachbearbeitung) gut sind, wie etwa in folgenden Fällen:

– möglichst saubere, sehr *gut vorgedruckte* Zeichen auf den zu lesenden Belegen (Bsp.: Artikelcode in Fig.5.29, Bankschecks),

– *möglichst wenige und einfache Zeichen,* die zu unterscheiden sind (also etwa „angekreuzt/nicht angekreuzt) auf einem Formular, Fig.2.20)

Müssen jedoch bei sehr grossen Datenerfassungsaufgaben (Postleitzahlen auf Briefen, Volkszählungsdaten und ähnliche) auch handschriftliche Zahlen oder gar Texte erfasst werden, so ist oft jenes *kombinierte Verfahren* vorzuziehen, das schon in 2.7.2 vorgestellt wurde und bei dem der Mensch nicht nachbearbeitet, sondern schwierige Erkennungsarbeit direkt leistet:

- 1. Schritt: *Optisches Einlesen* (Scannen); Ergebnis: Rastermuster der *ganzen Fläche im* Computer gespeichert.
- 2. Schritt: Automatische *Mustererkennung* der *automatisch* interpretierbaren Angaben.
- 3. Schritt: Projektion der *nicht automatisch* interpretierbaren oder unsicher erkennbaren Teile auf den Bildschirm, so dass ein Mensch diese lesen und das Ergebnis über eine Tastatur eingeben und/oder ergänzen kann.

Dieses kombinierte Verfahren erlaubt, die Vorteile automatischer Verfahren so weit wie möglich auszunützen und dem Menschen nur jene Arbeit zu überlassen, wo seine Interpretationsfähigkeit wirklich benötigt wird. Mit solch kombinierten Verfahren arbeitet heute auch die Post bei der Postsortierung nach Postleitzahlen: Viele Massensendungen mit vorgedruckten Adressen lassen sich vollautomatisch bearbeiten, der Rest, vor allem natürlich die handschriftlich adressierten Sendungen, braucht menschliche Hilfestellung.

Diese Ausführungen über die optische Datenerfassung zeigen, dass in jedem Fall eine sehr genaue Kenntnis der Bedürfnisse der Anwendung nötig ist. Diese Analyse und die technischen Vorbereitungen für den Einsatz optischer Leser sind nur bei aufwendigen oder häufigen Anwendungen wirtschaftlich vertretbar. In den anderen Fällen ist die konventionelle Datenerfassung mit Eintippen der Daten trotz des damit verbundenen Arbeitsaufwandes problemloser und günstiger.

5.6.3 Sensoren

Der Einsatz von Informatikmitteln hat den Rahmen des Büros längst gesprengt. Sobald aber Labor, Werkstatt, Verkehr, Medizin usw. zu neuen Anwendungsgebieten der Datentechnik werden, beschränkt sich die Dateneingabe nicht länger auf Texte, Bilder, Sprache, Töne. Einige Beispiele sollen dies verdeutlichen:

- Eine Verkehrsregelungsanlage benötigt laufend Angaben über die wartenden Fahrzeuge vor den verschiedenen Ampeln. Als Sensoren dienen Induktionsschleifen im Strassenbelag, womit die einfahrenden (metallischen) Fahrzeuge gezählt werden können.
- Roboter werden in der Autoindustrie für gesundheitsschädigende Routinearbeiten, etwa für Lackspritzverfahren verwendet. Sensoren „fühlen" die Karosserie ab und führen die Spritzpistole über beliebig geformte Oberflächen.
- Medizinische Geräte unterstützen Lebensfunktionen und müssen dazu den natürlichen Rhythmus des Körpers wahrnehmen. Herzschrittmacher z.B. müssen dann aktiv werden, wenn die natürliche Herzfrequenz unter eine kritische Grenze sinkt.

Sensoren sind somit Messinstrumente unterschiedlichster Art, die ganz bestimmte Gegebenheiten der Realität feststellen und in Datensignale umsetzen können. Sensoren gleichen den Sinnesorganen im menschlichen und tierischen Organismus.

Signale aus den Sensoren können sehr unterschiedlich sein. Im einfachsten Fall sind es Ja/Nein-Signale (ein Bit), wie etwa bei einem Thermostaten, der bei einer bestimmten Temperaturgrenze eine Heizung ein- oder ausschaltet. Kompliziertere Sensoren sind Messinstrumente, die digitalisierte, vielstellige Messdaten liefern. In wieder anderen Fällen verlassen die Signale den Sensor in einer Rohform und müssen erst aufgearbeitet werden (Bsp.: Elektrokardiograph bei Herzuntersuchungen).

Diese Aufarbeitung wird so selbst ein typischer Einsatzbereich der Informatik, wobei zuerst mit geeigneten elektronischen Komponenten die analogen Signale in digitale umgewandelt werden müssen (A/D-Wandler). Weil diese Signalumwandlung A/D (und auch D/A) bei der Datenübertragung mit dem „Modem" eine besonders wichtige Anwendung findet, wird sie dort ausführlicher behandelt (6.2.2, Fig.6.4)

5.7 Datenausgabegeräte

5.7.1 Ausgabegeräte (Übersicht)

Die Datenausgabe stellt aus der Sicht der Informatik allein weniger schwierige Probleme als die Dateneingabe, da die auszugebenden Daten bereits im Computer maschinenlesbar und in präzisester Form vorhanden sind. Es geht bei der Datenausgabe nur mehr darum, diese vorhandenen Daten auf einem geeigneten Ausgabemedium und in angemessener Form zur Darstellung zu bringen. Diese Ausgabemedien unterscheiden sich je nach Verwendungszweck der Ausgabedaten recht stark; die Entwicklung von Spezialgeräten ist auch keineswegs abgeschlossen. In den letzten Jahren haben sich aber der *Bildschirm* und der *Drucker* als weitaus wichtigste Ausgabegeräte für den Büroeinsatz herausgebildet, so dass ihnen in 5.7.2 noch einige besondere Kommentare zu widmen sind. Tab. 5.C vermittelt einen allgemeinen Überblick.

Unter *Datenausgabegeräten* versteht man vorerst Einrichtungen, die visuell lesbare Texte und Bilder, hörbare Sprache und Töne sowie verschiedenste andere Signale produzieren, die direkt oder nach einem zusätzlichen Arbeitsgang (z.B. Rückvergrösserung von Mikrofilm) vom Menschen über seine Sinnesorgane aufgenommen oder ausserhalb des Computers (z.B. in der Prozesssteuerung) verwendet werden können. Zur Datenausgabe gehören aber auch Aufgaben, wo Daten nur zwischengespeichert werden müssen, um nachher erneut durch ein Eingabegerät in den Computer zu gelangen, namentlich für kurzfristige Sicherungs- und langfristige Archivzwecke. Zwischenspeichermedien sind natürlich vor allem die typischen Sekundärspeichermedien, die Magnetbänder (vgl. 5.4.4), Disketten und auswechselbare Magnetplatten (vgl. 5.4.3) sowie CD-ROM (vgl. 5.4.5), die wir an dieser Stelle nicht weiter besprechen müssen. Im Prinzipt gehört auch der Weg „Textdrucker – optischer Leser" zu diesen Zwischenspeichermöglichkeiten. Wegen der Schwierigkeiten mit der optischen Zeichenerkennung ist dieses optische Zwischenspeicherverfahren aber nur in Ausnahmefällen einsetzbar und daher in Tab. 5.C in der Kolonne „maschinell wiederlesbar" eingeklammert.

Ausgabegerät	**dauerhaft**	**schnell**	**maschinell wieder lesbar**	**kostengünstig Einrichtung**	**kostengünstig Betrieb**
Bildschirme					
– Bildröhre	–	++	–	++	++
– Flachbildschirm	–	++	–	+	++
Mechan. und opt. Anzeigen	–	++	–	–	++
Akustische Geräte	–	++	–	++	++
Drucker auf Papier					
– Bürogeräte	++	+	(+)	+	–
– Gross- u. Spezialgeräte	++	–	(+)	–	variabel
Mikrofilm	++	–	(–)	–	+
Digitale Datenträger					
– für Sicherung	++	++	++	+	++
– für Archivierung	?	+	++	–	++
Aktoren	–	++	–	variabel	++

Tabelle 5.C: Wichtige Datenausgabegeräte und ihre besondere Eignung

Die Tab. 5.C zeigt sehr deutlich, dass die Wahl bestimmter Datenausgabegeräte primär von der Art der Nutzung abhängig zu machen ist. Rasche Informationen lesen wir auf dem Bildschirm, Ausdrucke auf Papier sind klar teurer und daher nur sinnvoll, wenn damit intensiv gearbeitet oder aber die Archivierung sichergestellt wird. Die *Archivierung* bildet übrigens generell noch ein echtes Problemfeld für die heutige Informatik:

- Wirklich *langfristig* brauchbare Datenträger (Papier, Mikrofilm) stellen die Daten als Schriftbild dar und sind dabei nur mit Vorbehalten *maschinell* lesbar (optische Leser, vgl. 5.6.2).
- *Maschinell* gut lesbare digitale Datenträger sind entweder nur wenige Jahre lesbar (Magnetband, Disketten, Wechsel-Magnetplatten), oder ihre Dauerhaftigkeit (Laserplatte) ist noch nicht genügend erprobt.

Kein grundsätzliches Problem (aber allenfalls ein finanzielles) bildet heute die Präsentation in *maximaler Vergrösserung,* wie dies bei grossen Veranstaltungen und in Ausstellungen gezeigt wird *(Grossbildprojektion).* Es existieren heute Projektionsmöglichkeiten von Bildschirmoberflächen in verschiedenster Art und Preislage. Wer allerdings von solchen Projektionsmöglichkeiten Gebrauch machen will, tut gut daran, diese mit seinen Daten (allenfalls auch mit eigenen Programmen) *frühzeitig* zu testen. Schon mancher Vortrag musste ohne die vorgesehene Bildunterstützung gehalten werden, weil Kompatibilitätsprobleme und andere Überraschungen diese technisch anspruchsvollen Ausgabegeräte unbenützbar machten.

Wie bereits erwähnt, ist die Entwicklung immer neuer Ausgabegeräte noch in vollem Gange. Zwei Beispiele seien dazu erwähnt. So lassen sich Computerdaten auch physisch *dreidimensional* darstellen; dazu wird z.B. eine Fräsmaschine mit einem Spezialprogramm so gesteuert, dass sie aus einem Materialblock das gewünschte Objekt herausfräsen kann.

Gänzlich anders ist die Darstellung von Computerdaten in Form von Bewegtbild und Ton (*Multimedia*), womit der Mensch den *Eindruck* erhält, dass er sich in einer virtuellen Welt befinde oder gar bewege. Dazu werden seine Augen und Ohren mit entsprechenden Sinneseindrücken versorgt, welche Daten wiedergeben, die bloss im Computer simuliert werden. Multimediaeindrücke lassen sich einem Zuschauer/Zuhörer über normale Bildschirme und Lautsprecher vermitteln. Eine wichtige Anwendung dieser Technik bilden die Flugsimulatoren zur Ausbildung von Piloten. Wesentlich weiter geht die Verknüpfung des Menschen mit einer virtuellen Welt, wenn dieser sich darin frei bewegen kann. Dazu benötigt er als Datenausgabegerät einen „Computer-Helm" mit zwei Bildschirmen für die Augen und zwei Kopfhörern für die Ohren, womit sogar Stereo-Effekte simuliert werden können.

5.7.2 Bildschirme und Drucker

Historisch gesehen standen die Drucker am Anfang der Ausgabegeräte für Elektronenrechner. Während vieler Jahre beherrschten ausschliesslich mechanische *Drucker (printer)* das Feld; ihr rhythmischer Lärm dominierte die grossen Rechenzentren, und die damaligen Informatikanwender mühten sich ab mit schweren Papierstapeln (Stichworte „Endlospapier", „Zebrapapier"). Inzwischen hat aber längst der *Bildschirm* die Rolle des unmittelbaren Datenpräsentationsgeräts am Arbeitsplatz übernommen und das Papier und den Drucker auf Platz 2 verweisen. Der Drucker ist kleiner und leiser geworden und gehört heute genauso zur Büroausrüstung wie das Telefon und der Fotokopierer.

Bildschirme
Der *Bildschirm (display)* ist ein ideales Gerät in der Computerwelt. Er arbeitet vollelektronisch (ohne mechanisch bewegte Teile, daher schnell – im Mikrosekundenbereich –, leise, ohne Abnützung und praktisch wartungsfrei). Das technische Prinzip der meistverbreiteten *Bildröhren* beruht auf der Braunschen Röhre mit einem gesteuerten Elektronenstrahl wie beim Fernseher. Für portable Kleingeräte (Laptop, Notebook, Palmtop – vgl. 5.2.1 und Bild 1.a) ist allerdings die voluminöse Bildröhre ungeeignet und wird durch einen Flachbildschirm ersetzt. Dieser beruht auf Flüssigkristalltechnik und ist erheblich teurer. Innerhalb der beiden Bildschirmtypen gibt es wiederum bedeutende Qualitätsunterschiede, die dem Käufer im Computerladen höchstens als Preisdifferenz auffallen, die aber später im täglichen Betrieb sehr wichtig sein können.

Wichtiger als die Grösse des Bildschirm ist dessen Bildauflösung und -stabilität. Deshalb ist es wichtig, einen Bildschirm vor dem Kauf entweder selber bei der praktischen Arbeit zu testen oder sich beraten zu lassen (z.B. durch Qualitätsvergleiche von Verbraucherschutzorganisationen, bei Brillenträgern allenfalls auch durch den Augenarzt). Dabei brauchen nicht alle Arbeitsplätze die gleiche höchste Qualität. Ein Kontrollbildschirm an einer Werkzeugmaschine kann viel kleiner und billiger ausgestattet werden als beispielsweise ein Bildschirm, an welchem ein Journalist einen Zeitungsartikel redigiert und dabei dauernd seine Augen auf den Bildschirm richtet. Daher existieren arbeitsphysiologische Untersuchungen über Ermüdungserscheinungen bei dauernder Arbeit am Bildschirm. Ärzte empfehlen, die Arbeit am Bildschirm durch regelmässige Pausen zu unterbrechen, um den Augen eine Erholung zu gönnen. In der Literaturliste nach Kap. 2 finden sich Bücher zur Ergonomie.

Der Arbeitsplatz-Bildschirm ist aber längst nicht der einzige Anwendungsbereich für Bildschirme in Anzeigegeräten. Der Bildschirm wird auch in leistungsfähigen Datenausgabesystemen als Bildgenerator eingesetzt:

- Für die Herstellung von Computer-Output auf *Mikrofilm (COM)* werden die einzelnen Output-Seiten auf einem systeminternen Bildschirm aufgezeichnet und von da aus auf eine Position des Mikrofilms foto-optisch abgebildet (belichtet).
- *Lichtsatzmaschinen* werden in Druckereien zur Herstellung ganzer Druckseiten eingesetzt. Diese benutzen einen Bildschirm höchster Qualität zur Generierung jedes einzelnen Zeichens (inkl. beliebige Sonderzeichen); diese Zeichen werden optisch auf einen Originalfilm belichtet, der nachher für die Herstellung der Druckplatten verwendet wird.

Nach diesem Hinweis auf industriell eingesetzte Hochleistungsgeräte wenden wir uns wieder verbreiteten Standardgeräten zu, nämlich den Druckern.

Drucker

Drucker (printer) ist die heute übliche Bezeichnung für die meisten Datenausgabegeräte *auf Papier,* unabhängig davon, ob ein mechanischer Druckprozess stattfindet oder nicht. Dieser Unterschied wirkt sich jedoch auf die Einsatzmöglichkeiten aus:

- *Mechanische Drucker (impact printer)* verfügen über mechanische Bauteile (Schriftstempel, -ketten, -walzen, -räder) zum Aufschlagen der verschiedenen Zeichen eines Textes (ähnlich einer Schreibmaschine) oder über einen Satz feinster Drahtstifte, welche die Schriftzeichen aus Einzelpunkten (Pixel) zusammensetzen (sog. Matrixdrucker). Die Druckfarbe stammt meist von einem Farbband zwischen Stempel und Papier. Solche mechanische Drucker sind relativ robust, können auch Durchschlagkopien erzeugen und machen relativ viel Lärm.
- *Nichtmechanische Drucker (non-impact printer)* benützen keine mechanischen Teile zur Schrifterstellung; sie führen das Schreibinstrument (Laserstrahl, Strahl von Tintentröpfchen) mit magnetischen Feldern. Mechanisch sind nur der Papiertransport und allenfalls gleichförmige Bewegungen eines Schreibkopfes. Solche Drucker sind relativ leise, bedrucken aber immer nur ein Blatt auf einmal.

Die nichtmechanischen Drucker haben sich in den letzten Jahren gegenüber den mechanischen vor allem im Bürobereich durchgesetzt. Das verdanken sie nicht nur dem leiseren Betrieb, sondern auch der Tatsache, dass sie nicht bloss eine einzige Schrift (wie die meisten mechanischen Drucker), sondern viele Schriftarten, -grössen und -varianten (vgl. Fig.2.21) in beliebiger Mischung und in sehr guter Qualität zur Verfügung stellen können. Die Arbeitsweise von Laser- und Tintenstrahldruckern soll daher kurz vorgestellt werden.

Laserdrucker: Dieser stellt das zu druckende Bild (inkl. Schriftzeichen) als Rasterpunkte mit sehr feiner Auflösung dar. Zum Drucken wird das Originalbild über einen Laserstrahl elektrostatisch direkt auf eine Drucktrommel aufgebracht; der Laserstrahl lässt sich elektronisch steuern. Der Druckvorgang selbst erfolgt analog zu einem elektrostatischen Kopiergerät. Die schnellste mechanische Bewegung ist der gleichförmig drehende Papiertransport. Laser-Drucker gibt es heute in verschiedenen Preisklassen, vom Bürogerät bis zu Grösstsystemen mit einer Druckleistung von mehreren A4-Seiten pro Sekunde! Als Beispiel sei hier vermerkt, dass der Satz dieses Buches mit einem Laserdrucker hergestellt wurde.

Tintenstrahldrucker: Auch hier besteht das zu druckende Bild aus kleinsten Rasterpunkten. Geschrieben werden diese direkt mittels feinster Strahlrohre, die gleichmässig übers Papier geführt werden und im richtigen Moment, d.h. an der richtigen Stelle, ein winziges Tintentröpfchen auf das Papier schiessen. Die hier verwendete Feintechnik ist verblüffend einfach, indem elektrische Stromstösse ein Dampfbläschen erzeugen, das jeweils direkt den zugehörigen Schuss des Tintentröpfchens auslöst. Gegenüber der anspruchsvolleren Technik des Laserdruckers benötigt der Tintenstrahldrukker nur etwa einen Drittel an elektrischer Energie(!) und lässt sich kompakter bauen, weshalb gerade Kleindrucker diese *kostengünstige* Technik einsetzen. Einziger Nachteil: die gedruckte Schrift besteht aus Tinte, muss kurz trocknen und ist nicht immer wasserfest.

Die in Laser- und Tintenstrahldruckern verwendeten Schriftarten werden alle software- und nicht hardwaremässig bereitgestellt. Das bedeutet, dass der den Drucker steuernde Computer in seinem Speicher sämtliche Schriftzeichen (in allen Grössen und Nebenformen) in geeigneter Form verfügbar haben muss; das kann in Form von vollständigen Bitmustern (Rastermodus), aber auch in Form von Konturenberechnungen geschehen. Der Benutzer erkennt solche Unterschiede gelegentlich, wenn sein Computer Dokumente, die er von Dritten auf Diskette *und* auf Papier erhalten hat, nicht so schön wie das Original ausdrucken kann. Dann fehlt ihm allenfalls die entsprechende Schrift oder Schriftgrösse auf seinem Rechner. Das Programm wählt dann – als Notlösung – eine vorhandene Standardschrift.

Wenn ein Drucker aber schon *beliebige* Schriften fein und sauber wiedergeben kann, ist seine Technik auch imstande, andere Zeichen und Figuren darzustellen. Tatsächlich lassen sich mit Laser- und Tintenstrahldruckern *Graphiken* aller Art problemlos ausdrucken; deren Gestaltung erfolgt mit Hilfe von sog. Graphikprogrammen (ähnlich den Textverarbeitungsprogrammen für Texte). Wichtig für die Gestaltung von Dokumenten ist nun die Fähigkeit guter Dokumentengestaltungsprogramme (auch *DTP = desk top publishing* genannt), Texte und Graphiken zu Druckseiten zu kombinieren und über den Laser- oder Tintenstrahldrucker in einem einzigen Arbeitsgang auszudrucken.

Beispiel: Bereitstellung der Druckseiten dieses Buches:
Der *Text* und die *Tabellen* werden über ein Textverarbeitungsprogramm erfasst, alle *Figuren* (aber nicht die Fotos) über ein Graphikprogramm. Das verwendete Textverarbeitungsprogramm fügte anschliessend die Figuren mit dem Text zu Seiten zusammen, ergänzte die *Seitennummern* und *Seitenüberschriften* und druckte anschliessend alles zusammen aus. Dabei wurden hauptsächlich zwei Schriften verwendet („Times“ für den fortlaufenden Text, „Helvetica“ für Titel), aber in verschiedenen Variationen (Grösse, *kursiv*/**fett**). Dieser ganze Prozess erfolgte auf üblichen Kleincomputern und -druckern. Die *Fotos* wurden aus Qualitätsgründen (Grauwerte) erst in der Buchdruckerei eingefügt, wo für höhere Ansprüche professionelle Geräte (Scanner, Filmbelichtungsgeräte) mit grösserer Auflösung zur Verfügung stehen.

Die Datenausgabe auf übliches Büropapier im Format A4 (und kleiner, allenfalls auch etwas grösser) wird heute durch die eben beschriebenen (Klein-)Drucker bestens abgedeckt. Grosse Formate, wie sie z.B. für *Pläne* aller Art benötigt werden, erfordern aber andere Geräte. Eine zentrale Rolle spielen in diesem Einsatzbereich die Plotter. Ein *Plotter* ist ein Zeichengerät, das einen Zeichenstift (Tusche, Tinte) mit entsprechenden mechanischen Hilfen (Drahtzüge, Führungsschienen) 2-dimensional über ein grosses Zeichenpapier führt, gesteuert von einem Computer. Damit lassen sich grosse *Strichzeichnungen* vollautomatisch erstellen.

5.7.3 Aktoren

Zum Schluss und analog zu den Sensoren (vgl. 5.6.3) müssen bei den Ausgabegeräten allgemeine *Aktoren* kurz angesprochen werden. Computer sind elektronische Schaltsysteme. Daher könnte man auf den ersten Blick annehmen, ihre Ausgabesignale seien problemlos geeignet, externe elektronische Geräte *direkt* zu steuern, also zum mindesten ein- und auszuschalten. Und andere Geräte, etwa hydraulische Antriebe oder mechanische Vorrichtungen, könnten dann mittels eines elektronischen Hilfsantriebs gesteuert werden.

Auf den zweiten Blick weist diese Überlegung eine zentrale Lücke auf. Moderne Datenverarbeitungsgeräte basieren auf der Mikroelektronik und arbeiten mit extrem schwachen elektrischen Impulsen, die nicht imstande sind, auch nur kleine Schalter (etwa Relais) direkt zu stellen. Typische elektrische Grössenordnungen in der Mikroelektronik sind 5 Volt als Spannung und einige Mikroampere bei den internen Strömen, was Leistungen im Mikrowattbereich ergibt. Diese kleinen Werte sind computerintern nicht nur kein Problem, sondern im Gegenteil höchst erwünscht, weil die Arbeit der Schaltimpulse im Computer schliesslich in Wärme umgewandelt und durch Kühlung abgeführt werden muss. (Leistungsfähige Computer mit Milliarden von Schaltvorgängen pro Sekunde müssen daher künstlich gekühlt werden.)

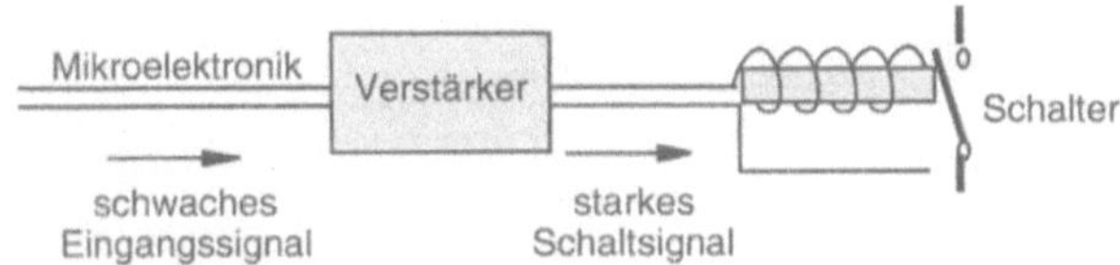

Figur 5.32: Aktor zum elektromagnetischen Betätigen eines Leistungsschalters

Bevor daher ein computerinterner Impuls extern eine Wirkung auslösen kann, muss er vorerst elektronisch verstärkt werden. Erst dieser verstärkte Impuls vermag dann eine auch mechanisch wirksame Arbeit direkt auszuführen, und sei es auch bloss etwa das Einschalten eines Motors über einen Leistungsschalter (Fig.5.32). Diese Notwendigkeit der Verstärkung von Impulsen – direkt aus dem Computer oder nach einer Übertragung über ein Datennetz – ist typisch für die mikroelektronische Technik. Sobald die Verstärkung erfolgt ist, können praktisch beliebige Apparate und Anlagen elektrisch gesteuert werden. Aktoren sind daher Geräte für vielfältige Anwendungen.

Weiterführende Literatur:
- Digitaltechnik, Elektronik: [Liebig, Thome 96], [Paul 95], [Schiffmann, Schmitz 93]
- Computerarchitektur: [Erhard 95], [Richter et al. 95], [Waldschmidt 95]
- Betriebssysteme: [Hofmann 91], [Richter 85], [Richter et al. 95]
- Computergraphik: [Encarnaçao et al. 96], [Luther et al. 96]
- Gestaltung von Drucken: [Parker 92]

Kapitel 6: Telekommunikation

Hinter den Kabeln steckt System

Die Nutzung der Elektrizität zur Übermittlung von Nachrichten war bereits im 19. Jahrhundert wohlbekannt (Telegraf, Telefon). Aber erst gegen Ende des 20. Jahrhunderts waren all jene technischen Entwicklungen und Verfahren kommerziell verfügbar, welche durch das Zusammenschalten von Computern und leistungsfähigen Übertragungsmedien eine neuartige Stufe der Kommunikation ermöglichten: das integrierte Kommunikationsnetz für verschiedene Nachrichtenarten – Sprache, Bild, Daten – auf digitaler Basis (ISDN = integrated services digital network). Heute wird ISDN flächendeckend eingesetzt und hinsichtlich seiner Leistungsmerkmale weiterentwickelt. Nicht verschwiegen sei aber, dass dessen Nutzung verschiedenste Probleme mit sich bringt.

6.1 Benutzer, Anbieter und Dienstleistungen

6.1.1 Bedürfnisse der Benutzer

Die meisten Menschen leben und arbeiten nicht isoliert, sondern im Kontakt mit Mitmenschen und gemeinschaftlichen Einrichtungen. Die moderne, arbeitsteilige Welt hat die Zahl der Kontakte, aber auch die Distanzen und damit den Verkehr stark vergrössert. Entsprechend gross ist das Bedürfnis, diese Distanzen mit Hilfe der Technik wieder zu überwinden. Dazu dienen einerseits Transporteinrichtungen für Personen und Güter, anderseits Kommunikationssysteme zur Weitergabe von Nachrichten. Der physische Transport ist allerdings aufwendig, er kostet Zeit und Energie, verursacht Unfälle und belastet aus ökologischer Sicht Luft und Nerven (Lärm). Angesichts dieser Nachteile wächst die Bedeutung der weitgehend immateriellen Nachrichtenübermittlung zusätzlich.

Bevor wir uns den technischen Lösungen zuwenden, betrachten wir kurz die Menschen, die diese Technik benutzen. Welches sind ihre Bedürfnisse in Bezug auf (technische) Kommunikationsmittel?

Beispiele:

- Mit jemandem *auf Distanz sprechen*. Das *Telefon* ist hier die ausgereifte Antwort. Das *Telefonnetz* umfasst heute die ganze Erde und erlaubt direkte Fernsprechverbindungen (Zwei-Weg-Verbindungen) zu und von jedem Telefonteilnehmer, dessen Rufnummer bekannt ist.
- Jemanden *auf Distanz sehen* (Bewegtbild): Das *Fernsehen* bietet diese Möglichkeit, allerdings heute normalerweise nur als Ein-Weg-Verbindung im Rahmen eines Programmangebots an viele Empfänger. Zwei-Weg-Bewegtbild-Verbindungen sind heute noch Ausnahmen, etwa für Videokonferenzen.
- *Schriftstücke und Bilder übertragen: Facsimile-*, kurz *Fax-Geräte* haben in den letzten Jahren starke Verbreitung gefunden. Zu beachten ist, dass auch Fax-Verbindungen das Telefonnetz benutzen.
- Computergestützte *Informationen einholen:* Wenn ich weiss, auf welchem Computer bestimmte Daten (z.B. Stand meines Bankkontos, Börsenkurse, Wetterprognose, Verkehrsstaus) verfügbar sind, und wenn ich die Zugangsberechtigung zu diesem Computer habe, kann ich – meist wiederum über eine Telefonverbindung – die gewünschte Information auf Distanz einholen, sogar von meinem Kleincomputer aus zuhause. In den letzten Jahren hat das *World Wide Web* die Möglichkeiten der Informationsbeschaffung stark erweitert (vgl. 6.4.3).
- *Auf entfernten Computern arbeiten:* Von jedem an ein Datennetz angeschlossenen Computer aus lassen sich über ein Datennetz andere Computer direkt ansprechen. So können Berechtigte dort private Bestellungen machen oder Teile der Berufsarbeit erledigen. Der Netzanschluss erfolgt wiederum meist über das Telefonnetz.

Schon diese wenigen Hinweise vermitteln einen Eindruck von der Vielfalt der heutigen Telekommunikationsmöglichkeiten. Diese lassen sich sowohl beruflich als auch privat nutzen und werden vom Benutzer oder von interessierten Dritten bezahlt. Die Beispiele zeigen, dass

- heute offensichtlich das Bedürfnis nach Telekommunikationseinrichtungen besteht;
- beim Angebot bedeutende Leistungs- und Kostenunterschiede bestehen, namentlich nach der Art der übermittelten Meldungen (Sprache, Bild, Bewegtbild, Daten) und nach Art und Häufigkeit der Nutzung;
- bei der Nachrichtenübertragung oft das Telefonnetz eine zentrale Rolle spielt, obwohl dieses ursprünglich ausschliesslich für die Sprachübertragung geschaffen wurde.

Die Telekommunikationsdienstleistungen stiegen in den letzten Jahren weit stärker als andere Wirtschaftsindikatoren, und dieser Trend wird sich in den nächsten Jahren weiter fortsetzen. Gleichzeitig stehen die potentiellen Benutzer von Telekommunikationsdiensten heute einem wachsenden und sich auch verändernden Angebot von verfügbaren Diensten gegenüber. Diese Dienste konkurrenzieren sich oft gegenseitig. (Bsp.: Fax hat Telegraf und Telex weitgehend verdrängt.) Aus der Sicht der Benutzer lässt sich daher die Situation wie folgt zusammenfassen:

Es existiert ein steigender Bedarf nach verschiedenartigen, leistungsfähigen Kommunikationsdienstleistungen mit einer wachsenden Zahl von Partnern. Die Wahl einer bestimmten Kommunikationsdienstleistung richtet sich vor allem nach Ansprüchen, Verfügbarkeit, Preis und Qualität.

6.1.2 Anbieter von Kommunikationsdiensten

Solange nur einzelne oder besonders wichtige Kommunikationsbedürfnisse abzudekken sind, geschieht dies traditionell *direkt,* und zwar mit einer *sog. Punkt-Punkt-Verbindung (point-to-point connection).* Man geht rasch hinüber zum Nachbarn; eine Regierung schickt einen Botschafter zu einer anderen Regierung; moderne Eltern haben eine direkte Funkverbindung zum schlafenden Baby im Kinderzimmer.

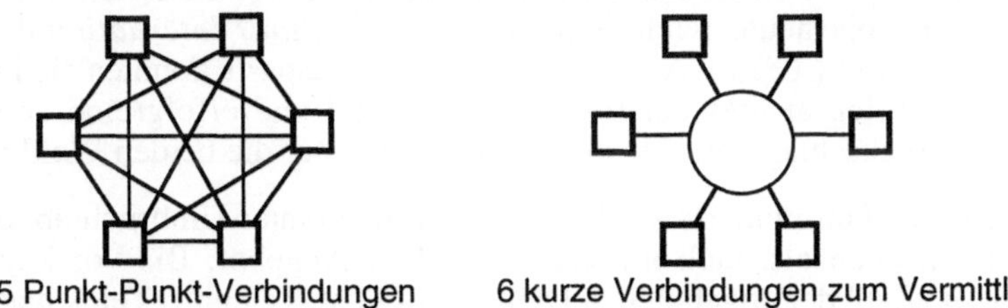

Figur 6.1: Punkt-Punkt-Verbindungen oder Einsatz eines Vermittlers

Sobald jedoch die Zahl der Verbindungspartner steigt, stösst das Prinzip der Punkt-Punkt-Verbindungen sehr rasch an kritische Grenzen (Fig.6.1 links); die Zahl solcher Verbindungen steigt quadratisch mit der Zahl der beteiligten Partner!

Eine kostengünstigere Alternative bietet sich sofort an (Fig.6.1 rechts): Meldungen werden nicht direkt (Punkt-Punkt), sondern durch die *Vermittlung* eines Übermittlungsdienstes weitergegeben, der den Meldungsaustausch koordiniert und seine Dienste allen Interessierten zur Verfügung stellt. Allfällige Umwege stören niemanden, solange nur (immaterielle) Nachrichten transportiert werden müssen und der Zeitverzug erträglich bleibt. Der Einsatz eines Vermittlers reduziert den Aufwand für dessen Kunden massiv (jeder benötigt nur noch eine Verbindung zum nächsten Kontaktpunkt des Vermittlers statt n Verbindungen zu n Partnern); dazu kommt allerdings eine Gebühr an den Vermittler, der sich für seine Dienste bezahlen lässt.

Der Einsatz von Meldungsvermittlern hat jahrtausendealte Tradition. Schon im Altertum existierten in grossen Reichen, etwa in Persien und Rom, ständige Kurierdienste für staatliche Bedürfnisse (Verwaltung und Militär). Erst im Spätmittelalter entwickelten sich derartige Dienste auch für private Zwecke, namentlich zwischen grossen Handelshäusern; seit dem 15. Jahrhundert unterhielt die Post der Herren Thurn und Taxis einen weiträumigen Botendienst für den Transport von Briefen im deutschsprachigen Raum. Im 19. Jahrhundert entstand der Briefpost Konkurrenz, als elektrische Leitungen für die Übermittlung von Nachrichten eingesetzt werden konnten und die Übermittlungszeit für Meldungen drastisch reduzierten (Samuel Morse erfand 1842 den Telegraf, Graham Bell 1876 das Telefon). Schon bald entstanden Telegrafen-, später auch Telefondienste; diese erstellten ein Leitungsnetz sowie Telegrafen- bzw. Sprechstationen und boten diese der Öffentlichkeit zur Benützung an.

Die Bedeutung dieser Dienste wurde schon kurz nach ihrer Einführung im 19. Jahrhundert so wichtig, dass sie namentlich in den europäischen Ländern zusammen mit der Post meist *verstaatlicht* wurden. Es entstanden öffentliche Post-Telegraf-Telefon-Gesellschaften, sog. „PTT-Betriebe"; diese erhielten das alleinige Recht („Regal"), aber auch die Pflicht, ihre Übermittlungsdienste für jedermann und zu festen Tarifen zu erbringen. Durch internationale Verträge wurde auch das grenzüberschreitende Zusammenwirken der Kommunikationsdienste technisch und tariflich sichergestellt (Weltpostverein 1874, Internationale Fernmeldeunion ITU 1932 mit dem für die technische Normierung bis heute wichtigen *Comité Consultatif International Telegraphique et Telephonique CCITT).* Auf dieser Koordinationsbasis konnten sich während vieler Jahrzehnte Telegraf und Telefon weltweit stabil und erfolgreich entwickeln; massive Verkehrsrückschläge brachten im wesentlichen nur die beiden Weltkriege.

Gegen Ende des 20. Jahrhunderts zeichnet sich ein markanter Umbruch ab, und zwar sowohl im technischen als auch im kommerziellen Angebot. Bis vor kurzem beschränkte sich die Zahl der angebotenen Dienste auf Post, Telegraf, Telex und Telefon (PTT), und für jeden Dienst gab es namentlich in den europäischen Ländern einen einzigen, offiziellen Anbieter, der für seine Dienstleistungen staatlich geregelte Preise verlangte und einen allfälligen Gewinn in die Staatskasse ablieferte (staatliches Monopol). Das hat sich inzwischen grundlegend geändert:

- Dank neuen technischen Möglichkeiten und Bedürfnissen hat sich das Angebot an Dienstleistungen massiv erhöht und wird sich noch weiter erhöhen (Bsp. Fax, Datenaustausch, E-mail, World Wide Web, Spielfilme auf Abruf usw.). Mit dem Angebot steigt auch die Nachfrage, wie schon in 6.1.1 gezeigt wurde.
- Im Zeitalter von Fernmeldesatelliten ist eine nur einzelstaatlich ausgerichtete Regelung der Fernmeldedienste mit nationalen Gesetzen, Monopolanbietern und gesetzlichen Tarifen überholt. Schon heute erhalten Grosskunden (z.B. Banken, Medienunternehmen, internationale Konzerne) von spezialisierten Dienstanbietern wichtige internationale Verbindungen in hoher Qualität und zu Tarifen angeboten, die weit unter den Tarifen der bisherigen Monopolanbieter liegen. Mit der Aufhebung der staatlich geschützten Monopole (der „Regale") entsteht somit auf Anbieterseite erstmals eine offene Konkurrenz; ein *Kommunikationsmarkt* entsteht, die Tarife sinken.

Bereits entstand innert weniger Jahre anstelle des übersichtlichen Angebots öffentlicher Post- und Fernmeldebetriebe der Vergangenheit eine breite, aber unübersichtliche Palette von Dienstangeboten, welche wirtschaftlich interessanten Grosskunden überdies zu sehr günstigen Preisen angeboten werden. Diese telekommunikationsfreundliche Entwicklung hat gesamtwirtschaftlich viele Vorteile. Nachteile haben allenfalls „die Kleinen", das heisst Einzelpersonen und kleine Betriebe in eher abgelegenen Gebieten, deren Kommunikationsversorgung wegen langen Leitungen und wenig Verkehr relativ teuer ist. Daher muss der Staat dafür sorgen, dass die neuen Anbieter auch diesen „Kleinen" eine sichere Kommunikations-Grundversorgung zu tragbaren Tarifen zur Verfügung stellen. Dies ist ein Kernpunkt der heute in vielen Staaten in Revision befindlichen Post- und Telekommunikationsgesetze.

Gesetze allein bringen aber noch keine blühende Wirtschaft. Wer Kommunikationsdienste nutzen und sich auf diesem wachsenden Markt einigermassen sicher bewegen will, muss neben den wirtschaftlichen Aspekten auch die wichtigsten technischen Zusammenhänge kennen und beachten. Genau um diese drehen sich die Abschnitte 6.2 bis 6.4 dieses Kapitels über Telekommunikation.

Noch vor diesen technischen Aspekten sollen aber einige Optimierungsüberlegungen der Anbieter von Übermittlungsdiensten betrachtet werden (vgl. 6.1.3). Denn diese bewirkten recht eigentlich den eindrücklich hohen Stand der heutigen Telekommunikationstechnik. In den Forschungsabteilungen der Telefongesellschaften, namentlich in den „Bell Labs" (= Laboratorien des amerikanischen Telekommunikationskonzerns AT&T), entstanden die Grundlagen neuer Kommunikationskonzepte, die nicht bloss dem Telefon zugute kamen, sondern inzwischen zu den Grundlagen der Datenkommunikation und damit der modernen Informatik gehören.

6.1.3 Optimierung von Kommunikationsdiensten

Bei modernen Übermittlungsdiensten geht es grundsätzlich darum, zwischen Endbenutzern Verbindungen zu realisieren, auf denen Meldungen übermittelt werden können. Wer Übermittlungsdienste kommerziell anbieten will, wird daher in einem *ersten Schritt* sicher folgende Überlegungen machen:

- *Verbindungen sind teuer.* Das gilt ohnehin für alle drahtgebundenen Verbindungen (Leitungen, Vermittlungszentralen usw.), aber auch für drahtlose (Funkstationen usw.).
- Die Benützung einer bestimmten Verbindung *schwankt* meist sehr stark über die Zeit. Sehr viele Endbenutzer benutzen eine Verbindung meist nur relativ kurz. Das gilt für das private Telefon so gut wie für viele Benutzer von Datennetzen.
- Die Leistungsfähigkeit einer Übertragungsleitung ist auf *Vollbetrieb* ausgelegt. Wird sie nur zeitweilig gebraucht, bleibt die restliche Übertragungskapazität ungenutzt.

Der erste Rationalisierungsschritt besteht somit darin, möglichst viele Kleinbedürfnisse so zu *bündeln,* dass über die *gleiche* Leitung *mehrere* Verbindungsbedürfnisse befriedigt werden können. Dies führte im Telefonbereich schon im 19. Jahrhundert zur Einführung von Telefonzentralen (Vermittlungsknoten) mit relativ *wenigen* Drähten *zwischen* diesen und mit *kurzen* Drähten zu den Endanschlüssen. Das gleiche Prinzip findet sich auch in modernen Kommunikationsnetzen. Fig.6.2 zeigt diese Struktur.

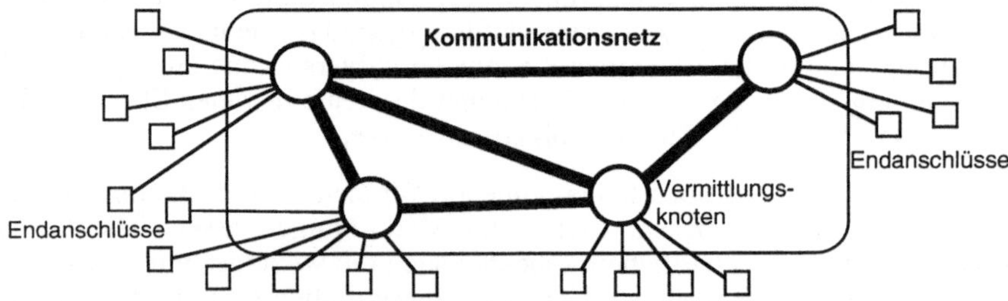

Figur 6.2: Ein Kommunikationsnetz bedient viele Endanschlüsse rationell

Die Grundstruktur eines Kommunikationsnetzes ist einfach. Wo eine genügende Zahl von Endbenutzern vorhanden ist, werden deren Endanschlüsse („Drähte“) an einem sog. *Vermittlungsknoten* zusammengeführt (beim Telefon heisst dieser „Telefonzentrale“). Die verschiedenen Vermittlungsknoten werden unter sich mit wenigen Leitungen verbunden, deren Übertragungskapazität dem gesamten Übertragungsbedarf anzupassen ist. Damit kommen wir bereits zum *zweiten Schritt* unserer Optimierungsüberlegungen:

- Die Summe vieler Kleinbedürfnisse *schwankt weniger* als die einzelnen Kleinbedürfnisse selber. Die Maximalkapazität der Verbindungen zwischen den Vermittlungsknoten kann *wesentlich kleiner* sein als die Summe aller Maximalbedürfnisse der einzelnen Endbenutzer. (Durch eine geschickte Tarifpolitik kann die Bedarfsspitze zusätzlich gesenkt werden; Bsp. Hoch- und Niedertarif der Telefongesellschaften.)

- Trotzdem werden zwischen grossen Vermittlungsknoten *sehr hohe Übertragungsleistungen* benötigt. Hier können jederzeit die verfügbaren technischen Möglichkeiten voll genutzt werden, da es sich um relativ *wenige* Verbindungen handelt und die Endbenutzer an den Endanschlüssen, d.h. an Endleitungen und Endgeräten, davon nicht berührt werden.
- Trennung von Gross- und Kleinbedürfnissen, meist in mehreren Stufen. Schon die Grundstruktur eines Kommunikationsnetzes in Fig.6.2 unterscheidet zwischen Hochleistungsverbindungen (zwischen den Knoten) und Endanschlüssen (mit kleiner Leistung). Da aber die Knotenverbindungen nicht alle gleich belastet sind und da anderseits wichtige Endbenutzer (z.B. solche mit eigenen Hauszentralen und/oder Rechenzentren) grössere Leistungsbedürfnisse haben, lohnt sich für jede Verbindung eine sorgfältige Optimierung der benötigten Kapazitäten.

Nach diesen zwei Rationalisierungsüberlegungen muss noch ein völlig anders gearteter Aspekt eines Kommunikationsnetzes beachtet werden, nämlich die *Betriebssicherheit* oder genauer die *Verfügbarkeit* dieses Netzes. Dazu dient ein *dritter Optimierungsschritt:*

- *Netz zwischen Vermittlungsknoten:* Theoretisch genügen zur Verbindung von n Vermittlungsknoten (n-1) Verbindungen, also ein einfacher Streckenzug. Es ist aber meist wirtschaftlich, zwischen Knoten mit viel Verkehr zusätzlich direkte Leitungen zu legen (wie in Fig.6.2). Somit entsteht eine vernetzte Struktur.
- Sind alle Vermittlungsknoten mit *mindestens zwei* anderen Knoten eines vermaschten Netzes verbunden und fällt nun eine Verbindung aus, so lässt sich der Übermittlungsdienst ohne zusätzliche Massnahmen und Kosten über die verbliebenen Verbindungen im Netz aufrechterhalten, allerdings allenfalls mit reduzierter Leistung. Die Vernetzung schafft somit Redundanz und damit höhere Verfügbarkeit des Systems.

Nach diesen Überlegungen können wir uns nun voll der Technik zuwenden. Dazu müssen wir zuerst verschiedene Kommunikationsebenen unterscheiden (6.1.4); dann betrachten wir die Übertragungstechniken über *einzelne Punkt-Punkt-Verbindungen* (Abschnitt 6.2), anschliessend die Gestaltung von Kommunikationssystemen zwischen *mehreren* Partnern oder Informatiksystemen (Abschnitt 6.3) und schliessen mit Beispielen, namentlich aus der Internet-Welt (Abschnitt 6.4).

6.1.4 Verschiedene Kommunikationsebenen

Schon die klassische Brief- und Paketpost arbeitete mit mehreren Ebenen:

- *Anwendungsebene:* Der Postkunde übergibt seine Sendung dem „System Post“ am Briefkasten oder Postschalter; der Empfänger erhält die Sendung zuhaus oder im Postfach.

- *Transportebene:* Mitarbeiter der Post, unterstützt von Transportmitteln und Sortiereinrichtungen, bringen die Sendungen vom Aufgabeort zum Empfänger.
- *Transportinfrastruktur:* Die Postfahrzeuge benutzen Strassen und Eisenbahngleise, die auch anderen Benutzern offenstehen.

Auch im Bereich der Telekommunikation ist es zweckmässig, solche Ebenen zu unterscheiden:

- *Anwenderebene:* Telekommunikationskunden telefonieren, schicken Faxe und E-mail (vgl. 6.4.3) und nutzen Computernetze.
- *Transportebene:* Digitale Verbindungen übertragen Bitfolgen zwischen verschiedenen Partnern. Auf diesen Bitfolgen lassen sich Gespräche, Texte, Bilder usw. transportieren. Auf der Transportebene werden *Netze* gebildet, die wiederum aus Einzelverbindungen, sog. *Punkt-Punkt-Verbindungen,* bestehen.
- *Transportinfrastruktur, Elektrotechnik:* Digitale Verbindungen laufen über Drähte, Lichtleiter und drahtlose elektromagnetische Verbindungen. Sie alle gehören in das Gebiet der *Elektrotechnik,* genauer der Nachrichtentechnik, wo die *digitalen* Meldungen mittels elektromagnetischer Wellen (Schwingungen) *analog* übertragen werden.

Für die Informatik sind primär die digitalen Ebenen interessant. Für deren Verständnis sind aber auch einige wenige Überlegungen zur analogen Technik wichtig (vgl. 6.2.1).

6.2 Technik der Punkt-Punkt-Verbindungen

6.2.1 Analoge und digitale Verbindungen

Schon aus historischer Zeit sind Punkt-Punkt-Verbindungen bekannt, von Feuer- und Rauchsignalen über Poststafetten bis zu Schnurzügen. Wir wollen uns aber hier auf elektrotechnische Systeme beschränken. Dabei sind vorerst zwei ganz grundsätzliche Methoden der Informationsdarstellung zu unterscheiden.

- *Analoge Darstellung:* Das wohl wichtigste Beispiel bietet das herkömmliche Telefon oder eine billige Mikrofon-Lautsprecher-Verbindung. Dabei erfolgt die Darstellung der menschlichen Sprache (Schallwellen) durch analoge elektrische Schwingungen. Die Technik besorgt die Übertragung dieser kontinuierlichen Schwingungen zwischen Mikrofon und Lautsprecher.
- *Digitale Darstellung:* Hier geht es um die elektrische Darstellung von Zahlenwerten oder anderen Zeichen (sog. Codes) als Bitfolgen und damit als binäre Signale (0, 1). Beispiele für digitale Übertragung sind der Morse-Telegraf (Punkte-Striche-Zwischenräume) und die Übermittlung von Computerdaten.

Offensichtlich gibt es also in der Praxis beide Darstellungsformen, die beide ihre Vor- und Nachteile haben. Die analoge Darstellung steht meist der physischen Realität näher (Schall/Ohr, optischer Leser, Sensor) und lässt sich direkt nutzen; die digitale Darstellung benötigt aufwendige Endgeräte, ist aber weniger störungsempfindlich und erlaubt dank moderner Informatikmittel (Computer) eine viel flexiblere Verarbeitung. Beide Darstellungsformen finden in der Übertragungstechnik Verwendung.

- *Analoge Übertragungstechnik*: Das Kommunikationssystem kann analoge Signale direkt als elektrische Schwingungen übertragen (wie beim herkömmlichen Telefon). Für die Datentechnik viel wichtiger ist aber die Möglichkeit, einer hochfrequenten elektromagnetischen Schwingung Signale aufzumodulieren (vgl. 6.2.4). Für die elektrotechnische Signalübertragungskapazität, auch *Bandbreite* genannt, heisst die Masseinheit Hertz (Hz).
- *Digitale Übertragungstechnik:* Das Kommunikationssystem überträgt Zeichen; die Übertragungskapazität heisst *Übertragungsrate,* die Masseinheit Bit pro Sekunde (bit/s).

Fig.6.3 zeigt schematisch eine analoge und eine digitale Darstellung. Diese Figur zeigt aber auch, warum sich digitale Darstellungen für *präzise* Datendarstellungen jeder Art grundsätzlich besser eignen. Angenommen, das Original der Daten sei jenes in Fig.6.3 links (je ein Original von analogen und digitalen Werten). Nun werden diese Originale über eine Verbindungsleitung übertragen. Jede solche Übertragung hat aus physikalischen Gründen gewisse Signalverfälschungen zur Folge, die wir hier nicht weiter untersuchen wollen. Das Ergebnis dieser Signalverfälschung kennen wir aber alle von Musikübertragungen (leichte Frequenzverschiebungen, Verflachung von Spitzen, „Rauschen“ usw.), es ist in der Mitte von Fig.6.3 dargestellt. Ein wichtiger Grund für solche Verfälschungen liegt in der *Dämpfung* der Signale auf ihrer Reise, was auf der elektrotechnischen Ebene den Einsatz von Zwischenverstärkern verlangt.

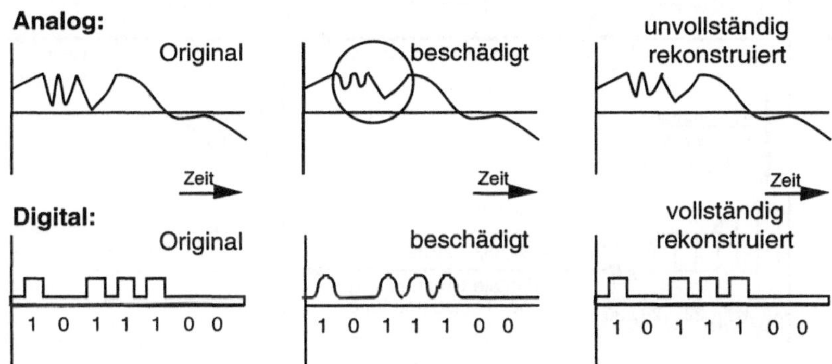

Figur 6.3: Analoge und digitale Darstellung eines Funktionsverlaufs

Verfälschungen lassen sich mit geeigneter Technik *korrigieren,* aber in Analogtechnik nicht vollständig (Fig.6.3 rechts oben), so dass analoge Darstellungen mit jeder Übertragung stärker vom Original abweichen. Anders bei digitaler Übertragung: Falls sich die 1-Bits und die 0-Bits auch nach der Übertragung noch eindeutig unterscheiden lassen, ist ihre *exakte* Rekonstruktion möglich. Die digitale Meldung ist vor und nach der Übertragung *identisch.* Selbstverständlich gilt dies nur, wenn die Signalverfälschungen nicht allzu gross sind; diese Voraussetzung ist aber mit modernen Geräten meistens erfüllt.

Dieser grundsätzliche Vorzug der digitalen Technik (identische Daten vor und nach einer Übertragung oder Verarbeitung) hat wesentlich zu ihrem Siegeszug auf verschiedenen Gebieten beigetragen, von technischen Aufgaben über die Computertechnik selber bis hin zur Unterhaltungselektronik, wo „die CD" (Compact Disk) auf digitaler Basis der analogen Schallplatte im „High-Fidelity"-Bereich schon lange den Rang abgelaufen hat.

Eine einzige Frage bleibt beim Vergleich analog – digital an dieser Stelle aber noch zu beantworten: Sind digitale Datenübertragungen auch so *leistungsfähig* wie analoge? Diese Frage kann heute für grosse Kommunikationssysteme längst mit ja beantwortet werden; analoge Übertragungen behalten ihre Bedeutung für Spezialanwendungen und in der Nähe von Endgeräten (Mikrofon, Lautsprecher usw.).

6.2.2 Analog-Digital-Wandler, Digital-Analog-Wandler

Die Analog-Darstellung hat im Alltag grosse Bedeutung. Nicht nur das Mikrofon misst analog, sondern sehr viele Messinstrumente: der Elektrokardiograf beim Arzt, das Voltmeter beim Elektriker, das Thermometer in vielen Orten. Sobald wir diese Messungen übermitteln und/oder in einem Computer verarbeiten wollen, benötigen wir jedoch die Daten in digitaler Form.

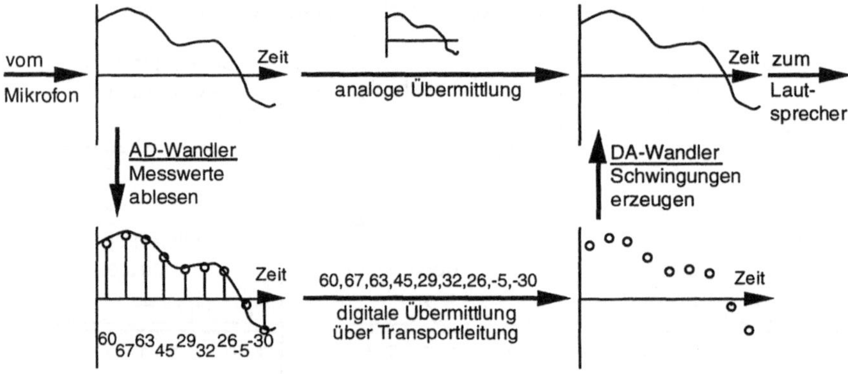

Figur 6.4: Analoge Übermittlung (oben) und digitale Übermittlung (unten mit AD-Wandler und DA-Wandler)

Umgekehrt am Ende des Prozesses. Wer digital gespeicherte Musik (CD!) hören, einen Automotor steuern, und viele andere digital verarbeitete oder übermittelte Daten nutzen möchte, braucht diese oft in analoger Form. Dazu benötigen wir entsprechende Wandler, die wir kurz *AD-* und *DA-Wandler* nennen wollen. Deren Aufgabe in der Telekommunikation zeigt Fig.6.4. Wir betrachten dabei das schon mehrfach angesprochene Beispiel des Wegs einer hörbaren Information (Sprache, Musik) vom Mikrofon (links) zum Lautsprecher (rechts).

In Fig.6.4 sehen wir zwei unterschiedliche Übertragungswege, oben der direkte elektrotechnische Weg analog, unten der digitale Weg über eine Transportleitung (samt AD- und DA-Umwandlung). Bei der digitalen Übermittlung setzt der AD-Wandler in der Nähe des Mikrofons das Analogsignal in Zahlen um; nach der digitalen Übermittlung ist eine Rekonstruktion des analogen Signals notwendig (DA-Wandler), bevor es dem Lautsprecher zugeführt wird.

AD-Wandler: Im Prinzip ist ein AD-Wandler ein digitales Messgerät für elektrische Spannungen. Dieses liest vom Analogsignal in regelmässigen Schritten einzelne Werte ab (Fig.6.4 unten links). Um eine genügende Genauigkeit zu erhalten, verlangt das *Gesetz von Nyquist,* dass die Zahl der Messwerte mindestens doppelt so gross sein muss als die Bandbreite dieses Signals.

Beispiel: Sprachübertragung

Bei der Telefonübertragung (beispielsweise im ISDN) wird Sprache digital übertragen. Dazu müssen analoge und digitale Leistungen miteinander verglichen werden, wie folgende Zahlen aus [McDysan, Spohn 94] zeigen:

Bandbreite eines Sprachkanals	4000 Hz
Ablesegeschwindigkeit:	8000 Messwerte/s
Messgenauigkeit:	7 - 8 bit (= 128 - 256 Werte)
Direkte digitale Übertragung:	56 - 64 kbit/s
mit Kompression:	mindestens 8 kbit/s

Dieses Beispiel aus der Welt der Sprachübertragung zeigt deutlich, dass für diese im praktischen Leben sehr wichtige (weil häufige) Übersetzung „um jedes Bit gekämpft“ wird. Dazu ist eine genaue Analyse des Bitstroms notwendig. Beim Sprechen am Telefon gibt es viele Dehnlaute und Sprechpausen, was eine Kompression des Bitstroms ermöglicht, die bis zu einem Faktor 8 gehen kann (64 kbit/s zu 8 kbit/s).

DA-Wandler: Dieses Gerät produziert elektrische Schwingungen aufgrund einer digitalen Vorgabe. Ein – allerdings verhältnismässig langsames – Beispiel dafür ist ein elektronisches Klavier (Synthesizer), wo auf Grund von Noten oder Tastenanschlägen bestimmte Schwingungsmuster erzeugt werden, die anschliessend über einen Lautsprecher oder Kopfhörer hörbar gemacht werden.

AD- und DA-Wandler spielen also keineswegs nur im Kommunikationsbereich eine wichtige Rolle. In diesem Bereich sind sie aber von grundlegender Bedeutung.

6.2.3 Übertragungsbedarf, Übertragungskapazität, Bandbreite

Zu Beginn dieses Kapitels haben wir am Beispiel von Telefongesellschaften gesehen, dass es für diese äusserst wichtig ist, die Verbindungen zwischen ihren Vermittlungsknoten optimal zu gestalten. Das geschieht bereits auf der *elektrotechnischen Ebene.* Während für die Verbindung zum einzelnen Endanschluss ein Drahtpaar nötig ist (mit weniger geht's nicht), lohnt sich bei den Knotenverbindungen eine genauere Analyse. Schliesslich können für 10'000 notwendige Verbindungen zwischen zwei Grossstädten nicht 10'000 Drähte (plus eine Rückleitung) aufgespannt werden. Auch eine Verkabelung mit 10'001 Einzeldrähten wäre viel zu aufwendig, ist aber auch gar nicht notwendig.

Den Grund dafür nutzen die Telefongesellschaften schon seit vielen Jahrzehnten, seit sie nämlich erkannt haben, dass ein elektrischer Stromkreis gleichzeitig viel mehr als bloss ein einziges Telefongespräch übertragen kann. Voraussetzung für diese Mehrfachnutzung sind allerdings geeignete Überlagerungstechniken („Modulierung"), die anschliessend in 6.2.4 behandelt werden, sowie geeignete „Drähte" bis zum Koaxialkabel und zum Lichtleiter.

Da inzwischen auch die Informatik diese Technik verwendet, müssen wir uns nochmals kurz mit analogen Aspekten der Telefonie befassen. Das Mass für die Kapazität von *analogen* Übertragungsleitungen ist deren *Bandbreite,* gemessen in Hertz (Hz). Der Musikfreund kennt dieses Mass von seiner Hi-Fi-Anlage, wo bei guten Anlagen Frequenzen zwischen 50 Hz für Bässe und 15'000 Hz für Obertöne hörbar sein sollten. Für verständliche Sprachübertragung im Telefon genügt wesentlich weniger; in 6.2.2 wurde ein Beispiel eines Sprachkanals mit 4 kHz gezeigt, wofür in digitaler Technik bei maximaler Kompression eine Übertragungsrate von 8 kbit/s benötigt wird.

Die Telefonleute gingen daher auf die Suche nach „Drähten" mit grösseren Bandbreiten und wurden mehrfach fündig:

- *Zweidrahtleitung:* Ein *Paar von Kupferdrähten* stand am Anfang der Entwicklung; es kann einen elektrischen Stromkreis direkt aufnehmen und wird in dieser Form heute noch für den Anschluss von Telefon-Endgeräten eingesetzt. Neuerdings wird aber das gleiche Drahtpaar, allenfalls mit kleinen Verbesserungen (verdrehte Drähte, „twisted pair"), auch für die Datenübertragung bis zu 200 kbit/s und mehr benützt.
- Das *Koaxialkabel* ist heute jedermann aus der Fernsehtechnik als Antennenkabel bekannt, wo ein *einziges* Kabel gleichzeitig alle Bewegtbildkanäle des ganzen Kabelangebots übertragen kann; dafür ist eine totale Bandbreite von Hunderten von MHz (!) notwendig. Ein einziges Koaxialkabel kann somit Tausende von Telefongesprächen oder Datenraten bis zum Gbit/s-Bereich übertragen. Koaxialkabel bilden seit vielen Jahrzehnten die Hauptverbindungen zwischen Telefonzentralen; in der Informatik werden sie für schnelle Verbindungen breit eingesetzt („dicke Kabel").
- *Drahtlose Mikrowellenverbindungen* kommen schon seit Jahrzehnten zwischen Bodenstationen zum Einsatz, heute zusätzlich als Verbindung zu Telekommunikationssatelliten. Lange war ihre Nutzung auf professionelle Verbindungen beschränkt, heute werden sie auch von Privatpersonen benützt, die mit Parabol-

antennen („Schüsseln") ihre Fernsehprogramme ab Satellit empfangen. Mikrowellenverbindungen sind ähnlich leistungsfähig wie Koaxialkabel.

- *Lichtleiter, Glasfaserkabel:* Erst seit den Achtzigerjahren wird die optoelektronische Übertragungstechnik mit Glasfaserkabeln eingesetzt. Eine einzige Glasfaser kann Datenraten bis zum Tbit/s-Bereich (10^{12} bit/s!) übertragen.

Als Ergebnis dieser Suche nach schnellen Verbindungen können wir festhalten: Es stehen heute Leitungen mit grossen Bandbreiten bzw. Übertragungsraten zur Verfügung. Eine Schwäche all dieser Leiter darf aber nicht verschwiegen werden, die *Dämpfung.* Werden Signale über eine Leitung übertragen, so nimmt die Stärke dieser Signale mit zunehmender Leitungslänge ständig ab. Die Signale müssen daher bei längeren Leitungen *zwischenverstärkt* werden. Da nicht alle Frequenzen gleich stark gedämpft werden, entstehen auch Verzerrungen (wie in Fig.6.4 gezeigt wurde), die bei analogen Signalen trotz Verstärkung nicht mehr voll korrigiert werden können. Bei der digitalen Übertragung ist zwar eine volle Korrektur möglich, aber auch hier sind Zwischenverstärker nötig, also ein bedeutender technischer Aufwand. Für die Datenübertragung gilt daher die Regel:

> Die *Qualität* einer Datenverbindung hängt vom Übertragungsmedium, der benötigten Übertragungsrate und dem technischen Aufwand ab.

6.2.4 Die Modulation einer Trägerschwingung, Modem, Multiplex

Übertragungssysteme hoher Leistung – und das ist beim Computereinsatz meistens der Fall – benutzen die elektrischen Leitungen zweistufig. Einer Grundschwingung *(Träger)* werden die Schwingungen (analog) oder die Bitfolge (digital) der zu übertragenden Information „aufgepackt"; der Träger wird entsprechend moduliert (Fig.6.5). Das Prinzip dieser Modulation gehört auf die elektrotechnische Ebene und soll hier kurz angedeutet werden.

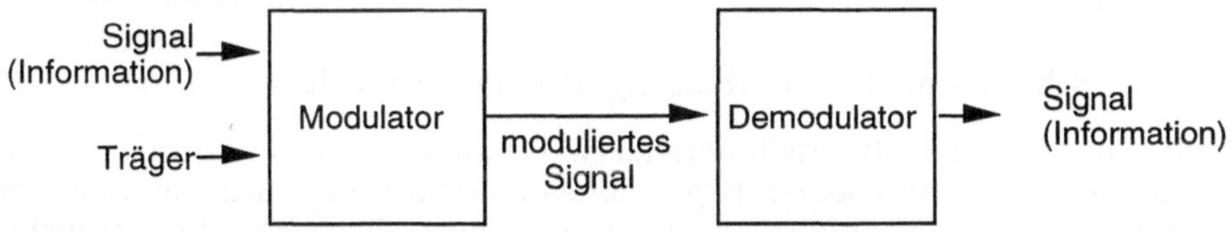

Figur 6.5: Prinzip der Modulation

Analoge Übertragung

Als Träger dient eine hochfrequente Sinusschwingung einer bestimmten Frequenz *(Trägerfrequenz,* bekannt vom Radio als Senderfrequenz). Jedem Übertragungskanal ist eine ganz bestimmte Trägerfrequenz zugeordnet. Die hochfrequente Trägerschwingung lässt sich nun in einem bestimmten Bereich (Bandbreite) variieren und erhält so die zu übertragende Information aufgepackt. Auf der Empfangsseite wird die Trägerfrequenz benützt, um den Übertragungskanal zu identifizieren, anschliessend wird sie ausgeblendet. Jeder Radioempfänger ist ein Demodulator einer solch zweistufigen analogen Übertragung.

Digitale Übertragung
Auch die digitale Übertragungstechnik verwendet eine hochfrequente Trägerfrequenz. Die zu übertragende Information wird aber digital in Form binärer Signale auf einer Leitung übertragen. Die digitale Datenübertragung nutzt die Kapazität des Übertragungskanals relativ schlecht aus, sie ist jedoch im Vergleich zur Analogtechnik weniger empfindlich gegenüber Störungen, Verzerrungen und Dämpfung (vgl. Fig.6.3).

Für die Informatik ist ausschliesslich die digitale Übertragung von Bedeutung. Der Endbenutzer hat daher mit Modulation und Demodulation wenig zu tun. Eine wichtige Ausnahme bildet nur das *Modem,* mit dessen Hilfe er seinen (digitalen) Computer über eine (analoge) Telefonleitung an einen entfernt stehenden Computer, z.B. einen *Server,* anschliessen kann (Fig.6.6).

Ein *Modem* (kurz für Modulator-Demodulator) sendet und empfängt digitale Meldungen über eine systemexterne Leitung nach bestimmten Normen.

Ein typisches Beispiel ist ein Modem für den Anschluss an ein analoges Telefonnetz mit der Norm-Schnittstelle V.24, während für ein digitales Netz Normen wie X.21 zu verwenden sind. Selbstverständlich benötigt der Verbindungspartner auf der anderen Seite (Fig.6.6) ein *gleichartiges Modem.*

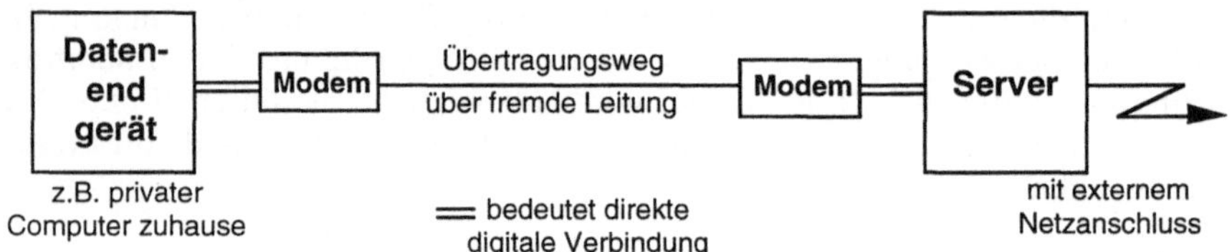

Figur 6.6: Schema einer Datenverbindung (Bsp. Privatanschluss)

Wer heute ein Modem kauft, erhält normalerweise ein Gerät, das einerseits die verwendete physikalische Verbindung (Bsp. Telefondraht) höchst effizient ausnützt (hohe Datenübertragungsrate in kbit/s), anderseits aber auch die Verbindungsaufnahme („Handshaking“) mit dem Partnermodem besorgt und mit diesem die gemeinsam höchstmögliche Datenübertragungsrate für die aktuelle Verbindung automatisch festlegt.

Eine wirtschaftlich besonders attraktive Nutzung einer Leitung ergibt sich dann, wenn gleich mehrere Verbindungen über die *gleiche* Leitung geleitet werden können, z.B. weil in einem Betrieb eine Arbeitsgruppe in einem entfernten Haus arbeitet, so dass mehrere Mitarbeiter samt ihren Arbeitsplatzcomputern mit den Informatikeinrichtungen in der Zentrale verbunden werden müssen. Dazu genügt eine *einzige Leitung* mit genügend grosser Übertragungsrate. Am Eingangspunkt werden die Signale der einzelnen Endstellen auf diese Leitung konzentriert; am Endpunkt sind die Signale dann wieder auf die einzelnen Endstellen aufzuteilen. Dieses sogenannte *Multiplex-Verfahren* zur parallelen Übertragung mehrerer Übertragungskanäle (Fig.6.7) kann technisch auf verschiedene Arten erfolgen.

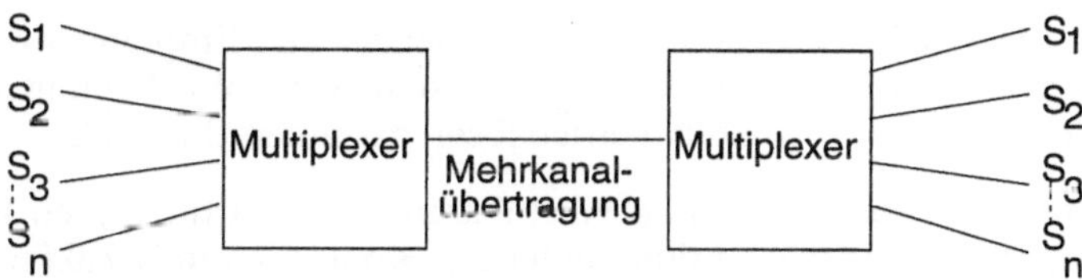

Figur 6.7: Mehrfachausnützung eines Übertragungswegs, Multiplex

Beim *Frequenz-Multiplex* wird die gesamte nutzbare Bandbreite der Leitung unter den Teilnehmern aufgeteilt; alle erhalten einen eigenen Kanal mit eigener Trägerfrequenz. *Zeit-Multiplex* erlaubt jedem Teilnehmer, während kurzen Zeitabschnitten über die ganze Bandbreite zu verfügen. Diese Zeitabschnitte können im voraus fest vorgegeben werden oder variabel sein, oder es erfolgt jeweils nach gewissen Kriterien eine Selektion der nächsten Nachricht (statistisches Multiplex).

6.2.5 Verbindungsbetriebsarten

Bis hierher haben wir bei Datenverbindungen die elektrotechnischen Einrichtungen (Kabel usw.) sowie die raffinierten Methoden betrachtet, mit welchen möglichst viele Bits pro Sekunde übertragen und allenfalls über mehrere Kanäle verschiedenen Aufgaben (Benutzern) exklusiv zugeordnet werden können. Jetzt beschäftigen wir uns mit dem digitalen Betrieb dieser Verbindungen. Dabei interessieren folgende Aspekte:

- Übertragungsbetriebsrichtung (Simplex, Duplex, Halbduplex)
- Synchron- oder Asynchronbetrieb

Übertragungsbetriebsrichtung
Die einfachste Anordnung zur Datenübertragung besteht aus zwei Stationen, wobei eine nur sendet und die andere nur empfängt. Diese Einbahn-Anordnung *(Simplex-Betrieb)* benötigt einen Kanal und erlaubt dem Sender, jederzeit zu übertragen, während der Empfänger die Aufgabe hat, dauernd empfangsbereit zu sein und bei Bedarf zu empfangen.

Benötigen jedoch beide Kommunikationspartner die Möglichkeit, senden und empfangen zu können, so sind folgende Lösungen möglich:

- *Vollduplex-Betrieb:* Man verwendet zwei Simplex-Anordnungen mit je einem separaten Kanal mit unterschiedlicher Übertragungsrichtung. Der Verbindungsaufwand ist hier doppelt so gross wie beim einfachen Simplex-Betrieb.

- *Halbduplex-Betrieb:* Man bleibt bei einer Leitung und verwendet Verfahren, welche die Benützung des Übertragungsmediums für beide Richtungen reglementieren. Die technische Realisierung dieser wechselweisen Nutzung der Leitung und die Verhinderung von Kollisionen kann auf verschiedene Arten erfolgen.

Synchron- oder Asynchronbetrieb
Bei der digitalen Datenübertragung müssen sich Sender und Empfänger darüber verständigen, wie eine übermittelte Bitfolge zu verstehen ist. Wo beginnt jeweils ein neues Byte? Synchron- und Asynchronbetrieb lösen das unterschiedlich.

Bei der *synchronen Datenübertragung* vereinbaren beide Partner einen Beginnzeitpunkt und lassen dann die Übermittlung unter der Kontrolle eines Taktgebers völlig synchron ablaufen. Im *asynchronen Betrieb* fehlt dieses Taktsignal, und es muss jedes einzelne Zeichen als separate Nachricht betrachtet und mit Start- und Stopbits eingerahmt werden. Es ist offensichtlich, dass die asynchrone Übertragung einer Nachricht mehr Bits benötigt, hingegen fällt dabei der Aufwand für die Synchronisationseinrichtung weg. Daher werden relativ langsame Datenverbindungen (z.B. private Modemverbindungen über eine analoge Telefonleitung) meist asynchron betrieben, schnelle Leitungen synchron.

6.3 Technik der Datennetze

6.3.1 Datennetze: Grundbegriffe

In der modernen Informatik läuft fast nichts mehr ohne Datenübertragung, sei es zwischen einem Kleincomputer und dem zugehörigen Drucker im gleichen Raum, sei es zwischen einem Internetbenutzer in Europa und einem Informationsanbieter an der amerikanischen Westküste. In all diesen Fällen kommen Datennetze zum Einsatz, die allerdings recht verschieden strukturiert sein können. Dennoch sind ihnen einige Grundeigenschaften und -begriffe gemeinsam.

Ein *Datennetz (data network)* verbindet mehrere adressierbare Partner.

Fig.6.8 zeigt ein solches Datennetz, und zwar gleich in zwei recht unterschiedlichen Gestalten:

- Das *logische Datennetz* (oben) weist alle Verbindungsmöglichkeiten zwischen den n Netzpartnern aus, also n*(n-1)/2 logische Verbindungen. Es ist jedem Partner möglich, eine Meldung an jeden anderen Partner zu schicken, indem er dessen Adresse angibt.

  Das *physische Datennetz* (unten) verbindet die Netzpartner so, dass alle Partner einbezogen werden. In Fig.6.8 genügen dazu n-1 physische Verbindungen. Damit ist es möglich, alle nötigen logischen Verbindungen (allenfalls über einen Umweg) sicherzustellen.

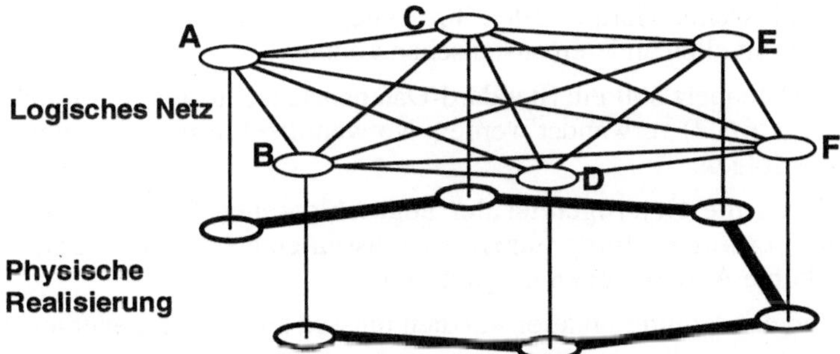

Figur 6.8: Ein logisches Netz kann physisch mit wenigen Verbindungen realisiert werden.

In einem Datennetz benötigt jeder Partner und auch jede Meldung eine Adresse.

> Jede Meldung verfügt über eine *Adresse;* diese nennt den logischen oder physischen Namen des Zielpartners eindeutig.

In einfachen Netzen können Adressnamen blosse Nummern sein (Bsp.: 0, ... , 6), in zusammengesetzten Netzen (etwa im Internet, vgl. Abschnitt 6.4) geben Adressnamen Hinweise auf die Netzstruktur (Bsp. „president@whitehouse.gov" als E-mail-Adresse des amerikanischen Präsidenten). Allenfalls kann der gleiche Partner gleichzeitig eine logische und eine physische Adresse tragen (wiederum Bsp. Internet: Ein bestimmter Server des Departements Informatik der ETH Zürich hat die logische Adresse „dinis.inf.ethz.ch" und die physische Adresse „129.132.167.2").

Nun wenden wir uns konkret verschiedenen Datennetztypen zu. Wir beginnen mit den einfachsten, den sog. lokalen Netzen (LAN) und bauen dann sukzessive kompliziertere Netzstrukturen auf. Zum Schluss folgen Klassierungen von Netzen (6.3.7) und das allgemeine Netzstrukturmodell OSI/ISO (6.3.8).

6.3.2 Lokale Datennetze (LAN)

Lokale Netze (LAN = local area network) finden sich dort, wo innerhalb eines Gebäudes oder einer Gebäudegruppe viele Datenverarbeitungsgeräte direkt (d.h. ohne Umweg über PTT-Netze oder andere öffentliche Netze) zu verbinden sind. In einem typischen lokalen Netz sind eine Vielzahl von Rechnern und andere Geräte (Drucker usw.) so miteinander verknüpft, dass jeder an jeden über den gemeinsamen Übertragungsweg Daten senden kann, und zwar direkt und ohne Dazwischenschaltung von Knotenrechnern. Die an ein solches lokales Netz angeschlossenen Geräte sind oft sehr heterogen und reichen von verschiedenen Rechnertypen über Drucker und Speichermedien hin bis zu Sensoren und Aktoren. Die Datenübertragungsraten können von einigen kbit/s bis 10 Mbit/s reichen, oder im Extremfall bis zu 1 Gbit/s. Dazu stehen folgende Anforderungen an ein lokales Netz im Vordergrund:

- Alle angeschlossenen Geräte sollen ihre Daten ohne spezielle Vermittlungsfunktionen direkt mit allen anderen austauschen können.
- Im lokalen Datennetz soll ein Standard-Datenaustauschformat (Kommunikationsprotokoll; vgl. 6.3.7) verwendet werden. Notwendige Formatanpassungen müssen geräteseits erfolgen.
- Bedingt durch die Heterogenität der angeschlossenen Geräte bestehen unterschiedliche Leistungsanforderungen. Es müssen einerseits hohe Datenraten und anderseits kurze Antwortzeiten möglich sein.
- Die verwendeten Kommunikationsmedien müssen zuverlässig, aber auch effizient und kostengünstig sein.
- Änderungen im Netz und Anschlussmöglichkeiten für neue Netzteilnehmer sollen mit wenig Aufwand möglich sein.
- Die Verbindung zu anderen Netzen soll einfach realisierbar sein.

Das sind harte Anforderungen, besonders auch die hohen verlangten Übertragungsraten von bis 10 Mbit/s und mehr. Anderseits besteht bei lokalen Netzen die Möglichkeit, das *Übertragungsmedium* und die zu verwendende *Übertragungstechnik* selbst und einheitlich zu wählen. Auf der Transportebene stehen heute für lokale Netze Ring- und Bus-Systeme im Vordergrund.

Ring-System
Beim Ring-System kreisen auf einem geschlossenen Leitungsring in einer bestimmten Richtung ständig Übermittlungsplätze für Bitfolgen (ähnlich einem Karussell), auf welchen von allen angeschlossenen Geräten adressierte Meldungen geschrieben und gelesen werden können. Dabei muss aber sichergestellt werden, dass keines der Geräte Meldungen eines anderen Geräts überschreibt, die gerade unterwegs sind. Das geschieht nach dem sog. Token- oder dem „Empty-slot“-Verfahren.

- *Token-Verfahren („Token-Ring“):* Auf dem Ring zirkuliert ein bestimmtes Kennzeichen (token), welches durch zu sendende Daten ersetzt werden kann und nach Abschluss der Übertragung vom Sender wieder generiert werden muss.
- *„Empty-slot“-Verfahren:* Hier kreisen ständig leere oder volle Pakete fester Länge im Ring. Will eine Station senden, füllt sie leere Slots auf und leert sie nach einem Umlauf.

Ringleitungen (Fig.6.9) sind *aktive* Netzsysteme, wobei die zirkulierenden Meldungen bei jedem angeschlossenen Gerät durch sogenannte *Repeater* regeneriert werden; gleichzeitig holt der Repeater an das eigene Geräte adressierte Meldungen heraus. Eine zentrale Steuerung oder Kontrolle existiert nicht. Als technisches Übertragungsmedium können Zweidrahtleitungen, Koaxialkabel oder auch Lichtleiter verwendet werden.

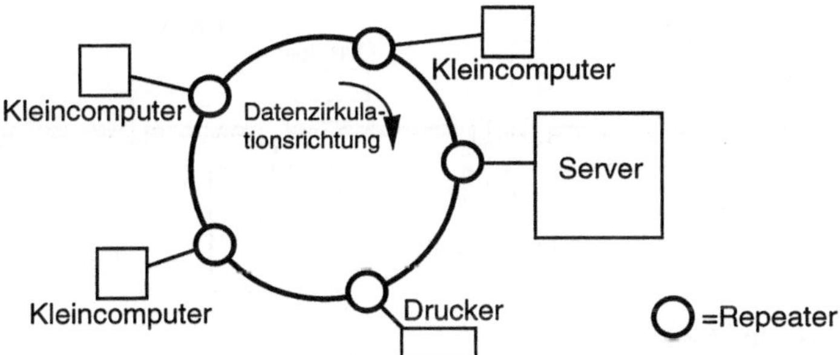

Figur 6.9: Lokales Netz: Ringkonzept

Ein wesentliches Problem bei Ringkonfigurationen ist die Störanfälligkeit, da ein Ausfall eines einzigen Repeaters zum Ausfall des gesamten Systems führt, sofern nicht spezielle Vorkehrungen getroffen werden.

Bus-System

Bus-Systeme (Fig.6.10) bauen im wesentlichen auf einer linearen Leitung auf. Auch sie haben keine zentrale Steuerung und Kontrolle. Der Anschluss der Teilnehmergeräte erfolgt über *passive* Koppler; das technische Übertragungsmedium ist ein Zweidrahtleiter, ein Koaxialkabel oder ein Lichtleiter. Bekanntestes Bus-System ist zweifellos das „*Ethernet*".

Das Bus-System kann man sich wie ein doppeltes Förderband für Bitfolgen vorstellen. Eine Kopfstation besorgt nur den Antrieb der Förderbänder, regelt aber den Verkehr nicht. Die Koppler haben die Möglichkeit, dem Bus Daten aufzuladen, solche zu lesen und wieder vom Bus zu entfernen.

Zu sendende Daten werden vom Koppler aus nach beiden Richtungen eingespiesen. Zur Behandlung von Kollisionen verwendet Ethernet als Zugriffsverfahren CSMA/CD (carrier sense multiple access with collision detection). Bevor eine Station zu senden beginnt, prüft sie, ob bereits eine Übertragung stattfindet. Ist dies der Fall, wartet sie, bis diese zu Ende ist und sendet erst dann ihre eigene Nachricht, sonst sofort. Während des Sendens hört die Station auf dem Übertragungskanal mit. Wenn eine sendende Station durch das Mithören erkennt, dass gleichzeitig auch eine andere Station sendet, dann bricht sie den Sendevorgang ab und wiederholt ihn zu einem späteren, durch einen Zufallsgenerator bestimmten Zeitpunkt.

Bei Bussystemen, die im Aufbau einfach, steuerungstechnisch hingegen recht kompliziert sind, unterscheiden sich die heute eingesetzten Techniken hauptsächlich dadurch, wie mögliche Kollisionsfälle beim Senden von Datenpaketen auf der Leitung vermieden oder wenigstens behoben werden können. Der Bus selbst ist zudem empfindlich gegenüber Störungen und Fehlern, die von angeschlossenen Geräten kommen.

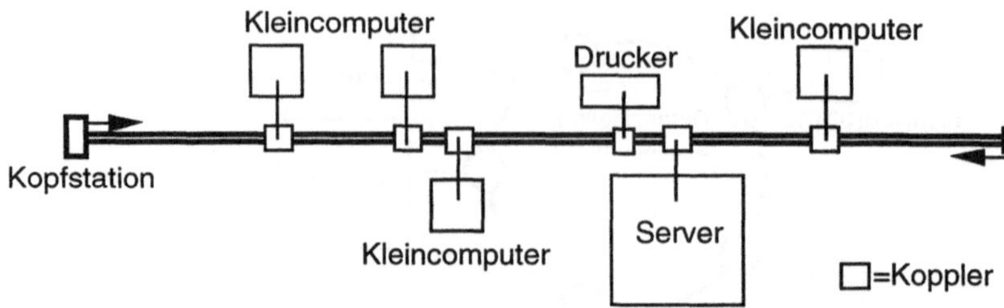

Figur 6.10: Lokales Netz: Bus-System

Bei beiden Systemen, Ring und Bus, besteht das Kernproblem der *Verkehrsregelung* darin, wie die verschiedenen angeschlossenen Geräte *ohne zentrale Steuerung* konfliktfrei adressierte Meldungen (Bitfolgen) aufladen können. Dabei gibt es garantiert kollisionsfreie Verfahren (die aber weniger Transportleistung erbringen), nämlich das Token-Prinzip. Andere Verfahren lassen Kollisionen zu, sorgen aber in solchen Fällen für eine nachträgliche Behebung allfällig entstandener Fehler.

Stern-System

Eine weitere Klasse von lokalen Datennetzen bilden die *Stern-Netze,* bei denen ein zentraler Rechner (Server, Grossrechner/Host) gleichzeitig seine eigenen Rechen- und Speicheraufgaben sowie Datennetz- und Kommunikationsaufgaben zwischen den angeschlossenen Geräten besorgt. Gelegentlich werden diese beiden Aufgabenbereiche auf zwei Rechner aufgeteilt, wobei ein sog. Front-End-Rechner die Kommunikationsaufgaben übernimmt (Fig.6.11). Stern-Netze sind *zentral* gesteuert.

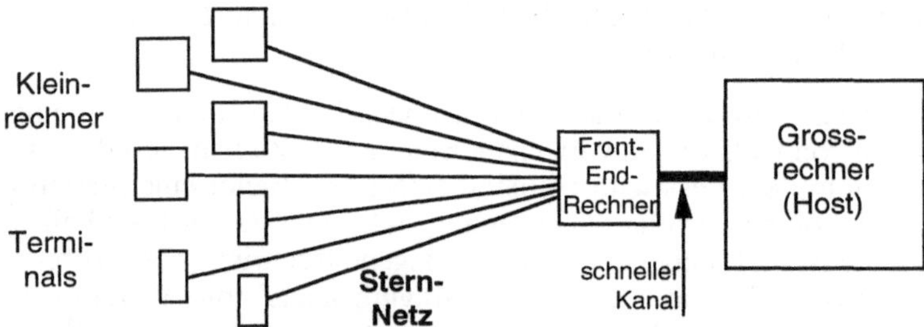

Figur 6.11: Datennetz mit zentraler Servicestelle (Stern-Netz)

Elektrotechnische Ebene

Für die *Signalübertragung* in lokalen Netzen finden zwei Techniken Anwendung: Bei der *Basisbandtechnik* werden die digitalen Daten *ohne Modulation direkt* auf das Kabel gegeben, wobei die erreichbare Datenrate durch die Bus-Anschlussgeräte begrenzt und das Übertragungsmedium bei dieser Technik meist sehr schlecht ausgenützt wird. Die *Breitbandtechnik* teilt die gesamte verfügbare Bandbreite in mehrere Bänder auf, und die Daten werden dann – ähnlich der Kabelfernsehtechnik – auf die Trägerfrequenzen der einzelnen Bänder moduliert, (vgl. 6.2.4). Dadurch entstehen unabhängige

Kanäle, und es lassen sich gleichzeitig mehrere Meldungen übertragen. Ein *einzelner* Breitbandkanal ist wesentlich langsamer als ein Basisbandkanal, reicht jedoch für viele Anwendungen aus.

Anwendungsebene: Einsatzbereiche für lokale Netze
Schwerpunkte für den Einsatz von lokalen Netzen, namentlich von Ring- und Bus-Systemen, liegen vor allem im Bürobereich und bei der Verbindung von Kleinrechnern mit leistungsfähigeren Rechnern. Für die vielseitigen Aufgaben im Bürobereich müssen verschiedenartige Geräte zur Erledigung u.a. von folgenden Aufgaben benützt und zusammengeschlossen werden können:

- Benützung von Gruppendruckern
- Zugriff auf Datenbanken und Programmbibliotheken
- Elektronische Post
- Benützung von Spezialgeräten (z.B. Fotosatz, Bildabtaster)

Dabei soll auch der Zusammenschluss *sehr heterogener* Geräte ermöglicht werden. Neben diesen Schwerpunkten werden die lokalen Netze in Zukunft zweifellos noch in weitere Bereiche Eingang finden.

Diese umfangreichen Zugriffsfunktionen werden heute aber normalerweise nicht mit einem einzigen lokalen Netz, sondern mit mehrstufigen Netzen erreicht.

6.3.3 Mehrstufige Datennetze, Gateways

In grösseren Betrieben und Hochschulen stehen heute Hunderte oder Tausende von Computern aller Art sowie zum Teil auch noch blosse Terminals für den Zugriff zu zentralen Informatiklösungen (Fig.6.11). Wie sollen nun diese Hunderte oder Tausende von Rechnern miteinander verbunden werden? In den Achtzigerjahren wurden dazu lokale Netze (etwa auf der Basis von Bus-Breitbandnetzen) zu Grossnetzen ausgebaut; so wurden an ETH und Universität Zürich mit einem gemeinsamen Netz über 5'000 Anschlusspunkte bedient.

In den Neunzigerjahren hat sich aber die Technik der mehrstufigen Datennetze (Fig.6.12) als flexibler, leistungsfähiger und billiger erwiesen; sie ersetzt heute die einheitlichen Grossnetze, die inzwischen meist unterteilt worden sind.

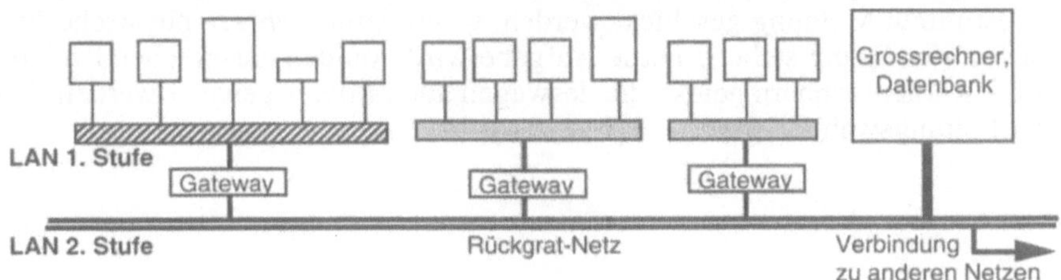

Figur 6.12: Zweistufiges Datennetz, Integration lokaler Netze

Bei mehrstufigen Datennetzen (Fig.6.12) findet erneut eine Aufgabentrennung statt:

- Die *lokalen Netze erster Stufe* verbinden Geräte einer Arbeitsgruppe, Abteilung usw. Der Verkehr *innerhalb* dieser Gruppe, etwa zum gemeinsamen Gruppenserver, zu Druckern usw. kann vollständig innerhalb des entsprechenden lokalen Netzes abgewickelt werden. Nur der Verkehr zu ausserhalb liegenden Partnern (Datenserver, Grossrechner, Internet usw.) muss auf das Netz zweiter Stufe zugreifen.
- Das *Netz zweiter Stufe* verbindet die verschiedenen, allenfalls auch heterogenen Netze erster Stufe unter sich sowie diese mit Grossrechnern und externen Partnern (wiederum über Netze). Das Netz zweiter Stufe hat relativ wenige Anschlussstellen, aber meist sehr hohe Übertragungsraten und wird daher heute meist in Lichtleitertechnik erstellt.
- *Gateways* sind spezielle Kommunikationsrechner, welche zwischen Datennetzen unterschiedlicher Technik und Meldungsstruktur die Umsetzung besorgen.

Mit dieser Aufgabentrennung ergibt sich eine natürliche bauliche Gliederung: Die lokalen Netze 1. Stufe basieren meist auf Koaxialkabeln oder Zweidrahtleitungen beschränkter Länge (einige Dutzend bis einige hundert Meter); sie werden mit Vorteil auf ein Gebäude oder gar ein Stockwerk konzentriert. Die Netze 2. Stufe in Lichtleitertechnik verbinden Gebäude und allenfalls Stockwerke auf grössere Distanz mit hoher Übertragungsrate; sie bilden damit das Rückgrat (backbone) der Datenkommunikation eines Betriebs.

6.3.4 Mehrfach verbundene Netzstrukturen, Router

Alle bisher präsentierten Netzstrukturen (Ring, Bus, Stern) erlauben auf *logischer Ebene* sämtliche möglichen Verbindungen zwischen allen angeschlossenen Geräten. Auf *physischer Ebene* beruhen sie jedoch immer nur auf einer einzigen Leitung. *Jeder* Ausfall eines technischen Elements führt somit zu einem Netzunterbruch, der bestenfalls noch einen Teilbetrieb (innerhalb der nichtbetroffenen Teilnetze) erlaubt. Solche Netzunterbrüche sind zwar bei modernen technischen Lösungen nicht mehr häufig, bei wichtigen Verbindungen, namentlich auf Netzen zweiter und höherer Stufe, für die Netz-Endbenutzer aber immer schwieriger zu verkraften.

Mit der Vermaschung begegnen wir aber einem neuen Problem: Über *welchen Weg* soll eine bestimmte Meldung geschickt werden, wenn dafür *mehrere* physische Möglichkeiten zur Verfügung stehen? Diese Aufgabe wird von den entsprechenden Kommunikations-Knotenrechnern gelöst, die deswegen auch *Router* genannt werden. Über die Art der Leitungswahl orientiert 6.3.5

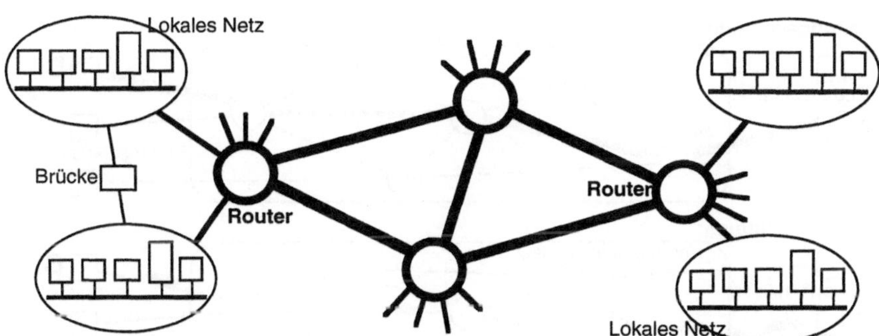

Figur 6.13: Mehrfache Verbindungswege erhöhen die Sicherheit und verkürzen die Wege

In Fig.6.13 findet sich noch ein weiteres Vermaschungselement, die *Brücke (bridge)*. Eine solche kommt dann zum Einsatz, wenn aus Sicherheits- oder Dienstleistungsgründen homogene lokale Netze direkt gekoppelt werden.

6.3.5 Netzbetriebsarten

Beim Netzbetrieb geht es darum, für eine bestimmte logische Verbindung, z.B. von A nach B, eine entsprechende physische Leitung zur Verfügung zu stellen. Wie wir schon in Abschnitt 6.1 beim Telefon gesehen haben, benötigen ja die meisten Kunden die Verbindungsleitungen nur zeitweise und nur mit beschränkter Bandbreite (analog) oder Übertragungrate (digital).

Allerdings gibt es Ausnahmen. Wer aus bestimmten Gründen eine bestimmte Leitung *dauernd* verfügbar haben möchte, mietet diese beim Leitungsanbieter (Telefon- oder Kabelunternehmen) fest: *Mietleitung* (oder *Standleitung)*. Bei einer Mietleitung entfallen alle Vermittlungsaufgaben in den Knotenrechnern.

In allen anderen Fällen werden *Wählleitungen* benützt. Dabei kommen in der heutigen Datenkommunikation zwei Techniken zum Einsatz:

- Die *Leitungsvermittlung (line switching)* benutzt für die Verbindung zwischen zwei Endpunkten eine physisch für die benötigte Zeit fest durchgeschaltete Leitung. (Das war das bisher während hundert Jahren übliche Verfahren beim Telefon mit seinen *Vermittlungszentralen* von den Handstöpseln bis zu den Relaisautomaten.)
- Bei der *Paketvermittlung (packet switching)* wird jede Meldung in kleine Datenpakete unterteilt, die an ihr Ziel adressiert und laufend einzeln versandt werden. Bei dieser Technik wird nicht eine feste Verbindung geschaltet, sondern jeder Netzknoten empfängt laufend solche Datenpakete und schickt sie auf einer geeigneten Ausgangsleitung weiter. Die Empfängerstation setzt die einzelnen empfangenen Pakete wieder zusammen.

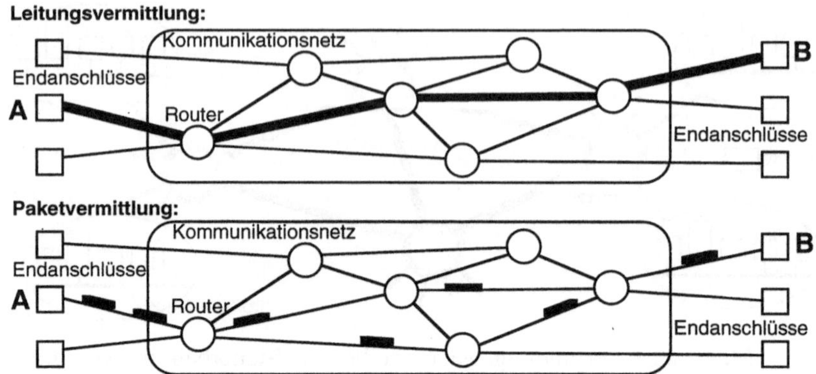

Figur 6.14: Leitungsvermittlung (oben) und Paketvermittlung (unten)

Fig.6.14 zeigt die beiden Grundvermittlungsarten. Zu beachten ist dabei, dass bei der Paketvermittlung die verschiedenen Pakete der gleichen Meldung allenfalls über unterschiedliche Verbindungen (Router) geleitet werden und daher keineswegs automatisch in der gleichen Reihenfolge bei B ankommen, wie sie in A weggeschickt wurden. Das Kommunikationssystem muss daher auch dieses Reihenfolgeproblem vor der Ablieferung der Meldung an B bereinigen.

Für Hochleistungsnetze ist die Paketvermittlung mit neuer Routenentscheidung für *jedes* Paket an *jedem* Router zu umständlich. Mit einem modifizierten Paketvermittlungskonzept, dem sog. *Circuit Switching,* werden Verbindungspfade über bestimmte Router im voraus festgelegt. Dazu werden Teilkapazitäten von Leitungsstücken (in %) reserviert und im Betrieb genutzt; dynamische Reservationsänderungen sind laufend möglich. Dieses Verfahren kommt namentlich bei ATM-Netzen (ATM = asynchronous transfer mode) zum Einsatz.

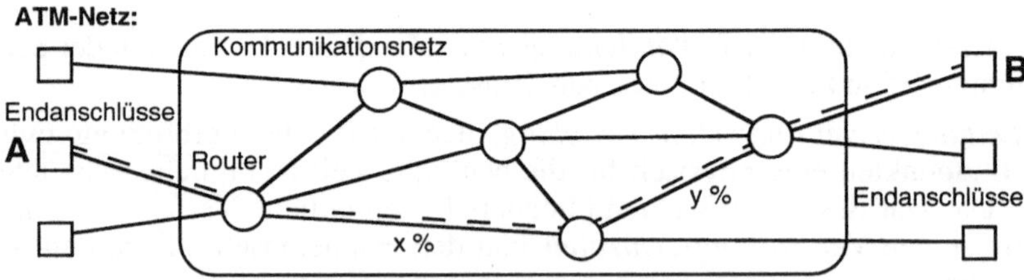

Figur 6.15 Asynchroner Transfer-Modus

Zusammenfassend können wir festhalten: Auf der elektrotechnischen Ebene und vor allem auf der Transportebene werden in Kommunikationsnetzen raffinierte Techniken eingesetzt, um die nutzbare Übertragungskapazität für verschiedenartigste Kunden (klein/gross, ständig/selten) optimal einsetzen zu können.

6.3.6 Klassen von Datennetzen

Klassische Rechner des Typs „von Neumann“ (vgl. 5.1.2) können zu leistungsfähigen *Mehrprozessorrechner* zusammengefügt werden, indem man auf kleinem Raum (bis rund hundert Meter) mehrere Prozessoren miteinander verbindet. Die Übertragungsrate ist dabei den einzelnen Rechnern angepasst und kann 100 Mbit/s übersteigen. Diese sog. *lose gekoppelten Computersysteme* sind heute weit verbreitet und technisch nicht besonders heikel.

Globale Fernnetze (WAN = wide area network) zwischen weit entfernten Computern sind heute ebenfalls weit verbreitet. Teilweise vermaschte Netze mit Punkt-zu-Punkt-Verbindungen bilden die Grundlage sowohl für Paketvermittlungs- als auch für Leitungsvermittlungskonzepte.

Zwischen den lose gekoppelten Systemen und den globalen Fernnetzen bleibt im Bereich von Distanzen zwischen einigen hundert Metern und einigen Kilometern das Einsatzgebiet der *lokalen Netze* (LAN = local area network; vgl. 6.3.2). Diese verbinden eine Vielfalt von selbständigen, oft heterogenen Rechnern sowie Spezialmaschinen, welche für einen grösseren Benutzerkreis interessant sind. Fig.6.15 zeigt die verschiedenen Distanzbereiche.

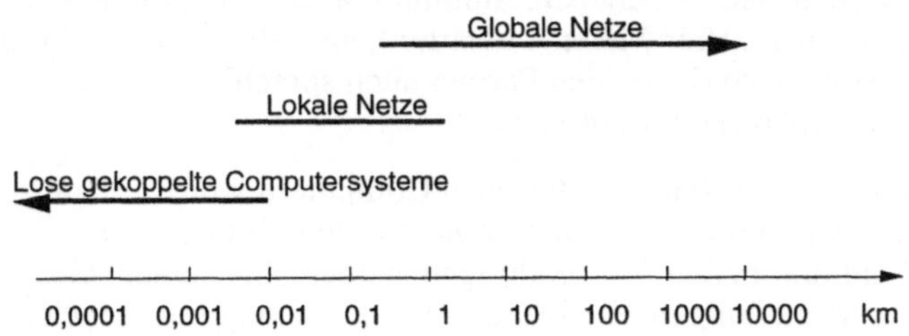

Figur 6.16: Klassen von Datennetzen

Globale Netze auf dem Weg zu offenen Netzen
Betreiber von lokalen Netzen bauen Leitungen und betreiben darauf ein Kommunikationssystem. Hinter *privaten Netzen* steht eine Organisation (Unternehmung, Verwaltung, Hochschule o.ä.), die alleiniger Benutzer des Netzes ist und dieses nach den eigenen Bedürfnissen plant und realisiert.

Bei *öffentlichen Netzen* bietet der Netzbetreiber (z.B. die Deutsche Telekom) das Netzkonzept und die dazu gehörenden Übertragungsleitungen als öffentliche Dienstleistungen an. Jedermann kann sich mit geeigneten Anschlussgeräten und der notwendigen Erlaubnis an diese Netze anschliessen und gegen Entgelt die gewünschten Leistungen beziehen.

Aus der Sicht der Anwender besteht dabei ein grosses Interesse, normierte Schnittstellen für die Anschlüsse ans Netz vorzufinden. Die heute vorhandenen Netze sind aber oft aus proprietären Lösungen hervorgegangen. Computerhersteller, aber auch

Netzwerkspezialisten bieten verschiedene Produkte an, wie z.B. das DECnet von Digital Equipment, die Systems Network Architecture (SNA) von IBM, TRANSDATA von Siemens und Novell von Novell. Diese wurden ursprünglich unabhängig voneinander entwickelt, so dass abgesehen von standardisierten Schnittstellen auf der physischen Ebene kaum eine direkte Kompatibilität besteht. *Offene Netze* basieren auf einer offenen Systemarchitektur mit im voraus normierten Konzepten und Schnittstellen; sie erlauben den Anschluss und Zugriff von unterschiedlichen Endgeräten. Ihnen gehört die Zukunft.

6.3.7 Kommunikationsprotokolle

Der Austausch von Daten über eine Leitung zwischen zwei Kommunikationspartnern hat so zu erfolgen, dass die Daten am Zielort unverfälscht ankommen und vom Empfänger auch interpretiert werden können. Hierzu braucht man Regeln, sog. *Kommunikationsprotokolle*, welche sowohl den Datenaustausch reglementieren als auch die Datendarstellung festlegen.

Linienprotokolle sind für Punkt-Punkt-Verbindungen zuständig, *Netzprotokolle* regeln den Datenverkehr in Rechnernetzen. Die Erfahrung mit dem herkömmlichen Telefon gibt uns ein anschauliches *Beispiel* für ein solches Protokoll: Zuerst muss die Verbindung aufgebaut werden (Hörer abheben, Summton abwarten, Nummer wählen, läuten lassen, vom Angerufenen „Hier Meier“ abwarten), anschliessend erfolgt die Nachrichtenübermittlung (wobei sich die beiden Partner auch sprachlich verstehen müssen), am Schluss wird abgebrochen (Hörer aufhängen).

Auch für die Verbindungsaufnahme zwischen Computern werden derartige Protokolle benötigt. Sie sind relativ einfach, wenn nur gleichartige Teilnehmer miteinander kommunizieren. Bei inhomogenen Verbindungen jedoch, bei denen Geräte mit unterschiedlichen Datendarstellungen miteinander in Verbindung treten sollen, hat das Protokoll die oft nicht einfache Aufgabe, Datenumformungen derart festzulegen, dass der korrekte Datenaustausch gewährleistet und die Interpretation der Daten möglich sind.

Bezüglich der *Ablaufsteuerung* unterscheidet man in Protokollen drei Phasen:

- Aufbau der Verbindung
- Nachrichtenübermittlung
- Abbruch der Verbindung

Beim *Verbindungsaufbau* wird mit einer Sequenz von Steuerzeichen, welche von der Art der beteiligten Stationen und der gewünschten Kommunikation abhängt, überprüft, ob die benötigten Leitungen und Stationen frei und zur Übertragung bereit sind. Während der eigentlichen *Nachrichtenübermittlung* wird der korrekte Empfang überprüft und allenfalls eine Wiederholung veranlasst. Beim Erscheinen eines Endzeichens erfolgt der *Abbruch der Verbindung,* und die benutzten Betriebsmittel werden wieder freigegeben.

6.3.8 Das Protokollmodell der internationalen Normenorganisationen (OSI-Modell)

In Kommunikationssystemen mischen viele Partner mit; trotzdem müssen alle Komponenten auf elektrotechnischer Ebene, Transportebene und Anwenderebene genau zusammenpassen. Diese drei Ebenen geben aber bloss eine grobe Gliederung der verschiedenen Funktionsbereiche von Kommunikationssystemen. Eine feine Gliederung erfolgt in sog. *Schichten (layers),* wie sie von den Kommunikationsfachleuten genannt werden.

In der sich rasch entwickelnden Welt der Telekommunikation haben in den letzten Jahrzehnten verschiedenste Partner miteinander Kommunikationsprotokolle vereinbart oder betriebsintern festgesetzt. Angesichts des existierenden Wirrwarrs von unterschiedlichen Protokollen haben die internationalen Normenorganisationen (international standard organizations = ISO) das *OSI-Modell* (open system interconnection) für offene Systeme festgelegt. Das Modell dient dem gemeinsamen Begriffsverständnis und legt zu erfüllende Funktionen fest. Im folgenden wird das Prinzip dieses Modells dargestellt, für Details sei z.B. auf [Tanenbaum 95] verwiesen.

Das Schichtenmodell
Das OSI-Modell gliedert die gesamte Hierarchie von Kommunikationsebenen von der Kommunikation zwischen Anwendungsprozessen bis hinunter zur physischen Übertragung von Signalen auf Leitungen, und stellt die einzelnen Stufen in *Schichten* (layer) dar (Fig.6.17).

Figur 6.17: ISO-Referenzmodell für offene Systeme (OSI-Modell)

Schnittstellen definieren die Beziehungen zwischen Subsystemen in übereinanderliegenden Schichten. *Protokolle* legen die Beziehungen zwischen Subsystemen der gleichen Schicht, die sich aber an verschiedenen Orten befinden, fest. Die insgesamt sieben Schichten, von denen jede eine ganz bestimmte Funktion zu erfüllen hat, sind zunächst in einen Anwendungsteil (Telekommunikationsdienste) und einen Transportteil (Transportdienste) aufgeteilt. Der Anwendungsteil behandelt die Strukturierung und Verarbeitung der Daten und setzt einen *korrekten* Transport (= Übertragung der Daten) voraus, ohne auf dessen Aspekte weiter einzugehen. Typische Vertreter solcher *Telekommunikationsdienste* sind:

- Meldungsübermittlung sowie Gruppenkommunikation
- Übertragung von Dateien (File Transfer)
- graphikorientierter Datenaustausch, Telefax
- Sprachübermittlung, Telefon
- Teletext (Bildschirmtext)

Durch Protokolle des *Transportteils* wird die korrekte Übertragung der Daten sichergestellt; dabei wird der Inhalt der übertragenen Daten nicht weiter betrachtet. Typische Beispiele von Transportdiensten sind:

- Datenpaketvermittlung gemäss Norm X.25 oder ATM
- Unterstützung von virtuellen Verbindungen zwischen Endgeräten
- Verbindungen mit Modems über das Telefonwählnetz (V.25, RS 232C)

Als Grundsatz für die Ausgestaltung der einzelnen Schichten gilt, dass zusammengehörige Funktionen in der gleichen Schicht und voneinander unabhängige Funktionen in getrennten Schichten unterzubringen sind. Jede Schicht bezieht von der jeweiligen unteren Schicht Dienstleistungen und bietet Leistungen an die nächsthöhere Schicht an. Durch diesen hierarchischen Aufbau erreicht man, dass ein sehr komplexes Problem in überschaubare Module aufgegliedert wird und dass Änderungen innerhalb der einzelnen Schichten ohne Beeinträchtigung der angrenzenden Schichten möglich sind, sofern nur die Schnittstellen beachtet werden.

Funktionen der einzelnen Schichten

Nun ein kurzer Blick auf die einzelnen Schichten: Die *physische Schicht* (physical layer) legt die Eigenschaften der technischen Übertragungsmedien fest und definiert z.B. die Darstellung der einzelnen Signale und die Schnittstellen. Sie bietet der nächsten Schicht den Auf- und Abbau einer physischen Verbindung und die Übertragung einer Bitfolge als Dienstleistung an. Die *Leitungsschicht* (link layer) benützt die Punk-Punkt-Verbindung der unterliegenden physischen Schicht und sorgt für die sichere Übertragung (mit Rückmeldung und Prüfung) Die *Netzschicht* (network layer) geht von korrekten Punkt-Punkt-Übertragungen aus, setzt solche bei Bedarf zusammen und steuert den Transport von Nachrichten durch das Netz. Die *Transportschicht* (transport layer) stützt sich voll auf die Funktionen der Netzschicht ab, wobei deren innere Struktur unsichtbar bleibt und sich dem Benutzer nur die beiden Endgeräte direkt zeigen.

Die *Sitzungsschicht* (session layer) ist dafür zuständig, dass zwei Anwendungsprozesse miteinander in Beziehung treten können, während die *Darstellungsschicht* (presentation layer) der Anwendungsschicht die Interpretation der Daten ermöglicht, wozu bei inhomogenen Systemen verschiedene Transformationen nötig sind. Auf der Stufe der *Anwendungsschicht* (application layer) arbeiten schliesslich die Anwendungsprozesse der Benutzer; auf diese Ebene gehören etwa Verbindungen zwischen verschiedenen Partnern zum normierten Austausch elektronischer Dokumente (EDI = electronic data interchange).

Die Beschreibung des Schichtenmodells erfolgte hier sehr summarisch; bezüglich Details sei wiederum auf [Tanenbaum 95] verwiesen.

Das OSI-Modell ist selber kein Kommunikationssystem; es erlaubt aber eine *präzise Definition* der Funktionen solcher Systeme. Viele konkrete Systeme, die als *Produkte* auf dem Markt sind, arbeiten übrigens auf mehreren Schichten. Auch die in diesem Kapitel erwähnten *Konzepte* (z.B. ATM in 6.3.5) betreffen oft mehrere Schichten.

6.4 Zusammenwachsen der Kommunikationsdienste

6.4.1 Basisdienste und erweiterte Dienste

Nach Überlegungen zur Technik der Verbindungen (Abschnitt 6.2) und den Datennetzen (Abschnitt 6.3) wenden wir uns wieder der Praxis zu. Dabei stellen wir ein interessantes Phänomen fest:

> Weil *Leitungen* eine *kostspielige* Grundinvestition darstellen, werden für neue Dienste wenn immer möglich vorhandene Leitungsnetze mitbenützt.

Beispiele aus dem Bereich privater Wohnungen:

- Die Elektrizitätswerke übermitteln Tarifwechselimpulse und Zählerablesemeldungen über ihre normalen Stromleitungen zwischen Werk und Endbenutzer (mit ähnlicher Technik wie in 6.2.4 beschrieben).
- Das Fernsehen nutzt kurze Übertragungslücken zwischen den Bildern für die Übertragung von Teletext/Bildschirmtext.
- Die Feuerwehr alarmiert ihre Mitglieder durch spezielle Alarmsysteme über das normale Telefonnetz.
- Die Telefonkunden nutzen Telefonverbindungen nicht bloss für Sprachübertragung, sondern auch für Faxübertragungen und für den Anschluss von Kleincomputern (über ein Modem).

Noch viel weiter gehen industrielle Mehrfachnutzungen von Leitungen. So kann ein Betrieb über eine einzige Telefonleitung zwischen Hauptsitz und Filiale nicht bloss Gespräche, sondern in der Restkapazität auch Daten übertragen – eine effiziente Nutzung der Leitung!

Diese technisch seit langem bekannten Möglichkeiten führten in der Vergangenheit gelegentlich zu rechtlichen und/oder kommerziellen Problemen, weil die Eigentümer der Leitungen – also in Europa die staatlichen Fernmeldebetriebe – die Leitungsbenützung je nach Art der übertragenen Daten unterschiedlichen Tarifen unterstellten und noch lange auch das Privileg beanspruchten, die notwendigen Knotenrechner und alle Endgeräte (sogar die Telefonapparate im Privathaushalt) selber zu installieren und dann mietweise den Benutzern zur Verfügung zu stellen.

Inzwischen ist das Wegräumen dieser nichttechnischen Hindernisse auf dem Weg zu modernen Telekommunikationsdiensten im vollen Gang. Auch private Netzbetreiber dürfen Dienste anbieten, sofern auch Kleinbenutzer dabei eine faire Chance haben, eine gute und bezahlbare Telekommunikations-Grundversorgung zu erhalten. Was bedeutet nun eine solche Konkurrenz der Netzbetreiber in der Praxis? Für diese wirtschaftliche Überlegung müssen die beiden Dienstleistungsstufen *Basisdienst* und *erweiterte Dienste* je separat betrachtet werden.

Basisdienste: Bei diesen geht es um die Bereitstellung von Grundverbindungen der Telekommunikation vom internationalen Netz bis zum Endbenutzer im Haus oder bis auf das Gelände eines Betriebs (der dann allenfalls die Feinverteilung ab Hauszentrale selber besorgt). Beispiele solcher Basisdienste sind heute das *Telefonnetz* (für *individuelle* Verbindungen zwischen zwei Anschlüssen für Sprachübertragung (Übertragungsrate: einige Zehntausend bit/s) und das *Fernsehkabelnetz* (mit einer tausendmal grösseren Übertragungsrate, aber *ohne* Vermittlungszentralen; alle Kunden erhalten die gleichen Programme). In einer Konkurrenzsituation könnten theoretisch neue Anbieter Konkurrenznetze bauen und dem Endbenutzer anbieten. Das ist bei Kleinbenutzern (Privathaushalte) aber aus wirtschaftlichen Gründen völlig uninteressant; anders bei Grosskunden, wo sich auch Sonderlösungen (z.B. direkte Satellitenanschlüsse) lohnen können. Auf dem Bereich der drahtgebundenen Basisdienste wird auch in Zukunft die Zahl der Anbieter für den einzelnen Privatkunden sehr klein bleiben, bei den drahtlosen Verbindungen (Funktelefon, Natel) ist allenfalls mehr Konkurrenz möglich.

Was bietet ein Basisdienst an? Eine präzis definierte Kommunikationsdienstleistung (x kbit/s), und zwar zu einem bestimmten Preis und mit einer bestimmten Qualitätsgarantie. Die technische Qualität moderner Kommunikationssysteme im Bereich der drei untersten Schichten des OSI-Modells (Fig.6.17) – im sog. *Transportteil* – erlaubt dank entsprechender Hardware- und Programmassnahmen, dass die korrekte Übertragung bestimmter Meldungen *bitweise* garantiert werden kann, notfalls durch automatische Wiederholung der Übertragung. Die Konkurrenz der Anbieter ist daher nicht bloss eine Kosten- und Qualitätsfrage, sondern immer häufiger auch eine Frage der erreichbaren Kommunikationspartner. Grosse Basisdienstanbieter bieten weltweite Konnektivität.

Erweiterte Dienste (value added services): Auf den Basisdiensten aufbauend lassen sich erweiterte Dienste anbieten, wobei deren Anbieter wirtschaftlich von den Anbietern der Basisdienste unabhängig sein können. So senden heute spezialisierte Filmgesellschaften („Pay-TV") ein ständiges Spielfilmprogramm über die Fernsehkabelnetze, codieren allerdings ihre Ausstrahlungen, so dass nur Fernsehapparate mit einem speziellen Decoder diese Sendungen nutzen können, wobei der entsprechende Abonnent für diesen Zusatzdienst zusätzlich bezahlen muss. Erweiterte Dienste gibt es auch beim Telefonnetz, angefangen von zuschlagpflichtigen Sprechverbindungen (etwa für Auskünfte, Informatik-Beratung mit „Hot-Lines") bis zu computergestützten Abfragen kommerzieller Datenbanken.

Auch in Zukunft werden Anbieter von *Basisdiensten* – die eigentlichen Betreiber von Telekommunikationsnetzen – grössere, investitionskräftige Unternehmen sein, während im Bereich der *erweiterten Dienste* durchaus auch Kleinanbieter ihre Chancen nutzen können. Die Dienste, die angeboten werden, müssen sich dabei nach dem *Markt* richten; es werden jene Übertragungsraten und jene Informationen angeboten, welche von Endbenutzern auch bezahlt werden. Die technischen Mittel dazu sind vorhanden.

6.4.2 ISDN: Dienstintegrierte digitale Netze

In 6.2.1 wurde gezeigt, dass die *digitale* Übertragung auch von *analogen Signalen*, namentlich von *Sprache und Musik* möglich ist, ja sogar Vorteile bieten kann (verfälschungsfreie Übertragung). Dass die digitale Darstellung von *Bildern* (in Vektor- oder Rasterform) zum Informatikalltag gehört, wurde schon in Kapitel 1 gezeigt; somit bringt ihre digitale Übertragung keine neuen Probleme, gleich wie die Übertragung von schon von vornherein digitalen *Computerdaten*, namentlich auch von Texten. Alle messbaren Signale und alle maschinell erfassbaren Sachverhalte lassen sich *digital darstellen* und daher auch *digital übermitteln.*

Angesichts dieser Tatsache stellt sich die Frage, wieso heute *zwei* Telekommunikationsnetze (analoges Telefonnetz und analoges Breitband-Fernsehkabelnetz) in fast alle Häuser geführt werden und gleichzeitig in Firmen weitere Datennetze, zwischen Fernsehstationen Hochleistungsverbindungen und dazu noch viele andere Spezialnetze existieren. Diese Netze sind alle historisch gewachsen. Aber „man könnte" sie doch alle durch ein einheitliches digitales Netz ersetzen, das alle Dienste für Text, Sprache/Musik, Bild, Daten und anderes gleichzeitig abdeckt:

> Ein *dienstintegriertes digitales Netz (ISDN = integrated services digital network)* überträgt in digitaler Form Meldungen verschiedener Herkunft und Struktur zwischen adressierbaren Partnern.

Da in die heute existierenden Netze (Leitungen und Vermittlungszentralen/Knotenrechner) jedoch weltweit bereits ungeheure Geldsummen investiert worden sind, und weil diese Netze vorerst ihre Zwecke zur Zufriedenheit sehr vieler erfüllen, wird die allgemeine Einführung eines neuen, einheitlichen ISDN viele Jahre dauern.

Erste Schritte dazu sind aber bereits sichtbar und sogar für Kleinkunden sinnvoll und wirtschaftlich nutzbar. Sukzessive wird von den europäischen Telekomgesellschaften seit etwa 1990 schrittweise vorerst ein für „mittlere" Datenbedürfnisse geeignetes ISDN-Angebot mit Übertragungsraten von 64 kbit/s eingeführt, das mit seiner digitalen technischen Infrastruktur eine Vielzahl von Diensten zwischen einheitlichen, normierten Benutzer-/Netzschnittstellen ermöglicht. Grundprinzipien für die ISDN-Konfiguration wurden schon 1980 in der Empfehlung CCITT G.705 festgelegt. Danach soll das ISDN auf der Basis einheitlicher 64 kbit/s-Transportkanäle für Nachrichten jeder Art – Sprache, Text, Daten, Bild – entwickelt werden. Seither wurde diese Empfehlung dahingehend modifiziert, dass auch andere Bitraten, Vielfache oder Bruchteile von 64 kbit/s, für die neuen Dienste Verwendung finden können.

Fig.6.18 zeigt ein Sortiment von Endgeräten, das ein Anwender mit einem *einzigen* ISDN-Anschluss sinnvoll anschliessen kann. Dabei sind bis max. 8 Geräte adressierbar (verfügen also über ihre eigene Telefonnummer!), wobei aber gleichzeitig immer nur höchstens *zwei* davon je eine Verbindung unabhängig nutzen können (also z.B. zwei Telefongespräche oder eine Datenverbindung und ein Telefongespräch). Ein interessantes Detail: Hier wird ein Modem benötigt, um das analoge Telefon an die digitale Leitung anzuschliessen.

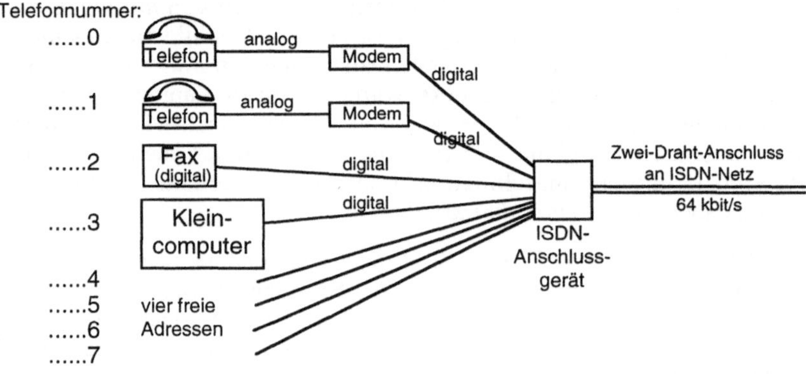

Figur 6.18: Privater Anschluss ans ISDN-Netz (Beispiel)

Ein ISDN-Netz, wie es soeben skizziert wurde, ist somit imstande, eine bedeutende Gruppe der Telekommunikationsdienste abzudecken (Fig.6.19 links), nämlich alle übertragungsratenmässig bescheidenen. Jene Dienste, welche höhere Übertragungsraten benötigen, bleiben vorerst auf dem Kabelnetz.

Mit dem verbreiteten Einsatz der Glasfaserkabel lässt sich die Weiterentwicklung des ISDN abschätzen. Glasfasern im Ortsnetz werden die Breitband-Kommunikation zum Teilnehmer erlauben. Damit ergibt sich die Möglichkeit, auf einem einzigen Medium (Koaxial- oder Glasfaserkabel) alle Hausanschlüsse zu realisieren und z.B. parallel zur 64 kbit/s-Verbindung eine Breitbandkommunikation (für Fernsehen oder Video-Telefon einzurichten (vgl. Fig.6.19). Der Name dieser Zukunftslösung (BIGFON?) ist noch unbekannt.

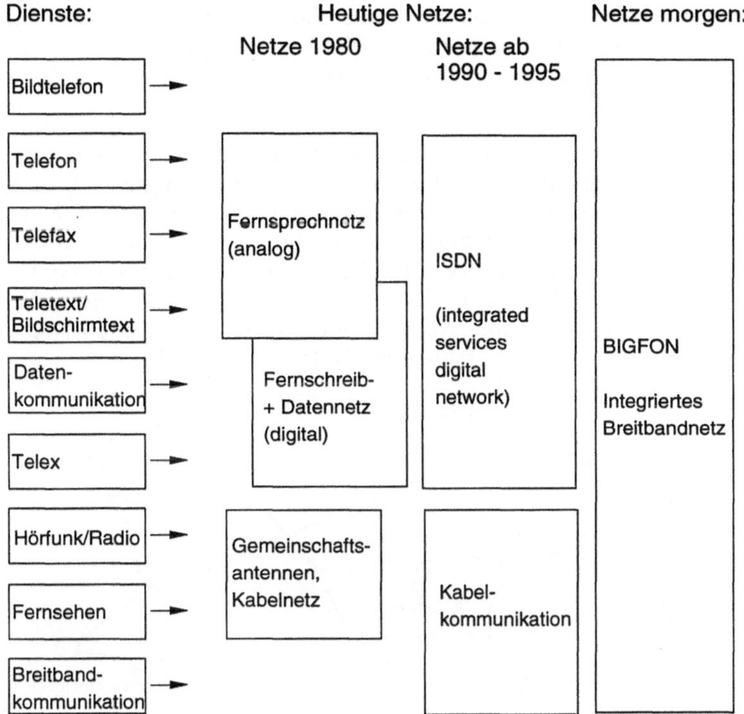

Figur 6.19: Zusammenwachsen von Kommunikationsdiensten

6.4.3 Die Welt des Internet

Seit den Siebzigerjahren schickten sich immer öfter Benutzer grösserer Computeranlagen gegenseitig Meldungen von Terminal zu Terminal – kurze Texte, Auskünfte, auch Programme. Die zentralen Rechner der damaligen Sternnetze (vgl. Fig.6.11) besorgten neben ihrer Hauptaufgabe auch die Vermittlung solcher digitalen Meldungen zwischen den Kunden. Daraus entwickelte sich mit der Zeit die weltumfassende *elektronische Post (E-mail)* und die *Übertragung von Dateien (file transfer).*

Voraussetzung für diese Entwicklung war allerdings die *Verbindung* der vorerst voneinander unabhängigen Einzelnetze im Einzugsbereich von Hochschulrechenzentren, Forschungseinrichtungen und ähnlichen Einrichtungen, wo der Bedarf nach schnellen, kostengünstigen und einfach nutzbaren Kommunikationsmitteln immer besonders gross ist. Dieser Benutzerkreis ist auch Experimenten gegenüber offen und nimmt gelegentliche Ausfälle in Kauf. So wurden schon früh digitale Verbindungen zwischen Netzen hergestellt, meist über vorhandene Telefonleitungen.

Verbindungen erfordern wohldefinierte Schnittstellen und Protokolle. Am einfachsten liessen sich solche zwischen Maschinen des *gleichen Herstellers* definieren; als typisches Beispiels eines frühen Hersteller-orientierten (sog. *„proprietären")* Netzes sei DECnet erwähnt.

Andere dachten schon damals weiter. Ihnen schwebte ein *offenes* Netz vor, an dem sich weltweit alle Interessierten anschliessen können, unabhängig vom eingesetzten Computersystem. Voraussetzung dazu war ein allgemein einsetzbares Kommunikationsprotokoll für den Zusammenschluss von existierenden Datennetzen und für den darauf aufbauenden Meldungsverkehr. Aus diesen Überlegungen entstand nach verschiedenen Vorläufern (ARPAnet u.a.) das *Internet,* ein *logisches globales Netz,* durch den Zusammenschluss existierender Netze (Fig.6.20). Die beteiligten Netze können sich dabei geografisch beliebig überschneiden (Netz D in Fig.6.20).

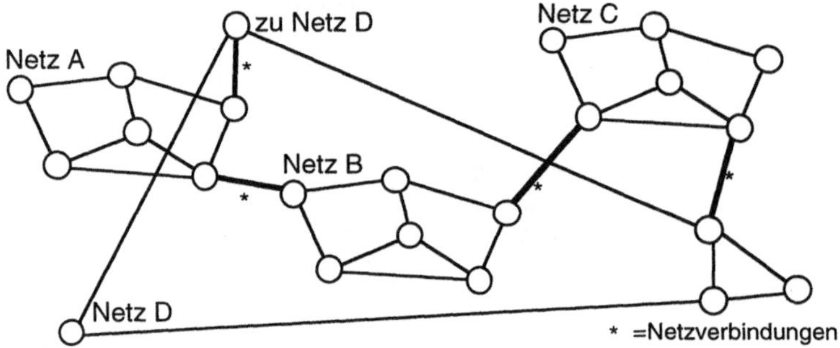

Figur 6.20: Internet: das Netz der Netze

Die Architekten von Internet vermieden bei ihrem Konzept nicht bloss die Vorherrschaft eines Herstellers, sondern ebenso jede andere Art von übergeordneten Strukturen; im Internet gibt es keine Netzleitstationen oder andere technische oder menschliche Kontrollfunktionen. Internet arbeitet völlig *dezentral;* alle am Netz beteiligten Knotenrechner sind gleichberechtigte *Partner* und reichen sich Meldungen weiter. Für die Verbindung zweier benachbarter Rechner gilt ein gemeinsames Übermittlungsprotokoll *(TCP = transmission control protocol),* für die Gestaltung der Meldungen das *Internet Protokoll (IP).* Jeder Internet-Benutzer kann so von seinem Computer aus eine Meldung an einen beliebigen anderen Internet-Benutzer schicken. Dazu steckt er seine Daten in eine Art Umschlag, ein sog. Internet-Protokoll-Paket (IP-Paket), das auch die eindeutige IP-Adresse des Empfängers enthält, und schickt das IP-Paket seinem nächsten Knotenrechner, der es wiederum weiterleitet.

Die Verantwortung für die Weiterleitung der einzelnen IP-Pakete liegt jederzeit bei einzelnen Knotenrechnern, die auch im Falle von Pannen (z.B. Ausfall einer Leitung oder eines Nachbarrechners) genau instruiert sind, wie sie vorzugehen haben, damit die Meldung nicht einfach verschwindet oder steckenbleibt. Falls kein Weg mehr über eine Umwegverbindung zur Verfügung stehen sollte oder wenn unter der angegebenen

IP-Adresse kein Rechner ansprechbar ist, geht die Meldung an den Adressaten zurück. Internet wird so trotz oder besser dank extrem dezentraler Organisation zu einem *zuverlässigen* Kommunikationsdienst auch über unzuverlässige Leitungen.

Global geregelt sind bei Internet nur zwei Aspekte, die Protokolle und die Adressen:

- *Protokolle* regeln die Zusammenarbeit aller Partner; die wichtigsten sind TCP und IP (meist kurz „TCP/IP" genannt) sowie das *Punkt-Punkt-Protokoll (PPP = point-to-point-protocol)* für den Anschluss des Endbenutzer am nächsten Knotenrechner *(Zugangsknoten,* Fig.6.21).
- *IP-Adressen:* Da diese *weltweit eindeutig* sein müssen, muss ihre Zuteilung geregelt werden.

Dabei werden eigentliche IP-Adressen und zugehörige Adress-Namen unterschieden.

- *IP-Adressen.* Jeder Knotenrechner im Internet erhält eine numerische IP-Adresse fest zugeteilt. Sie besteht aus vier Zahlen zwischen 0 und 255, die durch Punkte getrennt sind:

  Beispiel: 134.245.74.44

  Die vorderen Zahlen bezeichnen Netzgruppen und Unternetze, die hinteren identifizieren den einzelnen Knotenrechner in den Unternetzen. Nur die Nummern der Netzgruppen werden durch eine oberste Instanz, die „Internet Society", zugeteilt; die Feinverteilung der hinteren Nummernbereiche wird dezentral geregelt.
- *Namen zu IP-Adressen:* Weil sich lange Nummern schlecht merken lassen, gibt es zu jeder IP-Adresse auch einen (ebenfalls weltweit eindeutigen) Namen, dessen Struktur die meisten Leser wohl bereits aus *E-mail-Adressen* kennen.

  Beispiel: kathrin.schmid@inf.ethz.ch

  Die Zeichenfolge hinter dem @-Zeichen (@ gesprochen „at") identifiziert den Knotenrechner des „Dept. Informatik".„ETH Zürich".„Schweiz". Der Name vor dem @-Zeichen identifiziert eine Person innerhalb der Benutzergruppe des Knotenrechners „inf.ethz.ch". Auch hier ist nur die oberste Stufe Internet-weit einheitlich zugeordnet; die *letzte* Position bezeichnet meist Länder (de = Deutschland, at = Österreich, ch = Schweiz) oder – für die USA und für internationale Konzerne – Bereiche (gov = goverment, edu = education, com = commercial).

Internet ist als dezentrale Struktur entworfen worden und auch dezentral gewachsen. Mit der Zeit haben sich immer weitere lokale Netze und Netzgruppen an das Internet angeschlossen, indem sie *Netzverbindungen* zum nächstgelegenen vorhandenen Internetknoten aufbauten (Fig.6.21) und nur gerade dafür zusätzlich bezahlen müssen – geringe Zusatzkosten für grossen Mehrnutzen ihrer Netze! Gleichzeitig sind sie aber bereit, fremden Datenverkehr über ihre eigenen Netze zuzulassen, so dass weitere anschliessen können. Die Anschlussfrage stellt sich heute auch für private Computerbenutzer, die über einen Computer verfügen und diesen an das Internet anschliessen wollen. Sie erkundigen sich nach dem *nächstgelegenen Zugangsknoten* (da sie dorthin Telefongebühren bezahlen müssen) und hängen sich dort an (Fig.6.21).

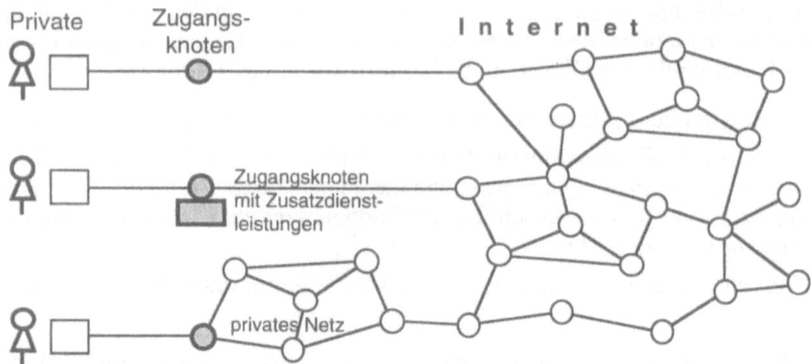

Figur 6.21: Zugangsmöglichkeiten zu Internet für Privatpersonen

Solche *Zugangsknoten* für Privatanschlüsse (Fig.6.21) werden von speziellen Firmen betrieben, die *Zugangsanbieter (access provider)* genannt werden. Sie helfen den Kunden beim Anschluss (Instruktion, Programme) und stellen ihnen Knotenrechner (mit IP-Adresse) auf Dauer als Netzzugang und E-mail-„Postfach" zur Verfügung; dafür verlangen sie eine monatliche Gebühr. Auf Wunsch bieten sie aber auch noch *zusätzliche Dienstleitungen* an, etwa als Informationsanbieter (mit Informationsangeboten des Privatkunden).

Dabei gibt es auch Anbieter, welche eigene Netze betreiben, daran Privatkunden Anschluss gewähren und ihr ganzes Netz mit Internet verbinden (Fig.6.21 unten), so dass auch hier die globale Vernetzung gesichert ist.

Nachdem nun Internet und auch unser Anschluss zur Verfügung stehen, sind für uns der *Basisdienst* (im Sinne von 6.4.1) und damit die weltweite Vernetzung aufgebaut. Diese müssen jetzt aber noch *genutzt* werden. Das erfolgt im Rahmen der verschiedenen *erweiterten Dienste* oder *Internetanwendungen,* deren wichtigste wir kurz betrachten wollen.

Elektronische Post, E-mail
Die Vermittlung von Meldungen zwischen Personen ist seit den Siebzigerjahren über Datennetze möglich. Für eine bestimmte Person ist aber dieses Kommunikationsmittel nur nützlich, wenn auch ein beträchtlicher Teil ihrer beruflichen oder privaten Partner davon ebenfalls regelmässig Gebrauch macht. E-mail wird heute vor allem im Hochschul- und Forschungsbereich, zunehmend aber auch in weiteren Kreisen genutzt.

Um E-mail zu benutzen, muss jeder Beteiligte über einen Internetanschluss und auf einem bestimmten Mail-Server (meist auf dem eigenen Zugangsknoten mit 24-h-Betrieb) über eine Art *elektronisches Postfach (mailbox)* verfügen. In dieser Mailbox landen alle eingehenden E-mail-Sendungen, die an Kunden dieses Mail-Servers adressiert sind. Wenn nun ein Benutzer (Fig.6.22) seinen persönlichen Computer („PC") einschaltet, so fragt dieser automatisch beim Mail-Server an, ob für ihn E-mail-Sendungen eingetroffen seien und holt sich diese zu sich. Der Benutzer kann sie dort lesen, sehr einfach beantworten (weil die Adresse des Senders mit Knopfdruck zur neuen Empfängeradresse umgewandelt werden kann) und weitere E-mail-Korrespondenz produzieren. Diese schickt er anschliessend über das Netz in die Mailbox der angeschriebenen Empfänger, wo sich beim nächsten Computerkontakt das gleiche Spiel wiederholt.

Figur 6.22: Eine E-mail-Verbindung

Dateiübertragung (FTP = file transfer protocol)
Hier geht es im gewissen Sinne um das Gegenstück zur E-mail. Dateien werden nicht gesendet, sondern weltweit *abgerufen.* Auf diese Weise lassen sich Informationsangebote, Programme, wissenschaftliche Publikationen und vieles andere schnell und mit minimalem Verwaltungsaufwand bereitstellen und *bei Bedarf* abrufen. Der Besteller schickt dazu eine FTP-Meldung an den Informationsanbieter (information provider) bzw. an dessen Server und erhält die gewünschte Datei automatisch geliefert. Sehr viele Dateien stehen kostenlos zur Verfügung; es gibt aber auch kostenpflichtige – FTP kann auch zum *Versand* von Dateien eingesetzt werden.

Elektronische Anschlagbretter (bulletin board), News Groups
Wenn eine grössere Gruppe von Menschen regelmässig an einem bestimmten Ort vorbeigeht, kann ein Anschlagbrett sehr einfach für die Informationsweitergabe verwendet werden. Wer vorbeigeht, schaut rasch hin und ergänzt allenfalls das Vorhandene mit einem eigenen Zettel oder auch bloss mit einem Zusatzspruch auf einem vorhandenen Text. Alle Beteiligten schauen *dann* aufs Brett, wenn sie dafür Zeit haben.

Auch diese Form der Kommunikation lässt sich elektronisch über ein Netz einfach weltweit realisieren, indem auf bestimmten Servern Meldungen von jedermann plaziert und gelesen werden können. Inzwischen gibt es viele Tausend solcher „Anschlagbretter", die alle auf bestimmte Interessengebiete (News Groups) spezialisiert sind. Interessierte finden unter den Meldungen vielfach echte Information, etwa über entdeckte Fehler oder Probleme mit Standardprogrammen – daneben findet sich aber auch Unsinn, Bös- und Abartiges, ähnlich wie auf verschmierten Wänden. Es gibt eben auch in der „elektronischen" menschlichen Gemeinschaft verschiedene Geschmäcker.

Telnet: Fernbenützung eines Computers
Wer berechtigt ist, bestimmte Programme auf einem an Internet angeschlossenen Computer zu verwenden, kann diesen Computer auch von einem anderen angeschlossenen Computer aus über das Netz anwählen und so fernbedienen.

World Wide Web (WWW, W3)
Die soeben geschilderten Dienstleistungen auf digitalen Netzen – E-mail, FTP-Dateiübermittlung, Telnet und News Groups – stehen Interessierten seit den Siebzigerjahren zur Verfügung und haben sich seither stetig weiterentwickelt, jedoch relativ langsam. Langsamer auf alle Fälle, als dies viele Technikfreunde erwartet hatten. Der Grund liegt vor allem darin, dass die tastaturorientierte Benützungsform all dieser Dienstleistungen eher dem Arbeitsstil von Computerfreaks und Hackern entsprach, während die meisten Informatikanwender sich inzwischen an graphische Benutzerschnittstellen und Mausklicks gewöhnt haben (wie schon in den Kap. 1 und 2 gezeigt wurde).

Eine Öffnung der Internet-Benutzerkreise in den Bereich der normalen Informatikanwender brauchte daher einmal mehr einen unkonventionellen Schritt, ein neues Konzept, ausgerichtet auf Anwender, die nicht primär *schreiben*, sondern auf dem Bildschirm mit Mausklick *aus einem Angebot auswählen* wollen. Auf einem Datennetz betrifft das Auswählen natürlich vor allem das Abrufen von Information aus weltweit verfügbaren Informationsangeboten. Genau das bietet das World Wide Web (kurz WWW oder W3), das 1993 von Informatikern des europäischen Kernforschungszentrums CERN in Genf erfunden wurde und inzwischen die Gemeinde der Internetbenutzer vervielfacht hat.

Den wichtigsten Grundideen von WWW sind wir schon früher in diesem Buch begegnet:

- Der Benutzer *sucht selber aktiv* im riesigen Informationsangebot des Internet (Fig.2.13). Dabei hilft ihm ein spezielles Zugriffsprogramm, der sog. *WWW-Browser*. Dieser Browser arbeitet auf dem persönlichen Computer des Benutzers als Anwenderprogramm. Er kann in seinem Fenster *eine Seite* eines Dokuments aus dem WWW-Angebot zeigen und gleichzeitig den Suchdialog unterstützen.
- Der Suchvorgang (das Navigieren) geschieht in WWW primär mit Hilfe von *Verweisen*, sog. *Hyperlinks*, wie schon in Fig.2.17 gezeigt wurde. Sobald der Benutzer in seinem aktuellen Dokument ein <u>unterstrichenes</u> Wort anklickt, holt der Browser über Internet das entsprechende Dokument und präsentiert es auf dem Bildschirm.

Bevor allerdings dieses "Weiterklicken" überhaupt beginnen kann, muss erst mal ein erstes Dokument im riesigen WWW-Angebot gefunden und in den Browser gebracht werden. Dazu dienen sog. *WWW-Adressen* (URL = uniform resource locator), die der Benutzer bei sich im Browser gespeichert hat und denen wir heute bereits in Katalogen, Prospekten und Zeitungsinseraten oder gar auf Visitenkarten begegnen. URL haben alle etwa folgende Form:

http://www.inf.ethz.ch/index.html

Wir erkennen, dass darin der *Name* einer Internetadresse (IP-Adresse) eingebaut ist.

Fig.6.23 zeigt, wie sich ein Benutzer im WWW-Angebot bewegt. Von einem direkt adressierten Einstiegsdokument (A) aus klickt er sich über Hyperlinks weiter (B, C, D), kann auch wieder zurückschreiten (C, B) und andere Wege einschlagen (E).

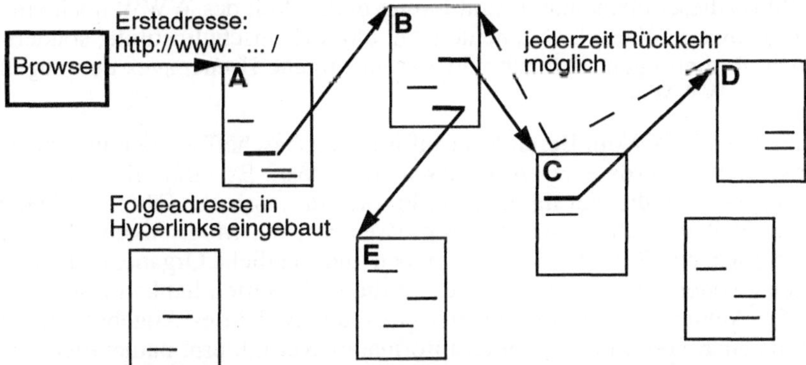

Figur 6.23: „Surfen auf dem Internet": mehrfaches Verweisen in WWW

Dieses ständige Weiterklicken in WWW hat inzwischen den Übernamen „Surfen auf dem Internet" bekommen, obwohl – vor allem bei langsamen Leitungen – das Warten auf neue Dokumente wesentlich länger als das anschliessende Lesen durch den Benutzer dauern kann. Besonders langsam erfolgt das Lesen von Dokumenten, wenn sie Bilder oder gar Multimedia-Elemente (Videos usw.) enthalten. Um die Übermittlungsdauer zu reduzieren, aber auch um neue Anwendungen zu ermöglichen, können in WWW-Dokumenten nicht bloss Texte und Bilder, sondern auch spezielle *Programme*, sog. *Applets*, eingebaut werden. Diese Applets kommen beim Aufruf des entsprechenden Dokuments auf dem PC des Endbenutzers neben dem Browser als Anwenderprogramm zur Ausführung und präsentieren dort auf dem Bildschirm Ergebnisse und Effekte, ohne die Verbindung weiter zu belasten.

Ein Informationssystem benötigt nicht nur Leser, sondern auch *Informationsanbieter (information provider).* Wer Dokumente auf dem WWW anbieten will, kann das auf einem eigenen Server tun oder über einen Anschlussanbieter mit Zusatzdienstleistungen (Fig.6.21); selber liefern muss er auf jeden Fall *geeignet vorbereitete Dokumente.* Der Originaltext muss dazu WWW-tauglich präsentiert und (mittels einer speziellen Markiersprache) mit Hyperlinks ergänzt werden; der Aufwand für diese Arbeit darf nicht unterschätzt werden.

Der erfahrene Benutzer holt sich aus dem riesigen Informationsangebot des WWW meist sehr gezielt nur ganz bestimmte Dokumente, die ihn im Moment wirklich interessieren (z.B. Reiseauskünfte, Adresslisten oder wissenschaftliche Berichte), deren

Erst-Adresse (WWW-Adresse der sog. *Homepage)* er gespeichert hat. Wenn er etwas suchen muss, ohne die WWW-Adresse zu kennen, so kann er sich vom WWW-System helfen lassen. Bereits gibt es sog. *Suchmaschinen*, das sind spezielle Server, welche täglich maschinell das unüberschaubare Informationsangebot nach neuen Beiträgen durchsuchen und das Ergebnis in Form von Indexlisten und Schlagwortverzeichnissen der Allgemeinheit mit Verweisen zur Verfügung stellen.

Zum Abschluss dieser elementaren Einführung in die Welt des WWW noch ein nichttechnischer Hinweis. Wieso bieten heute nicht bloss Hochschulinstitute, sondern auch Grossfirmen, Regierungen, Kirchen und Vereine eigene Homepages und zugehörige Dokumente auf WWW an?

Offensichtlich hat WWW im Bereich der Informationsbeschaffung bereits eine globale Verhaltensänderung grösseren Ausmasses ausgelöst. Es sind nicht mehr bloss Computerspezialisten, die hier miteinander Problemdiskussionen führen und Hinweise austauschen. WWW bietet erstmals im grossen Stil die Möglichkeit, dass „jedermann", also einerseits Betriebe, Organisationen und staatliche Organe, anderseits aber auch Einzelpersonen direkt Informationen an die breite Öffentlichkeit tragen können, und zwar für Anbieter und Leser äusserst preisgünstig. Dieses Angebot wird inzwischen bereits auch von professionellen Informationsvermittlern, namentlich von Medienleuten, bei der täglichen Arbeit benützt. Kein Wunder, dass daher auch „die Grossen" als Informationsanbieter auf dem WWW nicht hintanstehen wollen.

Das Internet mit seinen verschiedenen erweiterten Diensten ist ein Paradebeispiel für eine geschickte Zusatznutzung eines vorhandenen Basis-Kommunikationssystems, hier meist des Telefonnetzes. Dank digitaler Paketvermittlung konnten hier ursprünglich sonst ungenutzte Übertragungskapazitäten für neue Dienste eingesetzt werden. Inzwischen haben allerdings diese Zusatznutzungen des Internet in verschiedenen Bereichen des Netzes bereits Grössenordnungen erreicht, welche nach einem Ausbau des Basisnetzes rufen, den jemand bezahlen muss. Die Frage der Kosten- und Tarifentwicklung wird die Internet-Benutzer daher in Zukunft noch verschiedentlich beschäftigen.

6.4.4 Das Netz als Partner

Digitale Datennetze gehören in der heutigen Informatikwelt zum Alltag:

- Typ *Internet:* ein offenes, globales, digitales Datennetz mit verschiedenen Dienstangeboten (wie in 6.4.3 skizziert).
- Typ *Intranet:* digitales Datennetz *innerhalb* einer Organisation oder eines Betriebs, das mit den weltweit benutzten (und daher sehr kostengünstigen) Werkzeugen des Internet arbeitet; aber es ist aus Sicherheitsgründen vom Internet getrennt. Soll diese Trennung für gewisse Datenübertragungen überbrückt werden können, muss ein besonderes Schutzprogramm, ein sog. *Firewall-* („Brandmauer") -Programm eingesetzt werden (vgl. 7.2.6).

- *andere Netze* jeder Art: digitales Datennetz auf proprietärer Basis und/oder eigenen Verbindungsleitungen (z.B. das eigene Telefonnetz der Eisenbahnen, heute bereits stark auf Lichtleiter umgebaut).

Der Endbenutzer kann für seinen persönlichen Computer (PC) über seinen Netzanschluss (Fig.6.24)

- benötigte Programme beziehen (program sharing),
- Daten abrufen (data sharing),
- Rechenarbeiten ausgeben (wenn das eigene Informatiksystem zu wenig leistungsfähig ist – resource sharing),
- beruflich und privat mit Mitmenschen kommunizieren.

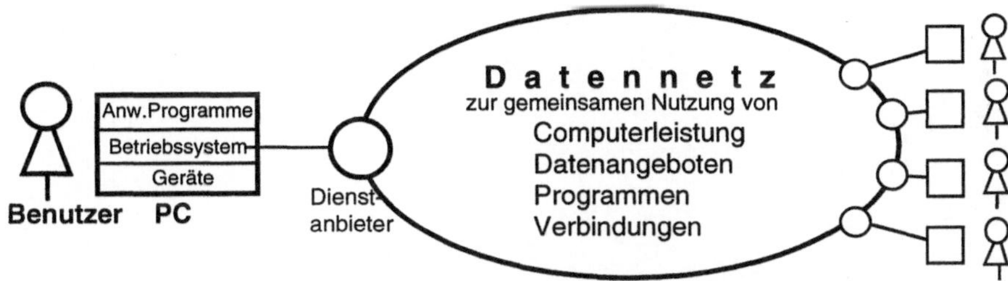

Figur 6.24: Die neue Informatikdenkweise: fast alles kommt vom Netz

Diese umfassenden Möglichkeiten des Netzeinsatzes haben bereits Diskussionen über die künftige Gestaltung von persönlichen Computern ausgelöst. Liessen sich die persönlichen Geräte allenfalls nochmals bedeutend verbilligen, wenn sie im wesentlichen nur noch die Funktion des „Tors zum Netz" ausüben müssten und alle übrigen Funktionen „aus dem Netz" und den dort vorhandenen Quellen (Datenserver, Grossrechner usw.) beziehen könnten? So liessen sich sicher die Sekundärspeicher (Festplatte) und weitere Komponenten drastisch reduzieren.

Die Antwort auf die Frage der radikalen Umgestaltung des Kleinrechners wird primär von Angebot und Nachfrage auf dem Informatikgerätemarkt entschieden werden. Wer immer aber in Zukunft Informatiklösungen einzuführen und Informatikmittel zu beschaffen hat, kommt bei seinen Überlegungen um die Funktion des Datennetzes nicht herum. Nicht dem *alleinstehenden* „persönlichen Computer", sondern dem Computer *im Netzverbund* gehört die Zukunft.

Weiterführende Literatur:
- Elektronik: [Paul 95]
- Technik der Datennetze: [Kyas 96], [McDysan, Spohn 94], [Selzer, Kämmerer 96], [Tanenbaum 96], [Perrochon 96]
- Nutzung der Datennetze: [Schmid et al. 95], [Seffinga et al. 96], [Prosser 93]
- Telekommunikationsrecht: [Hilty 96]

[illegible] jeder Art digitales Datennetz mit proprietärer Basis und/oder [illegible] Verbindungsstrukturen [illegible] Telefonnetz [illegible] bereits stark mit Computern [illegible].

[illegible] Datennetz [illegible] Computer [illegible]

- [illegible] (program sharing),
- Daten [illegible] (data sharing),
- Rechnerleistungen ausleihen (wenn das eigene Informatiksystem zu wenig leistungsfähig [illegible] sind [illegible]),
- [illegible] und [illegible] mit [illegible] kommunizieren.

Abb. [illegible] [illegible] ist [illegible] von Netz

Diese [illegible] der [illegible] Daten [illegible] über die [illegible] Lassen sich die [illegible] wenn sie im [illegible] alle übrigen [illegible] sich [illegible] die Bekannten [illegible] und [illegible] beziehen.

Die [illegible] Umgestaltung des Kleinrechners wird [illegible] und [illegible] auf dem [illegible] werden. Wer [illegible] Zukunft [illegible] und Informationsmittel [illegible] be- [illegible] die Funktion des [illegible] nicht [illegible] dem Computer [illegible] die [illegible].

Weiterführende Literatur:
[illegible]
[illegible] der [illegible] Seite [illegible]
[illegible]
[illegible] Telekommunikation [illegible]

Kapitel 7: Datensicherheit und Datenschutz

Bargeldbezug am Bancomat; ein nächster Kunde wartet auf Distanz

Informatikanwendungen nehmen in unserem Alltag heute wichtige Funktionen wahr, welche früher ganz selbstverständlich Menschen vorbehalten waren. Solche Funktionen reichen vom Auszahlen von Bargeld (Bancomat) über medizinische Überwachungen bis zur Verkehrssteuerung auf Strassen und in der Luft. Entsprechend sind wir damit abhängig von der Technik geworden, und entsprechend wichtig sind Sicherheitsüberlegungen und -massnahmen. Notwendige Funktionen und Daten müssen zuverlässig und korrekt verfügbar sein, gleichzeitig aber Unberechtigten verschlossen bleiben. Ein Problemkreis, der erst mit dem Auftreten grosser, computergestützter Datenbanken ins Bewusstsein der Öffentlichkeit trat, ist die Gefahr des Missbrauchs von Personendaten, d.h. von Angaben über ganz bestimmte Menschen. Um diesen Problemkreis entwickelte sich inzwischen ein eigenes Rechtsgebiet, der sog. Datenschutz.

7.1 Das Schutzbedürfnis

7.1.1 Begriffsabgrenzungen

Informatikeinsatz ist normalerweise nicht Selbstzweck oder Spielerei, sondern dient einem Ingenieur, einer Verwaltung, einem Unternehmen bei der Erfüllung praktischer Aufgaben. Wenn wir erwarten, dass jemand gute Arbeit leistet, dann kümmert es uns im allgemeinen wenig, welche Art von Hilfsmitteln (Werkzeuge, Hilfspersonen) dieser hierfür benützt. Nur das Gesamtergebnis zählt.

Der Einbezug des Computers in unser tägliches Leben setzt daher voraus, dass auch der Computer „seine Arbeit gut macht", im Normalfall tadellos, und dass mögliche Fehler nicht unverhältnismässigen Schaden anrichten. Dies erfordert, dass wir den Computer darauf untersuchen, ob dieser besondere Gefahren in sich trägt und was dagegen zu unternehmen wäre.

Der Computer verarbeitet Daten und stellt Informationen bereit. Diese haben ihrerseits eine Bedeutung oder eine Auswirkung, was sofort zu folgenden Fragen führt:

- Sind die verarbeiteten Daten *richtig*?
- Steht eine gesuchte Information jenen Stellen zur Verfügung, die sie benötigen, und wird sie *zweckentsprechend* verwendet?
- Werden heikle Daten vor jenen Stellen *geheimgehalten*, die sie nicht kennen dürfen oder sollen?

Ein Ja auf alle diese Fragen zu geben und damit den *Missbrauch* von Daten zu verhindern, ist das Ziel des sog. *Datenschutzes*. Die Gewährleistung des Datenschutzes ist somit eine sehr allgemeine, der Anwendung nahestehende Grundhaltung. Eine in der Öffentlichkeit besonders wichtige Form des Datenschutzes betrifft den *Persönlichkeitsschutz*, vor allem den Schutz der Privatsphäre des Bürgers und der Mitmenschen, worauf wir im letzten Abschnitt dieses Kapitels zurückkommen.

Während der Datenschutz als *Ziel* einen ordnungsgemässen Informatikeinsatz anstrebt, jeden Missbrauch bekämpft und sich daher vor allem auch an den Anwender – und den Juristen! – richtet, steht für den Computerspezialisten die *Durchführung* dieses Schutzes im Vordergrund. Dieses „Wie" des Datenschutzes bezeichnen wir mit *Datensicherung*, den geschützten Zustand mit *Datensicherheit*. In den Bereich der Datensicherung gehören somit alle Massnahmen technischer und organisatorischer Art, um Daten vor Verfälschung, Zerstörung und unzulässiger Bekanntgabe zu schützen. Diese Begriffe haben sich in den letzten Jahren im deutschen Sprachraum besonders auch aufgrund der Gesetzgebung wie folgt etabliert:

> *Datenschutz* (data protection): Schutz der durch die Daten ausgedrückten Sachverhalte des realen Lebens, insbesondere bei Daten über Personen und ihre Privatsphäre (privacy); Verhinderung des Missbrauchs von Daten.

Datensicherung; (data security): Gesamtheit der organisatorischen und technischen Massnahmen aller Art für die Verfügbarkeit und die nötige Geheimhaltung der Daten und damit indirekt zur Sicherstellung des Datenschutzes.

Somit schützt der Datenschutz nicht die Daten, sondern die von den Daten „Betroffenen", während sich die Datensicherung direkt auf die Daten bezieht.

Die Kenntnis der Terminologie allein löst aber die Probleme nicht. Und es ist auch nicht damit getan, Einzelmassnahmen als Mittel zur Lösung aller Probleme hochzuspielen. Ein angemessener Schutz lässt sich nur sicherstellen, wenn er gesamthaft verstanden wird. Es ist daher unter anderem das Ziel dieses Kapitels, die Einzelbeispiele und -massnahmen zu einem Gesamtbild und zu einem umfassenden Sicherheitskonzept zusammenzufügen.

7.1.2 Gefahrenquellen

Alle Informatiksysteme, insbesondere komplexe Systeme mit Fernverarbeitung, interaktivem Datenzugriff, 24-Stunden-Betrieb und hohem Benutzerkomfort, sind vielerlei Gefahren ausgesetzt. Diese ergeben sich meist aus *unbeabsichtigten Fehlern* in Geräten, Programmen und Organisationen sowie aus *Fahrlässigkeit* der beteiligten Personen; in eher selteneren, aber besonders *gefährlichen* Fällen ist böswillige Absicht im Spiel.

- *Unbeabsichtigte Fehler und Fahrlässigkeit:* Durch die Komplexität der Systeme bedingt, bleiben z.B. Fehler in Hardware und Software unentdeckt, oder es erfolgen Fehlmanipulationen. Dadurch entstehen falsche oder unvollständige Informatiklösungen und/oder Informationen. Solche Fehler können an verschiedensten Stellen des Systems auftreten.
- *Absichtliche Eingriffe in den ordnungsgemässen Betrieb:* Aus verschiedensten Gründen (Neugier, Bereicherungsabsicht, Beschädigungsabsicht) wird der Normalbetrieb ausspioniert oder gestört. Die Eingriffe geschehen meist an nicht ausreichend gesicherten Schwachstellen des Systems.

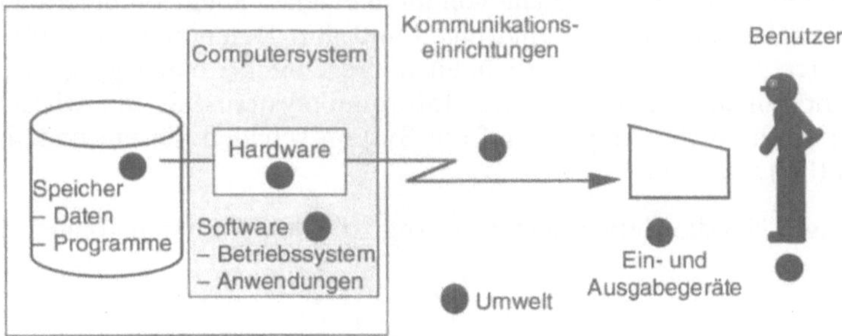

Figur 7.1: Angriffspunkte (•) für Gefahren

Die beiden Fehlergruppen – unabsichtlich und absichtlich – sind im Auftreten und in den Auswirkungen aber keineswegs immer unterscheidbar. So kann das irrtümliche Überschreiben eines Datenträgers die gleichen Folgen haben wie dessen absichtliche Zerstörung. Und bösartige Programme, namentlich sog. *Viren* (vgl. 7.2.5), werden zwar absichtlich hergestellt, aber meist durch ahnungslose Dritte unabsichtlich in Informatiksysteme eingeschleppt. Besonders heikle und/oder wichtige Daten und ihre Verarbeitung – z.B. dort, wo es um persönliche Angaben oder um Geldwerte geht – sind daher mit zusätzlichen Massnahmen zu schützen, so dass gezielt den Absichten von Computerkriminellen entgegengewirkt werden kann.

Die *Gefahren* lauern grundsätzlich überall. Fig.7.1 zeigt verschiedene Angriffspunkte und macht deutlich, dass das Sicherheitsdenken genügend weit „aussen", nämlich in der Umwelt, beginnen muss. Was nützt ein raffiniertes Betriebssystem, wenn bei einem Grosscomputer die Klimaanlage ausfällt? Die teuerste Notstromgruppe ist sinnlos, wenn das Personal keine „Katastrophen"-Erfahrung hat, d.h. den Ausnahmefall nicht geübt hat.

Tab. 7.A vermittelt einen (unvollständigen) Überblick über einige Gefahren und ihre Charakteristika. Aus solchen Listen könnte der – falsche – Schluss gezogen werden, dass die grosse Zahl von Gefahrenquellen kein systematisches Sicherheitskonzept erlaube. Natürlich gibt es keine hundertprozentige Sicherheit und auch keine Universalsicherheitsmassnahmen, wie bei allen technischen Systemen. Dennoch existieren einige einfache *Grundsätze und -techniken* (vgl. 7.2.1), welche allen Sicherungsverfahren in unterschiedlicher Form zugrunde liegen, und die wesentlich bei der Realisierung der geforderten Sicherheit helfen können.

Die anspruchsvollste Belastung eines Sicherheitskonzepts entsteht beim Angriff durch *Computerkriminelle.* In den wenigen Jahrzehnten seit Beginn des Informatikeinsatzes in der Praxis hat sich bereits eine ganze Palette von aktiven Missbräuchen ereignet, welche vom Diebstahl von Computerleistung über das Anzapfen von Datenbanken und Kommunikationssystemen bis zur Erschleichung einer Bankgutschrift reicht und jedem modernen Kriminalroman gut ansteht. Insbesondere die oft erstaunlich jungen, computerbegeisterten „Hacker", welche von ihren eigenen Kleincomputern aus erfolgreich in fremde Computersysteme eindringen und dort Daten ablesen, abändern und zerstören konnten, haben die Öffentlichkeit aufgeschreckt; dabei ging es in diesen Fällen oft mehr um die Überlistung des Informatiksystems als um wirtschaftliche Vorteile. Aber auch solche Angriffe auf ein System schaden diesem und sind daher heute strafrechtlich verboten.

Tabelle 7.A zeigt, dass die Gefahren je nach Angriffspunkt variieren können.

Bereich	**Angriffspunkt**	**Häufigkeit von Fehlern**	**Hauptgefährdung**		
			Daten-verlust	Datenver fälschung	verbotene Einsicht
Hardware	Zentraleinheit, Elektronik	–	**	*	*
	Sekundärspeicher	*	**	–	**
	Ein-/Ausgabegeräte	**	**	**	**
	Übertragungsgeräte und -leitungen	**	**	**	**
	Umwelt (Gebäude, Klima, Elektrizitätsversorgung usw.)	**	**	–	–
Software	Betriebssystem				
	– Stapelbetrieb	–	–	–	**
	– Dialogbetrieb	**	**	**	**
	– Echtzeitbetrieb	**	**	**	**
	Anwendungsprogramme	**	**	**	**
Betrieb	Personal	**	**	–	**
	Datenerfassung	**	–	**	**
	Datenauswertung	**	–	**	**
	Überwachung	*	**	–	**
Entwicklung	Problemanalyse	**	**	**	–
	Programmierung	**	–	**	–
	Datenbereitstellung	**	**	–	**

Tabelle 7.A: Einige wichtige Gefahrenquellen (** gross, * mässig, – gering)

7.1.3 Besondere Gefahren beim Informatikeinsatz

„Datenschutz" und „Datensicherheit" sind erst parallel mit der Computerentwicklung zu einem öffentlich erkannten Problem geworden, obwohl es auch früher Archive, Register und Verwaltungstätigkeiten gegeben hat. Der Computer mit seiner grossen Rechenleistung, verbunden mit Speichermöglichkeiten für Milliarden von Zeichen, hat eine neue Art von Gefährdung geschaffen. Worin liegt diese?

Die berühmteste Formulierung des Problems stammt von George Orwell in seinem (bereits 1948 geschriebenen) Roman „1984". Dort weiss der „Grosse Bruder" (der Staat) laufend alles über seine Untertanen. Wir wollen daher gerade am Beispiel staatlicher („öffentlicher") Datensammlungen untersuchen, ob und wieweit der Computer und moderne Techniken wie Datenbanken und Übermittlungsnetze Schritte in Richtung „Grosser Bruder" sind.

Daten über Personen sind schon früher ohne Computer gesammelt worden; einfache Beispiele sind Geburts-, Ehe- und Sterberegister sowie Steuerunterlagen. Umfangreicher sind Personendossiers etwa für Gerichtsakten; sie können Berichte, Hinweise,

Fotokopien und Papiere aller Art enthalten. Der Aufwand für das Anlegen eines Dossiers ist beträchtlich; daher werden Dossiers nur angelegt, wenn ein bedeutendes Interesse dafür besteht, wie eben bei gerichtlichen Untersuchungen, für die Polizeifahndung oder in ähnlichen, für den Durchschnittsbürger eher seltenen Fällen.

Vergleichen wir diese manuellen Datensammlungen mit den Möglichkeiten in einer öffentlichen Verwaltung, wenn diese mit Informatikmitteln arbeitet. Hier sind die Karteien und Register, welche je für einen bestimmten Verwaltungszweck (Steuern, Sozialversicherung, Militärdienst, Gesundheitswesen, Führerscheinkontrolle usw.) unterhalten werden, computergestützte Dateien. Jeder Bürger kommt in diesen vor, meistens sogar in Dutzenden von Dateien. Falls nun ein automatischer Zusammenschluss dieser Dateien existiert (Datenverbund), so ist es einer solchen Verwaltung technisch möglich, daraus über jeden Bürger innerhalb kürzester Zeit ein Dossier zu erstellen. Dieses könnte bereits Aussagen enthalten, die eindeutig ein „Schnüffeln in der Privatsphäre“ darstellen (man denke nur an Listen aller Wohnsitzadressen oder an Angaben zur Gesundheit oder über die Finanzverhältnisse). Dabei sei deutlich festgehalten: keine Verwaltung erstellt solche Dossiers laufend von allen Bürgern, da niemand diese umfangreiche Information aufnehmen könnte. Aber die Informatik schafft im Prinzip die Voraussetzungen dafür, dass im interessanten Einzelfall praktisch sofort ein solches Dossier erstellt werden könnte. Dieses hilft bei einem Verkehrsunfall oder Einbruch (was vorteilhaft wäre), kann aber zur Bespitzelung eines unangenehmen Bürgers oder politischen Gegners führen (was verhindert werden muss).

Im Abschnitt 7.3 „Datenschutz“ werden die wichtigsten Schutzmassnahmen gegen den allwissenden Staat und auch gegen private Schnüffler erläutert. Aber schon jetzt ist die Bemerkung nötig, dass eine andere Gefahr viel akuter ist als jene der „zu vielen Daten“, nämlich die Verwendung *falscher* oder *verzerrender* Angaben über einen Betroffenen. Schon bei kleinen Dateien kann ein einziger Fehler sehr unangenehme Folgen haben (z.B. Kreditwürdigkeit, Vorstrafeneintrag, Steuereinkommen).

Wer daher eine Datenbank betreibt oder überhaupt die Datenverarbeitung an wichtiger Stelle einsetzt, hat vordringlich der *Richtigkeit* der Daten ganz besondere Aufmerksamkeit zu schenken, da sonst der ordnungsgemässe Betrieb nicht gewährleistet ist und die ganze Datenverarbeitung nutzlos wird.

Die Richtigkeit der Daten ist gerade bei grossen Systemen eine zentrale Frage; die Datenmengen sind hier derart gross, dass eine *menschliche* Überprüfung aller *Einzelfälle* nicht mehr möglich ist. Also muss statt der Einzelprüfung nach *systematischen* Lösungen gesucht werden. Solche setzen voraus, dass bereits beim Entwurf von Datenbanken entsprechende Vorbereitungen getroffen werden. Dazu gehören präzise Definitionen von Wertebereichen und von gegenseitigen Abhängigkeiten von Datenwerten (Konsistenz einer Datenbank), aber auch technische Massnahmen (z.B. Redundanzerhöhung).

Grosse, automatisch verwaltete Datensysteme haben ihre besonderen Eigenheiten. Der Computer schafft bestimmte Gefahren, er bietet aber auch neue, zusätzliche Schutzmöglichkeiten. Werden diese richtig genutzt, sind automatische Systeme im allgemeinen sicherer als manuelle.

7.2 Datensicherung

7.2.1 Einfache Grundsätze

Im vorangegangenen Abschnitt haben wir die Vielfalt von möglichen Gefahren für die Datensicherheit erkannt. Jetzt geht es darum, Mittel und Massnahmen gegen diese Gefahren zu finden und einzusetzen. Solche Mittel und Massnahmen gibt es unzählige, aber es scheint für den Nichtspezialisten schwierig, sich nicht in den vielen Einzelmassnahmen zu verlieren und einen Überblick zu gewinnen. Daher seien hier zuerst *drei allgemeine Grundsätze* erläutert und erst anschliessend – im Sinne wichtiger Beispiele – einige der Sicherheitsmassnahmen dargestellt, wie sie in der Praxis benützt werden.

Von diesen allgemeinen Grundsätzen wirken

- gegen Datenverlust und -verfälschung: sinnvolle Redundanz;
- gegen verbotenen Datenzugriff: Abschirmung und Kontrolle;
- gegen Missbrauch durch Fachleute: Trennung der Kompetenzen.

Sinnvolle Redundanz: Redundanz bedeutet Doppelspurigkeit, mehrfaches Aufschreiben des gleichen Tatbestandes, z.B. durch Erstellung von Kopien (vgl. 2.1.2). Während unsystematische Doppelspurigkeiten wertlos und sogar schädlich sind (man denke an Differenzen wegen unterschiedlicher Datennachführung!), ist Redundanz dann begründet, wenn sie einen beschleunigten Datenzugriff ermöglicht. Aber auch unter dem Gesichtspunkt der Datensicherung spielt die Redundanz eine zentrale Rolle. „Verlorene Daten“ können nämlich nur aufgrund von Sicherheitskopien rekonstruiert werden, und Fehler in der Verarbeitung werden aufgrund von Parallelrechnungen erkannt und behoben. Sinnvolle Redundanz bedeutet daher im allgemeinen nicht sture Parallelverarbeitung und Verdoppelung des Aufwandes, sondern geschickte Ergänzung mit geringer Aufwanderhöhung.

Die nachfolgenden Beispiele zeigen, dass normalerweise nur Bruchteile des Erstaufwands nötig sind, um Daten zu duplizieren und damit abzusichern; durch geschickte organisatorische Massnahmen und gezielte Geräteergänzungen wird dafür gesorgt, dass bei technischen und menschlichen Fehlern der Informationsstand aufgrund von Duplikaten rekonstruiert werden kann. (Beispiele für solche geschickten Ergänzungsverfahren gab es übrigens auch schon vor der Automation, man denke etwa an die „Neunerprobe“ beim schriftlichen Rechnen!)

Abschirmung und Kontrolle: In einem computergestützten Datenverarbeitungssystem wird zweckmässigerweise der Computer selbst zur Kontrolle der Zugriffsberechtigung der verschiedenen Benutzer auf bestimmte Datengruppen hinzugezogen. Das geschieht im voraus durch Regelung der Befugnisse:

- Eine Zugriffsbefugnistabelle (Beispiel in Tab. 7.B) regelt, welcher Benutzer bei welchen Datenbereichen welche Funktionen (lesen, ändern usw.) ausüben darf.

- Das Betriebssystem und das Datenbankverwaltungssystem sorgen dafür, dass diese Regelung auch durchgeführt wird, wobei zuerst der Benutzer identifiziert wird (Passwörter, maschinenlesbare Ausweise usw.). Der Computer kann anschliessend viel konsequenter als ein menschlicher Registerführer die Benutzertätigkeiten (lesen, ausdrucken, teilweise ausdrucken, ändern usw.) überwachen, die verarbeiteten Daten abgrenzen und wenn nötig jede Aktion protokollieren.

Da aber Sicherheitspannen nicht auszuschliessen sind (Bsp.: gestohlene Passwörter), werden nachträgliche und ebenfalls computerunterstützte Kontrollen erforderlich:

- Mit Statistik- und Abrechnungsprogrammen wird der Betriebsablauf überwacht, wobei unter anderem die berechtigten und die unberechtigten (erfolglosen) Datenabfrageversuche gezählt werden. Auf diese Weise wird verhindert, dass jemand probiert, ein unbekanntes Passwort mittels Durchspielen aller Kombinationen zu sprengen. Gerade dies ist ein häufiger Ansatz der mit Computern ausgerüsteten „Hacker". Der berechtigte Datenbenutzer kann oft aus solchen Benutzerstatistiken rasch erkennen, ob Datendiebe am Werk sind.

	Datenbereiche		
Benutzerbereiche	Name, Adresse	Medizin: Diagnose und Therapieanweisungen	durchgeführte Therapie
Krankenhausverwaltung	Lesen, Ändern	–	Lesen
Ärzte	Lesen	Lesen, Ändern	Lesen, Zufügen
Pflegepersonal	Lesen	Lesen	Lesen, Zufügen

Tabelle 7.B: Beispiel einer Zugriffsbefugnistabelle für Daten von Krankenhauspatienten

Die Zugriffsbefugnistabelle (Tab. 7.B) zeigt deutlich, dass Kontrollverfahren nicht nur dem Fernhalten von unerwünschten Zuschauern, sondern auch dem ordnungsgemässen Ablauf der Registerführung dienen. Die Lesebefugnis ist so geregelt, dass jede Dienststelle nur zu jenen Daten Zugang hat, die für ihre Arbeit erforderlich sind. (Die Krankenhausverwaltung benötigt für ihre Arbeit keinen Lesezugriff auf die Diagnose von Patienten.) Die Schreibbefugnis (ändern, zufügen) sorgt für klare Verantwortlichkeiten hinsichtlich der Nachführung der Daten; für jeden Datenbereich sollte *eine* Stelle zuständig sein.

Trennung der Kompetenzen: Die bisher erläuterten Grundsätze (Redundanzerhöhung, Abschirmung) nützen nichts, wenn nicht auch die Computerfachleute einer wirkungsvollen Überwachung unterstellt werden. Wer soll das aber besorgen, wenn dies genau jene Leute sind, die sogar „den Computer überlisten" können? Dazu benötigt jedes System eine klare Kompetenzaufgliederung, der auch die Fachleute unterstellt sind. Diese Aufgliederung erfolgt mindestens nach

- *Entwicklung und Überwachung* des Systems einerseits: System- und Programmentwicklung, Programmpflege, Betriebsüberwachung durch Computerspezialisten; dieser Personenkreis darf keine Daten selbst lesen oder ändern.

- *Betrieb/Benützung* des Systems anderseits: Daten-Ein- und Ausgabe, Tätigkeit als Benutzer des Systems; dieser Personenkreis darf keine Systemänderungen vornehmen.

Am Beispiel einer Bank heisst dies: Der Kassierer darf kein Programm verändern, der Programmierer aber keine Zahlung verbuchen! Gleichzeitig müssen alle Betriebsabläufe so dokumentiert sein, dass jede Versuchung zu Missbrauch gebannt ist. So können die Prüfinstanzen in Verwaltung und Wirtschaft (Revision) eine Oberaufsicht auch in computerorientierten Arbeitsgebieten vornehmen, wofür aber entsprechende Kenntnisse der Datenverarbeitung erforderlich sind.

Auch ein regelkonformer Einsatz der geschilderten Grundsätze vermag allerdings nicht jeden Unglücksfall und jeden Missbrauch zu verhindern. Daher müssen Massnahmen so *kombiniert* werden, dass beim Versagen einer Massnahme noch weitere Sicherheitsvorkehrungen zum Tragen kommen und damit ein umfassendes *Sicherheitsdispositiv* entsteht, was in Fig. 7.2 durch mehrere hintereinandergeschaltete Sicherheitsringe ausgedrückt wird. (Bsp.: Ein Brand kann Magnetbänder im Rechenzentrum zerstören; daher ist es empfehlenswert, Bandkopien regelmässig ausser Haus zu archivieren.) Der Nutzen solcher gestaffelter Sicherheitsmassnahmen kann sich somit kumulieren.

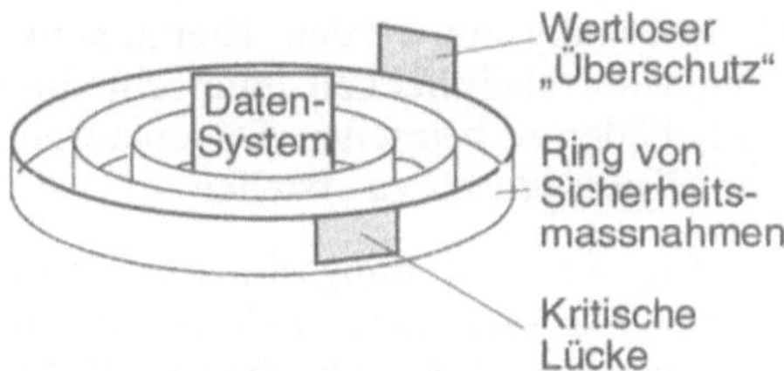

Figur 7.2: Modell eines Sicherheitsdispositivs

Anderseits sind aber die raffiniertesten (und teuersten) Massnahmen wertlos („Überschutz“ in Fig.7.2), wenn gleichzeitig im Massnahmenring (Fig.7.2) Lücken im Schutzgrad klaffen. An zwei Beispielen seien solche Lücken illustriert:

- Abschirmung des Zutritts: Scharfe Zutrittskontrollen zu einem Rechenzentrum (mit Personenschleusen), aber Einstellung von unzuverlässigem Personal.
- Stromversorgung: Notstromgruppe für Computer, aber keine Netzunabhängigkeit der Klimaanlage.

Es ist auch wertlos, wenn einzelne Sicherheitsmassnahmen einen übermässigen (teuren) Schutz gewährleisten; was zählt, ist das *schwächste* Glied in der Kette. Alle Anstrengungen haben sich darauf zu konzentrieren, dieses stark genug zu machen, denn Sicherheit ist immer soviel wert wie das schwächste Glied.

7.2.2 Vorgehen zur Gewährleistung der adäquaten Sicherheit

Die Vielfalt der verfügbaren Methoden und Hilfsmittel zur Realisierung von Sicherheitsmassnahmen ist sehr gross. Es besteht daher die latente Gefahr, dass zwar verschiedene Vorkehrungen getroffen werden, diese jedoch bei weitem nicht das Ziel erfüllen, weil entweder ungeeignete Lösungen gewählt werden oder ein unnötiger Überschutz realisiert wird. Ein systematisches Vorgehen für die Ermittlung der Schutzbedürftigkeit und der für deren Befriedigung geeigneten Massnahmen ist deshalb unerlässlich und soll in vier Schritten (Fig.7.3) erfolgen:

Im ersten Schritt geht es darum, die einzelnen Informatikanwendungen und die in diesen zu behandelnden Informationen auf ihre *Schutzbedürftigkeit* zu analysieren. Dies kann zunächst für einzelne Anwendungen oder für Ausschnitte aus diesen isoliert erfolgen; schliesslich muss jedoch die gesamte Informatiklösung betrachtet und hierfür die Schutzbedürftigkeit ermittelt werden.

In einem zweiten Schritt ist eine *Bedrohungsanalyse* durchzuführen, welche alle bedrohten Objekte erfasst, die herrschenden Grundbedrohungen ermittelt und daraus konkrete Bedrohungen für die einzelnen Objekte ableitet und differenziert.

Ausgehend von Schutzbedürftigkeit und Bedrohungssituation müssen im dritten Schritt die *potentiellen Risiken* analysiert werden. Hierzu sind die bedrohten Objekte bezüglich Art und Eintretenswahrscheinlichkeit unterschiedlicher Bedrohungen und der sich daraus ergebenden Schäden zu beurteilen. Davon ausgehend sind die aktuellen Risiken zu ermitteln und ein *Risikokataster* zu erstellen.

Aufbauend auf Schutzbedürftigkeit, Bedrohungssituation und Risiken ist schliesslich ein *Informatiksicherheitskonzept* zu erarbeiten, welches für die bestehenden Risiken zweckmässige Massnahmen angibt und diese bezüglich Wirksamkeit und erforderlichem Aufwand bewertet. Geeignete Lösungen sind bezüglich Kosten/Nutzen/Gesamtkosten zu analysieren, und schliesslich ist jenes Sicherheitskonzept zu wählen, welches bei gegebenen Rahmenbedingungen (inkl. Kostenrahmen) den geforderten Schutz bestmöglich erbringen kann. Dieser wird aus verschiedenen Gründen kaum gegen alle potentiellen Bedrohungen wirksam sein, so dass eine *Restrisikoanalyse* aufzeigen muss, mit welchen Zwischenfällen zu rechnen ist und welche Eintretenswahrscheinlichkeit für diese besteht.

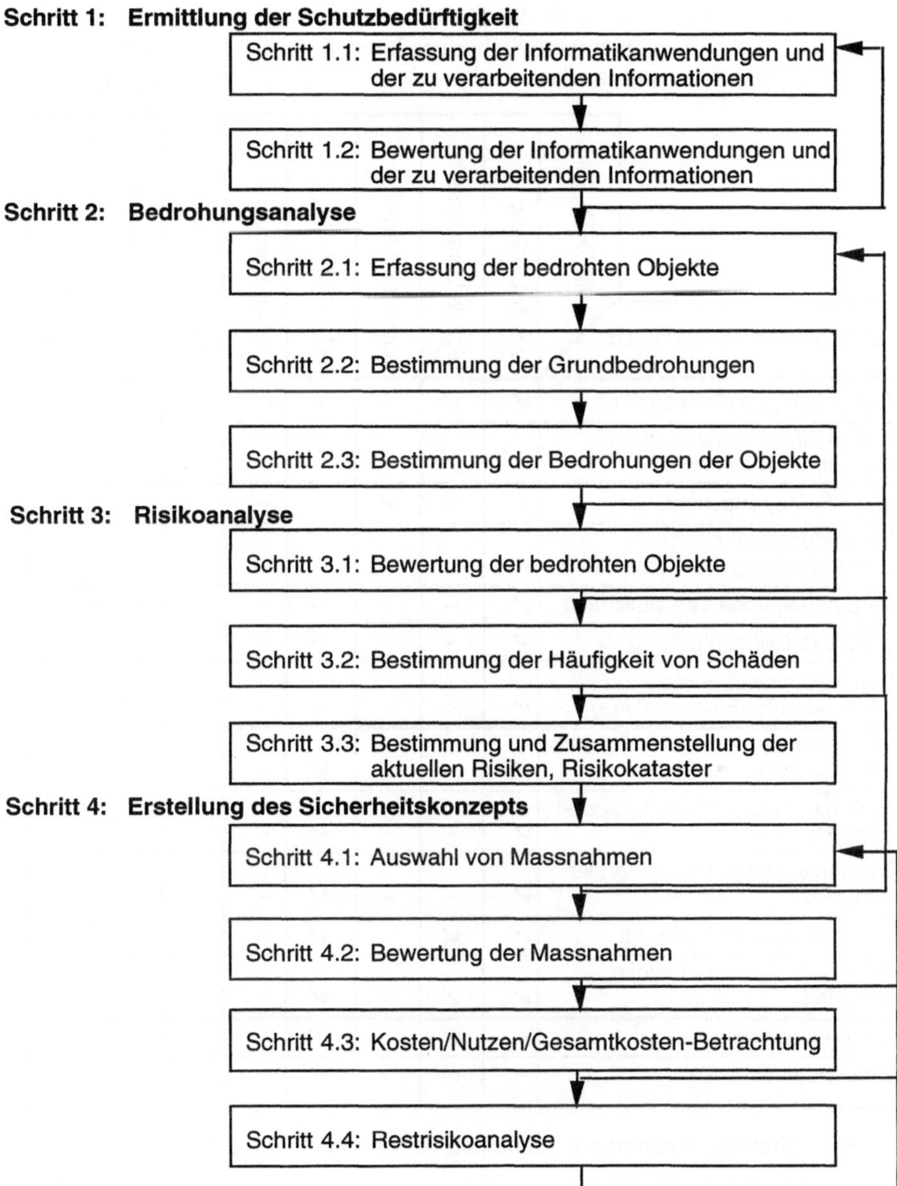

Figur 7.3: Vorgehen zur Erstellung eines Informatiksicherheitskonzepts

Nach diesen vier Schritten lässt sich die Sicherheit einer Informatiklösung umfassend beurteilen und steuern. Das geeignete Sicherheitskonezpt wird im allgemeinen nicht in einem ersten Entwurf erreicht, so dass ein *iteratives* Vorgehen notwendig ist (Fig.7.3).

MASSNAHMEN, DIENSTE / MECHANISMEN	Verschlüsselung	Digitale Unterschriften	Zugangskontrolle	Datenintegrität	Authentifizierung	Datenstromerweiterung	Leitweg Lenkungskontr.	Beglaubigung
Gegenseitige Authentifizierung	✔	✔	–	–	✔	–	–	–
Authentifizierung des Datenursprungs/Absenders	✔	✔	–	–	–	–	–	–
Zugriffs-/Zugangskontrolle	–	–	✔	–	–	–	–	–
Verbindungsorientierte Geheimhaltung (Vertraulichkeit)	✔	–	–	–	–	–	✔	–
Verbindungslose Vertraulichkeit	✔	–	–	–	–	–	✔	–
Selektive Geheimhaltung	✔	–	–	–	–	–	–	–
Verkehrsflussicherheit (Verhinderung Flussanalyse)	✔	–	–	–	–	✔	✔	–
Verbindungsorientierte Integrität mit Recovery	✔	–	–	✔	–	–	–	–
Verbindungsorientierte Integrität ohne Recovery	✔	–	–	✔	–	–	–	–
Selektive, verbindungsorientierte Integrität	✔	–	–	✔	–	–	–	–
Verbindungslose Integrität	✔	✔	–	✔	–	–	–	–
Selektive, verbindungslose Integrität	✔	✔	–	✔	–	–	–	–
Sende-Nachweis	–	✔	–	✔	–	–	–	✔
Empfangsnachweis	–	✔	–	✔	–	–	–	✔

Figur 7.4 Sicherheitsmassnahmen nutzen verschiedene Mechanismen

Das gemäss Fig.7.3 für eine bestimmte Informatiklösung erarbeitete Sicherheitskonzept kann nicht völlig losgelöst von umgebungsspezifischen Rahmenbedingungen realisiert werden. Es hat sich an einer allgemeinen Sicherheitspolitik zu orientieren, welche die sicherheitsbezogenen Grundsätze eines Betriebs festlegt, wobei wiederum verschiedene Aspekte (Vertraulichkeit, Integrität, Beweissicherung, Verfügbarkeit usw.) einzubeziehen sind.

Zu den sicherheitstechnisch besonders heiklen Aspekten gehört der gesamte Telekommunikationsbereich, wo verschiedene Benutzer einer Informatiklösung zu verbinden sind. Die für die Umsetzung des Sicherheitskonzepts erforderlichen Massnahmen (sog. Dienste, services) sind vielfältig und deren Implementierung kann sich meistens auf verschiedene Techniken (Mechanismen) stützen. Fig.7.4 zeigt eine solche Auswahl für Mehrbenutzersysteme.

7.2.3 Prävention und Rekonstruktion

Jedes technische System unterliegt Gefährdungen. Dagegen kann man sich auf verschiedene Arten schützen, nämlich *im voraus* (präventiv) durch geeignete vorausschauende Massnahmen, oder *hinterher* durch Reparatur. Allerdings setzt eine schnelle Reparatur voraus, dass schon vor dem Schadenfall die nötigen Mittel dazu bereitgestellt werden. Es geht somit bei der Aufwandoptimierung in Sicherheitsfragen immer um die Ausgewogenheit von vorbereitenden und rekonstruierenden Massnahmen.

Betrachten wir zur Erläuterung den typischen Schadenfall eines sog. „Systemabsturzes“ (d.h. der Computer läuft nicht mehr). Wenn dies passiert, sind laufende Verarbeitungen gefährdet. Die Sicherheitsmassnahmen gegen solche Störfälle betreffen drei Phasen:

Phase 1:
Vor einem Störfall (Schadensprävention): Verhütung von Ausfällen und Fehlern; Bereitstellung von Mitteln für die Rekonstruktion.

Phase 2:
Während eines Störfalls (Sofortmassnahmen): Tests zur sofortigen Analyse, Entdeckung und Umgehung von Ausfällen und Fehlern.

Phase 3:
Nach einem Störfall: Wiederaufnahme eines zweckmässigen Betriebs, Rekonstruktion des Systems.

Konkrete Massnahmen betreffen in vielen Fällen mehr als nur eine dieser Phasen, wie etwa die Verwendung von Sicherheitskopien zeigt:

- Präventiv: Erstellen von Sicherheitskopien von Datenbeständen (Phase 1).
- Nach Schadenfall: Neubeginn der Verarbeitung ab neuester Sicherheitskopie (Phase 3).

Es ist leicht erkennbar, dass ein kleiner Präventivaufwand (= seltene Sicherheitskopien) mit einem hohen Rekonstruktionsaufwand (= Wiederbeginn ab nicht allerneuestem Zwischenstand) verbunden ist und umgekehrt (Fig.7.5).

Der Systemingenieur (Informatiker), welcher sich auch mit den Sicherheitsfragen befassen muss, wird daher bei der Erstellung des Sicherheitskonzepts (vgl. 7.2.2.) zu entscheiden haben, wie das Verhältnis zu wählen ist. Aber Planung allein genügt natürlich nicht. Rekonstruktionsmassnahmen können nur erfolgreich durchgeführt werden, wenn sie auch ausprobiert und mit dem verantwortlichen Personal regelmässig *eingeübt* werden. Grundlage dafür sind präzise Massnahmenplanung und entsprechende Rekonstruktionsvorschriften („Katastrophenhandbuch“).

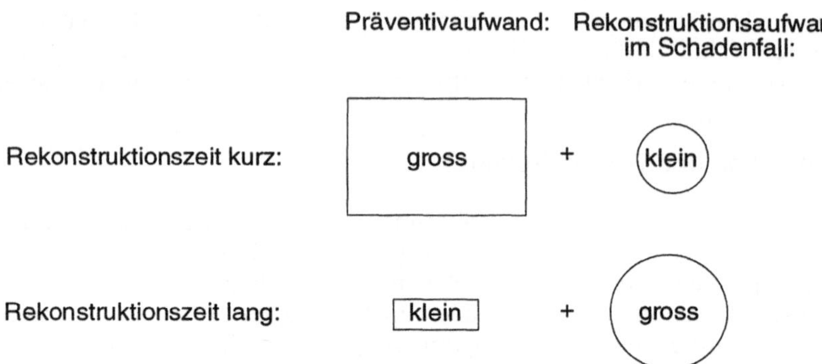

Figur 7.5: Aufwandvergleiche für Prävention und Rekonstruktion

7.2.4 Hardware-Massnahmen, Möglichkeit zur Selbstkorrektur

Wer mit Computermethoden arbeitet, darf und muss wissen, dass in jedem Computersystem bereits ein ganzes Sortiment von Sicherheitsfunktionen in den Geräten eingebaut ist, die selbstkontrollierende oder sogar selbstkorrigierende Funktionen wahrnehmen. Automatische Sicherheitsmassnahmen zielen grundsätzlich darauf,

- auftretende oder mögliche *Fehler zu erkennen* („Selbstkontrolle“) sowie
- aufgetretene *Fehler zu korrigieren* („Selbstkorrektur“).

Wir betrachten dazu als *Beispiel* elementare Datenspeicher.

Ein maschineller Datenspeicher bietet vielfach nutzbare Speicherplätze an; die Bedeutung der Bits kann er im allgemeinen nicht überprüfen. Eine Falschspeicherung wegen technischer Fehler könnte daher unvorhersehbare Folgen haben und muss deshalb wenn möglich verhindert werden. Am Beispiel des Magnetbandes (das gerade als Sicherheitsspeicher oft eingesetzt wird) lassen sich einige typische Massnahmen gut erläutern. Sie sind durchaus repräsentativ für analoge Methoden bei anderen Medien.

Fehlererkennung ist nur möglich, wenn die Daten selbst systematisch zusätzliche Angaben (Redundanz; zur Definition vgl. 2.1.2) enthalten. (Gegenbeispiel: Eine Telefonnummer enthält keine Redundanz; eine falsche Telefonnummer lässt sich daher im allgemeinen weder unmittelbar als falsch erkennen noch gar automatisch korrigieren). Auf dem Magnetband (Fig.7.6) müssen daher zusätzlich zu den einzuspeichernden Daten noch redundante Ergänzungen für die Fehlererkennung angebracht werden.

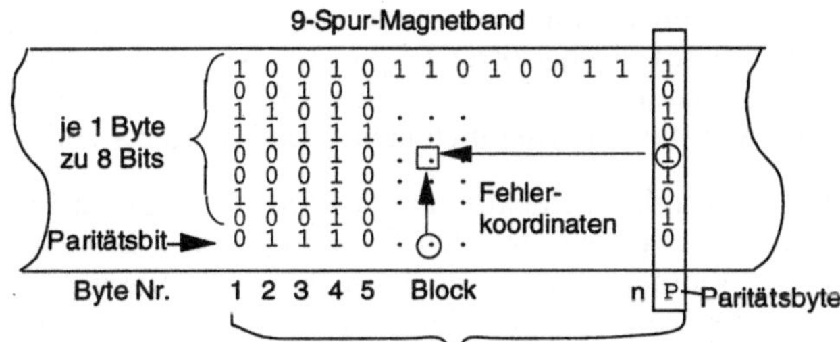

Figur 7.6: Paritätsbit und Paritätsbyte zur Datensicherung auf 9-Spur-Magnetbändern

In Fig.7.6 seien vertikal Bytes zu 8 Bits abgespeichert. Wir ergänzen nun automatisch jedes Byte um ein neuntes Bit, das *Paritätsbit* oder Prüfbit, und legen dessen Wert so auf 0 oder 1 fest, dass in den 9 Bits die Anzahl *aller* Bits mit Wert 1 gerade ist. (Auf gewissen Computeranlagen wird auf „ungerade" ergänzt; das ändert am Prinzip nichts.) Das Paritätsbit hat den Wert 0, wenn die Anzahl der Einsen im zugehörigen Byte eine gerade Zahl ist, und sonst den Wert 1. In Fig.7.6 stehen beispielsweise im ersten Byte (von links) 4 Bits mit Wert 1, also eine gerade Anzahl; das neunte Bit erhält somit den Wert 0. Dieses neunte Bit wird beim Schreiben automatisch erzeugt und zu den übrigen dazugesetzt. Bei jedem Lesen des Bytes wird nun geprüft, ob die Paritätsregel noch erfüllt ist. Als Resultat sind zwei Fälle denkbar:

- *Die Paritätsregel* ist verletzt: Dann ist mindestens ein Speicherfehler passiert (wobei die genaue Position des falschen Bits daraus nicht erkennbar ist; man kennt nur das betroffene Byte).
- *Die Paritätsregel* ist unverletzt: Entweder ist kein Speicherfehler passiert oder aber – was höchst unwahrscheinlich ist! – es ist eine gerade Anzahl Speicherfehler im gleichen Byte passiert.

Da Speicherfehler sehr selten sind (1:10^9 und noch kleiner pro gelesenes Bit), gilt der Satz: Eine verletzte Paritätsregel zeigt einen Speicherfehler praktisch sicher an.

Das Auftreten von Paritätsfehlern ist *ein Signal* für den Einsatz des Servicetechnikers. Vielleicht ist die Bandstation defekt, vielleicht hat man ein zerknittertes oder sonstwie schlechtes Magnetband erwischt. Lassen wir die Techniker ihr Material in Ordnung bringen; für sie hat das Paritätsbit seine Schuldigkeit getan. Als Anwender sind wir aber noch nicht zufrieden, da wir nicht nur Fehleranzeigen brauchen, sondern die Fehler automatisch *korrigieren* möchten. Das ist allein aufgrund der Paritätsbits nicht möglich.

Eine geringfügige zweite Redundanzerhöhung erlaubt aber *selbstkorrigierende* Speichertechniken. Wir ergänzen den ganzen Block am Ende durch ein *Paritätsbyte* (Fig.7.6). Wenn die Anzahl aller gesetzten Bits der gleichen Spur (im Block) ungerade ist, dann wird das entsprechende *Bit des Paritätsbytes* auf 1 gesetzt, sonst auf 0. Damit haben wir einen zweidimensionalen Prüfeffekt: Steckt irgendwo im Block ein Paritätsfehler, so zeigt die Paritätsbit-Prüfung als Querkontrolle das betroffene Byte und die Längskontrolle (Paritätsbyte) die betroffene Spur an. Aus diesen Fehlerkoordinaten (Fig.7.6) geht das falsche Bit eindeutig hervor und kann korrigiert werden (auch hier seien Doppelfehler als sehr unwahrscheinlich nicht weiter berücksichtigt).

Obwohl die heutige Elektronik einen extrem hohen Qualitätsstandard erreicht hat (die Wahrscheinlichkeit für das Auftreten falscher Schaltungen von Bits ist – geräteabhängig – 1:1 Milliarde und kleiner), können auch mechanische Bauteile ausfallen. Weil die Anforderungen an die Verfügbarkeit der Systeme sehr hoch sind, ist es wichtig, jede Schwachstelle rasch zu erkennen, um

- das Gerät oder die ganze Anlage auszuschalten (bis sie repariert ist), oder
- nur defekte Teile auszuschalten und mit dem Rest des Computersystems einen reduzierten Betrieb aufrechtzuerhalten.

Die zweite Form der Reaktion auf Fehler ist für moderne interaktive Grosssysteme von immer grösserer Bedeutung. Es wäre nicht annehmbar, wenn der Gesamtbetrieb eines Bankcomputers oder eines Flugüberwachungssystems wegen eines defekten Teilgeräts sofort und vollständig eingestellt werden müsste.

Auf der Stufe der Geräte, der Hardware, geht es um folgende drei Massnahmen:

- Verhütung von Ausfällen durch vorbeugende Wartung.
- Laufende Überwachung des Betriebs zur Erkennung eventueller Fehler.
- Geräteumdisposition (und anschliessende Reparatur) im Schadenfall.

Vorbeugende Wartung (preventive maintenance): Der Wartungsdienst für die Hardware beschränkt sich keineswegs auf das Reinigen und das regelmässige Feineinstellen der Geräte oder auf den Ersatz defekter Teile. Er versucht vielmehr, mit Testprozeduren aller Art regelmässig schwache Komponenten zu erkennen, bevor sie ganz ausfallen. Auf diese Weise können meist Hardware-Komponenten frühzeitig ausgetauscht werden, ohne dass es überhaupt zu einem Ausfall kommt.

Laufende Überwachung für Fehlererkennung und Fehlerkorrektur: Die Grunddaten werden in den meisten Computern sowohl bei der Speicherung als auch bei der Übertragung und Verarbeitung durch Paritätsbits und ähnliche Sicherheitsgrössen ergänzt. Der Benutzer merkt davon wenig, da alle redundanzerhöhenden Nebenspeicher und Zusatzarbeiten direkt in der Hardware eingebaut sind und meist *parallel* zur Grundarbeit ablaufen. Sie erlauben aber zweierlei:

- *Fehlererkennung:* Fehler werden im Einzelfall erkannt und bilden – bei jedem Auftreten – einen wichtigen Hinweis auf defekte Geräte oder Geräteteile.
- *Fehlerkorrektur:* Im Einzelfall können falsche Bits mit Hilfe geeigneter Redundanz korrigiert werden.

Als Massstab für die Zuverlässigkeit datenverarbeitender Geräte wird die Grösse „mittlere Zeit zwischen Fehlern“ (MTBF = mean time between failures) verwendet. Es ist eine Grundregel jedes Sicherheitsdenkens, Arbeiten in viel kleineren zeitlichen Abständen abzusichern, als die MTBF beträgt.

Geräteumdisposition: Hat ein Computersystem hohen Sicherheitsbedürfnissen zu genügen, so müssen alle wichtigen Geräte, aber zusätzlich auch die Programme und die aktuellen Daten, doppelt oder mehrfach vorhanden sein. Fig.7.7 zeigt eine Lösung dieses Problems. Während die Computeranwendung „Telefonauskunft" im Normalfall in Luzern mit Platte *a* läuft, wird im Problemfall zuerst auf Platte *b*, bei weiteren Schwierigkeiten nach Rapperswil gewechselt. Dazu müssen alle *Mutationen* (nicht aber blosse Abfragen!) laufend auch in den Dateikopien 1 und 2 durchgeführt werden. Darüber hinaus stehen jedoch die Platten *b* und *c* und der Rechner *B* für andere Arbeiten zur Verfügung. Es geht also ohne Aufwandverdoppelung oder -vermehrfachung, sofern Redundanzerhöhungen intelligent vorgenommen werden.

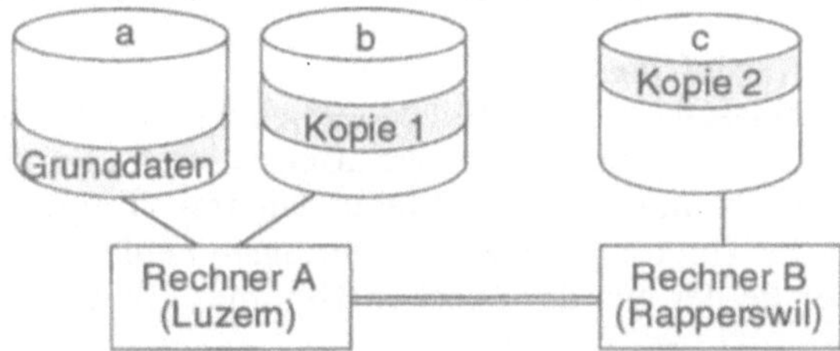

Figur 7.7: Redundanz in Rechnersystemen (Beispiel Telefonauskunft)

Es gibt Computersysteme, bei denen Geräteumdispositionen im Fehlerfall automatisch erfolgen; in anderen Fällen sind manuelle Eingriffe nötig. Wie das im Einzelfall geschehen soll, muss der Sicherheitsingenieur anwendungsgerecht beurteilen. Dabei darf nicht vergessen werden, dass jede Automatisierung extremer Ausnahmefälle teuer ist. Anderseits ist aber gerade im Fall von Systemfehlern oder gar von Systemzusammenbrüchen der menschliche Bediener extrem belastet und damit selbst fehleranfällig. Wenn daher mögliches menschliches Fehlerverhalten durch Automatisierung eliminiert werden kann, ist der Sicherheitsgewinn im allgemeinen gross.

7.2.5 Massnahmen in Organisation und Software

Alle Sicherheitsmassnahmen, die schon durch die Hardware abgedeckt werden, sind dem Systemingenieur willkommen. Darüber hinausreichende Sicherheitsmassnahmen muss er im Betriebssystem vorfinden oder aber selbst festlegen, organisieren und nach Möglichkeit auch automatisieren.

Es ist unmöglich, an dieser Stelle eine umfassende Darstellung aller Datensicherungstechniken zu geben. Die Besinnung auf die in 7.2.1 erläuterten einfachen Grundsätze „sinnvolle Redundanz", „Abschirmungskontrolle" und „Trennung der Kompetenzen" erlaubt aber die Konzentration auf einige *repräsentative Beispiele*. Jeder Sicherheitsverantwortliche muss ohnedies für seinen Fall angemessene, eventuell auch neue und umfassende Mittel einsetzen. Der Leser soll daher lernen, einzelne solche Techniken bezüglich Sicherheitsgehalt und zusätzlichem *Sicherheitsaufwand* zu beurteilen.

Die vorgestellten Methodenbeispiele sind:

- *Für sinnvolle Redundanzerhöhung:*
  Prüfziffern für Nummernsysteme,
  Mehrgenerationenprinzip bei Stapelverarbeitung,
  Inkrementelle Sicherheitskopien bei interaktivem Betrieb.
- *Für Abschirmung und Kontrolle*:
  Passwort-Systeme,
  Chiffrierung,
  Schutz vor Viren.
- *Für Trennung von Kompetenzen*:
  Kontrollstelle für Programme.

Erläutern wir zunächst drei Beispiele für *sinnvolle Redundanzerhöhung*:

***Prüfziffern für Nummernsysteme*:**
Während natürliche Schlüsselbegriffe (z.B. Namen) eine gewisse Redundanz enthalten (man versteht auch noch Verstümmelungen wie „Bernh." statt „Bernhard"), sind künstliche Schlüssel, vor allem Nummern, vorerst redundanzfrei. (Ein wichtiges Beispiel für Redundanzfreiheit ist die Telefonnummer; der geringste Fehler führt zu einer Falschverbindung, wobei der Fehler aus der falschen Nummer allein aber nicht erkennbar ist.)

Mit Hilfe von Prüfziffern kann nun künstliche Redundanz in eine Nummer eingeführt werden (analog zu den Paritätsbits in 7.2.4). Man geht dabei von der redundanzfreien Grundnummer aus, berechnet daraus nach einer eindeutigen Regel (z.B. Quersumme) eine *Prüfziffer* und fügt diese an die Grundnummer an. Das ergibt zusammen den gewünschten Schlüsselbegriff *mit* Redundanz. Wenn dieser Schlüssel nun irgendwo auftritt, abgeschrieben oder eingetippt werden muss, kann die Prüfzifferberechnung nachvollzogen werden und zeigt bei Abweichung einen Fehler an. Ohne Abweichung ist zwar die Richtigkeit *nicht* bewiesen, aber doch recht wahrscheinlich.

Als Beispiel sei die „Schweizerische Studentenmatrikelnummer" betrachtet, bei der für die Prüfzifferberechnung das „Modulo-10"-Verfahren benutzt wird.

	Beispiel:
– Ausgehend von einer *Grundnummer* (wie sie fortlaufend an Studenten zugeteilt wird):	7991281
– wird die *Prüfziffer* (nach Modulo-10) berechnet:	2
– und der Grundnummer angehängt: Das Ergebnis ist die 8-stellige Matrikelnummer mit Prüfziffer	79912812

Die *Prüfzifferberechnung* funktioniert nach dem Modulo-10-Verfahren wie folgt:

- Jede zweite Ziffer der Grundnummer (hier: 7-9-9-1-2-8-1) wird verdoppelt.
- Das ergibt eine Hilfszahl (hier: 14-9-18-1-4-8-2).
- Daraus wird die Quersumme gebildet (hier: 38).

- Die Prüfziffer ergibt sich dann als Differenz der Quersumme zum nächsten vollen Zehner (hier: 2).

Das verwendete Modulo-10-Verfahren ist ein schönes Beispiel dafür, wie mit Hilfe der Prüfziffer die *häufigsten* Fehler beim Zahlenübertragen entdeckt werden können. Dazu gehören in der deutschen Sprache Vertauschungen von Ziffern (achtundvierzig, 84) und einzelne Ziffernfehler (7 statt 1). Durch eine falsche Prüfziffer kann man weit mehr als 90% (aber nicht 100%) der Schreibfehler feststellen, während bei einem gewöhnlichen Quersummenverfahren mit *einer* Prüfziffer nur 90% zu erkennen wären.

Wer Nummernsysteme einführt, sollte die Verwendung von Prüfziffern mindestens erwägen. Durch die Nummernverlängerung um eine Stelle (bei anderen Rechenregeln evtl. mehr), lassen sich viele typische Fehler früh und billig abfangen.

Das Mehrgenerationenprinzip bei Stapelverarbeitung:
Ausgangslage sei eine typische Problemstellung der Stapelverarbeitung (Fig.7.8): Aus den Gehaltsstammdaten des vergangenen Monats sowie den neuen Mutationsdaten sollen die neuen Gehaltsstammdaten und die Lohnlisten des laufenden Monats berechnet werden. Dieser Prozess wird monatlich wiederholt.

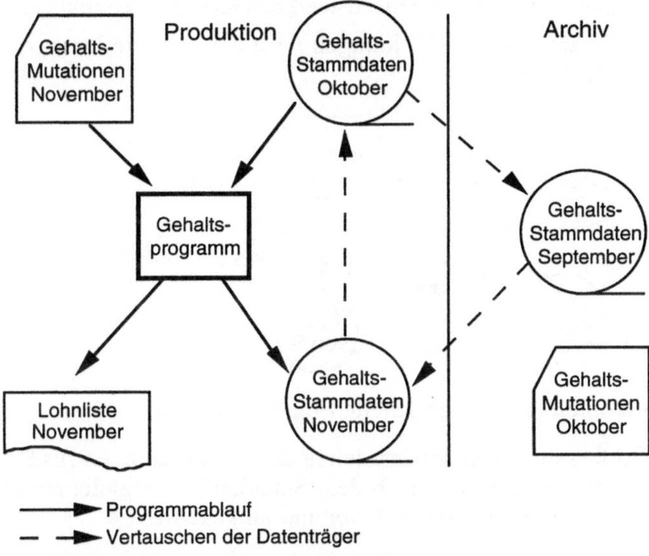

Figur 7.8: Drei Generationen von Gehaltsdaten

Nun wird nach jeder monatlichen Verarbeitung der Datenträger (Diskette, Magnetband) mit den alten Gehaltsdaten zur weiteren Benützung frei (Bsp. in Fig.7.8: September). Anderseits sollte man aus Sicherheitsgründen vor der neuen Verarbeitung (November) über ein *Duplikat* der aktuellen Gehaltsdaten (Oktober) verfügen. Das Drei- oder Mehrgenerationen-Prinzip liefert die gleiche Sicherheit, aber billiger: Man löscht den „September" nicht, sondern bewahrt ihn noch einen Monat (oder länger) im

Archiv auf. Im Schadensfall, d.h. wenn im Beispiel der Fig.7.8 die Oktober-Stammdaten beschädigt würden, könnten diese aus den September-Stammdaten und den Oktober-Mutationen *rekonstruiert* werden. Der Mehraufwand für diese Sicherheit ist minimal: Ein zusätzlicher Datenträger bleibt im Archiv belegt.

Inkrementelle Sicherheitskopien bei interaktivem Betrieb
Beim interaktiven Betrieb funktioniert das gewöhnliche Mehrgenerationenprinzip nicht, da die Datenbestände laufend verändert werden. Hier gibt es keine täglichen oder monatlichen Generationen; dennoch werden Sicherheitskopien benötigt. Dazu erstellt man (Fig.7.9) zwei Arten von Kopien:

- *Vollkopien* (dumps) des Datenbestandes *periodisch* zu einem gewissen Fixpunkt (z.B. täglich oder wöchentlich oder auch stündlich).
- *Inkrementelle* Kopien (incremental dumps) *laufend* bei jeder Änderung des Datenbestandes; Jede Änderung wird als sog. *Log-Meldung* auf einem dafür reservierten *Log-Magnetband* protokolliert.

Im Schadensfall sind hier zwei Schritte für den Wiederaufbau des Datenbestandes nötig:

1. Aus der Vollkopie kann der Betriebszustand des letzten Fixpunkts erzeugt werden.
2. Aus den anschliessenden Log-Meldungen wird der aktuelle Datenzustand schrittweise wieder aufgebaut.

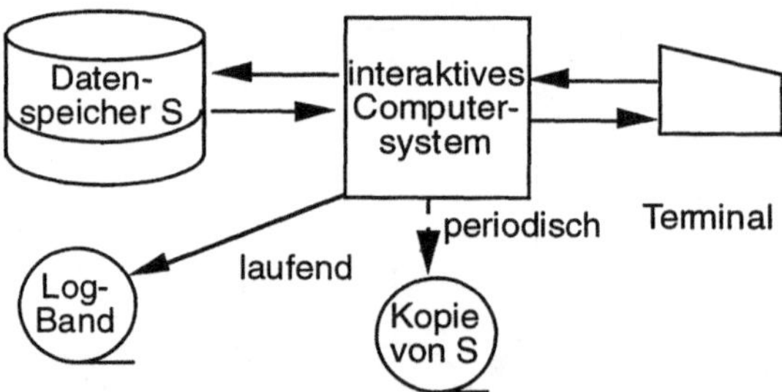

Figur 7.9: Vollkopien und inkrementelle Log-Meldungen

An diesem Beispiel lassen sich besonders leicht die Aufwendungen für Präventivmassnahmen und für die Rekonstruktion nach dem Schadenfall vergleichen: *Häufige* Vollkopien erlauben eine *schnelle Rekonstruktion* und umgekehrt!

Nach dieser groben Skizzierung einer Sicherheitsmethode für interaktiv mutierte Datenbestände sei aber noch ausdrücklich darauf hingewiesen, dass diese sicherheitstechnisch immer besonders heikel sind. Betriebssysteme und Datenbanksysteme kennen daher dafür eine ganze Palette von Sperr- und Schutzmassnahmen [Härder 78]. Das Beispiel einer Bankbuchhaltung zeigt das Anliegen deutlich: Eine Transaktion „Überweisung von 100.- von A an B" umfasst zwei Teile: Eine Belastung (minus 100.-) auf Konto A und eine Gutschrift (+ 100.-) auf Konto B. Technisch wird nun zuerst die Belastung, dann die Gutschrift ausgeführt (oder umgekehrt). Zwischen den beiden Buchungen befindet sich aber der gesamte Datenbestand in einem Zustand der „vorübergehenden Unrichtigkeit“. Geschieht ein Systemzusammenbruch in einem solchen Moment, so muss der letzte Systemzustand vor dieser inkonsistenten Phase rekonstruiert werden, eine nicht ganz einfache Aufgabe! – Wer also auf interaktive Mutationen eines Datenbestandes verzichten kann (reine Lesetransaktionen sind kein Problem), vermeide sie; es lohnt sich!

Nun wenden wir uns noch den Methoden für *Abschirmung und Kontrolle* zu. Auch hierzu drei Methodenbeispiele, Passwörter, Chiffrierung und Schutz vor Viren.

Passwort-Systeme
Überall, wo Daten nicht jedermann unbeschränkt zugänglich sein sollen und wo der Computer demzufolge seine Kunden unterscheiden können muss, werden Identifikationssysteme benötigt. Eine Zugriffsbefugnistabelle allein (Tab. 7.B) taugt nichts, wenn die Benutzer(-gruppen) nicht feststellbar sind.

Für die Identifikation werden verschiedenste Passwort-Systeme gebraucht, von wählbaren, einfachen, festen Wörtern bis zu wechselnden Codefunktionen. Derartige Systeme haben heute weite Anwendungsgebiete gefunden (man denke an Bankautomaten mit Schlüsselkarten und geheimer Codenummer oder an Telefonidentifikationssysteme), so dass der Leser aufgrund seiner eigenen Erfahrung bereits genügend Beispiele von Passwortsystemen kennen dürfte. Auch das Hauptproblem mit Passwörter ist wohlbekannt: Sie können gestohlen, verraten und missbraucht werden. Oft gehen auch die Besitzer selbst fahrlässig damit um, indem sie ihr Geburtsdatum oder ihren Vornamen als Passwort wählen und dieses nie mehr verändern.

Chiffrierung
Weit besser als durch Passwörter werden kritische Daten durch Chiffrierung geschützt. Während im militärischen Fernmeldewesen die Chiffrierung eine alte Tradition besitzt, ist die Verwendung der Chiffrierung zu Sicherungszwecken im Computerbereich eher neueren Datums. Dazu sind in den letzten Jahren raffinierte Neuentwicklungen in der Chiffriertechnik für Computerdaten gelungen. Neu ist dabei insbesondere, dass diese *Verfahren* nicht etwa eingeschlossen und versiegelt, sondern durchaus veröffentlicht und verbreitet werden. Wo liegt dann der Chiffrierwert dieser Verfahren?

Die modernen, computerorientierten Chiffrierverfahren haben die Eigenschaft, dass der Aufwand für die Chiffrierung und jener für die Dechiffrierung von ganz unterschiedlicher Grössenordnung sind. Für das Sprengen des Systems, also für das rechnerische Bestimmen der Dechiffriercodes, würden selbst Grosscomputer Jahre benötigen. Auf diese Weise kann man es sich leisten, Daten in chiffrierter Form über offene Datennetze zu übermitteln und in offenen Speichersystemen aufzubewahren, da nur der Codebesitzer die Dechiffrierung mit vertretbarem Aufwand durchführen kann. Da die Computer aber immer leistungsfähiger werden, müssen auch die Chiffriertechniken laufend verbessert, z.B. die verwendete Bitzahl erhöht werden. Gerade hier zeigt sich die Verbesserung der Datensicherheit dank Computereinsatz.

Schutz vor Viren
Computerviren oder kurz *Viren* sind Computerprogramme mit der Eigenschaft, sich unbemerkt im Arbeitsspeicher eines Computers einzunisten und von dort aus weitere Aktionen zu unternehmen – ähnlich den Viren, die den menschlichen Körper befallen und krank machen können. Zu den „weiteren Aktionen" eines Computervirus kann gehören, dass er sich selber im Speicher reproduziert (und dabei den korrekten Speicherinhalt überschreibt und damit zerstört) oder dass er andere Programme gezielt falsch oder langsam arbeiten lässt. Besonders heimtückisch kann sich auswirken, dass der „Befall" eines Computers mit einem Virus nicht immer sofort erkennbar ist; es gibt Viren, die z.B. nur am 1. April oder an einem Schalttag zuschlagen. Diese kurze Beschreibung zeigt klar, dass Viren offenbar recht raffinierte Programme sind, deren Konstruktion Fachwissen, Raffinesse und den Willen voraussetzen, „normale" Computerbenutzer zu überlisten. Als in den Achtzigerjahren – im Gefolge der Verbreitung der Kleincomputer und der Standardprogramme – die ersten Viren auftauchten, war das für viele Informatikverantwortliche ein Schock: Ihre Informatikmittel konnten plötzlich „krank" werden oder gar ausfallen!

Inzwischen ist aber auch die Medizin gegen Viren bekannt; sie heisst einmal mehr *„Abschirmung und Kontrolle"*. Viren geraten ja nicht durch Zauberei in einen fremden Computerspeicher, sondern als – unerwünschter – Begleiter anderer Programme auf den üblichen Datenträgern (Disketten, CD-ROM usw.) oder über Datennetze. Wer daher Programme unklarer Herkunft auf seinem Computer installiert oder mal „eine geschenkte Spieldiskette ausprobiert", riskiert Virenbefall. Sind Viren einmal auf einem Computer eingenistet, so ist deren Entfernung mit Hilfe spezieller *Antivirusprogrammen* möglich, die auch als ständige Wächter bei jeder Übernahme neuer Datenträger eingesetzt werden können. Da Virenhersteller immer wieder neuartige Viren in Umlauf bringen, müssen auch Antivirusprogramme regelmässig erneuert werden. Wichtigste Antivirusmassnahme ist aber der absolut saubere Umgang mit Fremdprogrammen und Datenträgern: Keine Verwendung von Inhalten aus unkontrollierter Quelle!

Nach Abschirmung und Kontrolle betrachten wir im letzten Beispiel eine Methode der *Kompetenztrennung*.

Kontrollstelle für Programme
In wichtigen Informatiksystemen (Bsp.: Anwendungssysteme für Banken) genügt eine blosse Trennung von Systementwicklung und Betrieb für die Verhinderung von Programmiererkriminalität nicht. Man kennt Fälle, wo raffinierte und kriminelle Programmierer in sonst korrekten Programmen Diebstahlfunktionen eingebaut haben, womit z.B. Rundungsdifferenzen vergrössert und auf private Konti gutgeschrieben wurden. Gibt es Massnahmen, einem kriminellen Computerspezialisten auch bei solchen Schlichen auf die Spur zu kommen?

Die Lösung besteht darin, Funktionen zu *trennen*. Man lässt den *Programmierer* sein Programm schreiben und dokumentieren; eine davon völlig unabhängige Instanz, die *Kontrollstelle* für Programme, hat diese dann in Betrieb zu nehmen. Die Kontrollstelle erstellt aufgrund der Dokumentation Testdaten, prüft das Programm und nimmt es in die Betriebs-Programmbibliothek auf. Damit wird allerdings die Programmentwicklung in ein sehr starres Verfahren gezwängt, das kurzfristige Programmanpassungen und „Schnellreparaturen“ ausschliesst. Anderseits sind Amateurmethoden bei grossen Systemen auf jeden Fall abzulehnen. Strenge Entwicklungsvorschriften, Programmierrichtlinien und ähnliche Massnahmen wenden sich nämlich keineswegs nur gegen Kriminelle, sondern sind zwingende Voraussetzungen für jeden sicheren Betrieb.

7.2.6 Massnahmen bei Netzlösungen, Sicherheit im Internet

Die Bedürfnisse nach Kommunikationsdiensten und die zu deren Befriedigung bestehenden technischen Möglichkeiten wurden in Kap.6 dargestellt. Die Schilderung der Welt des Internet (vgl. 6.4.3) gibt einen Überblick über die angebotenen Dienste und die Möglichkeiten für auf diesen aufbauende Anwendungen. Digitale Datennetze sind heute das Rückgrat einer Vielzahl von Informatikanwendungen, wobei neben dem Internet mit seinen verschiedenen Dienstangeboten eine grosse Anzahl weiterer Netze existiert, die auf bestimmte Anwendungsgebiete und spezielle Benutzerbedürfnisse fokussiert sind. Für den Betrieb dieser Netze stellt sich neben der Gewährleistung der geforderten Funktionalitäten in den meisten Fällen auch die Frage nach der Sicherheit. Dieser wird jedoch sehr oft nicht die erforderliche Aufmerksamkeit geschenkt. Am Beispiel von *Internet,* das heute in vielen Fällen ohne die erforderlichen Sicherheitsüberlegungen und Massnahmen benutzt wird, sollen nun grundsätzliche Fragen diskutiert werden.

Viele der typischen Internetanwendungen wie elektronische Kommunikation, Informationssuche, Softwareverteilung und -beschaffung, Zugriff auf Leistung und Funktionen entfernter Computersysteme, Videokonferenzen und Telematik-Funktionalitäten dienen heute als Basis für eine Vielzahl von Anwendungsgebieten und -formen. Trotzdem werden sie oft mit erschreckender Fahrlässigkeit betrieben und benutzt, und sie können meistens den notwendigen Sicherheitsanforderungen nicht genügen. Es stellt sich daher die Frage, ob und wie für Internetanwendungen die erforderliche Sicherheit gewährleistet werden kann.

Die Ermittlung und die Realisierung der bei der Internetbenützung adäquaten Sicherheit muss sich an den in 7.2.2 dargelegten Schritten orientieren. Die Hauptgefahren bei der Internetbenützung können folgenden fünf Bereichen zugeordnet werden:

- unberechtigte Beschaffung von schützenswerten Daten und Informationen,
- nicht autorisierter Zugriff auf Systeme und Anwendungen,
- Verlust der Integrität,
- Abstreiten von Aktivitäten und
- die Verhinderung des ordnungsgemässen Netzbetriebs.

Die *unberechtigte Beschaffung von Daten und Informationen* benützt Verfahren wie Abhorchen, unerlaubte Passwortbeschaffung und nicht zulässige Informationsweitergabe, so dass Informationen fälschlicherweise in nicht berechtigte Hände gelangen und von diesen verbotenerweise weiterverwendet werden.

Der *nicht autorisierte Zugriff* auf Systeme und Anwendungen kann die Folge von unzureichend geschützten Systemzugängen, von gestohlenen Passwörtern und von unrechtmässig beanspruchten Benutzerprivilegien sein.

Integritätsverlust ergibt sich, wenn Daten während ihrer Übertragung verändert oder durch unautorisierte Benutzerzugriffe modifiziert werden.

Das *Abstreiten von Aktivitäten* gewinnt in verteilten Systemen sehr grosse Bedeutung; dabei wird z.B. das Senden von Meldungen behauptet oder deren Ankunft bestritten.

Die *Verhinderung des ordnungsgemässen Netzbetriebes* ist auf verschiedene Arten möglich. So können Netze und Computer durch die Überflutung mit Meldungen und Datenmengen monopolisiert werden und damit für andere Benutzer mindestens temporär nicht verfügbar sein.

Diese wenigen Beispiele zeigen, dass das Internet ohne geeignete und auf die entsprechenden Bedrohungen ausgerichtete Schutzmassnahmen ein unsicheres System ist, dessen sorglose Benützung angesichts der Bedeutung von Internet für die Geschäftstätigkeit jeglicher Art, für Informationsdienste, für die Ausbildung und für manche heute noch nicht im Vordergrund stehende Anwendungsgebiete zu katastrophalen Konsequenzen führen kann. In der Folge sollen nun Möglichkeiten zur Benützung von Internet mit der notwendigen adäquaten Sicherheit aufgezeigt werden.

Netzbetreiber und Netzbenutzer, also die gesamte sog. Internet-Community, haben die Verpflichtung und die Aufgabe, jene Vorkehrungen zu treffen und die Massnahmen zu ergreifen, welche die jeweils erforderliche Sicherheit für den Netzbetrieb und die Netzbenützung garantieren. Ermittlung und Gewährleistung der adäquaten Sicherheit erfordern ein systematisches Vorgehen gemäss den in Fig.7.3 dargestellten und kommentierten Schritten. Spezifisch Internet-bezogen umfasst dies

- das Festlegen der Sicherheitsziele für die Internetbenutzung,
- die Durchführung von Bedrohungs- und Risikoanalysen,
- die Erarbeitung einer Internetstrategie,
- die Ermittlung der geeigneten technischen Lösungen,
- die Implementierung und Überprüfung der gewählten Lösungen,
- die Wartung und Anpassung der getroffenen Massnahmen.

Die Entscheidungen betreffend die Art der erlaubten Internetbenützung und die Realisierung der technischen Sicherheitslösungen haben sich an den Informations- und Sicherheitsbedürfnissen der einzelnen Benutzergruppen (Unternehmungen, internationale Organisationen, Ausbildungsinstitutionen, Einzelpersonen) zu orientieren; für alle Umgebungen wäre es aber sicher falsch, ohne Sicherheitskonzept und ohne gegenseitige Abstimmung und Koordination nur einzelne Massnahmen zu implementieren.

Das Angebot an technischen Lösungen ist sehr breit, und die Auswahl der geeigneten Massnahmen verlangt neben dem Verständnis für die betrieblichen Anforderungen ein sorgfältiges Abwägen zwischen Aufwand und Nutzen für die Realisierung einzelner Massnahmen. Aus deren Vielfalt seien hierzu einige wenige kurz charakterisiert.

Internet-Firewalls schaffen eine abgeschlossene Netzumgebung, indem sie ein Teilnetz von anderen Teilnetzen eines Gesamtnetzes (Internet oder Intranet) sicherheitsmässig abtrennen, einen kontrollierten Datenübergang jedoch offenhalten. Der Übergang zu anderen Teilnetzen ist nur durch den Firewall möglich. Unter dem Sammelbegriff Firewall existieren technisch unterschiedliche Lösungen als Kombination von Hard- und Software, und deren Auswahl ist für eine bestimmte Anwendung unbedingt die notwendige Aufmerksamkeit zu schenken. Sogenannte billige Firewalls können gegen gewisse Bedrohungen absolut ausreichend sein, während sehr teure Lösungen in anderen Fällen die erforderliche Sicherheit nicht gewährleisten können. Eine Aufteilung von Netzen in Teilnetze mit unterschiedlichen Sicherheitsanforderungen erlaubt den Schutz gezielt zu differenzieren, was eine Individualisierung und auch eine Minimierung der Kosten ermöglicht.

Schutz gegen Abhorcher: Auf dem Internet sind auch Programme aktiv, welche den Verkehr auf dem Netz analysieren und so z.B. versuchen, sich Passwörter (oder Kreditkartennummern) zu beschaffen. Die klassischen Massnahmen für die Authentifizierung sind in solchen Fällen oft nicht ausreichend, und sie müssen durch wirkungsvollere Massnahmen wie Einmal-Passwörter oder Token-Cards ersetzt werden.

Die Sicherstellung der Vertraulichkeit und der Integrität von Daten verlangt *kryptographische Verfahren.* Dazu gehören Verschlüsselungsmethoden, „digitale Unterschriften" zum Beweis von Integrität und Authentizität von Dokumenten und ähnliche Verfahren. Dabei wird die Anwendung von Verschlüsselungsmethoden in verschiedenen Ländern (z.B. USA) durch rechtliche Bestimmungen eingeschränkt oder sogar verboten, weil damit dem organisierten Verbrechen eine raffinierte neue Waffe vorenthalten werden soll.

Diese kurzen Hinweise lassen die Vielfalt an Möglichkeiten, aber auch einige Probleme für die Gewährleistung der Sicherheit auf dem Internet erahnen. Umso wichtiger ist daher das angemessene Sicherheitskonzept. Jedem Entscheid für ein konkretes Vorgehen muss eine Kosten/Nutzen-Betrachtung vorangestellt werden; sollte diese ergeben, dass die für die Sicherheit notwendigen Aufwendungen die verfügbaren Mittel übersteigen, so ist auf die Realisierung der vorgesehenen Anwendungen aus Sicherheitsgründen zu verzichten.

7.3 Datenschutz

7.3.1 Zielsetzungen beim Informatikeinsatz

Informatikeinsatz ist normalerweise eine Dienstleistung unter der Verantwortung bestimmter Organe. Das kann eine staatliche Behörde oder die Geschäftsleitung einer privaten Unternehmung sein. Wenn „Datenschutz" den Missbrauch von Daten und Informatikeinsatz verhindern soll, so müssen offensichtlich Behörden und Firmen auch dafür die Verantwortung tragen. Der Datenschutz ist aber keine selbständige Aufgabe, sondern muss in die übrigen Ziele einer Organisation einbezogen werden. Zielloser Datenschutz hat keinen Sinn.

Eine Behörde regelt Verwaltungstätigkeiten durch Gesetze und Verordnungen, eine Geschäftsleitung durch Weisungen. Werden Informatikmittel eingesetzt, können und müssen die Verantwortlichen auch diese und ihren Einsatz in ihre Regelung einbeziehen. Dabei sind zwei gegensätzliche Haltungen möglich:

- Regelung der *Zielsetzungen*: Es wird formuliert, was mit der Verwaltungstätigkeit (mit oder ohne Computer) erreicht werden soll und was eventuell nicht passieren darf.
- Regelung der *Verfahren*: Es wird konkret festgehalten, was wie zu tun ist.

Beide Haltungen haben ihre Vor- und Nachteile:

- Mit *Zielsetzungen* sind verschiedene Lösungen und auch die Erneuerung und Anpassung der Verfahren ohne Änderung der Verordnungen möglich; anderseits hat das Aufsichtsorgan die Einzelheiten nur beschränkt unter Kontrolle.
- Mit *Verfahrensvorschriften* ist die Arbeit für jedermann klar definiert; allerdings erfordern Systemänderungen und -verbesserungen auch Anpassungen der Verordnungen.

Im Bereich des Informatikeinsatzes begegnen sich bei Systementwicklungen typischerweise zwei recht entgegengesetzte Personengruppen: Verantwortliche Auftraggeber und Informatiker. Beide haben im allgemeinen nur beschränktes Verständnis für die Probleme der anderen. Wenn daher Nicht-Computerfachleute (Behörde, Geschäftsleitung) die Verfahren in Einzelheiten regeln wollen, muss das zu Enttäuschungen führen. Gleichzeitig empfindet der Informatiker in diesem Fall wenig Eigenverantwortung für die Optimierung von Lösungen und deren Weiterentwicklung, was aber auf einem technisch so schnellebigen Gebiet wie der Informatik unbedingt nötig ist.

Daher sollten die Träger der Gesamtverantwortung (Behörden, Geschäftsleitungen) ihre Anliegen an den Informatikeinsatz in Form von *Zielsetzungen* formulieren. Dazu sind *Bedürfnisse* anzugeben, und es ist zu fordern, dass diese *zweckmässig*, *ordnungsgemäss* und *rationell* erfüllt werden. *Wie* die Lösung geschieht, bleibt den Fachleuten überlassen, wobei sich die Führungsebene durchaus noch die Genehmigung von Neuentwicklungen vorbehalten kann.

In diesem Rahmen stellt sich auch die Frage, wie der Informatikeinsatz den klassischen internen und externen *Revisionsinstanzen* (Prüfungsausschüssen, Wirtschaftsprüfern) unterstellt werden kann. Die Praxis hat sich in den letzten Jahren der „Informatik-Revision“ bereits stark angenommen, auch Fachkurse werden angeboten. Gleichzeitig sind auch gesetzliche Anpassungen an neue rationelle Informatikmethoden erfolgt, indem z.B. magnetische Datenträger für bestimmte Beweiszwecke (Belege) zugelassen sind. Die technische Entwicklung wird weitere Verbesserungen ermöglichen, und wie diese eingesetzt werden können, ist vom Systemingenieur zu untersuchen und zu verantworten. Dabei soll er seine technischen Entscheide *an den vorgegebenen Zielen* messen können.

7.3.2 Personenbezogener Datenschutz

Die Gefahr computergestützter Datenbanken mit Personendaten wurde schon früher geschildert: Mit Computerhilfe ist es Behörden, Banken, Versicherungen usw. möglich, vorhandene maschinenlesbare Datenbestände kurzfristig und automatisch auf Angaben zur Person „X“ abzusuchen. Damit entsteht leicht eine Gesamtheit von Hinweisen über „X“, ein Bild von „X“, das weit über die üblicherweise öffentlich bekannten oder die nötigen Angaben (etwa im Telefonbuch oder im Pass) hinausgeht und vom Betroffenen als Schnüffelei empfunden wird. Dazu kommt noch die Ungewissheit: Wer weiss was von „X“? Es ist für einen Betroffenen häufig unmöglich herauszufinden, wer was über ihn weiss oder wissen könnte.

Das soeben geschilderte Problem hat seit den Siebzigerjahren die Diskussion um den Datenschutz in allen Industrieländern angefacht. Es geht hier um den personenbezogenen Datenschutz mit einem ersten Blick auf die Aufrechterhaltung einer *Privatsphäre* der betroffenen Personen. Auf den zweiten Blick kommen dazu aber auch Überlegungen zum „Informationsgleichgewicht“, zur Richtigkeit der Daten und zu weiteren Anliegen.

Radikalster, aber in vielen Fällen durchaus sinnvoller Grundsatz im personenbezogenen Datenschutz ist:

Personenbezogene Daten sind nach Möglichkeit *nicht* zu speichern.

Allerdings wird dieser Grundsatz, würde er absolut angewandt, der modernen Gesellschaft keineswegs gerecht. Wir sind nämlich keine Robinsone auf einsamer Insel. Wir schreiben Briefe mit persönlichen Anmerkungen über andere, wir brauchen aber auch selbst persönliches Interesse seitens der Mitmenschen. Darüber hinaus leben wir in einer hochorganisierten Umwelt mit Sozialdiensten und wirtschaftlichen Verflechtungen. (Beispiele: Der *Staat* braucht Angaben über die wirtschaftliche Leistungsfähigkeit des Einzelnen in der Steuererklärung, um einerseits die Steuern, anderseits aber auch Renten und andere Sozialleistungen festsetzen zu können. Eine *Bank* oder *Versicherung* braucht Einzelheiten über ihre Kunden, um Kredite oder Risikodeckungen vertraglich zusichern zu können.) Das Datensammeln darf daher – auch im Interesse der Betroffenen – nicht einfach verboten werden. Zwischen dem Anliegen des Einzelnen nach Respektierung seiner Privatsphäre und den Bedürfnissen der Öffentlichkeit und anderer Personen (Staat, Privatfirma) nach Informationsgrundlagen für die Zusammenarbeit muss somit ein *Gleichgewicht* bestehen. Ein Gleichgewicht lässt sich aber kaum mit Vorschriften vom Typ „diese Daten ja, jene nicht“ befehlen. Besser sind die beiden folgenden Regeln:

Datensammlungen sollen einem bestimmten *Zweck* dienen und auf *Grundlagen* (Gesetze, Verträge, Regeln) beruhen, die ihrerseits einer Kontrolle und auch der Diskussion zugänglich sind.

Wer Daten über Personen systematisch sammelt, muss diese Tätigkeit offenlegen. Das kann z.B. in einem *öffentlichen Register* geschehen, sofern der Betroffene nicht automatisch davon weiss. Das Register muss einen für die Datensammlung Verantwortlichen, den durch die Datensammlung betroffenen Personenkreis und die Art der erfassten Daten nennen.

Wenn dann irgendeine Amtsstelle für ihre Arbeit *unnötige* Fragen in ihre Formulare aufnehmen möchte („Waren Sie in der Jugendzeit Bettnässer?") oder auch alte Daten zu lange aufbewahrt, kann dies öffentlich bekämpft und beseitigt werden. Das gleiche gilt im Privatrechtsbereich, wo z.B. bei Arbeitsverträgen die Gewerkschaften bestimmt opponieren würden, wenn unnötige Fragen gestellt und entsprechende Daten gespeichert werden sollten.

Der Leser darf aber aus diesen Beispielen keinesfalls den Schluss ziehen, dass alle Ämter und Unternehmungen kein anderes Interesse hätten, als Bürger und Privatleute zu durchleuchten und möglichst viele Daten über diese zu sammeln. Abgesehen davon, dass auch in Ämtern und Firmen normalerweise vernünftige und korrekte Leute sitzen, die ja auch selbst wieder von diesen Datenschutzproblemen betroffen wären, ist eine blinde Sammelwut viel zu teuer. (Bsp.: In der Stadtverwaltung von Zürich werden von jedem Einwohner nur etwa 50 Merkmale festgehalten, von Namen und Adresse über Steuerangaben bis zur militärischen Einteilung. Alle diese Angaben stehen in direktem Zusammenhang mit einer *gesetzlichen* Verwaltungs- oder Dienstleistungsaufgabe. Begutachtungen, Daten auf „Vorrat", politische Einstellung und ähnliches werden und dürfen auch nicht gespeichert werden.)

In diesem Zusammenhang muss wiederum auf jene Gefahr aufmerksam gemacht werden, die in der Praxis als Sicherheitsgefahr noch wichtiger ist: die Gefahr *falscher Daten*! Wenn jemand aufgrund eines primitiven Datenerfassungsfehlers bei einer Bank als „nicht kreditwürdig" eingestuft wird, ist das für den Betroffenen viel bedeutungsvoller als eine unnötige Angabe. Daher muss ein Weg gefunden werden, wie die an den Daten *Interessierten*, und das sind primär die Betroffenen selbst, sich für deren Richtigkeit einsetzen können:

Wer Daten über Personen sammelt, muss dem Betroffenen Auskunft über die ihn betreffenden Daten geben *(Einsichtsrecht).*

Falsche, unvollständige oder nicht nachgeführte Daten sind zweckentsprechend zu berichtigen *(Berichtigungsrecht).*

Selbstverständlich dürfen diese beiden Rechte nicht ihrerseits zu Missbräuchen führen. So wird aus einem ärztlichen Register unter Umständen nur dem Vertrauensarzt des Betroffenen Auskunft erteilt. Und das Fahndungsregister der Polizei bleibt für Tatverdächtige direkt ganz geschlossen. Aber auch für solche Fälle können Datenschutzpostulate (z.B. das Berichtigungsrecht) sichergestellt werden, allerdings nur über besondere Aufsichtsdienste.

Damit sind wir bei einem weiteren Aspekt des Datenschutzes angelangt. Kein Schutz ohne geeignete Kontrolle! *Datenschutzbeauftragte* führen das Register der Datensammlungen, überwachen die Einhaltung der Vorschriften, verhelfen Betroffenen zu ihrem Recht und treten mit Berichten über ihre Erfahrungen an die Öffentlichkeit, wie dies die deutschen Datenschutzbeauftragten seit Jahren tun. Es ist eine interessante Eigentümlichkeit der Rechtsentwicklung im Datenschutz, dass die wichtigsten Verbesserungen keineswegs über Gerichtsverfahren und richterliche Urteile erreicht wurden, sondern durch die öffentliche Diskussion. Wenn irgendwo ein echter Datenmissbrauch bekannt wird, geht ein Aufschrei durch die Medien, und die Verantwortlichen sinnen auf Abhilfe. Denn sowohl öffentliche Verwaltungen wie Grossfirmen – und diese sind die wichtigsten Eigentümer grosser personenbezogener Datensysteme – haben kein Interesse, in ihrer Arbeit durch öffentliche Angriffe gestört zu werden. Daher regelt sich das Datenschutzproblem weitgehend selbständig. Voraussetzung ist allerdings, dass die Betroffenen wissen, was über sie bei wem gespeichert sein könnte, und genau dies kann durch die obigen Regeln in einer modernen Datenschutzgesetzgebung sichergestellt werden.

Die Diskussion des personenbezogenen Datenschutzes begann mit dem unerwünschten Supersystem, das „alles" über einen Betroffenen aussagt. Daher sei zum Abschluss noch eine Schutzmassnahme erwähnt, welche gerade dieser Gefährdung eine Schranke entgegensetzt.

> Daten über Personen dürfen nur *weitergegeben* werden, wenn Lieferant und Empfänger den übrigen Datenschutzvorschriften unterstehen und die Daten dabei nicht zweckwidrig verwendet werden *(Datenverkehrsregelung).*

Eine Weitergabe ist also z.B. auch innerhalb öffentlicher Verwaltungen zu beschränken und nur zu erlauben, wenn das empfangende Amt genau diese Daten auch wirklich braucht. Dabei dürfen z.B. Daten, die „ausschliesslich für medizinischen Gebrauch" erhoben wurden, nicht plötzlich für die Arbeitsvermittlung verwendet werden! Wenn bei einer Amtsstelle die Gefahr des allzu grossen Wissens besteht, muss daher durch Aufteilung nach Verantwortungsbereichen („Datenföderalismus") und durch Abschottung das Informationsgleichgewicht wieder hergestellt werden. Die technischen Mittel (Zugriffsbefugnisregelungen usw.) sind in Datenbanksystemen durchaus vorhanden.

Datenschutz darf sich aber nicht nur auf computergestützte Systeme beschränken. Der Persönlichkeitsschutz gilt unabhängig von den technischen Mitteln. Diese können jedoch oft für den Schutz beigezogen werden, so dass der Computereinsatz auch hier keineswegs nur eine erhöhte Gefährdung, sondern sehr wohl auch eine Verbesserung des Schutzes bringen kann.

Weiterführende Literatur:

- Sicherheitstechnik: [Bauknecht et al. 96], [Cyranek, Bauknecht 94], [Kersten 95], [Maurer 96], [Sienkiewicz 94]
- Recht: [Schweizer, Lehmann 95], [Wildhaber 93]

Die wichtigsten Masseinheiten in der Informatik

In der Informatik werden Masseinheiten - zum Teil bedingt durch die nichtmetrische Tradition der USA - noch oft uneinheitlich oder gar unkorrekt verwendet. Die nachfolgenden Hinweise sollen mithelfen, die Vorteile des metrischen Systems ("Internationales Einheitensystem", gesetzlich vorgeschrieben) auch für die Informatik nutzbar zu machen. In den folgenden Anmerkungen und der zugehörigen Tabelle werden nur jene Masseinheiten erwähnt, welche für die Informatik und deren Einsatz wichtig sind.

Grundregeln des Internationalen Einheitensystems:

Ausgangspunkt sind exakt definierte *Grundeinheiten*, von denen sich alle anderen Einheiten *ableiten* lassen. Die Grundeinheiten sowie manche abgeleiteten Einheiten erhalten eine eindeutige *Bezeichnung*; die Einheiten werden nicht dekliniert (kein Mehrzahl-s). Mit *Vorsätzen* können andere Grössenordnungen direkt dargestellt werden:

k für	Kilo-	$= 10^3$	m für	Milli-	$= 10^{-3}$
M	Mega-	$= 10^6$	μ	Mikro-	$= 10^{-6}$
G	Giga-	$= 10^9$	n	Nano-	$= 10^{-9}$
T	Tera-	$= 10^{12}$	p	Pico-	$= 10^{-12}$

Umgang mit Speichergrössen in der Informatik:

Bei der Angabe von Speichergrössen werden leider noch häufig unkorrekte Massangaben wie K, Kb, KB, M, Mb, MB verwendet. Oft ist es nur für Eingeweihte der entsprechenden Gerätetypen feststellbar, ob hier Bits oder Bytes (oder gar Baud) gemeint sind. Auch wird gelegentlich ein grosses K als Abkürzung für 1024 ($=2^{10}$) verwendet; das schafft weitere Unklarheiten. – k und M sollen konsequent nur als Vorsätze für 1'000 bzw. 1'000'000 gebraucht werden; B ist als Bezeichnung ungenügend. Korrekte Beispiele: kByte, MByte, Mbit/s.

Umgang mit amerikanischen Massen und Abkürzungen:

In der nicht-metrischen amerikanischen Schreibweise von Massangaben sind in vielen Bereichen eigene, aber im allgemeinen *nicht eindeutige* Abkürzungen wie bps und dpi enstanden. Bei deren Umsetzung ins metrische System muss in jedem Einzelfall überlegt werden, ob eine bestimmte amerikanische Einheit

- direkt übersetzt werden kann: statt bps (=bits per second) heisst es bit/s;
- übernommen werden muss (wenn technische Masse Vielfache von Zoll und nicht von Metern sind): dpi (= dots per inch) bleibt die Masseinheit für die Rasterdichte von Druckern, solange diese nicht für Pixel/cm konstruiert werden.

Umgang mit entlehnten Begriffen:

Die Informatik hat viele interdisziplinäre Beziehungen, insbesondere zur Elektrotechnik. Daher besteht gelegentlich die Versuchung, fremde Masseinheiten mitzubenützen, auch wenn wesentliche Definitionsunterschiede bestehen. Das kann zu Missverständnissen führen, wie das Beispiel der Übertragungsrate zeigt. Für die *Übertragungsrate* gilt in der Informatik ausschliesslich die Masseinheit bit/s. Das gelegentlich verwendete "Baud" aus der Nachrichtentechnik bezeichnet etwas anderes, nämlich die Modulationsrate (in Elementarcode/s). Die Werte in bit/s und in Baud können sich für die gleiche Übertragungsleitung um Faktoren unterscheiden; Angaben in Baud sind *nicht* bit/s. - Eine mitbenützte Einheit, die kaum missverstanden wird, ist hingegen das Hertz; daher werden nicht nur Schwingungsfrequenzen, sondern auch die *Taktfrequenz* einer Zentraleinheit in Hertz angegeben.

Grösse	**Name der Masseinheit (deutsch/englisch)**	**Kurz-bezeich-nung**	**mit typischen Vorsätze**	**durch Grundein-heiten dargestellt**
A. Grundeinheiten				
Zeit	Sekunde/second	s	ms, µs, ns	
Information	Bit/bit	bit	kbit, Mbit (nicht: K, M)	
B. Einheiten, die gemeinsam mit den Grundeinheiten benutzt werden				
Zeit	Minute, Stunde/ minute, hour	min,h		60 s, 3600 s
Speichergrösse	Byte/byte	Byte	kByte, MByte (nicht: K,M,MB)	meist 8 bit, selten 5, 6, 7 oder 9 bit
Datenmenge	Zeichen/character	Zeichen character		als Masseinheit meist durch Byte ersetzt
C. Abgeleitete Einheiten				
Übertragungsrate	Bit pro Sekunde/ bits per second	bit/s	kbit/s, Mbit/s (nicht: "Baud")	bit/s
Frequenz (Taktfrequenz)	Hertz	Hz	MHz	Schwingungen/s (Arbeitstakte/s)
Druckleistung (Zeichendrucker)	Zeichen pro Sekunde/ characters per second		Vorsätze ungewohnt	
Druckleistung (allgemein)	Seiten pro Minute/ pages per minute		Vorsätze ungewohnt	
D. Nichtmetrische Einheiten, die jedoch technischen Massen entsprechen und daher in entsprechenden Fällen zu verwenden sind				
Rasterdichte (Bildschirm, Drucker)	Pixel pro Zoll/ dots per inch	dpi	Vorsätze ungewohnt	39.37 Pixel/m 0.3937 Pixel/cm
Aufzeichnungs-dichte (magnetisch)	Bit pro Zoll/ bits per inch	bpi	Vorsätze ungewohnt	39.37 bit/m
E. Nichtmetrische Einheiten, die unsystematisch gebildet und unpräzis definiert, aber in der Praxis zur Angabe von Grössenordnungen üblich sind				
Prozessorleistung (allgemein)	Millionen Instruktio-nen pro Sekunde/ millions instructions per second	MIPS		
Prozessorleistung (für numerische Hochleistungsrechner)	Gleitkomma-Opera-tionen pro Sekunde/ floating-point operations per second	FLOPS	MFLOPS, GFLOPS	

Literatur

[Appelrath, Ludewig 95]
Appelrath H.-J., Ludewig J.: Skriptum Informatik – eine konventionelle Einführung. Teubner Verlag Stuttgart und vdf-Hochschulverlag Zürich (3.Aufl.) 1995.

[Baitsch et.al. 89]
Baitsch C., Katz C., Spinas P., Ulich E.: Computergestützte Büroarbeit, ein Leitfaden für Organisation und Gestaltung. vdf-Hochschulverlag Zürich 1989.

[Bauknecht 92]
Bauknecht K.(Hrsg.): Informatik-Anwendungsentwicklung – Praxiserfahrungen mit CASE. Teubner Verlag Stuttgart 1992.

[Bauknecht et al. 96]
Bauknecht K., Karagiannis D., Teufel S.(Hrsg.): Sicherheit in Informationssystemen. Proceedings SIS '96. vdf-Hochschulverlag Zürich 1996.

[Balzert 96]
Balzert H.: Lehrbuch der Software-Technik. Band 1: Software-Entwicklung; Band 2: Software-Management, Software-Qualitätssicherung, Querschnitte und Ausblicke, Unternehmensmodellierung. (mit 2 CD-ROM). Spectrum Verlag Heidelberg 1996.

[Blaha 95]
Blaha F. (Hrsg.): Der Mensch am Bildschirm-Arbeitsplatz: ein Handbuch über Recht, Gesundheit und Ergonomie. Springer Verlag Wien 1995.

[Böhm et al. 96]
Böhm R., Fuchs E., Pachar G.: Systementwicklung in der Wirtschaftsinformatik. vdf-Hochschulverlag Zürich (4.Aufl.) 1996.

[Becker et al. 95]
Becker M., Haberfellner R., Liebetrau G.: EDV-Wissen für Anwender. Verlag Industrielle Organisation Zürich (10. Aufl.) 1995.

[Beims 95]
Beims H.D.: Praktisches Software Engineering: Vorgehen, Methoden, Werkzeuge. Hanser Verlag München 1995.

[Biskup 95]
Biskup J.: Grundlagen von Informationssystemen. Vieweg-Verlag Braunschweig 1995.

[Boehm 88]
Boehm B.: A Spiral Model of Software Development and Enhancement. IEEE Computer, 21/5, 1988, p. 26-37.

[Brause 95]
Brause R.: Neuronale Netze – Eine Einführung in die Neuroinformatik. Teubner Verlag Stuttgart (2.Aufl.) 1995.

[Churchman 71]
Churchman C.W.: Einführung in die Systemanalyse. München Verlage Moderne Industrie 171 (Originalausgabe: The Systems Approach. Delacarte Press New York 1968).

[Cyranek, Bauknecht 94]
Cyranek G., Bauknecht K. (Hrsg.): Sicherheitsrisiko Informationstechnik. Analysen, Empfehlungen, Massnahmen in Staat und Wirtschaft. Vieweg Verlag Braunschweig 1994.

[Daenzer 88]
Daenzer W.F. (Hrsg.): Systems Engineering. Leitfaden zur methodischen Durchführung umfangreicher Planungsvorhaben. Verlag Industrielle Organisation Zürich (6. Auflage) 1988.

[Date 95]
Date C.J.: An Introduction to Database Systems. Addison-Wesley Reading MA (6th ed.) 1995.

[Dumke 93]
Dumke R.: Modernes Software Engineering: eine Einführung. Vieweg Verlag Braunschweig 1993.

[Encarnaçao et al. 96]
Encarnaçao J., Strasser W., Klein R.: Graphische Datenverarbeitung 2. Modellierung komplexer Objekte und photorealistische Bilderzeugung. Oldenbourg München (4.Aufl.) 1996.

[Engels, Schäfer 89]
Engels G., Schäfer W.: Programmentwicklungsumgebungen. Konzepte und Realisierung. Teubner Verlag Stuttgart 1989.

[Erhard 90]
Erhard W.: Parallelrechnerstrukturen. Synthese von Architektur, Kommunikation und Algorithmus. Teubner Verlag Stuttgart 1990.

[Erhard 95]
Erhard W.: Rechnerarchitektur: Einführung und Grundlagen. Teubner Verlag Stuttgart 1995.

[Fähnrich et al. 96]
Fähnrich K.-P., Janssen C.,, Groh G.: Werkzeuge zur Entwicklung graphischer Benutzerschnittstellen – Grundlagen und Beispiele. Oldenbourg München 1996.

[Frühauf et al. 91]
Frühauf K., Ludewig J., Sandmayr H.: Software-Projektmanagement und -Qualitätssicherung. Teubner Verlag Stuttgart und vdf-Hochschulverlag Zürich (2.Aufl.) 1991.

[Frühauf et al. 95]
Frühauf, K., Ludewig J., Sandmayr H.: Software-Prüfung: eine Anleitung zum Test und zur Inspektion. Teubner Verlag Stuttgart und vdf Hochschulverlag Zürich (2.Aufl.) 1995.

[Gewald et al. 85]
Gewald K., Haake G., Pfadler W.: Software Engineering. Oldenbourg Verlag München/Wien (4.Aufl.) 1985.

[Götze 95]
Götze R.: Dialogmodellierung für multimediale Benutzerschnittstellen. Teubner Verlag Stuttgart 1995.

[Hansen 92]
Hansen H.R.: Wirtschaftsinformatik I – Einführung in die betriebliche Datenverarbeitung. Gustav Fischer Verlag Stuttgart (6.Aufl.) 1992.

[Heinrich 93]
Heinrich L.J.: Wirtschaftsinformatik: Einführung und Grundlegung. Oldenburg München 1993.

[Herczeg 94]
Herczeg M.: Software-Ergonomie – Grundlagen der Mensch-Computer-Kommunikation. Addison-Wesley Bonn 1994.

[Heuer, Saake 95]
Heuer A., Saake G.: Datenbanken – Konzepte und Sprachen. Thomson Publishing Bonn 1995.

[Hilty 96]
Hilty R.M. (Hrsg.): Information Highway – Beiträge zu rechtlichen und tatsächlichen Fragen. Verlag Stämpfli Bern und Beck'sche Verlagsbuchhandlung München 1996.

[Hofmann 91]
Hofmann F.: Betriebssysteme: Grundkonzepte und Modellvorstellungen. Teubner Verlag Stuttgart (2.Aufl.) 1991.

[Humphrey 89]
Humphrey, W.S.: Managing the Software Process. Addison-Wesley Reading MA 1989.

[Jenny 95]
Jenny B.: Projektmanagement in der Wirtschafts-Informatik. vdf-Hochschulverlag Zürich 1995.

[Kersten 95]
Kersten H.: Sicherheit der Informationstechnik – Einführung in Probleme, Konzepte und Lösungen. Oldenbourg Verlag München (2.Aufl.) 1995.

[Kyas 96]
Kyas O.: ATM-Netzwerke – Aufbau, Funktion, Performance. Datacom Verlag Bergheim (3.Aufl.) 1996.

[Liebig, Thome 96]
Liebig H., Thome S.: Logischer Entwurf digitaler Systeme. Springer Berlin (3.Aufl.) 1996.

[Luther et al. 96]
Luther W., Janser A., Otten W.: Computergrafik – Mit einer Einführung in die Bildverarbeitung (mit CD-ROM). Vieweg-Verlag Wiesbaden 1996.

[Maurer 96]
Maurer U. (Hrsg.): Advances in Cryptology – Proceedings of EUROCRYPT '96. Springer Verlag Berlin 1996.

[McDysan, Spohn 94]
McDysan D.E., Spohn D.L.: ATM – Theory and Application. McGraw-Hill Series on Computer Communications New York 1994.

[Mertens 96]
Mertens P.: Grundzüge der Wirtschaftsinformatik. Springer-Verlag Berlin/Heidelberg (4.Aufl.) 1996.

[Nievergelt, Ventura 83]
Nievergelt J., Ventura A.: Die Gestaltung interaktiver Programme (mit Anwendungsbeispielen für den Unterricht. Teubner Verlag Stuttgart 1983.

[Österle 95]
Österle H.: Business Engineering – Prozess- und Systementwicklung. Band 1: Entwurfstechniken. Springer-Verlag Berlin 1995.

[Österle, Vogler 96]
Österle H., Vogler P.: Praxis des Workflow-Managements – Grundlagen, Vorgehen, Beispiele. Vieweg-Verlag Braunschweig 1996.

[Parker 92]
Parker R.C.: Looking Good in Printing – Grundlagen der Gestaltung für DTP. Midas Verlag St. Gallen 1992.

[Paul 95]
Paul R.: Elektrotechnik und Elektronik für Informatiker, Bd. 2: Grundgebiete der Elektronik. Teubner Verlag Stuttgart 1995.

[Perrochon 96]
Perrochon L.: School goes Internet – Das Buch für mutige Lehrerinnen und Lehrer. dpunkt Verlag fuer digitale Technologie Heidelberg 1996.

[Prosser 93]
Prosser A.: Standards in Rechnernetzen. Springer Verlag Wien 1993.

[Rahm 94]
Rahm E.: Mehrrechner-Datenbanksysteme. Grundlagen der verteilten und parallelen Datenbankverarbeitung. Addison-Wesley Bonn 1994.

[Richter 85]
Richter L: Betriebssysteme. Teubner Verlag Stuttgart 1985.

[Richter 92]
Richter M.: Prinzipien der künstlichen Intelligenz – Wissensrepräsentation, Inferenz und Expertensysteme. Teubner Verlag Stuttgart (2.Aufl.) 1992.

[Richter et al. 95]
Richter R. Sander P., Stucky W.: Der Rechner als System – Organisation, Daten, Programme. Teubner Verlag Stuttgart 1995.

[Salton, McGill 87]
Salton G., McGill M.J.: Introduction in Modern Information Retrieval. McGraw-Hill Book Co. New York 1987.

[Schiffmann, Schmitz 93]
Schiffmann W., Schmitz R.: Technische Informatik 1: Grundlagen der digitalen Elektronik. Springer Verlag Berlin (2.Aufl.) 1993.

[Schmid et al. 95]
Schmid B., Dratva R., Kuhn C., Mausberg P., Meili H., Zimmermann H.-D.: Electronic Mall: Banking und Shopping in globalen Netzen. Teubner Verlag Stuttgart 1995.

[Schwarze 94]
Schwarze J.: Einführung in die Wirtschaftsinformatik. Verlag neue Wirtschaftsbriefe Herne (3.Aufl.) 1994.

[Schweizer, Lehmann 95]
Schweizer R.J., Lehmann B.: Informatik- und Datenschutzrecht. Zwei Doku-

mentationsbände des schweizerischen Informatik- und Datenschutzrechts. Schulthess Polygraphischer Verlag Zürich 1995.

[Seffinga et al. 96]
Seffinga J., Gaugler Th., Stadler V., Teufel St., Bauknecht K.: Electronic Data Interchange (EDI) – Stand und Potentiale. vdf-Hochschulverlag Zürich 1996.

[Selzer, Kämmerer 96]
Selzer H., Kämmerer T.: Moderne Computer-Netzwerke. Hanser München/Wien 1996.

[Stahlknecht 95]
Stahlknecht P.: Einführung in die Wirtschaftsinformatik. Springer-Verlag Berlin/Heidelberg (7.Aufl.) 1995.

[Steinbock 94]
Steinbock H.-J.: Potentiale der Informationstechnik. Teubner Verlag Stuttgart 1994.

[Suhr, Suhr 93]
Suhr R., Suhr R.: Software Engineering: Technik und Methodik. Oldenbourg Verlag München 1993.

[Sienkiewicz 94]
Sienkiewicz B.: Computer-Sicherheit. Addison-Wesley Verlag Bonn 1994.

[Tanenbaum 96]
Tanenbaum A.S.: Computer Networks. Prentice-Hall NJ (3rd ed.) 1996.

[Vetter 94]
Vetter M.: Informationssysteme in der Unternehmung – Eine Einführung in die Datenmodellierung und Anwendungsentwicklung. Teubner Verlag Stuttgart 1994.

[Vetter 95]
Vetter M.: Objektmodellierung. Teubner Verlag Stuttgart 1995.

[Waldschmidt 95]
Waldschmidt K. (Hrsg.): Parallelrechner – Architekturen, Systeme, Werkzeuge. Teubner Verlag Stuttgart 1995

[Wedekind 92]
Wedekind H.: Objektorientierte Schemaentwicklung – Ein kategorialer Ansatz für Datenbanken und Programmierung. B-I-Wissenschaftsverlag Mannheim 1992.

[Wildhaber 93]
Wildhaber B.: Informationssicherheit - Rechtliche Grundlagen und Anforderungen an die Praxis. Schulthess Polygraphischer Verlag Zürich 1993

[Wirth 93]
Systematisches Programmieren. Teubner Verlag Stuttgart (6. Auflage) 1993.

[Yourdon 92]
Yourdon, E.: Moderne strukturierte Analyse. Wolfram's Fachverlag Attenkirchen 1992 (Originalausgabe: Modern Structured Analysis. Prentice-Hall London 1989).

[Zehnder 91]
Informatik-Projektentwicklung. Teubner Verlag Stuttgart und vdf-Hochschulverlag Zürich (2. Auflage) 1991.

[Zehnder 97]
Informationssysteme und Datenbanken. Teubner Verlag Stuttgart und vdf-Hochschulverlag Zürich (6. Aufl. in Vorbereitung für 1997).

[Zeidler, Zellner 94]
Zeidler A., Zellner R.: Software-Ergonomie – Techniken der Dialoggestaltung. Oldenbourg Verlag München 1994.

Verzeichnis einiger englischer Begriffe

Aufgeführt sind einige im Bereich der Informatik häufig englisch verwendeten Begriffe samt allfällig vorhandener deutscher Entsprechung und Seitenhinweis.

Sachverzeichnis (im Deutschen gebräuchliche Begriffe)

Aufgeführt sind nur Seitenzahlen, wo eine Einführung, Definition oder Verdeutlichung des Begriffes erfolgt. s. = siehe. (Vergleiche auch das „Verzeichnis einiger englischer Begriffe“.)